CALLWEY
Das Haus

Beate Bühl Bettina Seeger Matthias Ullmann

Wir **planen** und **bauen** unser Haus

DAS GROSSE BUCH VOM HAUSBAU

Inhaltsverzeichnis

Das sollten wir über uns wissen 6

Das sollten wir über unser Haus wissen 42

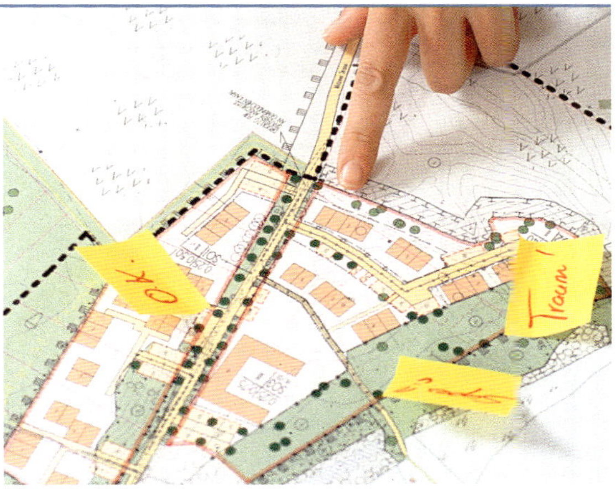
O.K.
Traum!

sofort

Wie wir die Nerven behalten 158

Pfusch am Bau? Nicht mit uns! 176

Anhang 246

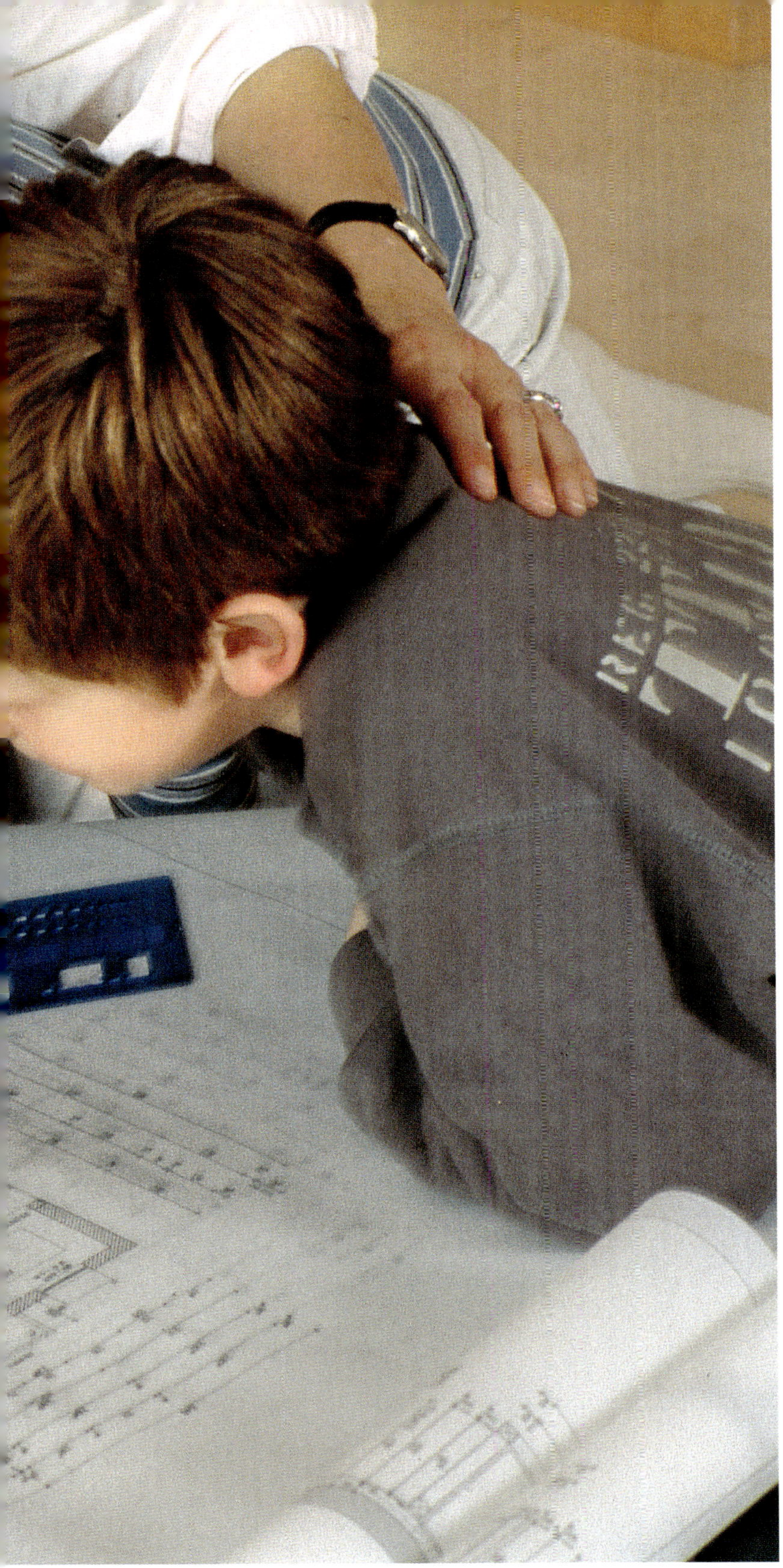

Das sollten wir über uns wissen

Ein eigenes Haus: Schön wäre das schon. Wir hätten mehr Platz und endlich Ruhe vor dem Vermieter. Leute, die schon gebaut haben, sagen aber auch: Man lässt sich auf ein Abenteuer ein – schläft schlecht wegen der Schulden oder weil Handwerker Mist gebaut haben. Und noch etwas: Ein Haus schweißt Paare zusammen, im Guten wie im Schlechten. Es bindet einen an den Ort und das Geld an die Bank. Ob wir das packen… Sind wir fit genug für ein Eigenheim? Können wir uns überhaupt eins leisten? Falls ja: Wo gibt es guten Baugrund? Welcher Haustyp würde zu uns passen? Das klären wir jetzt.

Wollen wir wirklich ein eigenes Haus?

Träume, Zweifel, Legenden – und 12-mal die Wahrheit

Drei Viertel aller Deutschen hegen den Traum vom Eigenheim, weniger als die Hälfte davon packt es an. Der Rest schluckt die Nachteile eines Mieterlebens und ärgert sich spätestens im Alter, dass er ein Drittel der Rente ins Wohnen stecken muss.

Der Vermieter ignoriert den Wasserfleck an Ihrer Küchendecke, stellt im Herbst die Heizung keinen Tag früher an als gesetzlich vorgeschrieben und meckert über Ihre Kinder und den Hund. Dafür zahlen Sie Monat für Monat 500 Euro, vielleicht sogar 750 – Nebenkosten noch gar nicht gerechnet. Ihre Gedanken kreisen immer häufiger um ein eigenes Haus: Sie könnten frei schalten und walten, und das Geld bliebe irgendwie in der Familie ... In Ihre Träume mischen sich Zweifel: Wenn bauen so viele Vorteile bringt, warum tun es dann so wenige? Nur 44 Prozent der westdeutschen und 34 Prozent der ostdeutschen Haushalte erfüllten sich bisher den Traum vom eigenen Haus – in Frankreich besitzen 58 Prozent eins, in Italien 73 Prozent, in Griechenland 74 Prozent, in Norwegen und Irland 78 Prozent und in Spanien sogar 87 Prozent. Machen wir uns falsche Vorstellungen? Oder die anderen? »Nicht jeder«, war einmal im *Deutschen Allgemeinen Sonntagsblatt* zu lesen, »gerät bei der Vorstellung, Immobilienbesitzer zu sein, aus dem Häuschen. Für manchen ist die Dreiheit Giebeldach – Garage – Gartenzaun der Inbegriff von Spießer-Muff.« Doch überzeugte Gegner sind in der Minderzahl, 25 Prozent der Bundesbürger wollen definitiv kein eigenes Haus. Dem Rest geht es vielleicht ähnlich wie Ihnen: Er braucht noch einen Schubs ins Glück.

1 In einem eigenen Haus könnten wir endlich tun und lassen, was wir wollen.

▶ **Stimmt.** Nach Gutdünken schalten und walten – vor 30 Jahren nannten Bauwillige dies als Hauptargument für ein Eigenheim, fanden Infratest-Forscher im Auftrag des Bundesbauministeriums heraus. Heute scheint die Aussicht auf ein Leben frei von Mieter-Rücksichten nicht mehr ausschlaggebend. Im Kasten rechts sehen Sie Ergebnisse einer LBS-Wohneigentumsstudie. Zwar sagen noch 89 Prozent der ostdeutschen Bauherren: Ich will mir selbst etwas schaffen, damit ich mein eigener Herr bin. Aber westdeutsche Eigenheimbesitzer spornt das nur noch zu 69 Prozent an. 90 von 100 Leuten bauen, weil es langfristig billiger ist als Miete zu zahlen.

Ein Haus der Kinder wegen: Wichtiger als die Quadratmeterzahl ist für sie Freiraum drumherum – je grüner, desto förderlicher für eine positive Entwicklung.

Wirtschaftliches Kalkül hat Unabhängigkeit den Rang abgelaufen, sie wird als Nebeneffekt aber gern mitgenommen. Man muss kaum befürchten, dass die eigenen vier Wände zu dünn sind für Schlagzeugübungen oder ein Vollbad um Mitternacht. Niemanden interessiert es, ob Sie eine Waschmaschine in der Küche praktischer finden als im Keller. Und Sie entscheiden, wann sie schleudert. Im Eigenheim genießen Sie ganz klar mehr als in einer Mietwohnung persönliche Freiheit. Grenzenlos ist sie nicht: Bauvorschriften und Nachbarschaftsgesetz können sie einschränken.

❷ Niemand kann uns reinreden, wie wir unser Eigenheim gestalten.

▶ Stimmt teilweise. Kein Vermieter dieser Welt drückt Ihnen mehr Billiglaminat statt Buchenparkett als Wohnzimmerboden auf. Sie bestimmen selbst, aus welchem Material Sie Ihre Wände errichten und ob sie weiß gestrichen werden oder türkis gewischt. Vorausgesetzt, Sie teilen mit Ihrer besseren Hälfte den Geschmack sowie die Überzeugung, wofür wie viel Geld ausgegeben wird. Denken Sie nie, Sie hätten die schlechteste aller Beziehungen – die meisten Paare kriegen sich über Gestaltungsfragen in die Wolle. Auch die Bautechnik bremst einen manchmal aus. 60 Quadratmeter Bodenfliesen ohne – zugegeben hässliche – Trennfugen zwischen Flur, Küche und Wohnzimmer: Der Fliesenleger wird Ihnen das ausreden, sonst verwirft sich der Belag. Die Sehnsucht nach toller Bauen und schöner Wohnen verführt mitunter zu Luftschlössern, die Realisierung von Träumen erfordert Bodenhaftung und Kompromissbereitschaft. Nicht alles, was einem gefällt, ist erlaubt oder lässt sich bezahlen.

Interesssant, was das österreichische Meinungsforschungsinstitut IMAS herausfand: In den letzten Jahren verkniffen sich immer mehr Bauherren die ganz große Selbstverwirklichung. Sie werden »vernünftiger«, gestalten ihr Heim bescheidener. Man gönnt sich ein paar Annehmlichkeiten wie Parkettböden und Wohnbad, Terrasse und Holzfenster. Aber Sauna und Whirlpool, Wintergarten, Weinkeller und Kachelofen haben die wenigsten. Trotzdem sind 75 Prozent aller Bauherren voll und ganz zufrieden mit ihren Häusern.

❸ Hausordnung, Eigenbedarf, Nebenkosten: Das kann uns im Eigenheim egal sein.

▶ Jein. Ihre kleine Tochter lässt die dreckigen Gummistiefel vor der Tür, und wenn im Fernsehen »Night of the Proms« übertragen wird, hocken Sie sich mit Sohnemanns halber Schulklasse davor und drehen auf. Es stimmt: Sie legen die Hausordnung fest und nicht die Nachbarn. Sie sind auch sicher in Ihrem Haus, müssen nicht das Feld räumen für den Eigenbedarf des Vermieters oder seiner Verwandten – viele Menschen wünschen sich

Umfrage: Warum bauen Sie?
(West-/Ostdeutschland)

- **Das ist langfristig billiger als Miete, sagen 92/82 % der Befragten.**
- **In die eigene Tasche zu zahlen, ist wichtig für 90/87 %.**
- **Bauen ist eine gute Altersvorsorge, meinen 89/86 %.**
- **Ein eigenes Haus ist inflationssicher, geben 84/86 % an.**
- **Es ist ganz auf mich persönlich zugeschnitten, freuen sich 92/82 %.**

info

ein Haus auch, damit sie aus ihrer Umgebung nie mehr verdrängt werden. Was nicht stimmt, ist die Sache mit den Nebenkosten. Unter Umständen werden Sie sogar leises Verständnis dafür entwickeln, warum Vermieter sie umlegen. Grundsteuer und Kanalgebühr, Müllabfuhr und Heizung, Wasser und Strom, Gebäudeversicherungen machen um die 250 Euro im Monat aus oder mehr. Und der Schornsteinfeger kommt jährlich, um Ruß aus Ihrem Kamin zu kehren. Erzeugt Ihre Gas-Brennwertheizung keinen Ruß, steht »Abgaswege-Überprüfung« auf der Rechnung – Vorschrift ist Vorschrift, und 50 Euro sind fällig.

4 Unsere Kinder haben erst in den eigenen vier Wänden ein richtiges Zuhause.

▶ Stimmt so nicht. Über die Hälfte der Befragten schufen Wohneigentum, um den Kindern optimale Entfaltungsmöglichkeiten zu schaffen und ihnen einen bleibenden Wert zu hinterlassen (LBS-Wohneigentumsstudie). Statistisch gesehen, leben Bewohner von selbst genutztem Wohneigentum auf durchschnittlich 111 Quadratmetern, Mieter begnügen sich mit 68 Quadratmetern – wenig Entfaltungsmöglichkeit für den Nachwuchs. Er braucht Platz für seinen natürlichen Bewegungsdrang und die Möglichkeit, mal richtig Radau zu machen – im Mietshaus ist Ärger mit den Nachbarn so gut wie programmiert. Dennoch wachsen Millionen von Kindern in Mietwohnungen auf und sind glücklich. Wichtiger als die Größe der Wohnung ist nämlich ihre Lage: Kinder leben gesünder in einer Umgebung mit Wiesen, Büschen und Bäumen. Amerikanische Wissenschaftler untersuchten den Grünanteil verschiedener Wohngebiete und ließen 330 Kinder sowie ihre Eltern Fragebögen ausfüllen. Das Ergebnis: Kinder, die im Grünen aufwachsen, verkraften Stress besser, lernen mit höherer Konzentration und zeigen mehr Lebensfreude als ihre Altersgenossen in städtischer Umgebung. Der Effekt macht sich sogar bemerkbar nach Umzug in ein Haus, das den Wohnkomfort objektiv zwar um keinen Deut verbessert, aber ländlicher gelegen ist.

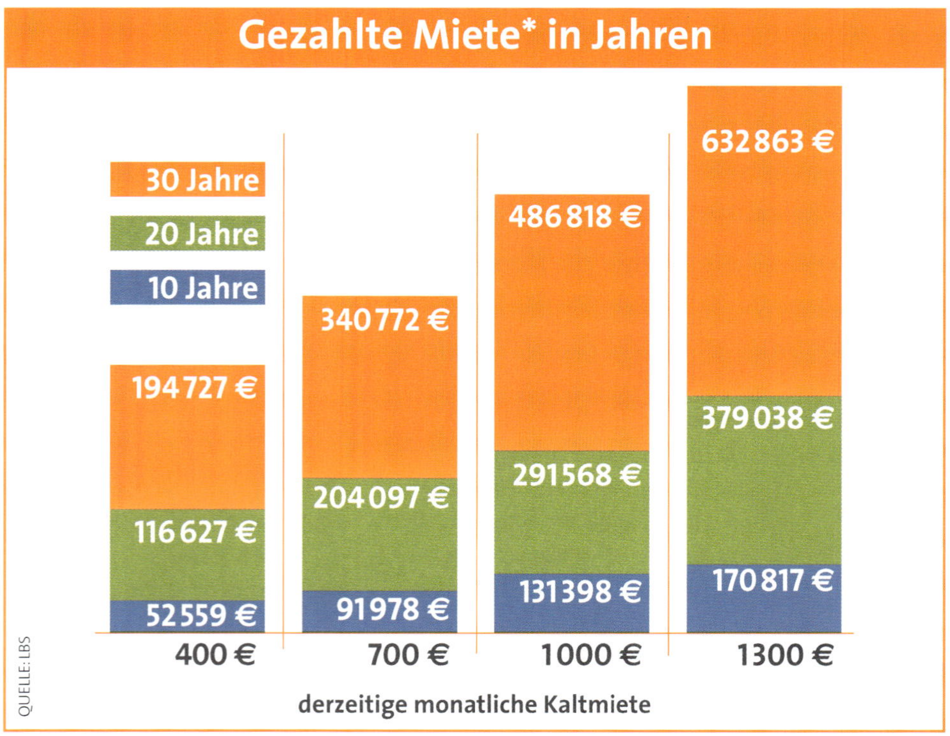

** inklusive jährlicher Mietsteigerung von 2 Prozent. Die Rechnung zeigt, wie viel Sie über die Jahre Ihrem Vermieter schenken. Besser angelegt ist das Geld in eigenen vier Wänden.*

5 In einem Haus mit Garten wäre sogar genug Platz für Haustiere.

▶ Stimmt. In den meisten Mietshäusern sind Tiere verboten, allenfalls ein Aquarium darf man aufstellen. Für viele von uns ist das Wohnglück aber erst komplett, wenn Bello, Mieze oder Mümmel einziehen. Außerdem gelten Kinder mit einem Haustier als sozialer, ausgeglichener und verantwortungsvoller als ihre Spielkameraden ohne. Für einen ganzen Zoo wäre Platz im Garten. Machen Sie sich aber klar: Hunde und Katzen brauchen keinen, sie finden das Leben jenseits des Zauns weitaus interessanter als daheim.

6 Wer ein Haus hat, weiß, wofür er arbeitet.

▶ Stimmt. Junge Haushalte entscheiden sich oft für das vermeintlich günstigere Wohnen zur Miete. Die Statistik gibt ihnen zunächst Recht: Die Wohnkosten von 35- bis 39-jährigen Mietern sind mit 23 Prozent des Einkommens nur halb so hoch wie die gleichaltriger Eigentümer. Erst später, wenn ein Großteil der Schulden getilgt ist, sind Hausbesitzer im Vorteil. Bis dahin müssen manche ganz schön rackern und sich manches verkneifen.

Im Sommer ein Gartenhaus zimmern, winters den Kellerboden fliesen: Langeweile hat im eigenen Haus null Chance. Wer gern werkelt, findet darin Lebenssinn.

Der berühmte Psychologe Carl Gustav Jung ergründete, wann der Mensch zu Anstrengungen wie dieser bereit ist: »Wer das Warum weiß, erträgt das Wie.« Bauherren werden für ihren Einsatz reich belohnt: mit Stolz und Sicherheit, Lebenssinn und innerer Befriedigung. Leute mit eigenem Haus haben es zu etwas gebracht und werden respektiert, sie sind aktiv und sichern ihre Zukunft. Passionierte Heimwerker finden in Haus und Garten darüber hinaus eine sinnvolle Lebensaufgabe, der sie ihre ganze Arbeitskraft widmen. Es hat was, sich sein Haus Stück für Stück anzueignen, es stetig schöner zu machen, seinen Wert zu erhalten und das Ergebnis mit Stolz zu präsentieren. Mieter bezahlen für Wohnfläche, Bauherren schaffen sich Heimat.

7 Wenn wir erst mal unser Haus haben, kann uns nichts mehr trennen.

▶ Stimmt nicht. Ebenso wenig wie ein Kind rettet ein Haus angeknackste Ehen – allenfalls verzögert es die Scheidung. Manche Paare merken schon auf der Grundstückssuche, dass sie nicht zusammenpassen, manche trennen sich nach dem Rohbau und versuchen, ihn zu verkaufen. Blauäugigkeit ist fehl am Platz, mindestens zwei Jahre spielt sich das Leben irgendwie auf der Baustelle ab. Man zerreißt sich zwischen Job und Handwerkern, Bank und Baubehörde, Partner und Kindern. Schulden und Sparen statt Urlaub und Auto – auf Nestbauern lastet Druck. Im Bett schauen Männer ihrer Liebsten tief in die Augen und fragen sie, wo man bis morgen eine Schlitzfräse auftreibt. Bauherrinnen zetteln Grundsatzdiskussionen an über die Rolle der Frau in unserer Gesellschaft und meinen damit, dass ihnen die gemeinsam ausgesuchten Fliesen jetzt nicht mehr gefallen. Wer mit halbem Herzen baut, sollte es ganz lassen. Man muss das Haus wirklich wollen, nur so – siehe Punkt 6 – wird der Baustress zur sportlichen Herausforderung und schweißt zusammen. Gemeinsamer Besitz wird eine Trennung nicht verhindern, wenn das Maß voll ist. Aber er vergrößert manchmal auf wundersame Weise dessen Volumen.

8 Aber wenn man sich so umhört: Bauen soll ein einziger Stress sein.

▶ Es kommt ganz darauf an. Ausgeprägten Eigenheimgegnern mit Existenzangst scheint Miete zu zahlen das kleinere Übel. Sie kennen eine Menge Horrorgeschichten von Handwerker-Pfusch, Firmen-Nepp und Bauherren-Tränen. Die Arbeitsgemeinschaft der Verbraucherverbände (AgV) analysierte, was dran ist. Die Studie zeigt: Baupannen passieren, wenn Bauherren leichtgläubig, arglos und schlecht informiert sind. Sie zahlen ohne Gegenleistung, akzeptieren gravierende Mängel und halten Vereinbarungen nicht schriftlich fest. Stress lässt sich also eindämmen: Stets

Vermögensbilanz: Immobilienbesitzer sind einfach reicher

Baukosten, Darlehenstilgung – trotzdem können Eigentümer im Alter mehr Geld ausgeben als Mieter. Die profitieren in jungen Jahren von weniger Belastung, zahlen die Zeche dafür aber im Alter. Eine empirica-Studie zeigt zudem: Bauherren gewöhnen sich ans Haushalten, geben auch später als Eigentümer wenig für Luxusgüter aus – und sind daher um einiges vermögender als Mieter.

info

kritisch bleiben gegenüber Vertragspartnern, sich über seine Rechte als Bauherr informieren, vorsichtig sein mit Anzahlungen – und alles, aber auch wirklich alles notieren und gegenzeichnen lassen.

9 Reich wird doch eigentlich nur die Bank.

▶ Stimmt nicht. Klar, der Bauherr zahlt Zinsen, der Deal lohnt sich aber für beide: Mit 750 Euro Miete zum Beispiel geben Sie in den nächsten 30 Jahren gute 365 000 Euro aus, dieses Geld sehen Sie nie wieder. Wer in der selben Zeit den gleichen Betrag in eine eigene Immobilie investiert, erwirtschaftet den sichtbaren Gegenwert. Zum Start ins Eigenheim benötigen Sie als Eigenkapital 20 Prozent der Bausumme – daraus machen Sie 100 Prozent in 30 Jahren, und es geht sogar schneller. Ein Eigenheim als Kapitalanlage ist sicher, die jährliche Rendite beträgt üppige 4 Prozent.

Banken verdienen gut an Häuslebauern. Wer sich daran stört, sollte überlegen: Bauherren überweisen Raten, um ihr eigenes Haus abzuzahlen. Mieter löhnen Monat für Monat an den Vermieter, um dessen Haus abzuzahlen.

10 Eigenes Haus: Da haben wir was fürs Alter.

▶ Stimmt. Wer keine Erben hat, kann auf den Vermögensaufbau verzichten und sein Geld verbraten – Irrtum. Heute versorgen zwei Berufstätige einen Rentner, im Jahr 2030 wird es nur einen Berufstätigen pro Rentner geben. Gemessen am vorherigen Einkommen fällt deshalb die gesetzliche Rente geringer aus als heute. Von diesem geringeren Betrag müssen deutsche Mieter im Alter auch noch ein Drittel ausgeben fürs Wohnen, Monat für Monat. Ein Eigenheim wird durch kluge Finanzierung während des Erwerbslebens schuldenfrei. Rentner kommen dann mit 8 Prozent Ausgaben für ihr Haus entspannt über die Runden, vielfach überbrückt die eingesparte Miete die Rentenlücke voll. Es bleibt mehr Geld übrig für einen angenehmen Ruhestand.

11 Mit einem Eigenheim sitzt man irgendwie in der Falle, oder nicht?

▶ Stimmt nicht ganz. Ändern sich – geplant oder unfreiwillig – Ihre Lebenspläne, lässt sich eine Immobilie jederzeit zu Geld machen. Wenn Sie beruflich in eine andere Stadt umziehen, verkaufen Sie Ihr Haus oder vermieten es. Sollten sich später Ihre Wohnwünsche ändern: Ein Haus lässt sich teilen, altersgerecht an- oder ausbauen. Sind die Kinder aus dem Haus, ist es vielleicht zu groß. Dann teilen Sie eine Mietwohnung ab. Oder Sie verkaufen das Haus, erwerben von dem Geld eine Eigentumswohnung oder kaufen sich für einen sorglosen Ruhestand in eine Service-Wohnanlage ein. Und sollten Sie Pech haben mit dem Nachbarn: Meist kann man doch miteinander reden, andernfalls einander freundlich ignorieren, notfalls seinen Frieden vor Gericht einklagen.

12 Wenn ich arbeitslos werde oder einen von uns eine Krankheit erwischt, ist alles aus.

▶ Stimmt nicht. Stecken Sie nicht jeden Cent ins Haus, behalten Sie zwei bis drei Nettogehälter als Reserve für Notfälle. Wer dennoch in Schwierigkeiten kommt, die monatliche Kreditrate für das Haus aufzubringen, spricht mit der Bank über Aussetzung, Verringerung oder Streckung der Darlehenstilgung. Schrumpft das Einkommen drastisch, steht auch Hauseigentümern Wohngeld zu.

▶ Finanzierung: Wie Sie Ihre Hauspläne auf ein solides Geld-Fundament stellen, erfahren Sie unter www.haus.de/finanzieren

Sind Sie fit für ein eigenes Haus?

Was man zum erfolgreichen Hausbau braucht, finden Sie im Kasten unten. Lernen Sie sich selbst ein bisschen besser kennen, testen Sie, wo Ihre persönlichen Stärken liegen. Nobody is perfect – jedes »Nein« zeigt, in welchen Punkten Sie Unterstützung brauchen von Ihrem Baupartner. Vergleichen Sie die Antworten.

1 Ich habe 20 Monatsgehälter auf der hohen Kante.

Partner 1	*Partner 2*
❍ *Ja*	❍ *Ja*
❍ *Nein*	❍ *Nein*

2 Mehr Lebensqualität darf ruhig etwas kosten.

Partner 1	*Partner 2*
❍ *Ja*	❍ *Ja*
❍ *Nein*	❍ *Nein*

3 Schulden: kein Problem.

Partner 1	*Partner 2*
❍ *Ja*	❍ *Ja*
❍ *Nein*	❍ *Nein*

4 Der Mensch wächst an seinen Aufgaben.

Partner 1	*Partner 2*
❍ *Ja*	❍ *Ja*
❍ *Nein*	❍ *Nein*

8 Zwei linke Hände habe ich nicht gerade, ich mach ganz gern mal was selber.

Partner 1	*Partner 2*
❍ *Ja*	❍ *Ja*
❍ *Nein*	❍ *Nein*

9 Mich durchsetzen oder einen Kompromiss schließen: Ich weiß in den allermeisten Fällen, wann was besser ist.

Partner 1	*Partner 2*
❍ *Ja*	❍ *Ja*
❍ *Nein*	❍ *Nein*

10 Ein süßes T-Shirt, die aktuelle CD meines Favoriten – auf solche Spontankäufe könnte ich durchaus verzichten.

Partner 1	*Partner 2*
❍ *Ja*	❍ *Ja*
❍ *Nein*	❍ *Nein*

5 Sollte mein Job mal auf der Kippe stehen: Ich wüsste schon, was ich dann täte.

Partner 1	*Partner 2*
❍ *Ja*	❍ *Ja*
❍ *Nein*	❍ *Nein*

6 Auf meine(n) Partner(in) kann ich mich mit tausendprozentiger Sicherheit jederzeit verlassen.

Partner 1	*Partner 2*
❍ *Ja*	❍ *Ja*
❍ *Nein*	❍ *Nein*

7 Ein größeres Fest oder den Betriebsausflug ganz allein zu organisieren – für mich absolut kein Problem.

Partner 1	*Partner 2*
❍ *Ja*	❍ *Ja*
❍ *Nein*	❍ *Nein*

Das Bauherren-Rüstzeug, zur Deutlichkeit in Orange gedruckt. Frage 1 gibt Auskunft: Reicht Ihr Geld? Frage 2 testet Ihre Bereitschaft, Geld auszugeben. Mit Frage 3 wissen Sie, ob finanzielle Verbindlichkeiten Sie stark belasten, Frage 4 prüft Ihr Selbstvertrauen. Frage 5 gilt der Sicherheit des Arbeitsplatzes, Frage 6 der Partnerschaft. Frage 7 richtet sich an Ihr Organisationstalent, Frage 8 an Ihre Lust am Heimwerken. In Frage 9 geht es um Ihr Verhandlungsgeschick, in Frage 10 um Ihren Sparwillen.

test

Woher nehmen wir das Geld?

Etwas haben wir ja – wie viel Haus wir dafür bekommen

Zählen Sie alles Geld zusammen, das unter Ihrem Kopfkissen, auf Konten und Sparverträgen schlummert – es ist Ihr Eigenkapital fürs Haus. Zur Finanzierung sollten Sie nicht den letzten Euro hergeben. Behalten Sie eine Reserve von zwei bis drei Nettogehältern im Sparschwein.

Ein Darlehen von 100 000 Euro kostet (bei 4 Prozent Zins und 1 Prozent Tilgung) im Monat rund 420 Euro. Teilen Sie durch diesen Betrag doch mal spaßeshalber Ihre derzeitige Kaltmiete. Was sagt Ihnen der Taschenrechner – hätten Sie das gedacht? So viele hunderttausend Euro Kredit könnten Sie allein schon mit Ihrer Miete bezahlen! Verlangt die Bank weniger als 4 Prozent Zinsen, sind es noch weit mehr.

Was darf das Haus kosten?

Jetzt haben Sie also schon kalkuliert, wie viel Kredit durch Ihre Miete abgedeckt werden kann. Addieren Sie das, was Sie sich monatlich zutrauen als zusätzliche Belastung – diesen Betrag könnten Sie ab sofort und während der gesamten Planungsphase für Ihr Haus schon mal zinsbringend parken oder auf einen Bausparvertrag einzahlen. Rechnen Sie hinzu alles Eigenkapital, vielleicht sogar Wertgegenstände, die Sie verkaufen könnten, ohne sie wirklich zu vermissen. Und natürlich Geldzusagen von Verwandten: Eltern, Großeltern und die sprichwörtliche Erbtante sind selten sauer, wenn man sie um Unterstützung für den Hausbau bittet. Falls Sie als Bauherr mit staatlicher Unterstützung rechnen können (fragen Sie einfach mal Ihre Bank oder den Sachbearbeiter in Ihrem Finanzamt), so rechnen Sie den Zuschuss dazu. Auf Ihrem Papier steht jetzt eine ganz hübsche Summe, vielleicht 300 000 Euro. Was Sie für diesen Betrag bekommen? In Ostfriesland ein großes Haus, in Oberbayern ein kleines. Auf jeden Fall haben Sie jetzt die Liga herausgefunden, in der Sie spielen können – oder ob Sie noch ein bisschen dribbeln und um den Aufstieg kämpfen wollen.

Solide finanzieren Das Geld für den Hausbau kann aus vielen Quellen fließen. Die meisten Bankkaufleute raten zur klassischen Finanzierung mit einem Drittel Bauspardarlehen, einem Drittel Hypothek und einem Drittel Eigenkapital. Es ist ähnlich wie das Rezept für Grog: Eigenkapital muss, Bausparen darf, Hypothek kann. Aber ein Drittel eigenes Geld haben Sie noch nicht auf der hohen Kante? Banken zeigen sich kulant, wei einerseits Bauen teurer geworden ist und andererseits die Leute besser verdienen. Aber mindestens 20 Prozent Eigenkapital sollten dem Baupreis gegenüberstehen, mit weniger zu bauen ist tollkühn. Man hört zwar immer wieder von 100-Prozent-Finanzierungen, sie sind aber risikoreich für Bauherrn und Bank – es wird sich zu akzeptablen Bedingungen kaum ein seriöser Kreditgeber finden, der das Wagnis eingeht. Banken müssen sich an bestimmte Beleihungsvorschriften halten – Sie als Bauherr bekommen keineswegs so viel Kredit, wie Sie Ihrer Meinung nach brauchen. Sie bekommen nur so viel, wie Sie nach Prüfung der Bank an Wert dagegenhalten können. Wie wir später noch sehen werden, berechnen Finanzexperten den Gegenwert nach ganz eigenen Regeln.

Geld locker machen Manchmal fragen Sie sich, wie es denn Ihr Nachbar eigentlich geschafft hat oder der Arbeitskollege, der doch genauso viel verdient wie Sie. Vielleicht waren sie beim Chef: Manche Firmen und der Öffentliche Dienst räumen Mitarbeitern Kredite ein – gratis oder gegen günstige Zinsen, in der Regel über fünf Jahre. So lassen sich auch in wirtschaftlich flauen Zeiten manchmal 5000 oder 10000 Euro locker machen. Dieser Betrag hilft schon ein ganzes Stück weiter, ebenso wie jedes klitzekleine Darlehen von Eltern oder Geschwistern. Wo Familiensinn gepflegt wird, legt die weit verzweigte Verwandtschaft ihre Bausparverträge zusammen für den, der als Erster baut. Zum Schluss: Was im Geldbeutel fehlt, können Sie zusammen mit Verwandten und Freunden auf Ihrer Baustelle erarbeiten durch Eigenleistung – wer mit dieser Muskelhypothek finanziert, benötigt bis zu 10 Prozent weniger Kredit.

Ersparnisse zählen Zücken Sie nochmal den Taschenrechner und zählen Sie alle Beträge zusammen: Bargeld im Sparstrumpf und auf dem Girokonto, Sparbücher und Sparbriefe, angespartes Bauspargeld und Prämien-Sparverträge, Schatzbriefe und Wertpapiere. Addieren Sie fest zugesagte Darlehen von Verwandten und Arbeitgeber, das zuteilungsreife Bauspardarlehen, ein vorgezogenes Erbe und die Eigenleistung: Das alles ist Ihr Eigenkapital und steht für das Unternehmen Bau zur Verfügung. Vielleicht sogar die Summe aus Ihrer Lebensversicherung per Beleihung.

Bankdarlehen

Es gibt mehrere Möglichkeiten, die Finanzierungslücke zwischen Eigenkapital und Bausumme zu füllen. Man nimmt einen Kredit auf von einer Bank oder Bausparkasse, Kreditanstalt oder Versicherung – oder schöpft aus jedem Topf einen Teil. Sie leihen sich Geld, zahlen dafür Zinsen und geben zusätzlich so lange Haus und Grundstück als Pfand, bis das Darlehen vollständig getilgt ist. Solche Darlehen nennt man Hypothekendarlehen, der Name kommt aus dem Griechischen und bedeutet »Pfand«. Sie zahlen Darlehen und Zinsen zurück in regelmäßigen Raten. Darin ist ein Anteil für die Tilgung enthalten – meist 1 Prozent – und ein Anteil für die Zinsen. Sie werden pro Jahr (lat. annus) berechnet, deshalb heißt diese Art der Bau-

Wie finden wir das preisgünstigste Darlehen für unsere Eigenheim-Finanzierung?

Alle Banken, Bausparkassen und Kreditanstalten und viele Versicherungsgesellschaften verleihen Baugeld. Ihr erster Weg wird Sie zu Ihrer Hausbank führen, bei der Sie Ihr Girokonto haben. Dagegen spricht nichts, wenn Sie den Mitarbeitern vertrauen und die Konditionen für das Darlehen stimmen. Sind Sie dem Institut als vertrauenswürdiger Kunde bekannt, ist man eher bereit zu einer gewissen Großzügigkeit in der Finanzierung und Abwicklung als dort wo Sie fremd sind und man nicht weiß, ob Sie Ihr Konto penibel im Plus halten oder chronisch ins Minus rutschen lassen. Es lohnt sich aber, auch Institute zu fragen, die keine Filiale am Ort unterhalten. Steht die Baufinanzierung erst einmal, läuft sie im Hintergrund. Sie müssen nicht ständig an den Schalter – vielleicht profitieren Sie woanders von günstigerem Zins, der Möglichkeit zu Sondertilgungen ohne Preisaufschlag oder weniger Bereitstellungsgebühr für den Kredit. Vergleichen Sie vor allem diese Werte: ausgezahlte Darlehenssumme, Auszahlungskurs, Nominal- und Effektivzins, Anfangstilgung, Zinsbindungsfrist, Restschuld nach Ablauf der Zinsbindung, Zahlungsweise (monatlich oder vierteljährlich) sowie Art der Zins- und Tilgungsverrechnung (monatlich oder vierteljährlich).

tipp

Für Laien ist Baufinanzierung oft genug ein Buch mit sieben Siegeln. Die Verbraucherzentralen nehmen 90 Euro für eine neutrale und umfassende Bauberatung.

finanzierung Annuitätendarlehen. Bei einem Zinssatz von beispielsweise 4 Prozent zahlt man also einschließlich der Tilgungsrate 5 Prozent der gesamten Darlehenssumme an die Bank. Der Betrag wird durch zwölf geteilt und monatlich von Ihrem Girokonto eingezogen.

Tilgungshöhe überlegen Auf den ersten Blick sieht es so aus, als ob man den Kredit erst in 100 Jahren abgestottert hat. Keine Sorge, so lange dauert es nicht. Schließlich sollte Ihr Eigenheim bis zur Rente schuldenfrei dastehen. Wer in der Schule aufgepasst hat, erinnert sich an die Sache mit dem Zinseszins. Man bedient das Darlehen in immer gleich hohen Beträgen, anfangs mit hohem Zinsanteil und geringem Anteil für die Tilgung. Das Restdarlehen schrumpft stetig und mit ihm die anteiligen Zinsen – im Lauf der Jahre wächst der Tilgungsanteil der Darlehensrate. Mit einem Annuitätendarlehen ist das Haus nach 25 bis 30 Jahren abbezahlt; so viel Zeit bleibt jungen Bauherren bis zur Rente. Wer seine Schulden rascher loswerden will oder erst in seinen besten Jahren baut, kalkuliert für ein sorgenfreies Alter mit 2 oder 3 Prozent Tilgung. Nach mir die Sintflut, sollen doch die Erben die Schulden abtragen: ein verlockender Gedanke, bei dem die Bank aber nicht mitspielt. Für ältere Bauherren errechnet sie die Rückzahlung meist so, dass sie die letzte Rate pünktlich vor der Rente des Darlehensnehmers einstreicht. Manche Baufinanzierer locken Kreditkunden mit einer niedrigen Tilgungsrate und rechnen so die monatliche Belastung schön. Was Bauherren häufig nicht bedenken: Auf diese Weise verlängert sich die Laufzeit des Kredits. Ein Darlehen über 30 Jahre zu 4 Prozent effektivem Jahreszins ist über 8 Jahre früher abbezahlt, wenn man mit 1,5 Prozent der Summe tilgt statt mit 1 Prozent.

Um Zinsen feilschen Wie lange Sie an Ihrem Kredit knabbern und wie viel Sie jeden Monat für die Rückzahlung aufbringen müssen, hängt in erster Linie von der Höhe der Zinsen ab. Erfragen Sie die Konditionen verschiedener Banken, bevor Sie ein Annuitätendarlehen unterschreiben. Der Unterschied von nur 0,1 Prozent für ein 100 000-Euro-Darlehen macht über 25 Jahre fast 1800 Euro aus. Damit Bauherren Zinsen vergleichen können, müssen Banken den Nominalzins angeben sowie den Effektivzins gemäß Preisangabenverordnung (PangV). Er enthält neben dem Nominalzins zusätzliche Kosten wie Vermittlungs-, Bearbeitungs- und Auszahlungsgebühren.
Die Sache hat trotzdem einen Haken: Banken brauchen nicht alle Nebenkosten in den effektiven Jahreszins hineinzurechnen. Fragen Sie, was noch auf Sie zukommt – man zahlt Zinsen zum Beispiel schon dafür, dass die Bank das Geld bereit hält, bis man es abruft.

Laufzeiten festlegen Zinsen für Baukredite schwanken. Kreditnehmer hoffen, dass sie fallen, oder wollen ein niedriges Zinsniveau auf Jahre festhalten. Darum entscheidet man sich oft für eine Zinsbindungsfrist von 2, 5, 8, 10 oder 15 Jahren und verhandelt danach neu. Der Vorteil für Sie: Mit festem Zins kalkulieren Sie Ihre monatliche Belastung exakt. Die Zinsbindungsfrist auszuhandeln, ist ein bisschen wie Pokern: Steigen Sie bei hohem Zinssatz ein und binden sich über eine lange Ver-

Was gibt es wo für unser Kapital?

Hier erfahren Sie, was Grundstücke und Häuser im Durchschnitt kosten – die Preise können nach oben oder unten abweichen.

Baden-Württemberg

Stuttgart	750	3100	2000	480
Konstanz	450	3300	2300	500
Heidelberg	630	2900	2200	550
Freiburg	450	3000	2000	460

Bayern

München	675	3550	2800	750
Nürnberg	365	2550	1500	355
Kempten	365	2100	1650	345
Neu-Ulm	150	2650	1050	280

Brandenburg

Potsdam	240	2200	1800	270
Frankfurt/O.	65	1450	900	145
Cottbus	45	1350	800	165

Hessen

Hofheim/Ts.	600	3000	2900	450
Frankfurt/M.	550	3000	2250	450
Marburg	180	2450	1400	240
Kassel	150	1800	1250	250

Mecklenburg-Vorpommern

Schwerin	70	1500	1200	180
Rostock	150	1600	1350	180
Neubrandenb.	70	1200	950	140
Wismar	80	1000	850	130

Niedersachsen

Hannover	200	1800	800	200
Aurich	55	1250	700	140
Osnabrück	230	1800	1300	220
Lüneburg	120	2200	1500	250

Nordrhein-Westfalen

Düsseldorf	375	2825	1750	450
Bocholt	180	1600	1200	280
Bonn	280	2400	1300	320
Höxter	85	1300	825	140

Rheinland-Pfalz

Mainz	550	2200	1500	350
Koblenz	210	2100	1200	220
Speyer	400	2350	1300	285

Saarland

Saarbrücken	210	2300	1100	280
Merzig	175	1100	1000	90
St. Wendel	100	2000	1150	170

Sachsen

Dresden	130	2000	1000	160
Leipzig	85	1800	1000	170
Zwickau	70	1300	900	140

Sachsen-Anhalt

Magdeburg	85	1600	700	150
Salzwedel	30	k.A.	700	120
Dessau	70	1250	650	130

Schleswig-Holstein

Kiel	170	2100	1400	230
Lübeck	200	2000	1500	220
Husum	95	1200	1300	130

Thüringen

Erfurt	135	2000	1250	200
Nordhausen	65	1200	1000	150
Ilmenau	75	1300	900	160

Stadt-Staaten

Berlin	210	2100	1000	240
Bradenburg	170	1900	1000	200
Hamburg	330	3200	2200	300

Legende

- Grund: Euro/m²
- Eigentumswohnung neu: Euro/m² Wfl.
- ETW gebraucht: Euro/m² Wohnfläche
- EFH freistehend gebraucht: tsd. Euro

Angaben für neue Eigentumswohnungen in Euro pro m² Wohnfläche. Für gebrauchte, frei stehende Eigenheime in Euro pro m². Für Baugrundstücke in Euro pro m².
Quelle: LBS

tragslaufzeit, ärgern Sie sich, falls es Baugeld inzwischen billiger gibt. Andererseits können die Zinsen während kurzer Laufzeiten steigen und Sie rasch zu teuren Anschlussdarlehen zwingen. Hinzu kommt: Für langfristige Darlehen verlangen die Banken meist mehr Zinsen als für kurzfristige.

Tilgungsplan verlangen Lassen Sie sich im Beratungsgespräch mit dem Kreditgeber für alle Varianten Tilgungspläne ausdrucken – daraus lassen sich Ihre jährlichen oder monatlichen Zahlungen, die jährlich abnehmende Darlehenssumme sowie die Restschuld nach Ablauf des Vertrags ablesen. Sie sehen auch, wie die Finanzierung schätzungsweise weiterläuft, wenn die vereinbarten Zinsen sich nicht verändern. Spielen Sie die Anschlussfinanzierung aber auch durch mit höheren und niedrigeren Zinsen als heute. Vergleichen Sie die Angebote unterschiedlicher Banken und entscheiden Sie sich für den Vorschlag, der das beste Gefühl in Ihnen auslöst. Faustregel: Liegen die Zinsen niedrig – etwa bei 6 Prozent und darunter –, entscheiden Sie sich für einen langfristigen Vertrag von 10 oder 15 Jahren, in Hochzinsphasen für kurze Laufzeiten von 2 oder 5 Jahren. Vorteil der 15-jährigen Bindung: Die Bank ist an diese Frist gebunden, Sie als Kunde dürfen jedoch schon ab 10 Jahren nach günstigen Konditionen Ausschau halten. Wer wenig Risiko eingehen möchte, splittet den Gesamtkredit in mehrere Beträge und schließt Verträge mit unterschiedlichen Laufzeiten ab – in der Hoffnung, dass er dann jeweils die Teilbeträge ganz tilgen oder zumindest von Zinssenkungen profitieren kann.

Drängen Sie Ihren Kreditgeber auf monatliche Verrechnung von Zins und Tilgung – so schmälert sich Ihre Restschuld schneller als mit einer vierteljährlichen Gutschrift der Raten.

Mit variablem Zins pokern Es gibt auch Darlehen mit variablem Zins, sie kosten weniger als Festzinskredite, sind aber wegen des aktuell günstigen Zinssatzes nicht zu empfehlen. Der Zinssatz wird laufend aktualisiert, kann fallen oder steigen. Darin liegt Ihr Risiko: Schnellt er in die Höhe, platzt möglicherweise Ihre Finanzierung. 1 Prozent Teuerung bedeutet pro 100 000 Euro Darlehen eine monatliche Mehrbelastung von rund 83 Euro. Wenn Ihnen das nichts ausmacht, hat ein Darlehen mit variablem Zins auch sein Gutes: Man darf es jederzeit kündigen und die Restschuld auf einmal begleichen – beispielsweise aus einer Erbschaft oder einer fälligen Lebensversicherung. Solche Tilgung schließt ein Darlehen mit Festzins aus – es sei denn, Ihre Bank gewährt Ihnen das Recht zu Sondertilgungen. Andernfalls lässt sie sich entgangenen Zins-Profit mit einer Vorfälligkeitsentschädigung ausgleichen.

Beleihungsgrenze ermitteln Wenn die Bank Ihnen Kredit gibt, will sie Sicherheiten, nimmt Haus und Grundstück als Pfand. Die Kredithöhe richtet sich aber nicht nach der tatsächlichen Bausumme, sondern nach dem Beleihungswert der Immobilie – in der Regel 80 Prozent des Baupreises. Auf diesen Beleihungswert wenden Kreditgeber die gesetzlich vorgeschriebene Beleihungsgrenze an, bis 60 (Hypothekenbanken) und bis 80 Prozent (Bausparkassen) der Hauskosten. Kostet Ihr Haus 250 000 Euro, könnte der Beleihungswert bei 200 000 Euro liegen, wovon je nach Institut 120 000 bis 160 000 Euro finanziert werden.

Bauspardarlehen

Darlehen von Bausparkassen sind meist günstiger als Annuitätendarlehen. Um in den Genuss zu kommen, muss man allerdings frühzeitig einen Bausparvertrag abgeschlossen haben. Sie sparen hier jeden Monat eine bestimmte Summe für Ihr Haus, bis Sie – das sehen die gängigen Verträge vor – mindestens 40 Prozent Ihrer Ziel-Bausparsumme erreicht haben. Dann haben Sie das Anrecht, die restlichen 60 Prozent als Darlehen vorgestreckt zu bekommen. Manche Bausparkassen offerieren Verträge mit 50-prozentiger Ansparung und 50-prozentigem Darlehensanspruch. Sie sind ungünstiger, weil man mehr selbst ersparen muss und den niedrigen Zins nicht optimal nutzen kann. In der Ansparphase wird das Guthaben verzinst – meist niedriger als Anlagen auf dem Kapitalmarkt. Dafür weiß man schon bei Vertragsabschluss, wie viel Darlehen man kriegt, mit welcher Summe man es tilgt und wie viel Zinsen es kostet – man trägt also null Zinsrisiko.

Schulden loswerden Was Sie allerdings nicht wissen: wann Sie über das Darlehen verfügen können. Es kommt auf die sogenannte Bewertungszahl an, die sich von Bausparkasse zu Bausparkasse

Herrscht Flaute an der Börse, kürzen Gesellschaften ihren Lebensversicherten die Überschussbeteiligung. Wer sie zur Baufinanzierung einsetzt, riskiert eine große Finanzlücke.

unterschiedlich errechnet. Maßgebend für den Zeitpunkt der Zuteilung ist das für Laien schier undurchschaubare Verhältnis der Guthabenzinsen zu einem Tausendstel der Bausparsumme mit einem Zusatzfaktor je nach Tarifvariante.

Zuteilung abwarten Im Grunde handelt es sich immer um das Prinzip »Zeit mal Geld«: Je länger die Bausparkasse mit dem Guthaben arbeiten kann und je schneller Sie es vermehren, desto höher liegt die Bewertungszahl. In der Regel wird ein Bausparvertrag innerhalb von sieben Jahren zuteilungsreif. Wer das Geld früher benötigt, kann Schnellspar-Tarife wählen – für die Darlehen daraus zahlt man höhere Zinsen als für langsam angesparte Verträge. Das Bauspardarlehen verlangt eine höhere Tilgung als ein herkömmlicher Bankkredit, bis zu 7 Prozent. Vorteil: Die Schulden sind meistens in 10 oder 11 Jahren weggeputzt, manchmal schon in acht. Wer das nicht schafft, dem räumt die Bausparkasse Tilgungsstreckung ein – mit einem Tilgungszuschuss-Darlehen gegen weitere Zinsen. Sollten Sie unverhofft zu einer größeren Summe Geldes kommen, etwa durch eine Erbschaft: Auf ein Bauspardarlehen sind – im Gegensatz zum Annuitätendarlehen – jederzeit Sondertilgungen ohne Aufschläge möglich.

Risiken abwägen Sie wollen jetzt bauen, nicht erst in 7 Jahren? Dann greifen Sie auf ein Hypothekendarlehen zurück. Ein Bausparvertrag kann sich trotzdem lohnen – für die Anschlussfinanzierung wenn einer der Annuitätenverträge ausläuft. Auch wenn Sie mit dem Bauen am liebsten sofort loslegen wollen oder Sie sich von jetzt auf gleich für ein Grundstück entscheiden müssen: Lassen Sie sich lieber das vermeintliche Schnäppchen entgehen und sichern zunächst Ihre Finanzierung. Vergleichen Sie stets die Bedingungen, bevor Sie Kredit- oder Bausparverträge unterschreiben. Das gilt auch für Versicherungspolicen, mit denen man sein Eigenheim finanzieren kann – in manchen Policen steckt ein Risiko.

Lebensversicherung

Nicht nur Banken und Bausparkassen verleihen Baugeld – auch Lebensversicherungs-Gesellschaften lassen sich anzapfen. Sie verlangen für ein Hypothekendarlehen in der Regel bis zu 1 Prozent weniger Zinsen als Banken. Die zahlt man in festen Monatsraten – und muss nicht tilgen. Nur scheinbar ein Vorteil, denn statt dessen schließt der Darlehensnehmer eine Lebensversicherung ab, in die er Monat für Monat einzahlt. Der Versicherungsbeitrag ersetzt quasi die Tilgungsrate. Am Ende der Versicherungslaufzeit – meist nach 20 bis 30 Jahren – begleicht man mit der Versicherungssumme auf einen Schlag den Kredit. Versi-

Wie können wir Zinsen sparen?

Sie zahlen schon seit vielen Jahren Beiträge in eine Lebensversicherung? Gibt die Gesellschaft ihre Zustimmung, lässt sich eine Kapitallebensversicherung in die Hausfinanzierung einbauen. Sie bekommen ein Policendarlehen bis zur Höhe des Rückkaufwerts (das ist weniger als die Summe der geleisteten Beiträge). Mit dem Darlehen lässt sich zum Beispiel die Zeit bis zur Zuteilung eines Bausparvertrags überbrücken.

info

Wie viel Haus für mein Geld?

... und was es monatlich kostet

Immobilienwert	200 000	250 000	300 000	400 000
Eigenkapital ohne Bausparguthaben (20 %)	40 000	50 000	60 000	80 000
Bausparsumme (30 %)	60 000	75 000	90 000	120 000
davon Guthaben	24 000	30 000	36 000	48 000
davon Darlehen	36 000	45 000	54 000	72 000
Bank- oder Sparkassendarlehen (50 %)	100 000	125 000	150 000	200 000
Zinsen und Tilgung				
Hypothekendarlehen Sollzins 4,0 % für 10 Jahre fest, Tilgung 1 % pro Jahr zuzüglich ersparter Zinsen	416,67	520,83	625,00	833,33
Bauspardarlehen 4 Promille der Bausparsumme, Sollzins 3,80 % jährlich	240,00	300,00	360,00	480,00
Monatliche Belastung abzgl. evtl. Wohneigentumsförderung (Riester) ohne Berücksichtung evtl. steuerl. Auswirkungen*	**590,58**	**754,75**	**918,92**	**1247,25**
Haushaltseinkommen**	2 065,58	2 229,75	2 393,92	2 722,25

Quelle: LBS

** 2 Personen mit Grundzulage von je 154 Euro (308 Euro), 1 Kind geboren nach 2008 (300 Euro), 1 Kind geboren vor 2008 (185 Euro), Summe jährlicher Zulage 793 Euro.*

*** Empfohlenes Mindest-Einkommen pro Monat (Grundlebenskosten): 1175 Euro plus Bewirtschaftungskosten 3 Euro pro Monat/m² (z.B. 100 m²) plus monatliche Belastung für die Finanzierung.*

cherungsunternehmen ziehen allerdings die Beleihungsgrenze enger, sie liegt zwischen 40 und 50 Prozent des Kaufpreises – vermutlich reicht Ihnen der Betrag nicht aus. Noch ein Haken: Die Versicherungssumme setzt sich zusammen aus eingezahlten Beträgen, garantierter Verzinsung sowie einer Überschussbeteiligung – die Auszahlungssumme ist mehr oder weniger über den Daumen gepeilt. Auf den garantierten Zins haben Sie Anspruch, auf die in Aussicht gestellte Überschussbeteiligung nicht. Deren Höhe hängt ab vom Verlauf der Sterblichkeit, der Kostenentwicklung und vor allem davon, wie klug das Unternehmen seine Gelder auf dem Kapitalmarkt anlegt. Hat man Pech, schrumpft die Auszahlungssumme um Zehntausende Euro, während die Schuld in voller Höhe bestehen bleibt.

Risiken abwägen Für ein Versicherungsdarlehen verhandelt man nach 5 oder 10 Jahren erneut über den Zins – wie für ein Annuitätendarlehen. Während man das Bankdarlehen bis dahin bereits zum Teil getilgt hat, zahlt man der Versicherung immer wieder Zinsen für die gesamte Darlehenssumme – geht der Zinssatz nach oben, können die monatlichen Belastungen katastrophal wachsen. Zudem kassiert manche Versicherung für die Verlängerung des Darlehensvertrags Gebühren. Sie machen für 100 000 Euro bei 30 Jahren Laufzeit in etwa 4 000 Euro aus. Läuft die Zinsbindungsfrist aus, dürfen Sie Bank- wie Versicherungsdarlehen auf einen Schlag zurückzahlen – vielleicht gewinnen Sie ja im Lotto. Die Lebensversicherung müssen Sie trotzdem weiterzahlen – Vertrag ist Vertrag. Wer eine Lebensversicherung kündigt oder die Laufzeit verkürzt, zahlt drauf.

Stumme Preistreiber

Sie haben jetzt überschlägig berechnet, wie viel Eigenkapital Ihnen zur Verfügung steht und woher Sie den Rest bekommen können. Bleibt noch die Frage nach dem Betrag. Vielleicht haben Sie sich schon ein paar Traumhäuser angeschaut und eine Vorstellung von den Grundstücks- und Baukosten. Das ist aber nicht alles, was Sie zahlen. Je 100 000 Euro Hauspreis brauchen Sie noch einmal um die 5 000 Euro extra. Mit diesem Trick haben Sie schnell gecheckt, ob Sie sich das Objekt Ihrer Träume überhaupt leisten können. Und Sie liefern dem Berater von Bank, Bausparkasse oder Versicherung klare Fakten für die Finanzierung.

Nebenkosten einplanen Wer ein Grundstück kauft, zahlt 3,5–5 Prozent *Grunderwerbsteuer* ans Finanzamt. (Der Staat verzichtet darauf nur, wenn der Bauplatz zwischen Verwandten gerader Linie verkauft wird. Dazu gehören Großeltern, Eltern, Kinder und Enkel sowie Ehegatten. Grundstücksverkäufe zwischen Geschwistern werden aber normal besteuert. Der Fiskus greift auch zu, wenn zwei Vertragspartner ihre Grundstücke tauschen.) Kann sich der Bauherr frei entscheiden, mit welchem Bauträger er sein Haus errichten will, zahlt er die Steuer nur auf das Grundstück. Muss er hingegen mit einem bestimmten Bauträger oder Fertighaushersteller bauen, weil er sonst das Grundstück nicht bekommt, wird die Steuer vom

Gesamtpreis berechnet, also inklusive Baukosten. Findet ein *Makler* Ihr Grundstück, wird er eine Rechnung stellen über 3 bis 6 Prozent des Kaufpreises plus 19 Prozent Umsatzsteuer. Es lässt sich aber verhandeln, dass der Verkäufer einen Teil der Maklergebühr trägt.

Honorare kalkulieren Ist der Verkäufer schon ganz mürbe vom Verhandeln und hat er Angst, dass Sie das Grundstück sonst nicht nehmen, zahlt er vielleicht die volle Maklergebühr. Der *Notar* beurkundet die Unterzeichnung des Kaufvertrags und veranlasst den Eintrag ins Grundbuch. Zudem klärt er, ob das Grundstück finanziell belastet ist und informiert beide Parteien über die rechtlichen Folgen des Grundstückshandels. Die Kosten für seine Dienste betragen 1,5 – 2 Prozent des Kaufpreises. Auch hier: 19 Prozent Mehrwertsteuer addieren! Nun erkundigen Sie sich bei der Gemeinde nach dem genauen Beitrag für die Grundstücks-*Erschließung*: Schließlich ist der Anschluss ans öffentliche Straßennetz, die Versorgung mit Wasser und Strom sowie der Anschluss an den Abwasserkanal nicht gratis. Die Höhe des Betrags richtet sich nach der Grundstücksgröße. Auch wenn alle Leitungen schon bis zum Bauplatz führen, fallen Kosten für die Energie- und Wasserversorgung an: Ihr Haus muss mit dem öffentlichen Netz verbunden werden – macht 3 bis 4 Prozent der Baukosten. Wenn Sie Ihr Haus schlüsselfertig kaufen, sollten diese Kosten im Preis enthalten sein. Planen Sie als Letztes die Gebühr für die *Baugenehmigung* ein, sie beträgt 0,3 bis 0,5 Prozent der Baukosten. Sobald der Baukredit für Sie in Warteposition steht, kostet er *Bereitstellungszins* – auch wenn die Auszahlung erst später erfolgt. Üblich ist ein halbes Jahr Kostenfreiheit, danach fallen pro Jahr 2,4 – 3 Prozent des nicht ausgezahlten Darlehens an.

▶ **Baukosten: Wie viel Geld brauchen wir? Holen Sie sich eine maßgeschneiderte Schätzung – per Online-Rechner unter www.haus.de/baukosten**

Wie viel Kredit brauchen wir?

Die erste Kostenschätzung gibt Ihnen eine Vorstellung von der Kredithöhe. Tragen Sie die Summen in die Liste ein und nehmen Sie sie mit zur Bank. Vielleicht müssen Sie Wünsche zurückstellen – oder hart verhandeln.

1. **Grundstück**
   inklusive mind. 3,5–5% Grunderwerbsteuer, Erwerbs- und Erschließungskosten
   ____________ Euro
2. **Baukosten**
   Kubikmeterzahl des umbauten Raums berechnen: Länge x Breite x Höhe; Gesamtzahl mit Erfahrungs-Kostensatz von 350 Euro je m³ multiplizieren
   ____________ Euro
3. **Nebenkosten**
   für Architekt, Genehmigung, Kredit, Zinsen: mindestens 15 % der Baukosten
   ____________ Euro
4. **Startkapital**
   für Außenanlagen und Versicherungen 5 % der Baukosten
   ____________ Euro

▶ **Gesamt**
____________ Euro

check

Wie soll unsere Zukunft aussehen?

Familie, Karriere, Ruhestand – im Haus nach Maß

Viele Kinder kriegen, später eventuell die Schwiegereltern ins Haus holen: Wer als Großfamilie leben möchte, baut ein paar Quadratmeter mehr und plant so, dass sich die Räume noch sinnvoll nutzen lassen, wenn Oma und Opa lieber auf Mallorca residieren und die Kinderschar flügge wird.

Unser Haus: Das wollen wir uns auf den Leib schneidern wie einen Maßanzug und individuell einrichten nach unseren ganz persönlichen Bedürfnissen. Wir werden es nie mehr hergeben und darin glücklich und zufrieden leben bis ans Ende unserer Tage. Bauherrenträume ...

Familienplanung

Lebenspläne können sich ändern, von einem Tag zum anderen: Im Job winkt die große Chance, Nachwuchs kündigt sich noch einmal an, oder Oma baut so ab, dass man sie zu sich nehmen sollte, und nach einem Unfall wäre es vielleicht praktischer, näher an der Reha-Einrichtung zu wohnen. Aus irgendeinem Grund passt dann das Maß-Haus nicht mehr, aber das Herz hängt dran, die Kredite laufen noch Jahre. Was ist besser: verkaufen, vermieten oder umbauen? Befinden Sie sich noch am Anfang Ihrer Karriere, sind die Kinder noch klein oder erst in Planung? Dann ist die Gefahr am größten, dass Sie an Ihrem Bedarf vorbei bauen.

Wer jetzt abwinkt, ärgert sich später. Planen Sie Ihr Haus vorausschauend: Ist der Baustress erst verdaut und das Budget wieder im Lot, wünschen Sie sich vielleicht mehr Platz und Komfort. Ältere Kinder maulen, wenn sie sich ein Zimmer teilen müssen mit Geschwistern – bauen Sie teilbare Räume. Sie werden wieder Zeit finden für Hobbys: Malen und Musik machen, die Carrerabahn aufbauen und einen Billardtisch. Sehen Sie dafür Reserven vor im Keller, unterm Dach oder in einem Gartenhaus. Ein riesiges Heim für die Großfamilie – was tun Sie damit, wenn die Kinder es verlassen? Werden Sie sich den Unterhalt für das Haus leisten können, die Pflege bewältigen? Wer in die Zukunft plant, baut die Möglichkeit ein, das Haus partiell zu vermieten oder es mit der nächsten Generation zu teilen. Sie sperren Konflikte aus, wenn sich die Wohnungen ohne Aufwand separieren lassen.

Veränderungen ermöglichen Der Durchschnitts-Bauherr ist 35 Jahre alt und kerngesund. Die meisten Familien bauen für jetzt und bedenken nicht: Jeder zehnte Bundesbürger ist schon in jüngeren Jahren in irgendeiner Weise behindert, und als Rentner wünscht man sich einfach ein ganzes Stück mehr Wohnkomfort.

Umbau vermeiden Machen Sie Annehmlichkeiten gleich zur Standard-Ausstattung, dann müssen Sie nachher nicht teuer, laut und schmutzig nachrüsten: Schwellenlose Übergänge von Raum zu Raum und 100 Zentimeter breite statt 80 Zentimeter schmale Bad- und WC-Türen wissen Hausfrauen mit einem Wäschekorb in den Händen ebenso zu schätzen wie Skifahrer mit Gipsbein oder Rollstuhlfahrer. Wer sich heute auf Veränderung gefasst macht, zahlt morgen weniger für die Umnutzung und erspart sich zudem den Umbau. Spielraum bietet etwa ein Haus mit Küche, Wohn- und Schlafraum sowie Duschbad im Parterre – so ließe sich der Alltag ohne Treppensteigen bewältigen. Eine andere Möglichkeit: Man setzt einen Wintergarten zwischen zwei Haushälften – er trennt oder verbindet Einheiten, passend zur Familiensituation. Bescheidener ist ein Zimmertausch – er funktioniert am besten mit gleich großen Räumen und sogar mit Küche und Bad, wenn man an mehreren Stellen des Hauses Rohre bündelt.

Jobwechsel

Wenn Sie jetzt schon wissen, dass Sie sich irgendwann selbstständig machen und von zu Hause aus arbeiten wollen: Besprechen Sie Planung von Wohnhaus sowie Büro, Kanzlei oder Werkstatt mit Ihrem Architekten, die Finanzierung unbedingt mit Ihrem Steuerberater. Auch wenn Sie Ihr Home Office zunächst allein betreiben: Planen Sie es groß genug für mindestens zwei Schreibtische und verkabeln Sie die Arbeitsplätze zukunftsträchtig – eventuell gesellen sich über kurz oder lang Kompagnon oder Mitarbeiter hinzu. Wenn Sie als Angestellter den Arbeitsplatz wechseln, ist guter Rat gefragt. Was finanziell am günstigsten ist, hängt von drei Faktoren ab: Dem Goodwill Ihrer Bank, den aktuellen Steuergesetzen und der Art und Lage Ihres Hauses. Lassen Sie sich von Ihrem Kreditgeber, Ihrem Steuerberater und von einem Immobilienmakler die Vor- und Nachteile verschiedener Möglichkeiten ausrechnen. Mit Kind und Kegel umziehen und sein Haus vermieten – das kann steuerlich die ideale Lösung sein, wenn Sie den Wohnort aus beruflichen Gründen wechseln. Bauen oder kaufen Sie ein zweites Haus am neuen Wohnort, berät Sie Ihr Sachbearbeiter auf dem Finanzamt oder Ihr Steuerberater über den aktuellen Stand in Sachen Förderung. Das Haus zu vermieten klingt logisch, aber das stemmen Sie nur mit gutem Verdienst im neuen Job: Ihr Eigenkapital liegt fest im ersten Haus, das zweite muss voll finanziert werden.

Haus verkaufen Eine andere Möglichkeit: Sie verkaufen das Erstdomizil, profitieren womöglich von seiner Wertsteigerung und finanzieren mit dem Erlös ein neues Haus. Wenn es nur so einfach wäre! Vom Verkaufspreis müssen Sie Ihre Darlehen abziehen, die Bank verlangt eine Vorfälligkeitsentschädigung. Dazu kommen Kosten für die Löschung der Grundschuld im Grundbuch. Ein Verkauf kann problematisch sein, wenn Ihr Haus sehr individuell

Umfrage: Mobil für den Job – wer ist bereit zu einem Umzug aus beruflichen Gründen?

- **Das Institut inra befragte im Auftrag von DAS HAUS 1000 Leute nach ihrer Meinung zum Thema Mobilität. Tenor: Umzug für den Job? Klar!**
- **78 % der Befragten sind der Ansicht, man müsse heute mobil sein, um im Job voranzukommen.**
- **87 % würden ihren Wohnort danach richten, wo sie sich wohlfühlen. Es wäre ihnen egal, wenn sie woanders mehr verdienen könnten.**
- **43 % sagen: Der Höchstverdiener bestimmt den Wohnort. Vor allem Frauen sind dieser Meinung.**
- **77 % aller Interviewten würden dem Partner zuliebe umziehen, wenn es ihn beruflich weiterbringt.**
- **21 % wären auch bereit, eine Wochenend-Beziehung zu führen, um nicht umziehen zu müssen.**
- **61 % halten einen Umzug für eine große Belastung, die man Kindern ersparen sollte. Sie würden eher die Karriere warten lassen.**
- **49 % mögen Neues: Einen Umzug sehen sie als Chance, Dinge zu verändern – Männer eher als Frauen.**
- **29 % lehnen einen Umzug aus beruflichen Gründen ganz ab.**
- **57 % würden zwar den Karrieresprung woanders wagen, das eigene Haus aber bis zu einer späteren Rückkehr vermieten.**

info

gebaut ist, an einer lauten Straße oder abseits auf dem Land liegt. Ist die Nachfrage gering, steht das Haus lange leer – im Schnitt zwei Jahre, in Einzelfällen länger. Erkundigen Sie sich bei Ihrer Bank, was die Finanzierung eines neuen Hauses kostet, wenn das alte noch nicht verkauft ist. Wer sich schnell entschließen muss, braucht eine Vor- oder Zwischenfinanzierung – beides ist teuer. Lieber erst neu bauen, wenn das alte Haus verkauft ist. Wenn sich abzeichnet, dass ein Käufer nur schwer zu finden ist und das Budget es erlaubt, sollte man das Haus behalten und vermieten: Immobilien sind mit durchschnittlich 4 Prozent Rendite eine sichere Geldanlage.

Auf Zeit trennen Vielleicht erweist sich der neue Job als Flop. Oder Sie vergehen vor Heimweh. Vermieten Sie Ihr Haus, können Sie später wieder einziehen. Bis dahin garantieren Ihnen Mieteinnahmen jeden Monat einen festen Betrag, mit dem sich das Darlehen abdecken lässt. Zudem können Sie als Vermieter Kreditzinsen sowie Instandhaltungskosten unter Umständen steuerlich geltend machen. Wissen Sie heute noch nicht, ob Sie morgen das Haus nicht doch leichten Herzens verkaufen, schließen Sie mit Ihrem Mieter einen befristeten Mietvertrag ab – leer stehende Immobilien wird man schneller verkaufen als vermietete.

Zwei Haushalte führen Wollen Sie am neuen Wohnort ein zweites Mal bauen, mieten Sie vorsichtshalber für die ersten Monate eine Wohnung und fangen wieder von vorn an: Sondieren Sie wie für das erste Haus die Lage vor Ort, suchen ein schönes Grundstück und planen Ihr Zweithaus so gründlich wie das erste. Scheint Ihnen das alles zu kompliziert, dann leben Sie einen Kompromiss: Der Job-Aufsteiger wechselt den Wohnort ohne Familie, mietet oder erwirbt ein Apartment und nimmt in Kauf, dass das Leben teurer wird: Sie brauchen Zweitmöbel, Single-Portionen aus dem Supermarkt kosten mehr, Sie suchen häufiger Gesellschaft in der Kneipe und düsen am Wochenende heim. Einige der Mehraufwendungen lassen sich eventuell steuerlich absetzen – Ihr Sachbearbeiter im Finanzamt weiß, welche das sind.

Gerade erst ins neue Eigenheim gezogen – schon lockt eine bessere Arbeitsstelle in eine entfernte Stadt. Die wenigsten sind bereit, spontan ihre Siebensachen zu packen. Beraten Sie die Entscheidung in der Familie und prüfen Sie mit Bank, Steuerberater sowie Lehrern, was finanziell und emotional am günstigsten ist.

Sorglos ins Alter

Und später, wenn wir in Rente sind? Dann hält uns hier nichts mehr – wir hauen ab in die Toskana oder nach Florida. Dann haben wir das Haus am Hals und wünschen uns vielleicht, wir hätten uns nie so gebunden. Irrtum – Sie können es verkaufen, um etwas richtig Schönes im Ausland zu kriegen. Oder – falls es schon abbezahlt ist – einfach beleihen.

Dann hätten Sie hier eine Sommerresidenz und woanders ein angenehmes Winterquartier. Oder Sie vermieten Ihr Heimathaus und bestreiten mit den Mieteinnahmen Ihre Kosten im Süden oder wohin immer es Sie zieht. Wägen Sie das Für und Wider ab, bevor Sie Ihre bewohnbare Altersvorsorge aus der Hand geben. Wollen Sie nur für eine begrenzte Zeit woanders leben oder mit Gewissheit Ihren Dauerwohnsitz verlegen? Lässt sich Ihr Haus voraussichtlich gut verkaufen, weil Ausstattung, Lage und Preis stimmen? Liegen noch Schul-

Jeder hat seine Wünsche fürs Rentenalter: daheim mit den Enkeln zusammen sein oder im warmen Süden privatisieren. Ein eigenes Haus hält den Rücken frei nach allen Richtungen.

den auf dem Haus? Dann erkundigen Sie sich bei Ihrem Darlehensgeber, ob eine Vermietung sinnvoll ist und welche Kosten beim Verkauf entstehen. Vergleichen Sie beizeiten das Preisniveau am alten und neuen Wohnort. Liegen Immobilienpreise, Mieten und Lebenshaltungskosten höher oder niedriger? Erkunden Sie Ihren neuen Wohnort, bevor Sie sich entschließen, noch einmal neu zu bauen oder ein Haus zu kaufen: In jeder Stadt, jedem Dorf gibt es bevorzugte Wohnviertel – und preiswertere. Oft lohnt es sich, für die Vermittlung von altem und neuem Haus Makler, Bank oder Bausparkasse einzuschalten. Die kennen den Markt, suchen einen Käufer oder Mieter und haben für Sie vielleicht ein neues Angebot.

Schenken und profitieren Die meisten Privatiers wird es gar nicht in die Ferne ziehen. Sie bevorzugen den Ruhestand in vertrauter Umgebung – im Kreis von Freunden und Bekannten, Kindern und Enkeln. In diesem Fall haben Sie zwei Möglichkeiten, von Ihrem Haus zu profitieren: Schenkung oder Leibrente. Sie könnten das Haus an Ihre potenziellen Erben verschenken und sich zu Ihrer eigenen Sicherheit das Nießbrauchsrecht vorbehalten. So bleibt Ihnen ein lebenslanges Wohnrecht, und zugleich senkt sich die Steuerlast für Ihre Kinder – wenn der Hauswert die Schenkungs-Freibeträge übersteigt. Der Nießbrauch mindert den Wert des Hauses – dadurch wird zunächst weniger Steuer fällig, den Rest stundet das Finanzamt bis zum Tod des Erblassers. Der Schenker lässt das Nießbrauchsrecht ins Grundbuch eintragen, der Beschenkte darf die Immobilie nur mit dessen Zustimmung belasten oder verkaufen. Sie können als andere Möglichkeit das Wohnrecht behalten, aber das Haus gegen lebenslange Rente »verkaufen«. Das Modell bietet sich an beispielsweise für Selbstständige, die kaum in die Rentenversicherung einbezahlt haben, und für kinderlose (Ehe-)Paare. Der Verkauf erfolgt mit notariellem Vertrag. Sie erhalten einen Teil des Kaufpreises als Sofortzahlung, den Restbetrag Monat für Monat, eine feste Zahlung als Rente oder Zusatzeinkommen. Das ist günstiger, als den Verkaufserlös über eine Versicherung verrenten zu lassen. Die Höhe der Zahlungen hängt ab vom Wert der Immobilie und von Ihrem Alter in Relation zur statistischen Lebenserwartung. Je kürzer die ist, desto höher die Rente – sie enthält Zinsen entsprechend dem bisherigen Mietwert und Ihr Kapital.

Leibrente kassieren Die monatlichen Zahlungen können Sie vertraglich an den Lebenshaltungskostenindex koppeln. Damit haben Sie bis an Ihr Lebensende ein inflationssicheres Zusatzeinkommen. Lassen Sie die Rentenzahlung (Reallast) an erster Stelle ins Grundbuch eintragen; bleiben Zahlungen aus oder sollte der Käufer pleite gehen,

Später abhauen in den Süden?

Könnten Sie sich vorstellen: später die Zelte hier abbrechen, das Haus verkaufen oder auf Leibrente übergeben – und alt werden, wo es wärmer ist? Kein Problem, die Rente wird auf Wunsch auch ins Ausland überwiesen. Frührentner sollten sich aber erkundigen, ob für sie andere Regelungen gelten. Auch wer eine sogenannte »Riester-Rente« abgeschlossen hat und ins Ausland geht, muss die Förderung nicht zurückzahlen.

info

sichern Kaufvertrag und Grundbucheintrag Ihre Rechte. Sie realisieren Ihre Ansprüche dann über eine Zwangsversteigerung. Krankheit, Jobverlust oder Scheidung können den gewissenhaftesten Finanzplan gefährden und bringen manchmal unverschuldet in finanzielle Not.

Einer von uns wird krank

Droht Geldmangel, setzen Sie die Zahlungen für das Haus auf keinen Fall kommentarlos aus. Sonst flattert Ihnen von Ihrem Kreditgeber eine Zahlungserinnerung ins Haus, dann ein Mahnschreiben – oder die Bank ruft Sie an. Wer seine Kreditraten beim besten Willen nicht mehr aufbringt, sollte unverzüglich einen Termin mit seinem Darlehensgeber vereinbaren. Geht es um hohe Kredite, besucht der Mitarbeiter Sie auch persönlich daheim, um die Lage zu besprechen und nach einer Lösung zu suchen. Überlegen Sie – als Paar gemeinsam – schon vor dem Gespräch, wann und wie Sie die Raten wieder aufbringen. Hilfreich ist eine neutrale Schuldnerberatung – Städte und Verbraucherzentralen, Diakonie und Caritas bieten sie an. Auch den Gang zum Sozialamt sollten Sie nicht scheuen; häufig besteht in der neuen Situation Anspruch auf Wohngeld. Ihr Kreditgeber wird hoffentlich alles versuchen, bevor er einen Kredit kündigt. Ziel der Beratung ist eine neue Zahlungsvereinbarung. Hierbei gibt es vier Möglichkeiten: Wird die *Tilgung gestundet*, zahlt man ausstehende Raten später nach, zum Beispiel in einem halben Jahr – auf einmal oder in mehreren Teilsummen. Einigt man sich auf eine *Tilgungsaussetzung*, verlängert sich die Laufzeit des Darlehens, die säumigen Raten holt man am Ende nach. Es lässt sich auch die *Tilgung strecken*, dann zahlt man jeden Monat nur einen Teil der Tilgungsrate.

Machmal kommt es knüppeldick: die Finanzierung des Eigenheims gerät ins Wackeln. Ruckzuck zu verkaufen ist häufig günstiger als durch neue Kredite die Schulden weiter in die Höhe zu treiben.

Kosten senken Der Darlehensgeber addiert die Beträge zu einem gesonderten, *neuen Kredit* (mit neuen, meist höheren Zinsen), man tilgt ihn nach dem ersten. Jede Änderung der Modalitäten hat weitere Zinslast zur Folge. Unter Umständen ist die Bank bereit zu Verhandlungen über die Zinshöhe Ihres Darlehens – variabler Zins etwa ließe sich umwandeln in eine Festzins-Vereinbarung. Sonst kann die Umschuldung auf einen neuen Vertrag mit einem anderen Institut die Rettung bedeuten. Dort schließen Sie einen Vertrag ab zu deutlich günstigeren Konditionen und zahlen den alten Kredit auf einen Schlag – plus eine Vorfälligkeitsentschädigung für die Zinseinnahmen, die der Bank dadurch entgangen sind.

Finanzierung retten Zeichnet sich ab, dass Sie das Haus nicht halten können: Verkaufen Sie es, ehe Sie unter Zeitdruck stehen. Lässt sich der Kredit nicht retten, wird Ihre Bank ihn kündigen, den Restbetrag auf einen Schlag verlangen und Ihnen den Verkauf des Hauses nahelegen. Dann pressiert es – wer nicht rasch einen Käufer findet, riskiert Zwangsversteigerung oder Gehaltspfändung.

Hausbau – Ehekitt oder Krisenherd?

Werden wir uns ewig lieben? Manche wissen es nach einer gemeinsamen Autofahrt, andere bauen ein Haus und verzweifeln, wenn der Partner einen komischen Geschmack hat oder zwei linke Hände. Testen Sie, ob Ihre Beziehung stabil ist. Sie haben 10 Startpunkte. Addieren Sie je 1 Punkt, wenn Folgendes auf Sie zutrifft:

Wir haben Kinder ❍

Wir wünschen uns noch gemeinsame Kinder ❍

Wir wollen/haben gemeinsames Wohneigentum ❍

Wir hätten moralische oder religiöse Bedenken gegen eine Scheidung ❍

Unsere Freunde würden uns raten, trotz einer Krise zusammenzubleiben ❍

Wir haben kirchlich geheiratet (oder haben es vor) ❍

Wir haben unsere Hochzeit ganz groß gefeiert (oder wir haben es vor) ❍

Wir haben vor unserer Heirat 3 Jahre zusammengelebt/ wir leben schon länger als 3 Jahre zusammen ❍

Unsere Lebensanschauung ist eher konservativ ❍

Gleich und Gleich gesellt sich gern – das trifft auf uns zu ❍

Wir reden viel miteinander ❍

Wir spüren miteinander eine starke Intimität ❍

Wir unterstützen uns ❍

Unser Sexleben ist okay ❍

Punktzahl: ______

+ Startguthaben 10 Punkte

Punkte gesamt ______

Ziehen Sie von dieser Summe je 1 Punkt ab, wenn eine dieser Aussagen auf Sie zutrifft:

Einer von uns beiden ist geschieden ❍

Wir haben einen Ehevertrag (werden einen haben) ❍

Die Partnerin ist berufstätig ❍

Ein Elternpaar ist geschieden ❍

Beide Elternpaare sind geschieden ❍

Wir wollen in einer Stadt mit über 100 000 Einwohnern bauen ❍

Selbstverwirklichung ist in unserer Partnerschaft ganz wichtig ❍

Wenn alle Stricke reißen, würden wir relativ schnell neue Partner finden ❍

Als Single zu leben wäre manchmal auch nicht ganz ohne Reiz ❍

Ergebnis: ______

Addieren Sie jetzt 1 Punkt für jedes Lebensjahr, das Sie älter sind als 20 Jahre ______

Punkte gesamt ______

1–10 Punkte:
Überlegen Sie sich ganz genau, ob Sie zusammen ein Haus bauen sollten. Ihre Partnerschaft wird die Belastung vermutlich nicht überstehen.

11–25 Punkte:
Je höher Ihre Punktzahl, desto besser gewappnet ist Ihre Beziehung für das Abenteuer und den Wirbel beim Hausbau.

Über 25 Punkte:
Ihre Verbindung ist unerschütterlich, Sie räumen die Stolpersteine auf dem Weg zum eigenen Haus lässig aus dem Weg – gemeinsam.

test

Welcher Haustyp passt zu uns?

Wahlhilfe: Alleine bauen oder zusammen mit anderen

Ein frei stehendes Haus: für drei Viertel aller Bauherren der Inbegriff von Gestaltungsfreiheit und Privatsphäre. Man bestimmt selber Hausgröße und Form, Materialien und Grundriss – soweit Bauvorschriften von Stadt oder Gemeinde keinen Strich durch die Rechnung machen.

Ein eigenes Haus: Vier von fünf Deutschen träumen davon. Frei stehend mit Garten drumherum, sonst lieber gar keins. Schade, denn so verzichten viele auf mehr Wohn- und Lebensqualität, die sie auch in einem Reihen- oder Doppelhaus fänden. Klar, Tür an Tür mit Nachbarn fühlt sich nicht jeder wirklich wohl. Aber besser, man entscheidet sich für einen Haustyp aus Überzeugung statt aus Sturheit.

Frei stehendes Haus

Kommt Ihnen das bekannt vor? Sie stellen sich den ganzen Tag auf andere ein, können eigentlich nie so richtig, wie Sie wollen. Verständlich, dass Sie wenigstens daheim schalten und walten möchten, wie es Ihnen passt: selbst entscheiden, was zu welcher Zeit gemacht wird. Den Nachbarn den Vorteil der Mülltrennung zu erklären oder mit ihnen die Fassadenfarbe abzusprechen – wäre nicht Ihr Ding. Am eigenen Haus möchten Sie Ihre höchst eigenen Vorstellungen verwirklichen – allenfalls der Architekt und Ihr Lebenspartner dürfen mitreden. Leute wie Sie sind Pioniere, betreten Neuland in jedem Sinne: Sie gestalten nach Ihrem Willen und kämpfen, wenn nötig, mit allen Unbilden – Behörden, Finanzen, Technik und Handwerkern.

Freiheit genießen Genau so wie Sie sehen es 71 Prozent aller Frauen und 72 Prozent der Männer, die DAS HAUS interviewen ließ. Sie möchten am liebsten Ihre Ruhe haben und für sich allein bauen. Nur 2 Prozent der HAUS-Befragten ist es völlig schnurz, ob sie um ihr Haus herumgehen können oder nicht. Das Gros aller Bauwilligen möchte mit dem Mieterleben eine Reihe von Einschränkungen hinter sich lassen: kleine Räume und dünne Wände, Putzzwang fürs Treppenhaus und scheußliche Fliesen im Badezimmer. Statt dessen: Alle Freunde zugleich um den Esstisch scharen und ein nächtliches Vollbad nach zehn nehmen, die Hausordnung nach Ihrem Gusto und endlich einen Bodenbelag, der Ihnen gefällt. Ein Haus ganz für sich allein bedeutet: Nie mehr Männchen machen vor den Nachbarn und Vermietern – Freiheit pur. Mancher Bauherr sieht die Sache auch ganz nüchtern: Frei stehende Eigenheime, besonders die mit Keller, lassen sich später besser verkaufen als Reihen- oder Doppelhäuser. Vorausgesetzt, man baut geschmacksneutral. Je individueller Sie Ihre Vorstellungen von Architektur und Wohnkultur verwirklichen, desto schwieriger findet sich ein Käufer mit gleicher Wellenlänge.

Schlüsselfertig bauen Wohnt man erst mal drin, genießt man in einem frei stehenden Haus sicher seine Ruhe wie in keinem anderen Haustyp. Bis dahin hat man aber auch die ganze Arbeit allein. Und außer seinem Lebenspartner niemanden, der einen mal von der Palme holt, auf die man während der Bauphase manchmal geht. Nicht selten schließen sich Bauherren zusammen, teilen sich Mühe und Stress – wie das gut gehen kann, lesen Sie im Experten-Interview auf der nächsten Seite. Wer doch lieber allein bauen, sich aber das Planen, Entscheiden und Organisieren vom Hals halten will, kauft ein Haus von einem Bauträger oder Fertighaus-Hersteller. Der Unterschied: Bauträger mauern typisierte Häuser in üblicher Bauzeit vor Ort, Fertighausfirmen zimmern Wände in der Werkshalle und fügen sie auf der Baustelle rasch zu einem Haus zusammen. Gemeinsam ist beiden: Man verhandelt mit nur einem Vertragspartner, gestaltet Grundriss sowie Ausstattung weitgehend nach eigenen Vorstellungen und erwirbt das neue Heim schlüsselfertig zum Festpreis. Klingt verlockend, birgt aber Risiken. Erkundigen Sie sich auf der Bank, ob der Verkäufer zahlungsfähig ist. Fragen Sie ihn nach Referenzobjekten und deren Bewohner nach ihren Erfahrungen. Sichern Sie sich vertraglich nach allen Seiten ab und klären Sie bis ins letzte Detail, welche Leistungen im Festpreis enthalten sind.

Verträge prüfen Erschließung und Keller, Sonderwünsche und Außenanlagen können sonst das Haus deutlich verteuern. Vereinbaren Sie schriftlich und unmissverständlich Fertigstellungstermine sowie Vertragsstrafen für Verzögerungen. Bestehen Sie auf Gewährleistungsfristen von 5 Jahren, und zeigen Sie alle Baubeschreibungen und Verträge einem Juristen sowie einem Fachmann vom Bau – und zwar vor Ihrer Unterschrift. Fordern Sie detaillierte Baupläne an – nur so lässt sich feststellen, ob alles ordnungsgemäß gebaut wurde. Gesetzlich vorgeschrieben ist nur die Endabnahme des Gebäudes; vereinbaren Sie Zwischenprüfungen in Abhängigkeit vom Baufortschritt – und bringen Sie dafür eigene Fachleute mit.

Zahlungsmodus vergleichen Am Baufortschritt orientieren sich Ihre Ratenzahlungen. Für ein Haus vom Bauträger werden 30 Prozent des Festpreises fällig nach Beginn der Erdarbeiten, 28 Prozent nach Fertigstellung des Rohbaus, 17,5 Prozent nach der Fertigstellung der Rohinstallation, 10,5 Prozent nach Abschluss der Glaser- und Schreinerarbeiten, 10,5 Prozent nach Bezugsfertigkeit und Übergabe, 3,5 Prozent nach vollständiger Fertigstellung und Mängelbeseitigung. Fertighäuser sind schneller bewohnbar, aber man zahlt zügiger. Es gibt die unterschiedlichsten Varianten: Seriöse Firmen verlangen meist 3 Prozent des Gesamtpreises nach Fertigstellung der Baugesuchsunterlagen, 70 Prozent, sobald der Rohbau steht, das Dach gedeckt

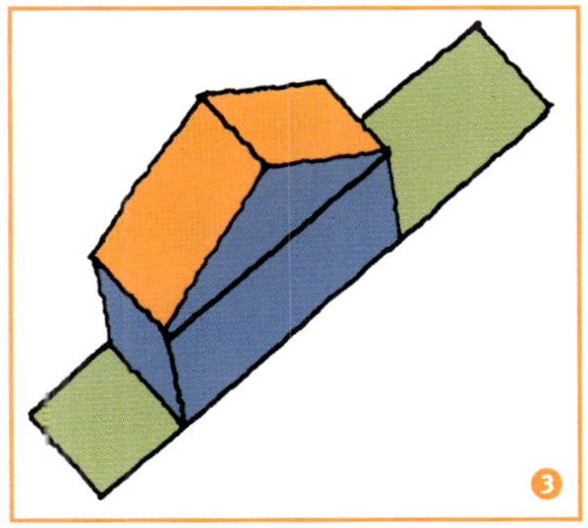

1 Für frei stehende Häuser sind Grenzabstände vorgeschrieben. Sie benötigen ein Grundstück von mindestens 400, besser 500 m².
2 Doppelhäuser teilen sich eine Wand, pro Haushälfte genügt ein 350 m² großer Bauplatz.
3 Ein Reihenhaus kommt mit 200 m² aus – der halbe Preis im Vergleich zum frei stehenden Eigenheim.

Wie groß dürfen wir bauen?

Das verraten zwei Zahlen im Bebauungsplan: Die Grundflächenzahl (GRZ) sagt, wie viel Grundfläche man versiegeln darf mit Haus, Garage und Zufahrt. GRZ 0,4 etwa erlaubt auf einem 500 m² großen Bauplatz eine überbaute Fläche von 200 m² (0,4 x 500 = 200). Die Geschossflächenzahl (GFZ) gibt die erlaubte Fläche aller Vollgeschosse an. GFZ 0,5 auf 500 m² Grund heißt: Hier sind 250 m² erlaubt (0,5 x 500 = 250).

info

und die Sanitär- und Elektro-Rohmontage abgeschlossen ist, Fenster und Haustür eingebaut sind. Schrittweise überweist man weitere 20 Prozent, den Restbetrag nach Bauabnahme und Übergabe. Oft verlangen Bauträger und Fertighausfirmen die erste Rate schon nach Vertragsabschluss. Das ist nur zulässig, wenn das Unternehmen von seiner Bank eine selbstschuldnerische Bürgschaft auf Ihren Namen ausstellen lässt. Lassen Sie sich sonst unter keinen Umständen auf eine Anzahlung ein.

Reihenhaus

Vielleicht gehören Sie zu den Leuten, die spontan sagen: Reihenhaus? Niemals! Nach längerem Überlegen wären Sie aber umzustimmen, besonders wegen der heutigen Kosten für Baugrund und Energie: preiswert bauen, wenig heizen – nicht dumm. Es gibt auch Objekte mit ansehnlicher Architektur. Das Programm steht, über Details lässt sich reden. Hausunterhalt und Haushalt hielten sich in Grenzen, der Garten hätte gerade die richtige Größe. Die Grundstücke für Reihenhäuser liegen oft günstig; Läden, Kindergarten und Schule in Fahrrad-Nähe. Schließlich: Enge Nachbarschaft hat auch ihr Gutes. Reihenhäuser kaufen meist junge Familien, denn Eltern finden rasch Anschluss. Kosten vergleichen Etwa 27 Prozent der Bauherren, die DAS HAUS befragen ließ, würden sich Wand an Wand mit den Nachbarn sogar wohler fühlen als in einem frei stehenden Haus. Man findet mehr Geborgenheit, und Schulter an Schulter stemmt man auch die Finanzierung leichter: Für ein Einfamilienhaus brauchen Sie im Schnitt 500 Quadratmeter Grund, einem Reihenhaus genügen 200 Quadratmeter – die Zeichnungen auf der vorigen Seite zeigen den Unterschied. Rechnen Sie durch: Angenommen, in Ihrer Region kostet der Quadratmeter Bauland 250 Euro – multipliziert mit 500 für ein frei stehendes Einfamilienhaus macht das 125 000 Euro Grundstückskosten – vielleicht ist das schon fast die Hälfte Ihres Bau-

Bauen in der Gruppe: Wie läuft das?

Dr. Josef Bura, 1. Vorsitzender Forum Gemeinschaftliches Wohnen

»

Wie finde ich gleichgesinnte Bauwillige, die zu mir passen?
Ja, das ist am Anfang immer die wichtigste Frage. Erst mal sollte Kontakt zur Kommunalverwaltung und dort zu Gleichstellungsbeauftragten oder Seniorenbüros aufgenommen werden. Wenn das nicht zum Erfolg führt, hilft auch das Internet: Stichwort „Wohnprojekte" eingeben. Da findet man bundesweit agierende Anlaufstellen.

Gibt es unterschiedliche Modelle, auf was muss ich achten?
Neue Wohnformen sind so vielfältig wie das Leben. Grundsätzlich muss ich überlegen: Kommt für mich eher eine Baugemeinschaft im individuellen Eigentum oder eine von Bewohnern gegründete Genossenschaft infrage? Und mit wem möchte ich zusammen leben: lieber mit Gleichaltrigen oder mit verschiedenen Generationen?

Wie wird das alles vertraglich geregelt?
Neue Wohnformen sind heute nichts Neues mehr. Es gibt sie seit über 20 Jahren. Für alle Phasen ihrer Entwicklung gibt es vertragliche Grundmuster: für Planungs-GbRs (Gesellschaft bürgerlichen Rechts), für Bauherren- oder Wohnungseigentümergemeinschaften sowie für Bewohnergenossenschaften und als Vereine organisierte Wohnprojekte. Wer auch immer gemeinschaftliches Wohnen realisieren möchte, sollte frühzeitig kompetente Fachleute zu Rate ziehen.

Bauen in der Gruppe – was, wenn man sich nicht einig wird?
Dann helfen erst mal professionelle Moderations- oder Mediationsverfahren. Und wenn die nicht zum Ziel führen, sieht man sich die Verträge an, die man vorher geschlossen hat. Dort sollte festgeschrieben sein, wie Entscheidungen in der Gruppe gefällt werden.

Später werden vielleicht einzelne Häuser oder Wohnungen verkauft oder vererbt – wem gehören sie dann?
Bei Wohnungseigentümergemeinschaften gilt, was vorher für diesen Fall vertraglich vereinbart worden ist. Dabei ist es wichtig, dass die freie Verfügbarkeit über das Eigentum nicht unzulässig eingeschränkt wird und das gewählte Verfahren praxistauglich ist.

«

Reihenhaus – ein Viertel aller Baulustigen würde sich darin wohl fühlen. Vorausgesetzt, die Familie findet darin genügend Platz.

Etats. Plus durchschnittlich 12 000 Euro für die Erschließung, 170 000 Euro an Bau- sowie 25 000 Euro an Nebenkosten bezahlen Sie für den Traum vom frei stehenden Eigenheim zirka 332 000 Euro. Ein Reihenhaus kriegen Sie um ein Drittel billiger, schon für 225 000 Euro. Sie kommen viel günstiger weg, nämlich mit 50 000 Euro für einen 200-Quadratmeter-Bauplatz, 10 000 Euro Erschließungsgebühr an die Gemeinde, 145 000 Euro Bau- und etwa 20 000 Euro Nebenkosten. Das Reihenhaus in dieser Beispielrechnung ist halb so groß wie das frei stehende Haus – hat aber genügend Platz für eine Familie durchschnittlicher Größe. Bei gleich großer Wohnfläche kostet ein Haus in der Reihe immer noch 15 Prozent weniger als ein frei stehendes.

Preiswert wohnen Sie verbrauchen Strom, zahlen Grundsteuer. Später sind Reparaturen fällig an Dach oder Fassade, Heizkessel oder Parkett. Kurz: Der Unterhalt eines Hauses kostet Geld – je älter das Gebäude wird, desto mehr. Wie viel man tatsächlich bereithalten sollte, sagt der Barwert – das ist die Summe, die Bauherren jährlich aufzuwenden haben, um alle künftigen Hauskosten zu bezahlen. Um sie zu ermitteln, addiert man sämtliche Kosten und Nebenkosten für Grundstück und Bau, Instandhaltung und Energie, rechnet 6 Prozent Zinsen dazu und verteilt den Betrag über 50 Jahre – so lange werden Sie in Ihrem zukünftigen Haus wohnen, wenn nichts dazwischenkommt Vergleicht man diese Unterhaltskosten, bezahlen Reihenhaus-Bewohner Jahr für Jahr 3 200 Euro je 100 Quadratmeter Wohnfläche, Eigentümer eines frei stehenden Einfamilienhauses 3 800 Euro – das ergibt innerhalb von 50 Jahren einen Preisvorteil von 30 000 Euro zugunsten der Hausreihe. Ein Grund für den Unterschied: Heizwärme entweicht durch Fassade, Dach und Fenster nach draußen, aus frei stehenden Häusern in alle Himmelsrichtungen – auch durch dicke Dämmstoff-Mäntel. Baut man Wand an Wand, weist weniger Fläche nach außen. Im Windschatten der Reihennachbarn verliert das eigene Haus bis zu 40 Prozent weniger Energie.

Baupartner suchen Üblicherweise kauft man ein Reihenhaus vom Bauträger. Er erwirbt ein großes Grundstück von Stadt oder Gemeinde und parzelliert und bebaut es nach seinen Plänen. Käufer müssen sich mit Aussehen und Preis abfinden – oder weitersuchen. Pfiffige Bauherren gründen eine Bauherren-Gemeinschaft mit Gleichgesinnten. Man findet sie im Freundes- oder Bekanntenkreis oder via Annonce in der Tageszeitung. Die Gruppe sieht im Bauamt die Flächennutzungs- und Bebauungspläne ein und erkundigt sich bei der Gemeindeverwaltung nach baureifen Parzellen. Am besten, man findet einen baugruppen-

Wie kommt Ruhe ins Reihenhaus?

Die DIN 4109 schreibt für Haustrennwände eine Schalldämmung von 57 dB vor, empfiehlt 67 dB. Den besseren Wert erreicht nur eine Luftschicht oder Dämmstoff in einer doppelten Trennwand – und zwar vom Keller bis zum Dach. Oft betonieren Bauträger aber aus Geiz eine gemeinsame Kellerwand. In Trennwände keine Steckdosen und Schalter bohren – durch solche Schwachstellen dringt Schall zum Nachbarn.

tipp

erfahrenen Architekten – vielleicht kennt die Gemeindeverwaltung einen Experten. Für die Planungs- und Bauphase sollten die Gruppenmitglieder einen Gesellschaftsvertrag abschließen, in dem sie Ausschreibung, Gruppenkasse, Eigenleistungen und Mehrheitsentscheide regeln. Schriftliche Protokolle aller Gruppengespräche vermeiden spätere Missverständnisse.

Doppelhaus

Bauen in der Gruppe bedeutet für Sie vielleicht: Bei so vielen Leuten gehen Sie unter, Sie müssten einfach zu viele Kompromisse eingehen. Aber allein zu bauen ist angesichts der Grundstückspreise in Ihrer Region kaum drin? Die repräsentative HAUS-Erhebung drückt Ihren Zwiespalt in Zahlen aus: Fast drei Viertel aller Befragten wünschen sich zwar ein frei stehendes Haus, aber um die 60 Prozent fänden bauen und wohnen mit Freunden auch toll. Das mag daran liegen, dass es große Grundstücke zu erschwinglichen Preisen nur weitab von größeren Städten gibt. Schön für die Kinder, solange sie noch klein sind. Später maulen sie, weil nichts los ist. Und Mama spielt Taxifahrerin: Die preiswerten Neubaugebiete im Umland liegen oft so weit ab, dass Kindergarten, Schule und Einkaufszentrum nur mit dem Auto zu erreichen sind – aber das braucht der Hauptverdiener für den Job. Also muss man einen Zweitwagen einkalkulieren oder, gute Anbindung vorausgesetzt, eine Monatskarte für die Bahn. Die Landesbausparkasse erhob in einer Studie, wie viel Geld beispielsweise die Leute im Bremer Raum ausgeben für Haus und Auto in der Stadt im Vergleich zu außerhalb. Das verblüffende Ergebnis: Hohe Pendelkosten zehren den Preisvorteil für Haus und Grundstück auf dem Land in den meisten Fällen auf.

Im Doppelhaus lebt man mit den Nachbarn Tür an Tür – oder Rücken an Rücken wie hier: Die Familien gewannen mehr Distanz zwischen den beiden Terrassen.

Freundschaft schließen Hinzu kommt: Der eine Partner fährt früh zur Arbeit, kehrt spät heim und bleibt fremd im Dorf. Von seinem neuen Haus hat er so gut wie nichts, von seiner Familie wenig. Die bessere Hälfte fühlt sich je nach Naturell daheim sehr allein. Überlegen Sie: Einen einzigen Baupartner, den würden Sie doch sicher packen. So würden die Grundstücks-, Planungs- und Baukosten immer noch merklich schrumpfen – ein Doppelhaus belastet das Baukonto rund 5 Prozent weniger als ein frei stehendes. Sie könnten in Stadtnähe bauen. Und die Mengenrabatte beim Materialkauf ließen sich investieren in Annehmlichkeiten, die Sie sich al ein nicht leisten würden: Regenwasserzisterne oder Sauna, Solarpaneele oder ein Schwimmbecken für die Kinder. Nicht nur die Ausgaben, auch Verantwortung und Aufgaben ließen sich teilen: Einer plant gut und verhandelt geschickt, der andere ist handwerklich begabt. Wenn es mal klemmt, nimmt man sich die Kinder ab, füttert die Katze im Urlaub, schippt Schnee am Morgen. Ist man gut drauf, hockt man am Abend gemeinsam vorm Grill. Ein Doppelhaus schlägt zwei Fliegen mit einer Klappe: gemeinsam bauen, Freiheit genießen.

Grundstückspreise aus ganz Deutschland zum Vergleich:
www.haus.de/immo

Allein bauen oder gemeinsam mit anderen?

Auf den vorigen Seiten haben Sie sich schlau gemacht über das Für und Wider von frei stehenden Eigenheimen, Reihen- und Doppelhäusern. Prüfen Sie jetzt, welcher Bauherren-Typ Sie sind. Füllen Sie den Test getrennt aus von Ihrer besseren Hälfte: ankreuzen, Punkte addieren, vielleicht staunen über das Ergebnis – oder über das Ihres Partners/Ihrer Partnerin. Wenn das kein guter Anlass ist, mal wieder ganz ausführlich miteinander zu reden ...

Ich möchte um mein Haus herumgehen können.
- ❍ *trifft zu (3 Punkte)*
- ❍ *trifft weniger zu (2 Punkte)*
- ❍ *trifft gar nicht zu (1 Punkt)*

Man baut nur einmal im Leben.
- ❍ *trifft zu (3 Punkte)*
- ❍ *trifft weniger zu (2 Punkte)*
- ❍ *trifft gar nicht zu (1 Punkt)*

Ich möchte später vielleicht noch anbauen.
- ❍ *trifft zu (3 Punkte)*
- ❍ *trifft weniger zu (2 Punkte)*
- ❍ *trifft gar nicht zu (1 Punkt)*

Klein anfangen, sich langsam verbessern – warum nicht?!
- ❍ *trifft zu (1 Punkt)*
- ❍ *trifft weniger zu (2 Punkte)*
- ❍ *trifft gar nicht zu (3 Punkte)*

Ich möchte alles individuell bestimmen. Grundriss, Wohnfläche, Details – und mich auch darum kümmern.
- ❍ *trifft zu (3 Punkte)*
- ❍ *trifft weniger zu (2 Punkte)*
- ❍ *trifft gar nicht zu (1 Punkt)*

Ist doch eine interessante Erfahrung, eine Zeitlang mit Schlitzfräse und Betonmischer zu hantieren.
- ❍ *trifft zu (1 Punkt)*
- ❍ *trifft weniger zu (2 Punkte)*
- ❍ *trifft gar nicht zu (3 Punkte)*

Man muss alles selber machen, sonst kommt nichts Vernünftiges dabei heraus.
- ❍ *trifft zu (3 Punkte)*
- ❍ *trifft weniger zu (2 Punkte)*
- ❍ *trifft gar nicht zu (1 Punkt)*

Ich hätte gern einen großen Garten und scheue auch die Arbeit darin nicht.
- ❍ *trifft zu (3 Punkte)*
- ❍ *trifft weniger zu (2 Punkte)*
- ❍ *trifft gar nicht zu (1 Punkt)*

Wir haben schon Eigenkapital gespart. Es beträgt
- ❍ *unter 20 % der voraussichtlichen Kosten für Haus, Grundstück und Nebenkosten (1 Punkt)*
- ❍ *über 20 % (2 Punkte)*
- ❍ *um die 30 % (3 Punkte)*

Im neuen Haus würden uns monatlich pro Person zum Leben bleiben
- ❍ *etwa 800 € (2 Punkte)*
- ❍ *eher 600 € (1 Punkt)*
- ❍ *über 800 € (3 Punkte)*

10–14 Punkte:
Der Reihenhaus-Typ
Sie sehen den Hausbau eher pragmatisch: Hauptsache, Sie haben ein Dach über dem Kopf – Ihr eigenes.

15–21 Punkte:
Der Doppelhaus-Typ
Ihr Haus soll nicht die Welt kosten, aber auf Ihre persönlichen Bedürfnisse zugeschnitten sein.

22–30 Punkte:
Der Einzelhaus-Typ
Wenn Sie schon bauen, dann aber richtig. Als Basis brauchen Sie eine durchdachte Finanzierung.

test

Welches Grundstück passt zu uns?

Wie man seine Traumlage findet oder sie auf einem schwierigen Platz entdeckt

Baugebiete aus den Nachkriegsjahren bergen oft Reserven für Neubauten; die großen Grundstücke lassen sich gut mit anderen Baufamilien teilen. Dafür benötigt man die Zustimmung der Gemeinde.

Was ist Ihnen wichtiger: wie Sie wohnen oder wo Sie wohnen? Haben Sie das Haus Ihrer Träume schon im Kopf? Dann brauchen Sie eventuell Geduld für die Suche nach einem Bauplatz, auf dem Sie es errichten dürfen. Für die meisten Grundstücke gibt es nämlich Vorschriften über den Haustyp und die Größe, zu Dachform und Firstrichtung. Eine örtliche Gestaltungssatzung kann Materialien und Farben vorgeben. Weicht Ihr Traumhaus stark von diesen Vorgaben ab, wird selbst die beste Grundstückslage Sie nicht beeindrucken – für Sie geht die Suche weiter.

Standort-Wahl

Wollen Sie hingegen in einer bestimmten Gegend wohnen oder kommt nur ein einziger Ort infrage, warten Sie unter Umständen lange, bis jemand einen Bauplatz verkauft. Dann aber handelt es sich gewiss um Ihr Traumgrundstück – dem Sie Ihr Haus anpassen. Was man bauen darf, hängt ab vom Bebauungsplan. Er entsteht nach dem Flächennutzungsplan, der ersten Rasterung eines Gebiets in Flächen für Wohnbau, Gewerbe, Industrie, öffentliche Einrichtungen, Verkehr, Freizeit.

Bebauungsplan abwarten Ein sogenannter verbindlicher Bebauungsplan weist Rohbauland aus, von dem Wege, Energie- und Wasserversorgung, Abwasserkanäle und andere Erschließungsmaßnahmen abgezwackt werden können.
Das Gelände wird verbindlich zu Bauland – wann auch immer, vielleicht erst in 100 Jahren. Der Erwerb von Rohbauland oder Bauerwartungsland geht also auf Risiko. Es ist billig, möglicherweise vergeht Ihnen aber vor lauter Warten die Lust am Bauen. Erst ein qualifizierter Bebauungsplan weist detailliert die Flächen für die Erschließung aus – die Infrastruktur – und gibt Gewissheit darüber, dass überhaupt gebaut werden darf und auf welchem Grundstück was wie groß in welcher Gestalt. Holen Sie sich vor einer Grundstücksbesichtigung von der Gemeinde oder auf dem Katasteramt einen Lageplan. Darauf sehen Sie die Grundstücksgrenzen exakt: Zäune, Hecken oder

Gräben, selbst Gebäude stimmen mit dem Verlauf von Grenzlinien oft nicht überein. Grundstücke besichtigt man meist am Wochenende – was Ihnen sonntags gefällt, sollten Sie montags anschauen. Dann braust der Berufsverkehr durchs Viertel, die Säge aus der nahe gelegenen Schreinerei kreischt, der Geruch von Lack wabert von der Autowerkstatt herüber. Und unter dem Ferienflieger nach Ibiza würden Sie sich am liebsten ducken.

Verkehrsplan einsehen Was an Straßen noch alles in der Gegend geplant ist, verrät der Generalverkehrsplan. Er liegt in der Gemeinde- oder Kreisverwaltung, Sie dürfen ihn einsehen. Der Flächennutzungsplan weist aus, wo neue Gewerbegebiete entstehen sollen. Vielleicht stört Sie das nicht wirklich, ist aber ein Pfund für das Feilschen um den Grundstückspreis. Solche Schnäppchen verlocken mitunter zum Kauf am Rand von Industriegebiet, Bahnlinie oder Autobahn. Prüfen Sie gründlich, ob Sie den Betriebs- und Verkehrslärm wirklich überhören. Tauchen später Probleme auf, erschwert die Lage einen Verkauf. Das Großraumklima kann man sich nicht aussuchen, in Bayern ist es winters nun mal kälter als in Baden. Entscheidende Unterschiede gibt es aber im Kleinklima ums Haus – es kann sich lohnen, mal im 5 Kilometer entfernten Nachbarort nach einem Grundstück zu suchen. Bauen Sie in der Nähe von Bächen und Flussufern nur, wenn Sie den Hochwasserschutz-Maßnahmen vertrauen.

Sonnenlauf prüfen Auf Hügeln pfeift über ungeschützte Lagen der Wind, trägt Hauswärme fort – Sie müssen mehr heizen. Und sich was einfallen lassen für den Garten, sonst können Sie darin nur selten zugfrei sitzen. Wer am Osthang baut, sitzt ab 16 Uhr im Schatten, die am Westhang warten bis zum Mittag auf Sonne. Selbst sanfte Nordhänge bleiben bei tief stehender Wintersonne schattig, die Sonnenstrahlung trifft von Herbst bis Frühjahr in flachem Winkel auf. Schnee bleibt länger liegen und im Garten reifen Obst und Gemüse langsamer. In Talkesseln, Senken sowie Flussniederungen bilden sich Kaltluftseen, auf die von oben wärmere Luft drückt. Über solchen Gebieten hängt vor allem in Herbst und Winter oft tagelang der Nebel. Wo Sportflugplätze in der Nähe sind oder Drachenflieger sich in die Lüfte schwingen, bekommt man zuverlässige Auskünfte übers Mikroklima: dort werden Wind und Nebel seit Jahrzehnten gemessen. Das Messnetz des Deutschen Wetterdienstes hingegen ist zu weitmaschig. Befragen Sie auch die Leute, die in der Umgebung wohnen und genau wissen, wie das kleinräumige Klima vor Ort ist. Unübersehbare Hinweise geben die Straßenbaubehörden: Sie stellen Schilder auf, die vor Nebel und Glatteis warnen. Von der Grundstückslage hängt ab, wie Sie bauen: großzügig und offen mit viel Glasfläche zur Sonne hin – oder kompakt mit besonders guter Wärmedämmung.

Anwohner interviewen Ob sich Sonnenkollektor oder Windrad lohnen, wissen Sie nur, wenn Sie sich nicht Hals über Kopf für ein Grundstück entscheiden. Überlegen Sie nicht nur, wie Sie Ihr Haus auf dem Grundstück platzieren, sondern auch, wie Sie es verankern. Reicht zum Beispiel die Tragfähig-

Wie sparen wir Heizkosten? An einem günstigen Standort verliert das Haus weniger Energie.

Viele Bauherren müssen aus Kostengründen nehmen, was sie kriegen. Wenn man aber zwischen Grundstücken wählen kann, sollte man darauf achten: Ein Einfamilienhaus auf der Kuppe verliert mehr Energie im Vergleich zu einem frei stehenden Haus in der Ebene, ein Haus am Südwesthang weniger.

info

keit des Bodens nicht aus, wird ein Bodenaustausch oder eine aufwendige Gründung notwendig. Für einen Bau an Fluss oder See sowie auf Plätzen mit hohem Grundwasserstand muss vorübergehend das Grundwasser gesenkt und der Keller als wasserdichte Betonwanne gebaut werden – beides verursacht Mehrkosten im Vergleich zu problemlosem Grund. Bevor Sie sich endgültig entscheiden: Verlangen Sie vom Verkäufer ein Bodengutachten, und besprechen Sie mit einem Architekten, welche Überraschungen auf Sie zukommen könnten.

Empfang prüfen Freiberufler und Selbständige ziehen sich wegen der günstigeren Grundstückspreise und der Ruhe gern ins Umland zurück. Sie sollten sich bei der Telekom nach vorhandenen und geplanten Anschlüssen erkundigen (ISDN, DSL, Kabel), Grundstücks-Anrainer nach der Empfangsqualität von Antenne und Satellitenschüssel fragen und selber auf dem Grundstück mal das Handy ausprobieren – in Gebirge, Talsenke und Hinterland sind TV-Empfang und Internetzugang nicht immer selbstverständlich – das kann ein Baugrundstück völlig uninteressant machen.

Wie können wir uns mit wenig Geld ein Grundstück leisten? Erbpacht – so funktioniert das.

Kirchen, Kommunen, Versicherungen und Brauereien bieten Erbbaugrundstücke an, meistens für 99 Jahre – eine vernünftige Lösung für Bauherren mit wenig Eigenkapital. Sie pachten den Bauplatz, zahlen jährlich 3–5 % des aktuellen Grundstückswerts Pachtzins. Er wird alle drei Jahre dem Lebenshaltungsindex angepasst. Der Erbbaugeber trägt die jährliche Grundsteuer. Man darf schalten und walten wie auf eigenem Grund. Haus und Erbbaurecht sind vererbbar, ein Hausverkauf bedarf der Zustimmung des Erbbaugebers. Wechselt der Grundstückseigentümer, darf er nicht vorzeitig den Vertrag kündigen oder den Pachtzins erhöhen. Läuft die Frist nach 99 Jahren ab, verlängert man den Vertrag. Der Grundstückseigentümer kann aber auch den Boden samt Gebäude zurücknehmen und für das Haus eine Entschädigung von zwei Dritteln des Verkehrswerts zahlen. Vereinbaren Sie ein Ankaufsrecht. Unterschreiben Sie weder ein Vorkaufsrecht (es ist für Sie wertlos) noch die Ankaufspflicht (kann kostspielig werden, wenn Sie Geld aufs Haus aufnehmen müssen). Erbpacht belastet aktuell das Baubudget weniger als ein fremdfinanzierter Grundstückskauf. Über die Jahre zahlt man in der Regel jedoch mehr Pacht als der Bauplatz bei Vertragsabschluss wert war.

tipp

Preisverhandlung

Hanggrundstücke gelten wegen der schönen Aussicht als besonders reizvoll. Trotzdem kosten sie meist weniger als ebene Parzellen, denn nur ein aufwendiges Fundament gewährleistet den sicheren Stand des Hauses. Möglich auch, dass man das Baumaterial per Kran über die Schräge hieven muss – alles Mehrkosten für den Bauherrn. Prüfen Sie in jedem Fall die Bodenbeschaffenheit. Steht zum Beispiel das Grundwasser hoch, empfiehlt sich als Keller eine wasserdichte Betonwanne. Sie kostet im Vergleich zu einem herkömmlichen Untergeschoss ca. 15 000 Euro mehr. Einige der Mehrkosten entfallen, wenn der Architekt Hausform und Konstruktion auf das Gelände abstimmt: wenig Erdreich bewegen, Nebenräume statt Keller errichten. Sie können aber auch die Mehrkosten durch Preisverhandlung auffangen. Sie müssen eine ungünstige Parzelle deutlich billiger kriegen als ein vergleichbares unproblematisches Grundstück. Im Klartext: Die Preisdifferenz sollte etwa 15 000 bis 25 000 Euro betragen.

Markt beobachten Notare geben, gesetzlich verpflichtet, von jeder Beurkundung eines Grundstückverkaufs eine Kopie an die Grunderwerbsteuerstelle des Finanzamts. Von dort werden die Daten weitergereicht an die Mitarbeiter des Statistischen Bundesamts, die daraus einen jährlichen Preisbericht zusammenstellen. Die Durchschnittspreise nützen Ihnen nicht viel, wenn Sie in einer attraktiven Gegend bauen möchten. Bauplätze sind dort einfach viel teurer als im ehemaligen Zonenrandgebiet. Zumindest können Sie aus der Statistik ablesen, wie sich der Markt entwickelt. Für Sie interessanter ist der Preisspiegel, den der Ring Deutscher Makler alle Jahre herausgibt. Er fußt auf den Mitteilungen seiner Mitglieder. Auch das ist ein unvollkommenes Werk, denn nicht jeder Makler gehört dem Verband an. Viele Grundstücke wechseln den Besitzer ohne Makler.

Verlässliche Auskunft über die Preislage geben die Kaufpreissammlungen der Gemeinden. Die sind gesetzlich verpflichtet, die Kaufpreise aller Grundstücke zu sammeln, sobald sie den Eigentümer wechseln. Die Aufzeichnungen werden von den Stadt- und Kreisverwaltungen stets aktualisiert, auf ihrer Grundlage werden Bodenrichtwerte für Gutachten ermittelt. Jeder Bürger darf diese Kaufpreissammlungen einsehen. Die gesammelten Kaufpreise verpflichten den Grundstücksanbieter allerdings nicht dazu, sich an das allgemeine Preisniveau zu halten. Auf dem Grundstücksmarkt versucht jeder das herauszuholen, was der Interessent zu zahlen bereit ist. Immerhin können Sie anhand der Preislisten beurteilen, wann Sie vernünftigerweise aus dem Geschäft aussteigen sollten.

Zusatzkosten einrechnen Denken Sie immer auch daran, dass sich zum Kaufpreis eine Reihe weiterer Kosten gesellen: Ans Finanzamt zahlen Sie 3,5–5 Prozent des Kaufpreises Grunderwerbsteuer, an den Makler 3–6 Prozent Gebühr. Der Notar verlangt 1,5–2 Prozent Honorar – ohne seine Beurkundung gilt der ganze Handel nicht. Kaufen Sie von einem Bauern ein Stück seiner großen Wiese, wünscht die Bank möglicherweise, dass ein öffentlich bestellter Vermessungsingenieur Ihr Eigentum ordentlich vermisst und Grenzsteine setzt – je nachdem, wie verzwickt die Lage ist, wird er eine Rechnung über mehrere tausend Euro stellen. Für die Arbeit von Makler, Notar und Ingenieur sind stets noch 19 Prozent Mehrwertsteuer fällig. Angesichts dieser Nebenkosten sind die Kosten für den Eintrag ins Grundbuch Peanuts.

Erschließungsgebühren recherchieren Hat die Gemeinde das Grundstück noch nicht erschlossen, halten Sie dafür um die 15 Euro pro Quadratmeter bereit. Je nachdem, wie exklusiv der Geschmack der Gemeinderäte ist, können Sie mit diesem Betrag aber auch völlig danebenliegen – bitten Sie um exakte Auskunft über alle geplanten Erschließungsarbeiten und deren Kosten – sie sind in der Erschließungssatzung niedergelegt. Sehen Sie die Abrechnungsunterlagen der Gemeinde ein und überprüfen Sie, ob auch alle Anliegergrundstücke in die Abrechnung einbezogen worden sind. Ver-

Grundstück teilen

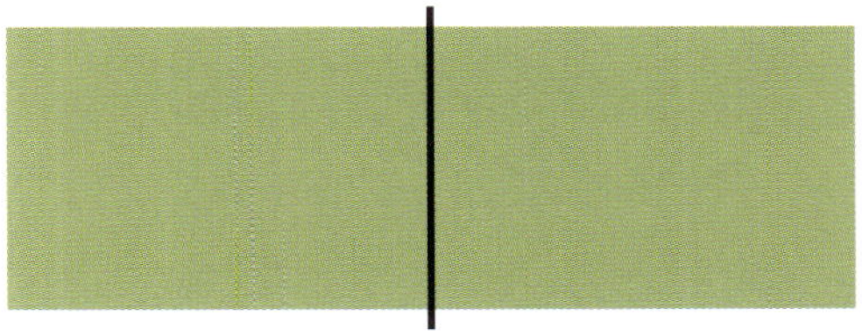

Parzellen müssen nicht gleich groß sein. Sie lassen sich real teilen oder, falls die Gemeinde nicht zustimmt, nach dem Wohnungseigentums-Gesetz: Der Grund gehört beiden Partnern als Gemeinschaftseigentum, die Häuser sind Sondereigentum. Für private Gartenzonen kann man sich Sondernutzungsrechte sichern.

Sie haben noch Platz neben Ihrem Haus? Die Gemeinde weiß, ob dort noch jemand bauen darf. Der Grund muss dann neu vermessen werden. Vereinbaren Sie mit Ihrem zukünftigen Nachbarn, wer das zahlt.

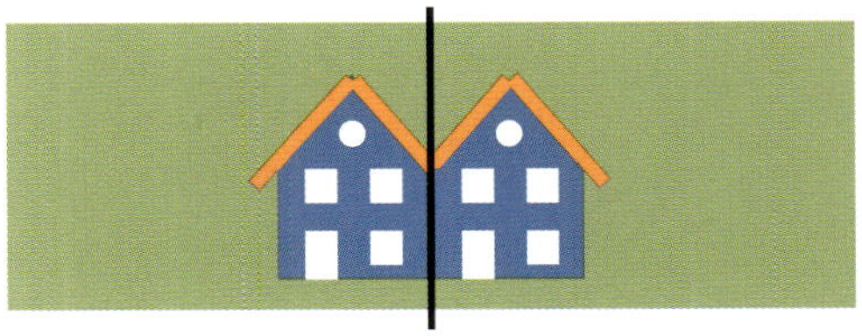

Ein großer Bauplatz lässt sich doppelt nutzen, die Kosten für Kauf und Erschließung halbieren. Erst teilen, dann kaufen – so bleiben Sie nicht auf dem Riesengrundstück sitzen, falls Ihr Baupartner abspringt.

Falls der Bebauungsplan kein Doppelhaus zulässt: Zwei Familien unter einem Dach teilen sich die Kosten für die Erschließung und den Architekten.

Steuervorteile ausschöpfen: Wenn Sie ein Grundstück von den Eltern kaufen, wird Ihnen die Grunderwerbsteuer erlassen.

Chemie im Grund – wer bezahlt?

Kracht die Baggerschaufel in ein Ölfass oder Giftmüll, zahlt für Bodenaustausch oder Erdreinigung der Verursacher – falls greifbar. Sonst ist der Eigentümer dran. Vor einer Pleite soll ihn eine Kosten-Obergrenze bewahren. Anhaltspunkt ist der Verkehrswert des Grundstücks nach der Sanierung. Fehlt dem Bauherrn das Geld, muss die Kommune dafür aufkommen – sofern er nachweislich nichts von Altlasten wusste.

tipp

Weg zum Haus in zweiter Reihe

Wer sich hinter einem Haus einnistet, sichert sich per Vertrag mit dem Vordermann das Wegerecht über dessen Grund und regelt Zufahrt und Parkplätze für Anwohner und Besucher, Schneeräumpflicht und Belagskosten sowie Miete. Der Gang zum Notar ist ebenso notwendig wie der Eintrag ins Grundbuch. Ein Wegerecht ist nicht einseitig kündbar, es geht bei Hausverkauf und im Erbfall an den Nachfolger über.

info

gewissern Sie sich zum Beispiel auch, dass eine neue Straße wirklich eine Zufahrt zu den Grundstücken schafft und nicht lediglich der Allgemeinheit als Verbindungsweg dient – auf Ihre Kosten. Steht übrigens auf Ihrem Bauplatz noch ein Haus zum Abbruch, können die Kosten ins Uferlose gehen – ohne Kostenvoranschlag eines Bauunternehmers sollten Sie keine Zusage zum Kauf des Grundstücks geben. Einen morschen Baum zu fällen, ist im Vergleich dazu noch recht preiswert: Veranschlagen Sie 600 Euro pro Stück.

Grundstück teilen Was tun, wenn Sie einen super Platz zum Bauen finden, er aber einfach viel zu groß ist – und damit leider auch zu teuer? Clevere Bauwillige suchen sich einen Gleichgesinnten, mit dem sie Boden und Kosten teilen. Manchem Grundbesitzer ermöglicht erst der Partner das eigene Haus: Der Kaufpreis für dessen Parzelle bringt das Baugeld für sein Haus. Was ist besser: gemeinsam kaufen, später teilen? Oder erst teilen, dann getrennt kaufen? Notare empfehlen die zweite Lösung – dann geraten Sie nicht in Schwierigkeiten, wenn bei Ihrem Baupartner die Finanzierung kippt. Wenn Sie ein Teilgrundstück kaufen, muss es vermessen werden. Vereinbaren Sie im Kaufvertrag, ob Käufer oder Verkäufer den Antrag stellt und bezahlt. Bevor Sie den Notar bemühen, rufen Sie erst einmal bei der Gemeinde an, ob eine Teilungsgenehmigung erforderlich ist und ob Sie Ihr Traumhaus darauf bauen dürfen. Falls ja, beantragen Sie die Genehmigung.

Ladenhüter verwerten Mindestens ein Viertel der Baukosten geht für das Grundstück drauf, in manchen Regionen sogar mehr. Eine günstige Parzelle zu finden, würde viel Geld sparen. Doch gute Lagen sind oft vergeben. Und was übrig bleibt, ist manchmal gar nicht so einfach zu bebauen. Erscheint das Grundstück winzig? Kalkulieren Sie, mit wie wenig Wohnfläche eine Familie auskommt: Alle Bauherren träumen von mindestens 140 Quadratmetern Wohnfläche, sie bauen üblicherweise 120 Quadratmer, in der Regel würden 90 Quadratmeter sogar reichen. Wollte das Stück Land bisher niemand haben, weil es steil ist, feucht oder felsig? Dann kommt es auf den Architekten an: Ein findiger Profi entwirft die passende Hausform und handelt mit dem Bauamt Ausnahmegenehmigungen aus. Man darf sein Haus beispielsweise nicht einfach so aufstellen, wie man es wegen der Südlage für das Wohnzimmer gern möchte.

Grenzen einhalten Bestimmungen über Abstandsflächen setzen Grenzen ebenso wie das *Baufenster* – das ist jene Fläche innerhalb des Grundstücks, auf der das Gebäude stehen muss. Die *Baulinie* zeigt, bis wohin Sie bauen müssen, die *Baugrenze* legt fest, bis wohin Sie maximal bauen dürfen. Quadrate sind selten problematisch, wenn nicht ausgerechnet eine Ecke nach Süden weist. Auf handtuchartigen, schmalen Plätzen muss man mit mehr Hirnschmalz arbeiten und die Räume zum Beispiel hintereinander anordnen, anstatt sie im Halbkreis um die Diele zu gruppieren. Not macht erfinderisch, und häufig kommen dabei interessante Häuser heraus. Wie man Albtraum-Grundstücke clever nutzt, zeigen die Beispiele rechts.

Kaufvertrag

Wie beweist der Verkäufer, dass ihm das Grundstück überhaupt gehört? Wie erfährt der Käufer, ob es schuldenfrei ist? Das Grundbuchamt hält jede Änderung von Grundstücksrechten fest: Eigentümer und ihren prozentualen Anteil, Auflassung (die Anzeige eines geplanten Eigentümerwechsels) und Verkauf, Grund des Eigentümerwechsels (Erbfall, Verkauf) und Hypotheken sowie Nutzungsrechte und Zwangsversteigerungsvermerke. Nur wer berechtigtes Interesse nachweist, darf in das Grundbuch Einblick nehmen – etwa ein Kaufinteressent mit der Vollmacht des Verkäufers. In der Regel prüft der Notar die Grundbucheinträge, veranlasst den Verkäufer zur Löschung von Grundschulden und weist Sie auf eventuelle Vorkaufs- oder Nießbrauchrechte hin.

Baulastenbuch studieren Er wird Sie auch informieren über Vereinbarungen, die Sie in der Nutzung Ihres Grundstücks einschränken – sofern sie im Grundbuch eingetragen sind. In allen Bundes-

Clever planen und bauen auf diffizilem Grundstück

Ihre Chance: Plätze, die andere verschmähen als zu klein oder zu groß, zu steil, zu feucht, zu dicht bewachsen. Solche Baulücken sind oft preiswerter und reizvoller als die Quadrate in Neubaugebieten – das beweisen gute Beispiele.

❶ Pfiffige Hausreihe auf riesigem Gelände

Manchmal findet ein Bauherr sein Traumgrundstück: Lage und Preis stimmen, bloß ist es einfach zu groß für eine Familie allein – der Bauplatz in Detmold dehnt sich fast 2000 Quadratmeter. Besagter Bauherr – der Architekt Peter Hinsenhofen – tat sich mit drei Baupartnern zusammen. Er verwarf die ursprüngliche Idee, das Gelände zu vierteln wie ein Glückskleeblatt: So hätten die vorgeschriebenen Abstände zwischen den Nachbarn sowie die Durchfahrt zum hinteren Gebäudepaar wertvolle Gartenfläche vergeudet. Stattdessen setzte er vier Häuser in eine Reihe, 25 Meter breit und 10 Meter tief. Unterschiede in Firstrichtung und Fassadenmaterial sowie ein Sonnenkollektor als Dachspoiler verhindern, dass die Hauskette einem Koloss ähnelt.

❷ Einraumbreites Holzhaus auf schmaler Obstwiese

Die 500 Quadratmeter große Parzelle ist 11 Meter schmal und 15 Meter tief. Zieht man Grenzabstände ab, bleiben 4 Meter zum Bauen. Die Bauherren erhandelten einen Preisvorteil von fast 50 Prozent im Vergleich zu ortsüblichen Grundstückskosten in Reutlingen. Architekt Norbert Baradoy überredete die Baubehörde zu 1 Meter mehr Hausbreite, und der Bau steht nun 5 Meter schmal und 13,5 Meter lang zwischen den Bäumen. Die Holzkonstruktion macht sich schlanker als Mauern: mehr Wohnfläche auf gleicher Grundfläche.

❸ Fertigteile und Eigenleistung an steilem Hang

Handwerker kalkulieren mit Risikozuschlägen, wenn sie auf einem Hanggrundstück arbeiten sollen. Viele Bauwillige meinen, sie könnten sich das nicht leisten, und verzichten auf die Vorteile eines schrägen Stücks Land – zum Beispiel eine helle Zusatzwohnfläche im Untergeschoss. Man kann Kosten austricksen, indem man etwa mit dem Kran vorgefertigte Wände auf Punktfundamente hievt. Die Bauherren entschieden sich hier dennoch für handliches Material und senkten die Kosten auf andere Weise: mit ungefähr 3000 Stunden Eigenleistung.

❶ Ein großes Grundstück teilt man in Parzellen von 300 bis 500 m² – je nach Geldbeutel der Baupartner.

❷ Auf einem schmalen Baugrund lässt sich durch die Haushöhe ersetzen, was an Breite fehlt.

❸ Am Hang entschädigen günstiger Grundstückspreis und tolle Aussicht für höhere Baukosten.

Himmelsrichtung – ist die wichtig?

In der Regel zwingt der Straßenverlauf die Häuser in eine bestimmte Lage. Ostwest: Sonne erreicht fast ganzjährig die Südzimmer. Südwest: Die Wohnräume bekommen Sonne erst am späten Nachmittag. Südost: Ab morgens strahlt Sonne in die Wohnräume, doch schon früh am Nachmittag ist sie weg. Feilschen Sie mit dem Bauamt, wenn es energetisch Sinn macht, Ihr Haus nach der Sonne zu »drehen«.

tipp

ländern außer Brandenburg und Bayern wird für sogenannte Baulasten ein extra Verzeichnis geführt, das Baulastenbuch. Ansonsten gibt das Grundbuch Auskunft über mögliche Einschränkungen. Stellen Sie sich doch mal vor: Sie möchten später einen Wintergarten an Ihr neues Haus bauen, vergleichen jetzt vorausschauend Grundflächenzahl und Geschossflächenzahl und stellen fest: für einen Anbau ist Luft. Sie reichen den Bauantrag ein, aber das Bauamt streicht den Glasanbau mit dem Hinweis auf eine Baulast. Damit verzichtete ein Vorbesitzer Ihres Grundstücks gegenüber der Baubehörde darauf, die Baurechte auf seinem Grundstück voll auszuschöpfen. Solche Vereinbarungen unterschreibt man kaum aus Großherzigkeit, sondern kassiert von seinem Nachbarn einen Ausgleich. Der eine verpflichtet sich, weitere Grenz- und Gebäudeabstände einzuhalten und kleiner zu bauen als möglich, dafür darf der andere mit seinem Bau auf den Zaun rücken und sogar jenseits davon eine Zufahrt, Parkplätze oder sein Gartenhaus einrichten.

Infos einholen Mitunter hält sich der Nachbar nur die Option frei und löst sie nicht ein, man sieht den Grundstücken nichts an. Manche Baulasten sind alt wie der Urgroßvater, der die Wiese einst vererbte, und für immer mit dem Bauplatz gekoppelt. Eigentümer verkaufen solche Last oft ahnungslos mit dem Land, der Käufer hat das Nachsehen. Schadenersatz steht nur zu, wenn der Verkäufer wahrheitswidrig ausdrücklich erklärt, das Grundstück sei frei von jeglichen Baulasten. Warten Sie also mit der Unterschrift unter den Kaufvertrag, bis der Notar die Sache geklärt hat und Ihnen grünes Licht gibt.

Kaufvertrag formulieren Ein Grundstückskauf muss vom Notar beurkundet werden, er gilt als unparteiischer Mittler zwischen Verkäufer und Käufer. Sein Honorar übernimmt meist der Käufer; ein Kaufvertrag mit Grundbucheintrag macht etwa 1,5 Prozent der Kaufsumme aus. Bevor der Notar bei-de Parteien zur Unterschrift einbestellt, verschickt er je ein Exemplar des Entwurfs an Käufer und Verkäufer. Gibt es Unklarheiten, sollte man den Notar so lange mit Fragen traktieren, bis man alles verstanden hat. Jetzt ist auch noch Zeit, Änderungswünsche anzubringen – nach der Unterschrift ist es dafür zu spät.

Vetrag unterzeichnen Zwischen Kaufvertrag und Eintrag ins Grundbuch vergehen rund acht Wochen, nur mit dem Grundbucheintrag gehört Ihnen das Grundstück wirklich. Allein aus Sicherheitsgründen vereinbart man die Zahlung des Kaufpreises erst zu diesem Termin – die Bank hält von sich aus den Kredit zurück, bis eine beglaubigte Kopie des Grundbuchauszugs in der Filiale eintrifft. So lange steht Ihr Geld zum Abruf bereit – und kann Sie Bereitstellungszins kosten. Es schadet nichts, dem Notar Ihre Situation zu erklären. Wenn er nett ist, macht er dem Grundbuchamt ein bisschen Dampf. Für die Zwischenzeit meldet der Notar dem Amt die Auflassungsvormerkung – sie verwehrt dem Noch-Eigentümer, dasselbe Grundstück an mehrere Käufer zu veräußern.

Grundbucheintrag

Das Grundbuchblatt für Ihr Grundstück enthält drei Abteilungen mit unterschiedlichen Informationen. In Abteilung I stehen die Namen aller Grundstückseigentümer. Abteilung II führt Baulasten auf sowie Wege-, Nießbrauchs- und Vorkaufsrechte. Abteilung III zeigt die Grundpfandrechte – wem das Grundstück als Pfand gehört und welchen Darlehensbetrag er dafür gegeben hat. Dabei handelt es sich um den Anfangsbetrag; Tilgungsraten werden nicht vermerkt. Die Grundschuld kann auf einen privaten Gönner eingetragen sein, meist besteht sie zugunsten von Bank, Bausparkasse und/oder Versicherung und sichert die Rückzahlung. Bleibt sie aus, kann der Gläubiger die Zwangsvollstreckung anstrengen.

Grundschuld übernehmen Möglicherweise hat der Verkäufer Ihres Baugrunds schon längst alle Darlehen zurückgezahlt, die Grundschuld aber stehen lassen. Sie ist so etwas wie ein Kreditrahmen, den man für ein Anschlussdarlehen nutzen kann – man spart die Gebühren für die Löschung der alten und den Eintrag einer neuen Grundschuld. Hat der Verkäufer sein Darlehen jedoch noch nicht bis zum letzten Euro beglichen, stehen Sie als Käufer mit dem Grundstück für seine Schulden ein. Der Notar wird durch einen Passus im Kaufvertrag den Verkäufer anhalten, seine Grundschuld abzulösen. Unter Umständen ist es interessant für Sie, die Grundschuld zu übernehmen – wenn der Verkäufer Ihnen dafür sein Bankdarlehen überlässt. Es sollte natürlich günstiger sein als das Angebot Ihrer Bank. Sperrt sich der Kreditgeber Ihres Verkäufers allerdings, können Sie nichts machen.

Sicherheiten vereinbaren Die Grundschuld des Käufers wird in Abteilung III des Grundbuchs festgehalten, man unterscheidet zwei Ränge. Viele Kreditgeber vergeben Darlehen nur gegen eine Grundschuld im ersten Rang, man nennt sie auch erste oder 1a-Hypothek. Wer dort eingetragen ist, dürfte sich aus dem Erlös einer Zwangsversteigerung vorrangig bedienen. Für die Tilgung einer zweiten oder 1b-Hypothek bleibt, wenn es hart kommt, nicht genug übrig. Das Risiko aus einem nachrangigen Darlehen lassen sich Kreditgeber mit 0,5–0,75 Prozent höheren Zinsen entschädigen. Kauft ein Paar das Grundstück gemeinsam, werden beide als Miteigentümer ins Grundbuch eingetragen. Zu wie viel Prozent, hängt ab von interner Vereinbarung oder ganz gerecht vom jeweiligen Finanzanteil. Miteinander verheiratete Partner erben den Grundstücksanteil (samt Grundschuld) ihres Gatten nach dem gesetzlichen Erbrecht. Unverheiratete Partner sollten sich per Erbvertrag absichern. Regeln Sie zudem, wie es nach einer Trennung oder Scheidung weitergehen soll. Ein Standardvertrag kann einen der Partner benachteiligen; bitten Sie Anwalt oder Notar um einen (Ehe-)Vertrag, der auf Sie zugeschnitten ist.

▶ Bauplatz-Ideen: **Noch mehr Beispiele für kreatives Bauen auf ungünstigen Grundstücken finden Sie unter www.haus.de/hausideen**

Wie viel bleibt uns zum Bauen?

Sie haben Ihren Traumgrund gefunden? Was er wirklich kostet, erschließt sich oft erst auf den zweiten Blick – dann muss das Haus vielleicht bescheidener ausfallen. Oder man sucht weiter.

▶ **Kaufpreis**	Euro
+ Grunderwerbsteuer (3,5–5 % des Kaufpreises)	Euro
+ Maklerprovision (3–6 % + 19 % MwSt)	Euro
+ Notar (1,5–2 % + 19% MwSt)	Euro
+ Erschließung (15 Euro/m² + 19 % MwSt)	Euro
+ Baumfällung (600 Euro/Stck. + 19 % MwSt)	Euro
+ Vermessung (ab 1000 Euro + 19 % MwSt)	Euro
▶ **Gesamtkosten**	Euro

Verfügbares Eigenkapital plus Fremdkapital	Euro
– Grundstückskosten	Euro
▶ **So viel darf unser Haus kosten**	Euro

check

Das sollten wir über unser Haus wissen

Unsere Entscheidung steht fest: Wir bauen – unser Traumhaus. Nun wird es spannend, aber ein bisschen bang ist uns auch: Wie soll das Haus überhaupt aussehen? Welches Baumaterial taugt für Keller, Wände und Dach? Wie gliedern wir den Grundriss? Was für eine Heizung sollen wir einbauen, wie viele Schalter und Steckdosen brauchen wir, mit welcher Technik kommen wir zurecht? Über all diese Dinge machen wir uns jetzt mal schlau.

Wie soll unser Traumhaus aussehen?

Wichtig: unser Geschmack. Aber auch ein bisschen Vernunft

Jeder Euro, den Sie in Ihr Haus investieren, sollte Platz oder Komfort bescheren, nicht nur Bausubstanz. Wenig Außenwand und Dach, viel Innenraum – ein Haus mit einfacher und kompakter Form zu bauen, spart heute Baustoff und morgen Heizkosten.

Wer seinem Haus eine schlichte Form gibt, baut mit geringerem Aufwand und senkt die Baukosten um 10 bis 20 Prozent. Der Grund: Quadratische oder rechteckige Baukörper lassen sich in kürzerer Zeit fertig stellen als ein Haus mit Vor- und Rücksprüngen, Erkern und Auskragungen – die müssen aufwendig ausgemessen und angeschlossen werden.

Einfacher Baukörper

Solche Extrawünsche erfordern zusätzliche Handwerkerstunden; die Ausgaben für Löhne steigen schneller als die Kosten für Baumaterial und machen heute rund 60 Prozent der Gesamtbaukosten aus – geradlinige Wände sind also ein wichtiger Sparfaktor. Für ein Reihenhaus üblicher Größe entfallen 52 Prozent der Baukosten auf die Ausbauarbeiten wie Verputzen und Fliesenlegen, Schreinern und Malern, Sanitärarbeiten und Bodenbelag, Heizungsmontage, Elektrik und Treppenbau. Der Rohbau verschlingt 48 Prozent der Baukosten – davon die Erdarbeiten 5 Prozent, die Maurer- und Betonarbeiten 35 Prozent, 4 Prozent die Zimmererarbeiten und ebenfalls 4 Prozent die Arbeit von Dachdecker und Klempner. Im Vergleich zu einer geraden Mauer betragen zum Beispiel die Mehrkosten für eine auskragende Balkonplatte aus Beton um 4000 Euro, für einen Wandvorsprung von 5 Meter Höhe und 1,5 Meter Tiefe etwa 3000 Euro, für eine 6 Meter breite und 1,5 Meter tiefe Auskragung rund 1300 Euro und für eine 5 Quadratmeter große Loggia etwa 4500 Euro – die lässt zudem weniger Licht in den Raum.
Wer auf Erker und Nischen verzichtet, vermeidet Mehrkosten für die kompliziertere Planung durch Architekt und Statiker.

Bescheidener Entwurf Allein durch eine kompakte Außenhülle des Hauses (Fassade und Dach) sowie unkomplizierte Formen von Bauteilen (Fenster und Türen) lassen sich hohe Beträge einsparen. Im Bau eines 100 Quadratmeter großen Einfamilienhauses steckt folgendes Sparpotenzial: Außenwand bis 12000 Euro, Dach bis 6000 Euro,

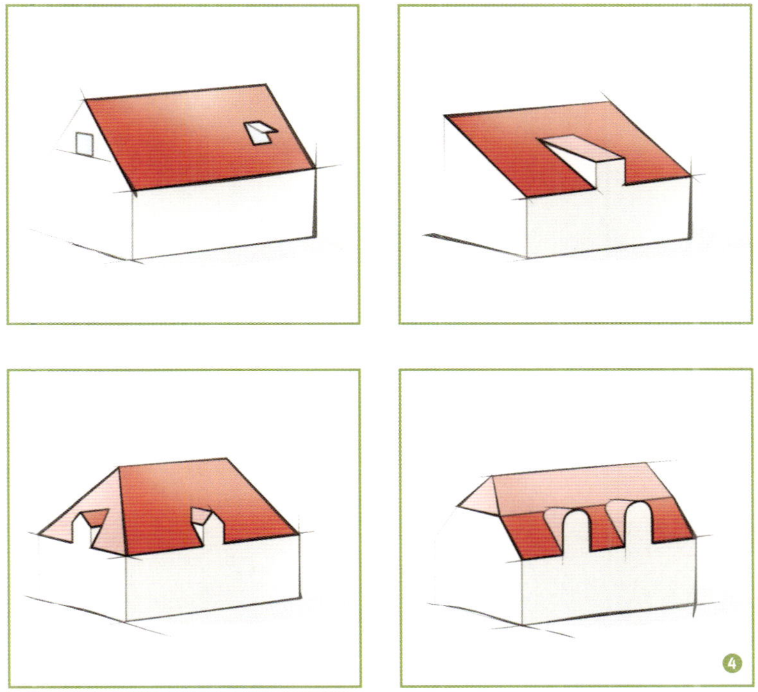

1 *Satteldach: je steiler, desto günstiger fürs Wohnen unter der Schräge.*
2 *Pultdach: Mit Kniestock darunter kann man komfortabel leben.*
3 *Walmdach: schlecht auszubauen nur in der Mitte ist es hoch genug – und nur ein Zimmer hat Platz.*
4 *Mansarddach: Der Knick nach außen schafft viel Wohnraum, ist jedoch technisch aufwendig zu bauen.*

Geschossdecken bis 5000 Euro, Innenwände, Fenster und Treppen jeweils bis 2500 Euro, Garage bis 5000 Euro. Und noch etwas: Eine einfache Konstruktion ermöglicht dem Bauherrn, selber mit anzupacken und sogar komplette Gewerke in Eigenleistung zu übernehmen. Für Entwürfe mit Ecken und Kanten gibt es nur einen vernünftigen Grund: dass sich eine Parzelle besser nutzen lässt, die wegen eines ungünstigen Zuschnitts oder der Lage am Hang sehr preiswert zu bekommen war. Kompakte Hausform Ein kugelförmiges Haus wäre am sinnvollsten – viel Platz und wenig Außenfläche. Aber wer mag schon darin wohnen? Ein würfelförmiges Haus kommt dem günstigsten Verhältnis von Innenraum zu Außenhaut am nächsten: Diese kompakte Form lässt wenig Heizwärme nach außen entweichen – ein Sparfaktor für später. Ob das Haus energetisch sinnvoll gebaut ist, sagt Ihnen der Energieausweis. Er muss von Ihrem Architekten oder Energieberater ausgestellt werden und ist Teil der Baugenehmigung.

Geschlossenes Dach

Wer die Dachfläche öffnet für Kamindurchlässe oder Sonnenkollektor, Loggia oder Glasfirst, zahlt mehr als für eine durchgängige Dachdeckung. Wenn Sie sparen müssen, verzichten Sie auf Gauben, die schwierige Anschlüsse erfordern – die Kosten fürs Dach können so bis zu 50 Prozent steigen. Die Mehrkosten für Gauben lohnen sich, wenn man Stehhöhe gewinnt. Dachflächenfenster sind günstiger – besonders wenn man Standardmaße exakt zwischen die Sparren setzt. Satte - und Pultdächer kosten etwa halb so viel wie kompliziertere Formen, wie zum Beispiel Mansarddächer. Je geringer die Dachneigung bei der selben überbauten Fläche, desto weniger Material brauchen Sie für Dachstuhl, Dämmung und Deckung. Günstige Dachneigung Soll unter der Schräge Wohnraum entstehen, eignen sich verschiedene Dachformen unterschiedlich gut – das demonstrieren die Zeichnungen oben. Der Bebauungsplan kann Dachneigung, Kniestock- und Firsthöhe festschreiben – eventuell sind also nur bestimmte Dachformen möglich. Nicht jede Form eignet sich gleichermaßen gut zum Wohnen: aus der Höhe des Kniestocks (falls einer geplant ist) und der Dachneigung ergibt sich die Stehhöhe.

Glatte Fassade

Zu einem einfach gestalteten Baukörper und einem simplen Dach passt am besten eine glatte Fassade mit einheitlichen Fensterformaten. Viele Bauherren planen ihr Haus so groß, wie der

Wie beugen wir Bauschäden vor?

Je komplizierter die Hausform, desto höher die Wahrscheinlichkeit, dass Handwerker überfordert sind und schlampen. Ein Viertel aller Bauschäden betrifft die Dachkonstruktion. Achten Sie später, wenn Sie die Arbeiten vergeben, auf das RAL-Gütezeichen der Gütegemeinschaft »Dachdeckung und Außenwandbekleidung« oder beauftragen Sie für fachgerechte Arbeit einen Meister- bzw. einen Innungsfachbetrieb.

tipp

Im Nu gebaut:

1. *Glatte Flächen: Am Hang kosten zwei Pultdächer weniger als ein Satteldach.*
2. *Kompaktbau: Das Mini-Fertighaus erreicht Niedrigenergie-Standard.*
3. *Ebene Fassade: Balkon außen angesetzt statt Decke rausgezogen.*
4. *Rastermaß: Hölzer stützen Wandtafeln und Scheiben – Bauzeit 40 Tage.*
5. *Passivhaus: nach Norden zugeknöpft, 1,5 l Ölverbrauch pro m²/Jahr.*
6. *Würfel: 20 % weniger Baukosten.*
7. *Geschlossenes Dach: Kamine bohren sich an unkomplizierter Stelle durch.*
8. *Steildach: Raum für zwei Wohnebenen.*

Bebauungsplan es zulässt. Das ist verständlich, weil sie teure Grundstücke nutzen möchten bis auf den letzten Zentimeter. Besser wäre es, nur so viel Wohnraum zu bauen, wie man im Moment wirklich braucht, und das Gebäude erst später um Anbauten nach Maß zu erweitern. Bereiten Sie aber den aufgeschobenen Wintergarten oder die Dachwohnung jetzt schon vor: Bauen Sie Stürze ein, also Querträger in der Geschossdecke, für spätere Durchbrüche oder Zugänge, und verlegen Sie Heizungsrohre, Wasser- sowie Elektroanschlüsse bis über die Geschossdecke. Sonst müssen Sie später kostenträchtig nachrüsten und haben wieder eine Menge Staub und Dreck im Haus.

Außenhaut

Sonne dörrt und Frost klirrt an Außenmauern, Dach und Fenstern, und Wind kühlt sie aus. Wo das Wetter immer trocken oder immer feucht ist, lässt sich die Außenhaut des Hauses einfacher schützen als bei uns: Zwischen Flensburg und Berchtesgaden sind die Sommer feucht und warm, die Winter trocken und kalt. Im Sommer dehnen sich Baustoffe aus und quellen, im Winter schwinden sie. Um Risse und Folgeschäden zu vermeiden, hüllt man das Haus in einen Wettermantel. Doch nicht jedes Material schützt gleich gut.

Putz Außenputz wird dreilagig aufgetragen – ein Zementbewurf trägt Unter- und Deckputz aus Kalk. Durchfeuchtet Schlagregen die Kalkschichten bis zur Zementlage, quillt diese und hält wie eine Sperrschicht die Außenwand trocken. Wind und Sonne entziehen dem Zementputz die Feuchte wieder – dieses Putzsystem reguliert sich also sozusagen selbst. Kunststoffputz ist anfangs regendicht, heftige Wetter machen ihn jedoch spröde. Durch Haarrisse kriecht Feuchtigkeit, während die äußere Putzschicht quillt – die Nässe ist gefangen. Der Frost macht Eis daraus, es dehnt sich und sprengt Putzteile weg.

Verblendmauerwerk Früher verkleidete man Außenwände mit weichem, porösem Sichtbackstein, er schluckte Feuchtigkeit, ohne aufzufrieren. Heute brennt man Klinkersteine mit höheren Temperaturen, sie nehmen kaum Wasser auf – eine Fassaden-Verblendung aus Sichtziegeln schützt Außenwände dauerhaft und wartungsarm.

Holz Für die Außenbekleidung schraubt man auf ein Lattengitter eine Schale aus Fichte, Lärche, Douglasie oder Kiefer. Schmale Bretter verformen sich weniger, man verwendet Elemente bis 18 Zentimeter Breite. Damit Regen rasch abrinnt, wird Fassadenholz senkrecht nebeneinander montiert, waagerechte Bretter legt man schuppig übereinander und fräst Tropfkanten in die Unterseite. Regen durchfeuchtet das Naturmaterial; hält man zwischen Wand und Bekleidung einen Spalt frei, zirkuliert darin Luft – sie föhnt das Holzkleid, und es hält Jahrzehnte. Chemischer Holzschutz ist überflüssig, Anstrich Geschmackssache – wenn, dann einen dampfdiffusions-offenen Anstrich verwenden, er blockiert den Feuchtigkeitsaustausch nicht.

Metall Zinkblech oder Kupfer halten Regen zuverlässig von der Bausubstanz ab. Metalle dehnen sich stark aus und unterliegen elektrochemischen Prozessen – beauftragt man mit Planung und Ausführung der Konstruktion keinen echten Spezialisten, baut man Schäden ein statt Schutz.

Glas Der Baustoff dehnt sich kaum aus, lässt sich problemlos an andere Materialien koppeln. Eine Glashaut weist Wasser ab und sammelt zudem Energie, zum Beispiel als – noch kostspielige – transparente Wärmedämmung (TWD). Die neueste Generation der lichtdurchlässigen Dämmung wird aus Polycarbonatwaben gefertigt, einem robusten Kunststoff. Weitaus preiswerter wird die Fassade geschützt durch einen verglasten Anbau, beispielsweise einen Wintergarten – mehr zum gläsernen Wohnzimmer erfahren Sie auf den Seiten 51–52.

Dachüberstand und Laub spenden im Sommer Schatten und lassen im Winter die Strahlen der tief stehenden Sonne ins Haus.

Spielregeln für grüne Fassaden

Fassadengrün verbindet Natur und Baumaterial. Das Grün filtert Staub aus der Luft, befeuchtet und kühlt sie, gibt Schatten – ideal für Glasfassaden, hinter denen man sonst an gleißenden Sommertagen vor Hitze stöhnt. Efeu und wilder Wein verkleben die Scheiben mit Sekret, das man nie mehr wegkriegt. Wein- und Waldrebe, Blauregen und Rose klettern am Gerüst – die Montage mit Wandabstand verhindert Bauschäden.

tipp

Je nach Sonnenstand kriegt ein Haus mehr oder weniger Wärme ab. Ideal: Wintersonne durch Fenster ins Haus holen und speichern, Sommerhitze draußen halten mit Rollos oder Pflanzen.

Fenster

Man kann mit Glas die Fassade schützen – oder aus Glas eine Fassade bauen. Viele kleine Fenster in die Außenwände zu stanzen bedeutet mehr Anpassungsarbeit als große Scheiben aneinander zu reihen. Fenster in Standardmaßen gibt es günstig ab Lager, feste Verglasung kostet bis zu 20 Prozent weniger. Scheiben, die sich nicht öffnen lassen, sollten von innen und außen zum Reinigen gut zugänglich sein. Für Fenster wird die Außenwand ausgespart; dort tragen Beton- oder Holzstürze die Last von Dach und Decken. Sehr breite Glasflächen belasten einen einfachen Sturz über seine Kräfte – zusätzliche Tragkonstruktionen wie Stützen oder Unterzüge sind dann notwendig, sie verteuern den Bau.

Lage Die Fenstergröße richtet sich nach dem Raum, in den Licht fallen soll. Üblicherweise liegen die Nebenräume sowie Eingang und Treppe im Norden, die Wohnräume im Süden. So ergibt sich auch gleich die richtige Fenstergröße: im Norden wenig Glasfläche, nach Süden viel – natürlich nur, wenn die Südseite nicht verschattet ist durch Nachbargebäude oder dichte Nadelbäume. Ein Abweichen von der Südorientierung – bis 20 Grad nach Osten oder Westen – verringert den Energiegewinn um 5 Prozent.

Hybride Solarnutzung Glasflächen sammeln kostenlose Sonnenwärme, häufig entsteht sogar ein Überschuss. Wenn man Luftklappen sowie Kanäle einbaut und die warme Luft in kalte Hauszonen treibt, spricht man von hybrider Solarnutzung: passiv mit wenig Technik. Aktive Solartechnik funktioniert mit Systemen und Geräten, die mehr können: die Sonnenstrahlen einfangen und zum Heizen oder Wasserwärmen nutzen – beispielsweise Kollektoren (Info Seite 96) oder massive Absorber aus Beton oder Stein. Je effektiver sie arbeitet, desto teurer kommt die Solartechnik.

Verglasung Die Sonne sendet in Form von Lichtstrahlen 15 000-mal mehr Energie zur Erde als wir brauchen. Ein Teil wird von Glas reflektiert, das meiste dringt in den Raum. Wenn die kurzwelligen Lichtstrahlen auf Bauteile und Möbel treffen, werden sie in langwellige Wärmestrahlen umgewandelt, die nicht mehr durch das Glas hinauskönnen – sie sitzen in der Falle: der Treibhaus-Effekt. Die Wärmeschutzverordnung erlaubt, solche Wärmegewinne der Fenster in die Energiebilanz des Hauses einzurechnen – mehr dazu auf Seite 88. Je besser die Verglasung, desto größer darf die Fensterfläche sein. Isolierglas stoppt den Wärmeverlust: zwischen zwei Scheiben sitzt dämmendes Gas. Die aktuelle Energie-Einspar-Verordnung verlangt Fenster mit einem U-Wert (Erklärung siehe Seite 65) von mindestens 1,3, teilweise noch darunter. Seit Einführung der EnEV werden Wärmebrücken, auf denen Heizenergie nach draußen zieht, in die Berechnung des Wärmedurchgangs mit einbezogen.

Tüftelei Im neuen Berechnungsverfahren für den U-Wert von Fenstern wird der Glasrand mit berücksichtigt, also erstmals die tatsächlichen Verlust-Anteile. Kleinteilige Fenster schneiden schlechter ab, der Rahmenanteil von Sprossenfenstern liegt beispielsweise bei 60 Prozent – das kann zu fragwürdigen Lösungen führen wie eine durchgehende Isolierglasscheibe, in der zwischen den beiden Gläsern ein Gitter steckt als Unterteilung, oder aufgeklebte oder aufgesetzte Sprossen. Die Fensterhersteller haben allerdings auf die neuen Anforderungen reagiert: Die Verglasung wurde verbessert, in Hochleistungsfens-tern gehört die sogenannte 3-Scheiben-Verglasung zum Standard. Sie lassen Sonnenstrahlen herein, dämmen jedoch super.

Rahmen In den Rahmen steckt oft ein Dämmkern aus Hartschaum oder Kork. Dichte Fenster haben auch Nachteile: Innen sammelt sich verbrauchte und feuchte Luft. Lüften verhindert Schimmel und Bauschäden: Fenster in regelmäßigen Abständen weit öffnen, ideal ist Durchzug.

Wartung Saisonaler Temperaturwechsel lässt Holz »arbeiten«, es dehnt sich und schrumpft. So entstehen Risse im Außenanstrich. Unter deckendem Lack sammelt sich Feuchte, die Holzfasern quellen, und der Anstrich platzt ab. Aus offenporiger Lasur entweicht Feuchtigkeit schadlos, dennoch ist ebenso wie für lackierte Fensterrahmen alle 4–5 Jahre ist ein neuer Anstrich fällig. Tropenholz muss nicht gestrichen werden. Es ist hart, widerstandsfähig und fault nicht, aber die Fensterrahmen kosten mehr als Kiefernrahmen. Obwohl das Holz aus nachhaltigem Plantagen-Anbau stammt (achten Sie auf das sogenannte »FSC«-Signet) rümpfen ökologisch verantwortungsvolle Bauherren die Nase allein wegen des hohen Energieverbrauchs für die weiten Transportwege. Auch Aluminiumfenster sind Umweltschützern suspekt, weil ihre Herstellung extrem energie-intensiv abläuft. Bauphysiker hingegen schätzen Alurahmen heute als technisch perfekt. Sie haben nichts mehr gemeinsam mit den Fenstern, die man noch aus der Kindheit kennt. Die Profile sind schon lange thermisch getrennt: Kunststoffstege verhindern, dass die Rahmen innen kalt sind und sich Schwitzwasser bildet. Bauherren wird die Haltbarkeit interessieren (ewig) und der Preis schmerzen (horrend). Die Farbauswahl ist riesig, die Anmutung stets ein wenig kühl. Alufenster sieht man häufig in öffentlichen Gebäuden, sie sehen auch in Einfamilienhäusern mit moderner Architektur schick aus. Kunststofffenster dämmen mit eingeschlossener Luft und Dämmstoff in den Kammern. Kunststoffrahmen halten jeder Witterung stand und kommen ohne Anstrich aus. Der Farbton kann sich allerdings unter dem UV-Licht der Sonne verändern und die Zähigkeit des Materials nachlassen.

Glasrand Abstandhalter wahren im Fensterrahmen die Distanz zwischen den Isolierglasscheiben. Früher verursachten Metallbänder bis zu einem Fünftel des Wärmeverlusts, der durch ein Fenster verloren ging. Jetzt sitzen im Randverbund Leisten aus Kunststoff oder Edelstahl – im Gegensatz zu Aluminiumstegen verhindern sie Wärmebrücken.

Wärmeschutz Was Glas tagsüber an Wärme gewinnt, kann es nachts verlieren. Deshalb sollte man außen vor den Fenstern dämmende Läden, Roll- oder Schiebeläden montieren oder innen beschichtete Reflektionsrollos anbringen. Fertig zu kaufen gibt es Dämmläden eigentlich nicht, man lässt sie vom Schreiner nach Maß anfertigen. Wer handwerklich geschickt ist, kriegt simple, glatte Schiebeläden auch selbst hin – einfach eine Lage Dämmstoff zwischen zwei Holzscheiben packen und in eine Rollschiene einhängen.

Hauseingang

Kennen Sie das? Man ist erstmals bei jemandem zum Essen eingeladen und stapft, die gute Flasche Wein in der Hand, ums Haus auf der Suche nach dem Eingang – und kommt sich reichlich blöde vor. Nicht Ihr Fehler. Es mangelt an gestalterischen Hinweisen, die Zeichen setzen: Hier geht es rein!

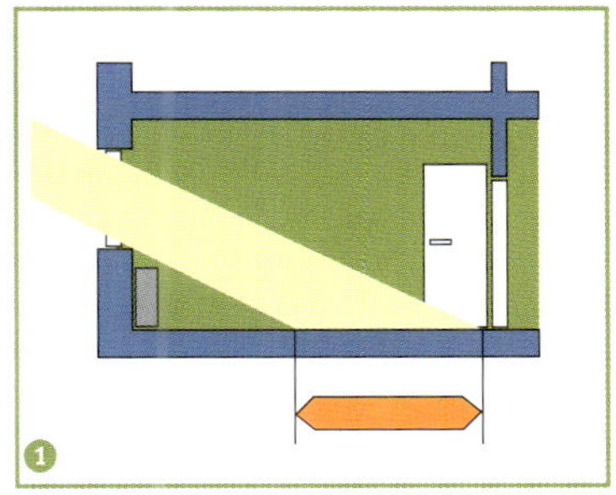

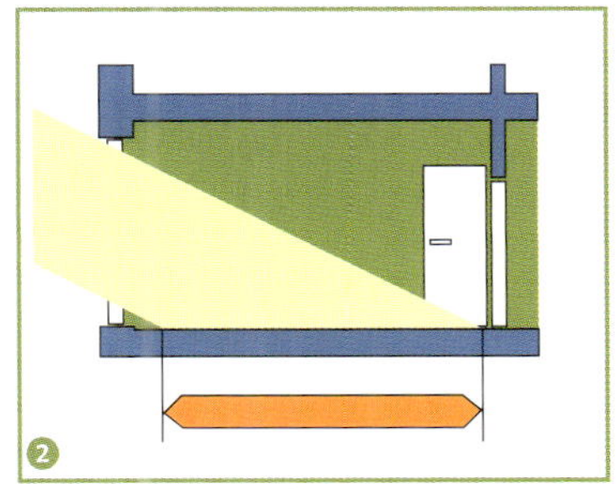

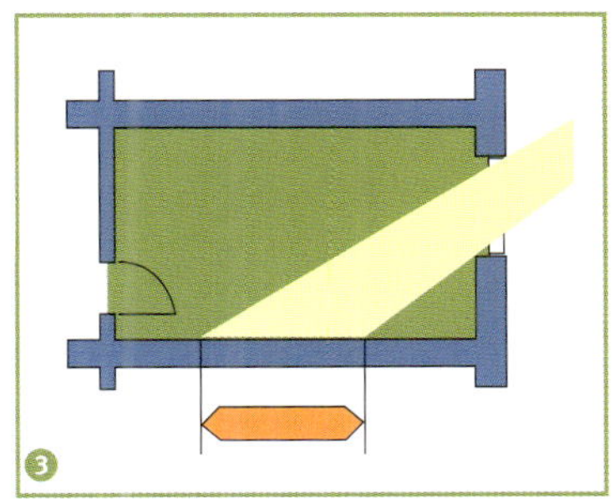

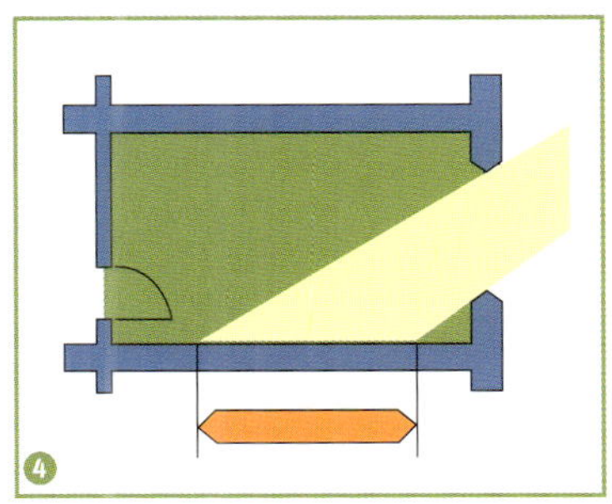

1 Ansicht: Niedrige Fenster lassen wenig Sonnenstrahlen in den Raum.
2 Geschosshohes Glas bringt Durchblick und Licht. Nachträglich einen Balkon vorzusetzen ist leicht möglich.
3 Aufsicht: Schmale Fenster verkürzen wie Schießscharten den Lichteinfall.
4 Bei abgeschrägten Laibungen flutet mehr Helligkeit ins Haus.

1 *Vorbau: Raum für Mäntel und Schuhe.*
2 *Schirm: schützt Haustür und Besucher.*
3 *Vordach: markiert die Grenze zwischen öffentlichem Weg und Privateigentum.*
4 *Nische: Säule und Briefkasten weisen den Weg zur Tür.*
5 *Windfang: Schmutz und Kälte bleiben draußen.*
6 *Vorhäuschen: hält Wind und Laub ab.*

Früher überhöhten Gauben und Erker die Haustür von Stadthäusern so, dass sie auf den Eingang hinweisen, selbst wenn ein Bus davor steht. Die Fassade ist um die Pforte herum organisiert. Als klassische Gestaltungsmittel erkennt man eine symmetrische Anordnung der Fenster, vorspringende Halbsäulen, Treppen und Laubengänge. Heute haben Bauherren kaum Geld für so viel Zier. Und das ist allemal besser als gewollt und nicht gekonnt. Deshalb gleich mit Mut zur Bescheidenheit bauen – eine protzige Haustür wertet ein schlichtes Heim sowieso nicht auf, sondern sieht nur unpassend aus. An ein Haus auf dem Land gehört eine Holztür – glatt oder symbolhaft geschnitzt. Rahmen aus Holz müssen gut dämmen, man sollte sie und das Blatt von Zeit zu Zeit streichen. Die Haustür eines Stadtdomizils kann – je nach Bau-Budget – das wiederholen, was an den alten Hauspforten schön, gut und schon früher teuer war: kunstvoll bearbeitete Türfüllungen, feingliedrige Sprossen, Zierleisten und Vordächer.

Eine farbige Tür signalisiert in Stadt und Land Kindern und Gästen: Hier wohnen wir! Verglaste Türblätter zeugen von Offenheit und schleusen Licht in die Diele. Wärmeschutzglas lässt Licht rein, Heizwärme aber nicht hinaus – besonders wichtig für große Glasflächen. Türen aus Aluminium oder Kunststoff sind pflegeleicht und brauchen keinen Nässeschutz. In den Kammern der Rahmen bremsen Luft oder Hartschaum den Wärmetransport aus der Diele ins Freie. In Aluprofilen unterbrechen Kunststoffstege Wärmebrücken nach draußen. Auch Türfüllungen müssen gedämmt sein; Dichtungen an der Schwelle sowie rund ums Türblatt halten Staub, Zugluft und Feuchtigkeit draußen.

Wetterschutz Wer steht schon gern im Regen, während er nach dem Schlüssel kramt? Ein Wetterdach hält Mensch und Tür trocken. In den Neubau können Sie Vorraum oder schützende Nische einplanen, außen ein Vordach oder Windfang. Ein Vorraum im Baukörper oder die Nische im Winkel zweier Baukörper spendet außer Wetterschutz auch Geborgenheit und eine Spur Wärme. Er führt halb offen und schrittweise vom öffentlichen Bereich ins Private, Besucher stehen nicht verloren vor dem Haus, sondern schon ein Stückchen weit drinnen. Der Eingang zieht sich ins Gebäude zurück, die Haustür darf dann ruhig mehr Offenheit signalisieren durch Glasscheiben oder -streifen, und der Bodenbelag den Übergang von draußen nach drinnen sanfter gestalten.

Vordach Das Vordach an der Fassade kann aus Metall und Glas, aus Holzrahmen und Glas oder als ziegelgedecktes Holzdach konstruiert sein. Ein blickdichtes Dach verdüstert jedoch die Eingangszone darunter und innen. Seitliche Schürzen halten Wind und Regen noch sicherer ab. Schön sieht es aus, wenn man auf dem Boden die Form des Vordachs »nachzeichnet«, zum Beispiel mit einem Podest oder dem Bodenbelag – der wiederum sollte keinesfalls aus rutschigen Fliesen bestehen.

Windfang Ein Vorraum hält Blätter und Schmutz draußen und spart Heizkosten, denn Sturm und Kälte dringen nicht in die Wohnräume. Der Windfang gibt Stauraum für Schirme, Schuhe und Hundehandtücher, mit denen man schmutzige Pfoten

Clever: Das Flachdach als Baugrund für den Wintergarten nutzen. Er puffert Kälte und Lärm, gibt Pflanzen Heimat und kann – wie hier – Haushälften zugleich trennen und verbinden.

fürs Erste säubert. Plant man den Raum groß genug, lässt sich darin auch der Kinderwagen parken, später das Dreirad oder ein »Hackenporsche« zum Einkaufen. Eine Fußbodenheizung wärmt die Füße während des Wechsels in die oder aus den Pantoffeln, eine Heizleiter aus dem Badezimmer-Programm trocknet Handtücher – Haken und Stangen zum Einhängen gibt es passend zu kaufen. Der Windfang vor der Fassade kann, wie auch ein Wintergarten, die Haustür optisch aufwerten, eine verglaste Tür verstärkt die elegante Offenheit und lässt Licht in Diele oder Flur. Fügt man einen massiven Vorbau ans Haus, sollte er sich sorgfältig am Gebäude orientieren in Material und Farbe sowie Proportion, Gestalt und Größe.
Zubehör In Leuchten eingebaute Bewegungsmelder schalten Licht automatisch ein, wenn sich jemand nähert. Die meisten Modelle sind leider keine Augenweide – wenn Sie eine schöne Leuchte aufhängen, spendieren Sie ihr einen Außenschalter. Hausnummer und Briefkasten, Namensschild und Klingel sollten ebenso wie ein Schuhsohlenkratzer seitlich gruppiert werden; Symmetrie macht das Ganze übersichtlich. Stimmen Sie die Accessoires ab auf Form, Farbe und Material von Haus sowie Eingangstür. Ein Kübel, passend zum Haus bepflanzt, stimmt freundlich.

Wintergarten

Ein Glasanbau macht das Haus wertvoller und luxuriöser: Man sitzt geschützt, doch wie im Freien, man verlängert den Sommer und genießt den Garten hautnah auch bei Wind und Regen – ein Wohnvergnügen der besonderen Art. Wenn Sie sich sehnlichst einen Wintergarten wünschen, sollten Sie wissen, was beim Bau rechtlich, konstruktiv und finanziell auf Sie zukommt.
Baugenehmigung Wie vor das Haus haben die Behörden auch vor den Wintergarten die Landesbauordnung gesetzt sowie meist einen Bebauungsplan – darauf erkennen Sie die Baugrenze als Linie aus Strich-Punkt-Strich; bis zu ihr darf man bauen, muss aber nicht. Die Baulinie (Punkt-Punkt-Strich) gibt an: Bis dahin muss man bauen – Städtebauer wollen eine einheitliche Häuserflucht herstellen. Nutzungsziffern legen fest, wie viel Fläche Sie im Verhältnis zum Grundstück bebauen (GRZ) und bewohnen (GFZ) dürfen. Bei einer GRZ von 0,5 und 500 Quadratmeter Baugrund können Sie 250 Quadratmeter überbauen. Würde das Haus plus Wintergarten die GRZ überschreiten, gibt es einen Trick: Stülpen Sie das Glashaus auf den Anbau oder über die Garage. Ein aufgestockter Glasanbau vergrößert nicht die GRZ, nur die GFZ.
Grenzfall Wollen Sie den Wintergarten direkt an die Grundstücksgrenze bauen? Das geht fast nie, wenn die Gemeinde frei stehende Häuser vor-

Lärm gezielt dämmen mit Glas

Glasanbauten fungieren schon mit herkömmlichem Glas als Schutzschild gegen Lärm von draußen. Selbst mit weit geöffneten Luftklappen dämpfen sie die Lautstärke von Außengeräuschen um die Hälfte. Wer an der Straße wohnt, wählt Schallschutzglas, es ist in Klassen gestuft – bis 200 Autos pro Stunde Fenster der Klasse 3 einbauen, bis 3000 Fahrzeuge Klasse 4 oder 5, an Schnellstraßen Höchstklasse 6.

info

Im Wintergarten nehmen Dämmschichten dem Boden Kälte, eine Lüftung vermeidet Hitzestau und leitet kostenlose Sonnenwärme in die Wohnräume.

Treibhauseffekt

Die Sonne schickt Licht vor allem in kurzwelligen Strahlen auf die Erde, Glas lässt sie ins Haus. Trifft Licht auf feste Stoffe wie Fußboden und Wand, verwandeln sich Kurzwellen in langwellige Wärmestrahlung. Sie kann nicht mehr durch das Glas hinaus, die Wärme sitzt in der Falle, das Glashaus heizt sich auf – Treibhauseffekt. Die massiven Speicherflächen schlucken einen Teil der gefangenen Wärme und geben sie langsam ab.

info

sieht – im Bebauungsplan als »offene Bauweise« gekennzeichnet. Wenn für Garagen Grenzbebauung toleriert wird, lässt sich das noch lange nicht auf Wintergärten übertragen. Weil man diese meist als Wohnraum nutzt, unterliegen sie anderen Bestimmungen als Garagen und Gartenhütten. Rufen Sie vorab beim Bauamt an, um die Sachlage zu klären. Gibt es grünes Licht, können Sie Ihren Wintergarten aus verschiedenen Materialien errichten: *Holz* lässt sich leicht bearbeiten, man schützt es vor Wetter durch Anstrich, Kesseldruck-Imprägnierung oder Abdeckleisten. Die Rahmen müssen stabil sein – je größer und schwerer die Scheiben, desto klobiger die Profile.

Rahmen *Kunststoff*rahmen brauchen für die Stabilität einen Stahlkern in ihrem Innern, die Profile sind preisgünstig und in vielen Farben zu haben – lassen Sie sich vom Verkäufer Lichtechtheit garantieren. *Aluminium* ist korrosionsfest, weich und leicht und lässt sich gut bearbeiten. Filigrane Träger aus *Edelstahl* widerstehen Rost ohne Behandlung. Die Konstruktion wird thermisch getrennt, so existieren keine Wärmebrücken. Stahl ist hoch fest, sehr tragfähig mit filigranen Profilen – auch für große Glaselemente. Feuchtigkeit zerstört jedoch das Material, es rostet – zum Schutz bekommt es eine Zinkschicht, eine Einbrennlackierung oder einen Anstrich. Hohe Luftfeuchte setzt sich an kalten Profilen jeden Materials als Kondenswasser ab. Ableitrinnen führen es ohne Tropfen weg, man muss trotzdem oft lüften.

Verglasung An den späteren, nachträglichen Anbau eines unbeheizten Wintergartens stellt die Energie-Einspar-Verordnung EnEV keine Anforderungen. Integrierte und somit beheizte Wintergärten in Neubauten müssen wie alle Räume in den Energiebedarfs-Ausweis eingeschlossen werden – ein Fachplaner erstellt die erforderlichen Nachweise. Sonne heizt das Glashaus auf, Rollos außen spenden mehr Kühle als innen montierte. Die kosten weniger und halten länger.

Kosten Anlehnglashaus, Breite 4,10 Meter, Tiefe 3,10 Meter, Firsthöhe 3,30 Meter, Isolierglas: in Holz 13 500 Euro, Kunststoff 10 100 Euro, Aluminium 19 500 Euro, Edelstahl als Gitterträger 29 300 Euro. Für die unbeheizte Version mit Einfachglas in feuerverzinkten Stahlprofilen zahlen Sie etwa 7200 Euro.

▶ **Fenster: 80 Module und Rahmen: Welches Fenster passt zu Ihrem Haus? Marktübersicht mit Planungstipps unter www.haus.de/fenster**

▶ **Wintergarten: Schöner wohnen im Glashaus – noch mehr Tipps von Baugenehmigung bis Bepflanzung unter www.haus.de/wintergarten**

Erste Schritte in Richtung Planung: an alles gedacht?

Die erste Lektion in Sachen Hausbau haben Sie schon hinter sich. Jetzt wissen Sie: Wer sorgfältig plant, spart eine Menge Geld. Man sollte tausend Dinge gleichzeitig beachten, da verlieren Greenhorns schon mal den Überblick. Hier eine Gedankenstütze: überlegen, ankreuzen – und als erledigt abhaken.

Hausform

Wenn wir den umbauten Raum unseres Wunschhauses durch die geplante Wohnfläche dividieren, liegt der Wert unter 4. ❍

Wir haben uns für einen schlichten quadratischen oder rechteckigen Baukörper entschieden. ❍

Dach

Die Form unseres Wunschdachs entspricht dem Bebauungsplan für unser Grundstück. ❍

Soweit uns der Bebauungsplan keinen Strich durch die Rechnung macht, haben wir die optimale Dachform und Neigung für den Ausbau berücksichtigt. ❍

Fassade

Die Materialien und Farben unseres Wunschhauses entsprechen der Ortssatzung unserer Stadt/Gemeinde. ❍

Fassaden- und Dachfläche unseres Hauses sind so wenig wie möglich von Nischen und Erkern, Gauben und Schornsteinen unterbrochen. ❍

Fenster

Wir haben uns auch schon nach schönen Energiespar-Fenstern umgesehen und überlegen, ob sie vielleicht in unser Haus passen. ❍

Die Fensterformate unseres Wunschhauses haben wir so gewählt, dass sie sich ohne gefährliche Kletterpartien putzen lassen, und zwar von innen genauso gut wie auf der Außenseite. ❍

Haustür

Die Tür unseres Wunschhauses passt in Material, Farbe und Form zu Standort und Stil unseres geplanten Hauses sowie zum Material der Fassade und der Fenster. ❍

Wir haben uns bereits überlegt, wie wir unseren Hauseingang gestalten möchten – als Nische oder mit Vordach, als Vorbau oder gläsernen Windfang. ❍

Wintergarten

Wohngebäude-Versicherer zahlen gesprungene Scheiben bis zu einer Größe von 3 m² – unser Wintergarten hat kleinere Glasflächen. ❍

Als Alternative ziehen wir in Erwägung, eine extra Glasversicherung für den Wintergarten abzuschließen. ❍

Höhe und Form unseres Wintergartens erlauben gefahrfreies Scheibenputzen. ❍

Wir haben schon geprüft, ob für unser Traumhaus der Einbau von Schallschutzglas infrage kommt. ❍

check

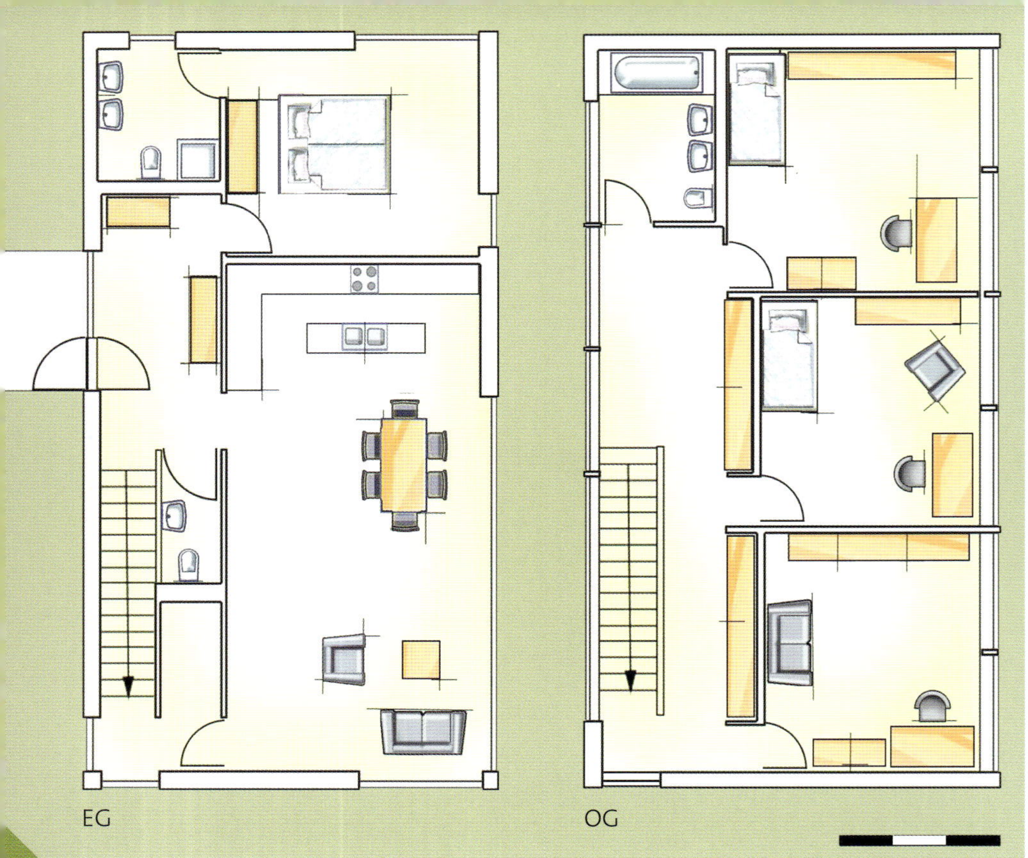

Wie viele Zimmer brauchen wir?

Wir planen Hausgröße und Grundriss – und suchen Sparideen

Einen perfekten Grundriss, passend für jede Familie und alle Lebenslagen, den gibt es nicht. Gut, wenn man Räume später anders nutzen kann als jetzt, ohne groß umzubauen. Plant man sämtliche Zimmer gleich groß, stehen viele Möglichkeiten offen.

Nutzen Sie in der Planungsphase konsequent alle Chancen, zu Ihrem Lebensraum nach Maß zu gelangen. Prüfen Sie kritisch alle gängigen Normen, Wohnvorstellungen und Gewohnheiten, und übernehmen Sie nur, was wirklich zu Ihren Bedürfnissen, Ihrem Lebensstil und Ihren finanziellen Möglichkeiten passt.

Bedarf ermitteln

Brauchen Sie tatsächlich ein Wohnzimmer, das fast 50 Quadratmeter groß ist, während jedes Ihrer Kinder zu 8 Quadratmetern Einzelzelle verdonnert wird? Muss das Schlafzimmer unbedingt im Obergeschoss liegen und Fläche blockieren für ein Wohnzimmer mit super Aussicht? Können Küche und Bad nicht anders als üblich gen Westen weisen, weil Sie persönlich nach dem Job gemütlich im Schein der Abendsonne baden möchten und anschließend beim Kochen und Essen den herrlichen Sonnenuntergang genießen? Um solche Bedürfnisse zu klären, gehen Sie am besten so vor: Alle zukünftigen Bewohner des Hauses notieren ihre Wohnwünsche.

Wohnbedürfnisse erkennen Sind manche Ihrer Hausgenossen (noch) nicht in der Lage, ihre Wünsche zu äußern, oder sind Ihnen die eigenen nicht wirklich klar, berücksichtigen Sie drei Wohn-Grundbedürfnisse jedes Lebewesens: Vorrangig braucht es Sicherheit, will sich subjektiv geborgen fühlen – für manch einen kommt schon allein deswegen beispielsweise ein Wintergarten nicht infrage, weil er sich darin wie auf einem Präsentierteller vorkommt und unsicher fühlt. Zweitens suchen Mensch und (Haus-)Tier Privatheit, möchten mit vertrauten Menschen allein sein und auch mal mit sich selbst – Grund genug, außer Gemeinschaftsräumen für jeden ein eigenes Zimmer zu planen und dem Hund seine Nische.

Tagesablauf aufschreiben Als Drittes strebt der Mensch nach Selbstverwirklichung, braucht kreative Freiräume – Platz zum Musikmachen, für die Tischtennisplatte oder die Überraschungseier-Sammlung. Damit alle sich in dem neuen Haus

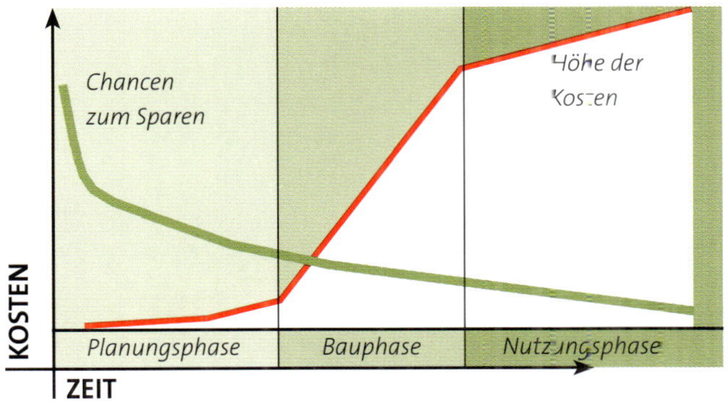

Gute Planung mit einem Architekten bündelt die besten Sparfaktoren, die Laien nie entdecken würden. Dafür Zeit und Geld investieren – das lohnt sich. Ein Gebäude kommt schon allein dann ein Zehntel bis ein Fünftel günstiger, wenn man ein kompaktes Haus mit einfacher und klarer Raumaufteilung entwirft .

wohlfühlen, sollte es für diese Vielfalt an Bedürfnissen einen geeigneten Rahmen bieten. Vielleicht wissen Sie gar nicht, wie breit gefächert die Bedürfnisse Ihrer Familie sind – finden Sie es heraus, legen Sie dazu eine Tabelle an: eine Längsspalte für jedes Familienmitglied, eine Querzeile pro halber Stunde zwischen Aufstehen und Schlafengehen. Jeder trägt ein, was er wann wo macht – oder tun würde, wenn es die Räumlichkeiten denn endlich zuließen. Sie werden eventuell feststellen, dass nur selten alle zusammen frühstücken, morgens aber das Bad überfüllt ist und eine extra Dusche sinnvoll wäre. Oder dass Papa sich mit der Zeitung aufs Klo verzieht, weil ihm eine ruhige Leseecke fehlt. Oder dass Mama mit der Nähmaschine wie eine Nomadin von der Küche ins Wohnzimmer ins Schlafzimmer zieht, weil das Ding überall stört – ein Hauswirtschaftsraum muss her

Raumprogramm aufstellen Nun sollten Sie sich noch überlegen, wie sich Ihre Wohnbedürfnisse über einen längeren Zeitraum ändern. Notieren Sie zum Beispiel: Wir wünschen uns ein drittes Kind, einer von uns arbeitet irgendwann freiberuflich und braucht ein Büro, die Kinder werden erwachsen und studieren auswärts, wir verkleinern das Haus und vermieten einen Teil. So nähern Sie sich schrittweise der Erkenntnis, welche Räume Sie brauchen. Bleibt die Frage: wie groß sollen sie sein? Überlegen Sie sich für jedes Zimmer eine Minimal- und eine Maximalgröße; bleiben Sie dabei realistisch, verlieren Sie Ihre Finanzen nicht aus dem Auge. Tipps für optimale Raumgrößen finden Sie auf den nächsten Seiten.

Nutzungsdiagramm zeichnen Für eine optimale Verteilung der Räume innerhalb des Hauses hilft ein Nutzungs- und Wegediagramm. Gruppieren Sie die Räume nach ihrer Funktion: Küche und Essraum gehören zusammen, Schlafzimmer und Bad, Diele und Abstellkammer – diese Ordnung garantiert kurze Wege und weniger Schmutz im Haus. Fertigen Sie nun Skizzen für morgens, mittags, nachmittags und abends, für Werktage und Wochenenden – jeder Raum ein Viereck, jeder Weg ein Strich, jeder Aufenthalt ein Punkt, für jedes Familienmitglied in einer anderen Farbe.

Irrtümer ausschließen Wenn eine Menge Striche quer durchs halbe Haus laufen, sind die Wege lang und umständlich – rücken Sie Räume näher zueinander. Wo es auf dem Diagramm kunterbunt aussieht, findet Familientrubel statt – dort brauchen Sie weitläufigeren Platz als an Orten, auf denen sich Punkte in nur ein, zwei Farben befinden.

Kosten reduzieren

Nach diesen Überlegungen zeichnen Sie erste Zimmerpläne, zuerst leer, dann mit Ihren Möbeln. Jetzt noch einmal ein Wegediagramm aufmalen. Wo eine Linie nicht gerade verläuft, sondern an einer bestimmten Stelle schlenkert, werden Sie unnötige Kurven laufen – es steht etwas im Weg, etwa ein Wandstück, der ersehnte Kachelofen, die

Wie berechnen wir die Hausgröße?

Berücksichtigen Sie auf Ihren Grundriss-Skizzen nicht nur Wohn- und Schlafräume. Lassen Sie Platz für Windfang und Diele, Flur und Gäste-WC, Abstell- und Speisekammer. Um zu ermitteln, wie groß Ihr Haus wird, multiplizieren Sie die Quadratmeterangaben aller geplanten Räume jeweils mit 1,3. So erhalten Sie die Bruttofläche – reine Wohnfläche plus 20 bis 30 m² Stellfläche für Wände, Stützen und Schornstein.

tipp

schicke Küchentheke oder Bellos Hundekorb. Da hilft nur eins: umplanen! Türen, Fenster oder Wände lassen sich auf dem Papier kostenlos versetzen, während der Bauphase kommt das teuer. Sie sollten in Ihren Gedanken nicht nur durchs Haus laufen, sondern sich auch mal hinsetzen und horchen: Dringt Kindergeschrei ins Wohnzimmer? Oder können die Kleinen nicht schlafen, weil der Fernseher so laut ist? Dann sollten Sie prüfen, ob die Räume zu dicht beieinander liegen oder Sie die Treppe besser in ein separates Treppenhaus bauen sollten statt offen in den Wohnbereich.

Raumgefühl testen Jetzt schauen Sie in Gedanken noch ein wenig aus Ihren geplanten Räumen ins Freie sowie durch die Räume: Wohin muss ein Fenster, wo versperrt eine Wand schöne Aussicht und wo fehlt eine als Rückhalt für die Möbel? Was sehen Sie, wenn Sie auf dem Wohnzimmersofa sitzen: einen weiten Raum mit geraden Wandfluchten oder einen engen Schlauch, unübersichtliche Ecken, viele Türen? Erinnern Sie sich an die Wohngrundbedürfnisse – in einem solchen Raum würden Sie sich nicht sicher und geborgen fühlen.

Bescheiden planen Ein Grundriss mit geradlinigem und klarem System von tragenden und nicht tragenden Bauteilen belastet außer der Seele auch das Baubudget weniger als raffinierte und kreative Raumfolgen. Falten und Kurven in der Außenwand machen die Planung des Grundrisses kompliziert und den Bau teuer – ein 2 Meter breiter Erker verschlingt 6000 Euro und ein 5-Quadratmeter-Balkon mit Fenstertür 5000 Euro. Die Aufteilung der Wohnfläche in viele einzelne Räume für jeweils einen bestimmten Zweck ist nicht zwingend, es gilt: Je geringer die Anzahl der Trennwände, desto kosten günstiger fällt Ihr Quadratmeter-Preis aus. Im Durchschnitt kommt auf 1 Quadratmeter Wohnfläche 1 Quadratmeter Innenwand – zu Preisen zwischen 60 und 120 Euro pro Quadratmeter. Nutzflächen sind genauso teuer wie Verkehrsflächen: Minimieren Sie Flure oder nutzen Sie sie doppelt, z.B. als Arbeitsplatz oder Bibliothek.

So liest man Baupläne

Bettina Seeger, Architektin, München

»

Was muss ein Laie beachten?
Ein Plan sollte immer in einem prüfbaren Maßstab gezeichnet sein. In der Regel nicht kleiner als 1:100, d.h. 1 m in Wirklichkeit entspricht 1 cm auf dem Plan. Falls auf dem Plan kein Maß vermerkt ist, kontrollieren Sie nach, indem Sie z.b. die Küchenzeile nachmessen. Sie ist normalerweise 60 cm tief.

Wie findet man sich in einem Grundriss zurecht?
Genauso wie man ein Haus oder eine Wohnung durch die Eingangstür betritt, sollte man beim Lesen eines Grundrisses beim Eingang beginnen und von dort die Wege in die einzelnen Räume in Gedanken durchgehen.

Woran kann man erkennen, ob die Räume optimal zur Sonne orientiert sind?
Auf jedem Grundriss sollte erkennbar sein, wo Norden liegt. Normalerweise ist die Nordrichtung durch einen Pfeil gekennzeichnet. Falls er fehlt, unbedingt nachfragen. Ideal ist die Lage der Wohn- und Kinderzimmer nach Süden oder Südwesten. Elternschlafzimmer, Bad und Küche können auch in den weniger sonnigen Bereichen liegen.

Wie finde ich die richtige Raumgröße?
Die Quadratmeter sollten im Plan für jedem Raum separat angegeben sein. Wichtig ist dabei allerdings nicht nur die Größe, sondern auch die Proportion. Ein gutes Verhältnis ist zum Beispiel 2:3.

Woran erkennt man eine gute Planung?
Manchmal fällt es nicht nur Laien schwer, einen Grundriss zu lesen. Grundsätzlich gilt: Je einfacher und klarer die Raumaufteilung, desto besser und meistens auch kostengünstiger das Haus. Je komplizierter und verschachtelter, umso teurer.

Was tun, wenn ich mir das alles räumlich nicht vorstellen kann?
Bitten Sie Ihren Architekten, eine 3-D-Animation am Computer zu erstellen. Damit können Sie virtuell durch das Haus gehen und bekommen einen sehr realistischen Eindruck von Ihrem zukünftigen Zuhause, inklusive des Lichteinfalls im Winter und im Sommer.

«

Wer das Übliche baut, zahlt viel und verliert sich in zu großen Räumen oder schränkt sich ein Leben lang unnötig ein. Preiswerter, praktischer und flexibler als die herkömmliche Größen-Hierarchie der Zimmer ist es, Wohn- und Schlafräume gleich groß zu planen.

Wie groß sollen unsere Räume sein?
Angaben in m²

Räume	übliche Größe	Minimum nach der früheren DIN 18011 mitttel/groß	Grundriss mit Räumen gleicher Größe
Wohnraum ohne Essplatz	36	18,5	16/20
Essplatz	9	5,9	nicht empfehlenswert
Wohnraum mit Essplatz	40	keine Angaben	20/24
Schlafraum	16	14,5	16/20
Kinderzimmer für 1 Kind	10	7,1	16/20
Kinderzimmer für 2 Kinder	16	14,6	16/20
Küche	9	9,8	16/16
Bad mit WC	9	4,5	8

Trickreich sparen Überlegen Sie auch, ob für Sie der Deckentrick infrage kommt: Legen Sie alle kleineren Räume wie Küche, Bad und Gästezimmer ins Erdgeschoss, die größeren Wohnräume unters Dach. So können Sie die Geschossdecke auf mehr tragende Wände lagern und die Deckenspannweite verringern. Lösen Sie sich von üblichen Vorstellungen, wie groß ein Haus im Allgemeinen zu sein hat – es soll schließlich Ihr ganz persönliches Heim werden. Wenn Sie zu zweit sind, finden Sie auf 80–100 Quadratmetern Wohnfläche reichlich Platz, und für Eltern mit zwei Kindern genügen in den meisten Fällen 90 bis 120 Quadratmeter.

Räume festlegen

Einen Grundriss passend für jede Familie, jede Grundstückslage und jede Hausform, jedes Alter, jeden Wohntyp und Geldbeutel und für jede Zeit – schön wär's, den gibt es aber nicht. Auf einem Symposium zum Thema Familie und Wohnen stellte ein Architekt fest: »Einfamilienhäuser werden in der Regel so spät entworfen, dass sie nur noch etwa zehn Jahre lang Familienheim sind. Dann werden sie zum Ehepaar-Heim, schließlich zum Witwen-Heim.« Familien wachsen und schrumpfen – wir sollten innerlich beweglich bleiben und das gilt auch für unsere Häuser.

Raumgrößen optimieren Gute Planer verteilen die Gesamtfläche eines Hauses so: 72 Prozent für Wohn-, Schlaf-, Kinder- und Arbeitsräume, 18 Prozent für Küche, Bad und Stauraum. Der Rest von 10 Prozent bleibt für Verkehrsfläche, also Flur, Diele und Treppe. In vielen Häusern wird Wohnraum für die Wege verschwendet, bis zu 20 Prozent der Fläche – und jeder Quadratmeter kostet viel Geld. Wer über Ess- und Wohnzimmer alle anderen Räume erschließt, nutzt die Verkehrsfläche mehrfach. Vermeiden Sie dabei Diagonalverkehr durch die Räume, legen Sie Türen stets vis-à-vis. Täglich 100 Schritte zu viel ergeben 23 Kilometer im Jahr. Nichts gegen Bewegung – aber die holen Sie sich nach dem Einzug in Ihr neues Haus lieber bei der Gartenarbeit oder mit Ihrem Jüngsten auf dem Bolzplatz. Offenes Wohnen zwischen möglichst wenigen Trennwänden reduziert Materialkosten und sieht auf weniger Quadratmetern großzügig aus. Ein regelmäßiger Grundriss mit gleich großen Zimmern erlaubt es, Bereiche und Räume umzunutzen ohne kostspielige Umbauten. Oder unter Geschwistern ist ein streitloser Zimmertausch möglich. Fachleute nennen so etwas »funktionsneutralen Grundriss«: Darin sind alle Zimmer mindestens 16 Quadratmeter groß, besser 20 – dann

Wohnfläche nach WoFlV – was ist das?

Käufer von Bauträger- oder Fertighäusern sollten eine Wohnflächenberechnung fordern nach der Wohnflächenverordnung (WoFlV). Balkone, Dachterrassen, Loggien etc. sind in der Regel nur zu einem Viertel (bis höchstens zur Hälfte bei entsprechender Qualität) ihrer Fläche anrechenbar. Flächen mit einer lichten Höhe unter 1 m werden nicht und Flächen mit einer lichten Höhe zwischen 1 m und 2 m zur Hälfte angerechnet.

info

lässt sich einer der Räume irgendwann zu zwei Zimmern von 10 Quadratmetern teilen.

Zimmer teilen Ein rechteckiger Raum lässt die größte Handlungsfreiheit. Ein Zimmer von 5 Meter Breite und 3,60 Meter Tiefe teilen Sie leicht, wenn es zwei Fenster und einen zweiten, verdeckten Türdurchbruch gibt sowie ein 75 Zentimeter breites Wandstück zwischen den Türen: Sie brauchen dort nur eine Innenwand einzuziehen. Tricks vergrößern kleine Räume optisch: helle Farben, grazile Möbel, große Fenster, Oberlichter über Türen und Wänden – nachts schimmert heimelig die Flurleuchte durchs Glas, man erkennt im Schummerlicht, ob das Kind schläft und es fühlt sich sicher. Räume ab 3 Meter sind hoch genug für eine zweite Wohnebene, zum Beispiel eine Schlafempore. Eine umlaufende Galerie lässt sich aber nur einrichten, wenn die Stehhöhe ausreicht.

Die Räume mit dem größten Licht- und Wärmebedarf wie Kinder-, Arbeits- und Wohnzimmer sollten an der Südseite angeordnet werden, damit sie auch von der tief stehenden Wintersonne erfasst werden. Windfang, Küche und Bad finden oft an der Nordseite Platz.

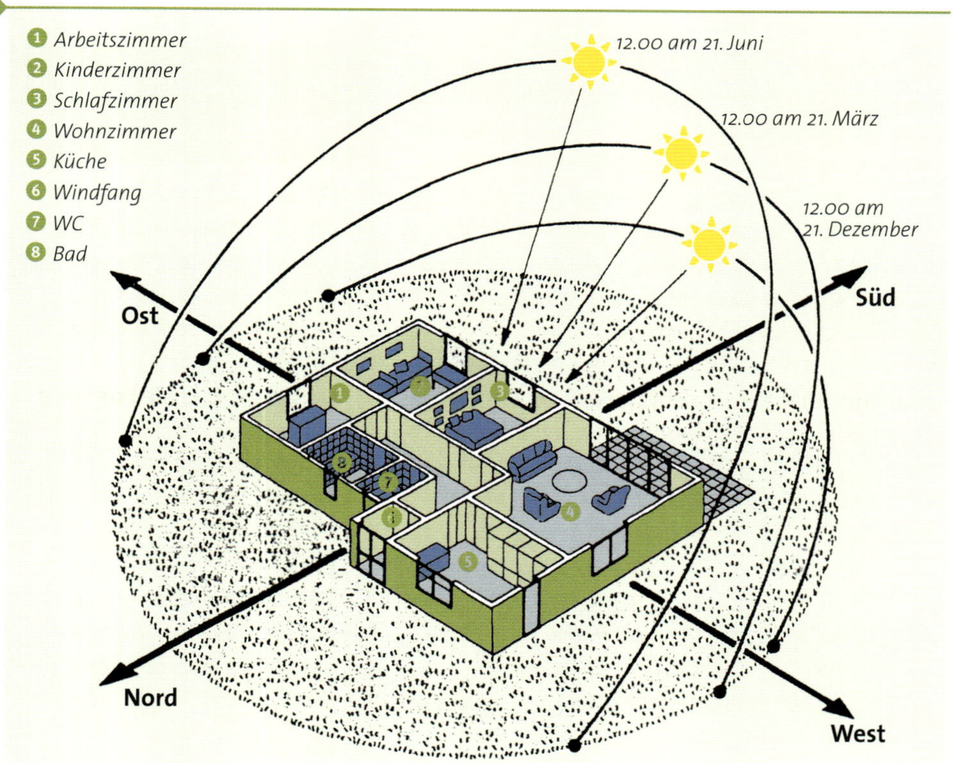

Räume zur Sonne ausrichten

Der Grundriss bestimmt ganz wesentlich die Energiebilanz eines Hauses. Im Bad hilft die Morgensonne, den Raum genau zur richtigen Tageszeit zu wärmen, deshalb platzieren es die meisten Bauherren auf die Ostseite. Räume mit dem größten Wärme- und Lichtbedarf fasst man zusammen – so profitiert ein Raum vom anderen. In diesen Räumen soll es am wärmsten sein, deshalb richtet man sie nach Süden aus, die Fenster der Sonne entgegen. In den Übergangszeiten können dann flach einfallende Sonnenstrahlen die Räume wärmen, das schont Heizung und Konto. Das Schlafzimmer steht den ganzen Tag leer, der Wärme-bedarf ist dort gering – ebenso wie im Hauswirtschaftsraum, wo das Hantieren mit Waschmaschine und Bügeleisen wärmt. Für diese Räume liegt der ideale Platz auf der windigen Westseite.

Puffer voranstellen Auf der kalten Nordseite schlägt man Öffnungen für Fenster sparsam. Hier ist der Platz für Räume mit geringem Wärmebedarf: Eingang und Windfang, Treppenhaus und Abstellraum sowie das Gäste-WC bilden gegen die Wohnräume eine thermische Pufferzone. Richtet man die Raumfolge nach dem Sonnenlauf, entstehen im Haus unterschiedliche Klimazonen – Mediziner empfehlen sie zur Stärkung des Immunsystems, man sollte sie deshalb nicht egalisieren durch Aufdrehen des Heizkörperventils.

Bereiche ordnen Räume haben unterschiedliche Funktionen, man sucht entweder die Nähe der anderen oder Ruhe vor ihnen. Man sollte das Haus in Bereiche teilen und sie durch bauliche Maßnahmen sowie Zuordnung der Räume verbinden oder trennen. Kurze Wege verbinden Zimmer mit ähnlicher Funktion, zum Beispiel Speisekammer, Küche und Essplatz. Türen, Durchgänge und Durchreichen verwischen die Grenzen von einem Raum zum anderen. Räume mit gegensätzlicher Funktion werden getrennt, zum Beispiel »Privaträume« wie Arbeits- oder Schlafraum von den »öffentlichen« wie Wohnzimmer und Küche. Die Trennung erfolgt durch einen langen Weg oder die Geschoss-

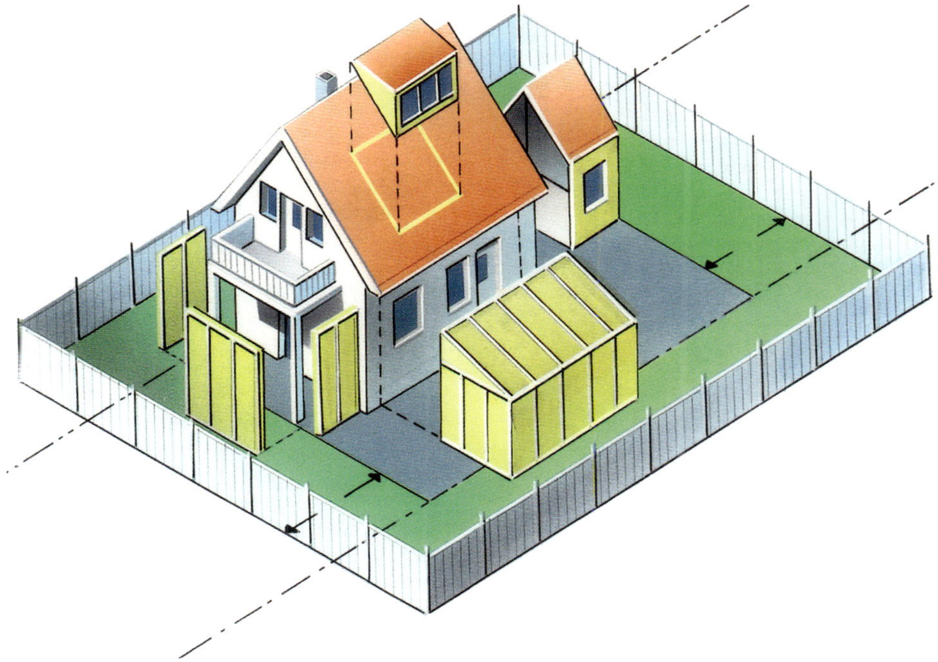

Platzreserven für später: Zieht die Schwiegermutter ins Haus oder ein Büro unters Dach, erweitert ein Anbau die Wohnfläche. Klären Sie beim Bauamt schon jetzt die Auflagen Bauweise, Baugrenzen, Baulinien, Grundflächen- und Geschossflächenzahl. Rücken Sie Ihr Haus so auf das erlaubte Baufenster (blaue Fläche), dass Baugrund für die Zukunft übrig bleibt.

decke, mit Wänden oder einem Raumteiler. Eine geschickte Raumaufteilung schlägt drei Fliegen mit einer Klappe: Sie vermeidet nutzlose Lauferei, verringert den Pflege- und Reinigungsaufwand und plant Ruhe ein. Verbindung sollte bestehen zwischen Eingang und Küche, Eingang und Gäste-WC, Küche und Essplatz, Küche und Garten, Küche und Kinderspielbereich, Wohnzimmer und Garten, Wohnzimmer und Spielbereich, Schlafzimmer und Bad, Elternschlafzimmer und Babyschlafraum. Strikt trennen sollte man Wohnraum von Kinderzimmer, Treppenhaus von Schlafzimmer, Arbeitszimmer von Spielbereich und Eingang von Familienbad.

Veränderungen einplanen

Separieren Sie den quirligen Familien- und Wohnbereich vom Schlaftrakt. Legen Sie Eltern- und Kinderschlafzimmer wiederum so, dass der Nachwuchs nicht aufwacht, wenn Sie spät ins Bett gehen – oder Sie nicht aufschrecken, wenn Ihre Kids aus der Disco heimkommen. Jetzt wird klar: Das Bad gehört zwar in die Nähe der Schlafzimmer, dicke Wände sowie Rohrdämmung sollten aber Sanitärgeräusche schlucken. Dringt Straßenlärm ins Haus, haben Sie zwei Möglichkeiten: Sie schützen Ihr Gehör mit Schallschutzfenstern (Info auf Seite 51) oder platzieren Schlafzimmer auf die ruhige Hausseite. Wer sein Haus in Abschnitten fertigstellt, braucht am Anfang weniger Geld und baut später so an oder aus, wie es seinen Wohnerfahrungen und seinen inzwischen veränderten Wohnbedürfnissen entspricht. Liegt die Kostenbelastung ohnehin an der Grenze des Machbaren, können Wintergarten, Balkon und Dachgaube ruhig noch warten. Immer mehr Bauherren verschieben Ausgaben, die nicht unbedingt notwendig sind, und packen Ergänzungen an, wenn die Hausbaukasse wieder gefüllt ist. Jeder spätere An- oder Ausbau sollte von vornherein in Planung und Bauausführung berücksichtigt werden. Wo etwa die Fenstertür schon eingebaut wurde, lässt sich später der Balkon leicht anflanschen.
Terrasse und Wintergarten müssen geplant sein, damit Fundamente, Fenster und Türen an der richtigen Stelle sitzen. Wo das einzige Küchenfenster liegt, da kann man später keine Garage mehr anbauen. Auch wenn die Wohnfläche im Erdgeschoss zunächst für Sie ausreicht: Planen Sie den Dachausbau zumindest in technischer Hinsicht schon voraus. Dann ergeben sich keine Schwierigkeiten, wenn er mal aktuell wird. In den meisten Fäl-

Genehmigung für später einholen

Sie planen und bauen Ihr Haus maßgeschneidert für Ihre gegenwärtige Lebenssituation – sollte sich etwas ändern, kann man ja anbauen. Im Prinzip richtig. Sind Sie sicher, dass Sie das Haus dann erweitern dürfen? Vielleicht ziehen derweil neue Nachbarn zu, oder der Gemeinderat wechselt. Beantragen Sie die Genehmigung für einen Anbau zur Sicherheit sofort, sie lässt sich mehrmals verlängern.

tipp

1 Hinter Türen 60 cm breite Raumstreifen für Schränke frei lassen.
2 Verkehrsflächen doppelt nutzen: Der Flur ersetzt ein separates Arbeitszimmer.
3 Zugang von der Küche zum Garten hält den Wohnzimmerteppich rein.

len ist es vernünftig, die Treppe zum Dachraum im Zuge der Baumaßnahmen gleich mit zu errichten.

Leitungen vorbereiten Selbst wenn die spätere Nutzung noch unklar ist: Sinnvollerweise plant man unterm Dach die Nassräume – also Küche, Bad und WC – genau über diese Räume im Erdgeschoss und führt entsprechend alle Anschlussleitungen gleich durch die Geschossdecke bis nach oben. Das mag momentan teuer erscheinen, die Mehrkosten dafür liegen jedoch niedriger als der Betrag, den Sie später für eine nachträgliche Installation hinlegen – wenn Wände aufgerissen und Decken durchbrochen werden müssen. Wohnen ist etwas ganz Persönliches, es gibt kaum verbindliche Rezepte für einen gelungenen Grundriss. Einige Standards helfen Ihnen, grobe Schnitzer zu vermeiden – den Rest entscheidet Ihr Geschmack.

Planungs-Basics

Ein Raum erhält genug Licht, wenn die Fensterflächen mindestens 1/8 der Grundfläche ausmachen. Gestalten Sie die Brüstung niedriger als üblich, dann fällt durch gleich breite Fenster mehr Licht. In den oberen Stockwerken braucht man zur Sicherheit brüstungshohe Fenstergitter. Lichtstrahlen dringen in der Regel 4 Meter tief in einen Raum – vorkragende Balkonplatten zählen bei dieser Rechnung schon mit. Geschosshohe Fenster ergeben die größte Lichtausbeute. Man kann im Sitzen bequem hinausschauen. Frische Luft kommt schnell ins Haus, wenn Fenster und Türen einander gegenüberliegen. Licht weitet den Raum und macht Farben intensiver. Helle Farben reflektieren viel Licht: Wände und Decken in Weiß oder Pastelltönen, kombiniert mit dunklen Böden, lassen den Raum höher erscheinen. Dagegen machen dunkle Holzdecken einen Raum niedriger, können einen eigentlich optimal proportionierten Raum verunstalten. Wissenschaftler testeten unser Farbempfinden: In einem blaugrünen Raum froren Versuchspersonen bei einer Temperatur von 13 Grad, im orangeroten Raum fröstelten sie erst unter 10 Grad. Mit einem sonnigem Gelb gestalten Sie Nordräume wärmer.

Windfang Liegt der Hauseingang in Hauptwindrichtung, ist ein Windfang sinnvoll. Tipps dazu finden Sie auf Seite 50. Den geringsten baulichen Aufwand verursachten eine Stichwand oder ein schwerer Vorhang in gebührendem Abstand (man muss sich noch drehen können) parallel zur Haustür. Das stoppt Wind vor den Wohnräumen oder dem Flur – man kann ihn sich aber sparen und fließende Übergänge schaffen. Machen Sie eine offene Diele, die Küche und das Esszimmer zu einem Teil des Wohnraums; das sieht großzügig aus. Der Stuttgarter Architekt Achim Linhardt ist Experte für preisbewusstes Bauen. Sein Vorschlag: Verkehrsflächen so ausbilden, dass man sie als Wohnräume mitnutzen kann. In der Diele lässt sich Spielplatz für die Kinder schaffen, eine ruhige Leseecke oder ein Essplatz mit großem Tisch.

Küche Koch- oder Wohnküche? In fast allen Familien ist das Wohnzimmer Salon und Fernsehraum. Für kreative Tätigkeiten mit Schmutz und Unordnung sollte es einen anderen Platz geben. An einem großen Mal- und Spieltisch in der Küche zum Beispiel, an dem die Kinder auch die Hausaufgaben machen. Dort findet die Familienkommunikation sozusagen automatisch statt, Kleckern verursacht keine Katastrophe.

Essplatz Nach dem Krieg war Wohnraum knapp, Architekten schrumpften Wohnküchen zu Schläuchen mit zwei Schrankzeilen. Häuslebauer übernahmen, was für den Mietwohnungsbau gedacht war, und hielten Miniküchen für eine arbeitsparende Lösung – die Wege sind innerhalb der Küche tatsächlich kurz. Aber unsere Großmütter und Mütter quälten sich in der Enge, schleppten Hunderte volle Tabletts und heiße Schüsseln an den Esstisch nebenan. Aus Fehlern lernt man: Heute werden wieder große, gemütliche Wohnküchen gebaut. Wem Unordnung oder Küchendünste wirklich peinlich sind, der plant eine Küche mit Tür. Die meisten Bauherrinnen wünschen sich eine offene Küche, trennen sie nur optisch vom Wohnbereich durch einen halbhohen Tresen, einen durchsichtigen Raumteiler für Geschirr oder den Esstisch. Eine Wohnküche sollte 16 Quadratmeter groß sein. Wer an einer reinen Arbeitsküche fest-

❶ *Verkehrsfläche sparen, mit Wänden geizen: Die Treppe führt vom Allraum aus nach oben, Balken und Stützen tragen die Geschossdecke ohne Blickbremse.*

❷ *Treppe im Wohnraum: Superschick, empfehlenswert aber nur für kinderlose Bauherren und nervenstarke Eltern. Leider zieht auch Heizwärme nach oben.*

❸ *Split-Level: Versetzte Ebenen reduzieren die teure Buddelei ins Hanggrundstück. Stufen werden problematisch im Alter, lassen sich mit einer Rampe überbrücken.*

❹ *Galerie: Licht und Luft, Großzügigkeit und Weite – sowie Sprechkontakt ganz ohne Haustelefon. Nur gut in wirklich großen Häusern, wo man Schlafräume weitab platzieren kann.*

halten möchte, plant mindestens 8 Quadratmeter Fläche ein und rechnet für einen Vierer-Tisch noch 5 Quadratmeter hinzu.

Wohnraum-Tricks

Was tun Sie, wenn Sie »wohnen«? Was versteht Ihr Partner darunter, die Kinder? Wohnen kann alles sein, vom Nichtstun bis zum Springen auf dem Mini-Trampolin. Wohnen bedeutet Lachen und Streiten mit Familie und Freunden, Lesen und Musikhören, Fernsehen und Bügeln, Essen und Füße hochlegen – im Wohnraum muss das alles möglich sein. Er lässt sich gliedern in Funktionszonen: Essplatz vorm Fenster, Sitzecke hinter Pflanzen, Heimkino am Raumteiler. Dafür braucht man zwar Platz, aber keinen Tanzsaal; in Riesenräumen findet man selten Geborgenheit. Eine gute Richtzahl für die Größe sind 20 Quadratmeter für einen Wohnraum ohne Essplatz, mit Esstisch 24 Quadratmeter. Das Erdgeschoss ein einziger Koch-, Ess- und Wohnraum, das sieht großzügig aus.

Kommunikation Offenes Wohnen unterstützt das Familienleben. Während Mutter kocht, haben die Kinder Sicht- und Rufkontakt, spielen derweil mit Vater, düsen mit dem Dreirad um die Sessel, erledigen unter Aufsicht die Hausaufgaben. Wenn Sie aber sicher sind, dass Sie die Harry-Potter-CD dreimal am Stück nicht aushalten oder wenn es zu Ihren Bedürfnissen gehört, sich mit besten Freunden partnerfrei auszuquatschen, dann sollten Sie ein separates Rückzugs-Zimmer abteilen. Verbinden Sie das Separee mit Schiebeladen oder Flügeltür, dann lassen sich die Zimmer sowohl einzeln als auch als Großraum nutzen. Diese Lösung passt am besten in rechteckige Häuser. Lässt Ihr Grundstück nur ein quadratisches Gebäude zu, bietet sich für den Allraum der Familie eine L-Form an. In seinen Winkel schmiegt sich geschützt die (überdachte) Terrasse oder der Wintergarten. Großzügig wohnen ist auch ohne offenen Grundriss mit Trennwänden und Türen aus Glas möglich; sie sorgen für akustische Intimität, ohne die Wohnfläche zu zergliedern.

Wozu brauchen wir einen Flur?

Über Flure gelangt man von einem Zimmer ins andere – zu mehr taugt die teure Fläche nicht. Planen Sie Flure wenigstens breit genug für Bücherregal oder Einbauschrank: Wuchtiges auszulagern verschafft Luft in Wohnraum und Schlafzimmer. Oder verzichten Sie auf Flure, gehen Sie durch ein Zimmer ins nächste. Günstige Kombinationen: Schlafzimmer über den Wohnraum erschließen, Kinderzimmer über die Küche.

tipp

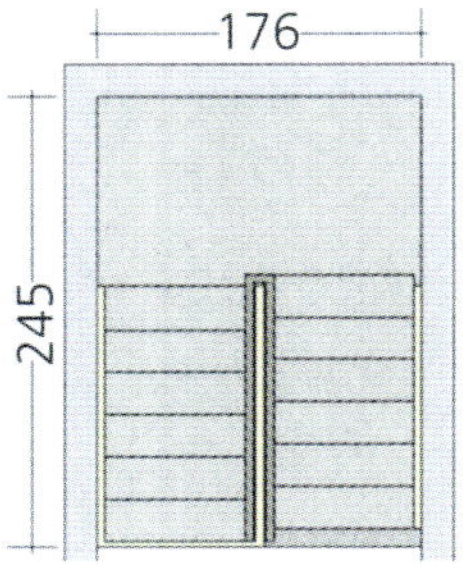

1

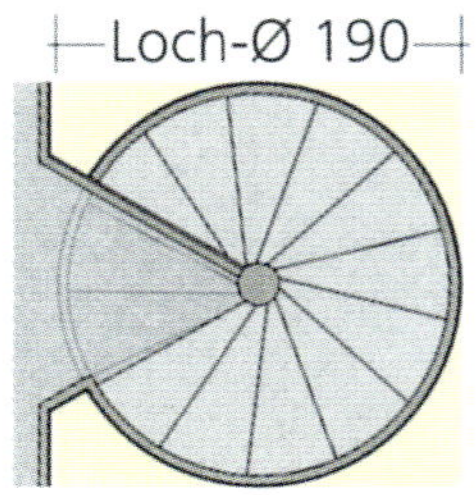

2

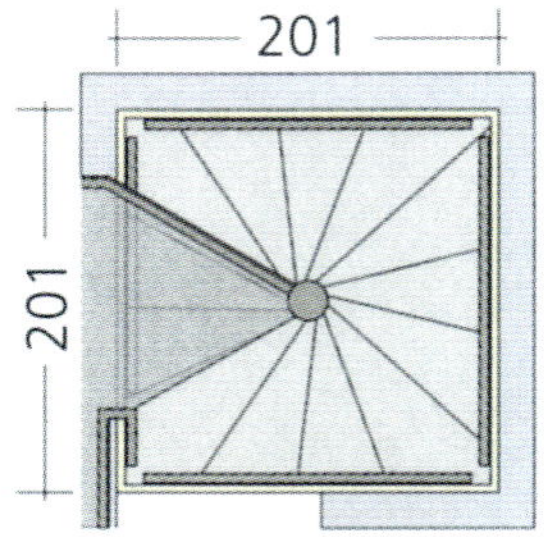

3

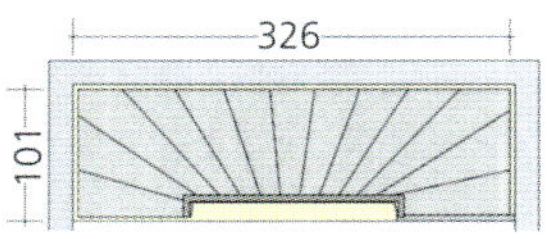

4

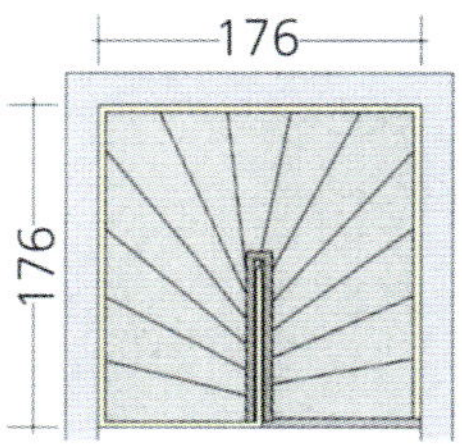

5

Platzbedarf

1. *Podest-Treppe: 4,3 m²*
2. *Frei kragende Spindeltreppe: rundes Treppenloch 3 m², eckiges 4 m²*
3. *Wand-Spindeltreppe: 4 m²*
4. *Zweiviertel gewendelt: 3,3 m²*
5. *Halb gewendelte Treppe: 3,1 m²*

Welche Treppe ist am bequemsten?

Form, Steigungsverhältnis der Stufen und Geschosshöhe bestimmen, wie viel Platz Ihre Treppe baucht. Gerade Treppen erfordern die größte Fläche, auf ihr geht man sicher, auch mit Kind auf dem Arm oder dem Wäschekorb in beiden Händen. Laufen die Stufen schräg, wendelt sich die Treppe. Man spart Platz, steigt aber weniger komfortabel und bleibt beim Umzug mit großen Möbeln eventuell stecken.

tipp

Schlafzimmer Üblicherweise steht das Schlafzimmer den ganzen Tag leer – schade eigentlich angesichts seiner reinen Baukosten zwischen 16 000 und 20 000 Euro. Nutzen Sie den Schlafraum tagsüber als zusätzliches Wohnzimmer oder Refugium für Tätigkeiten, die Muße und Ruhe erfordern: Steuer erklären, Fotos sortieren oder Briefe schreiben – berücksichtigen Sie Fläche für Tisch oder Sekretär und Stuhl sowie Sessel oder Sofa. Für ein herkömmliches Schlafzimmer genügen 16 Quadratmeter Fläche, ein Wohn-Schlafzimmer unter 20 Quadratmeter ist zu eng.
Kinderzimmer Kinder brauchen ein eigenes Zimmer, sobald sie in die Schule kommen – vorher können sie Räume mit Geschwistern teilen. Gibt es keinen zweiten Gemeinschaftsraum wie etwa die Wohnküche, sollte jedes der Kinderzimmer mindestens 10 Quadratmeter groß sein, ideal sind 16 Quadratmeter. Falls der Bebauungsplan es erlaubt, sollten Sie über ein Haus nachdenken aus zwei Baukörpern mit Schallschleuse – auf Seite 51 sehen Sie ein Beispiel. Möglich ist für die Kinder auch eine Einliegerwohnung mit separatem Eingang, die Sie später vermieten können – bereiten Sie dort schon Anschlüsse für eine Küchenzeile vor. Ein extra Bad sollten Sie den Kinderzimmern in jedem Fall zuordnen, es entzerrt den Betrieb zur Rush Hour und erleichtert zukünftige Grundriss-Änderungen.
Home-Office Für eine Reihe von Berufen ist das Heimbüro selbstverständlich; ausgelagerte Angestellte und Selbstständige wohnen und arbeiten unter einem Dach. Vermeiden Sie, dass Kunden durchs Wohnzimmer in den Arbeitsraum gelotst werden müssen. Trennen Sie das Büro räumlich deutlich vom Wohnbereich und lagern es am besten aus in einen Anbau oder eine Einliegerwohnung im Haus. Sprechen Sie mit Ihrem Steuerberater, bevor Sie im Alter das Büro aufgeben und es als Wohnraum nutzen – das hat Tücken!
Der Computer-Monitor sollte im rechten Winkel zum Fenster stehen, der Schreibtisch ragt dann quer in den Raum. Beachten Sie das für die Raumplanung, sonst kollidiert eventuell die Tür mit der Schreibtischkante. Scanner und Drucker, Telefon, Fax und Kopiergerät positionieren Sie in der Nähe des Schreibtischs – dort müssen IT-Anschlüsse und Steckdosen sitzen, berücksichtigen Sie dies bei Ihrer Elektroplanung – siehe Seite 99.
Bad Planen Sie Küche und Bad neben- oder übereinander geradewegs über dem Kelleranschluss ans öffentliche Wassernetz. Das hat Vorteile: Sie errichten eine gemeinsame Installationswand zur Aufnahme von Be- und Entwässerungsleitungen, Lüftung und Notkamin. Gurgel- und Fließgeräusche konzentrieren sich dort und stören nicht im Wohn- und Schlafzimmer. Und Sie sparen Material sowie Lohn für die Leitungsverlegung quer durchs Haus und profitieren von geringerem Wärmeverlust der Wasserwege. Welcher Duschkopf Sie einst benetzen wird, müssen Sie jetzt ebenso wenig entscheiden wie die Fliesenfarbe, und ob Sie überhaupt Fliesen verlegen möchten. Was Sie aber jetzt schon andenken müssen: Wünschen Sie sich ein praktisches Familienbad oder eine Wellness- und Schönheits-Oase? Für Ersteres reichen 8 Quadratmeter vollkommen aus, ein Luxusraum bedarf

mehr Fläche. Planen Sie das Bad jetzt schon »seniorengerecht«, auch wenn es Ihnen zu früh erscheint: Rollstuhlbreite Tür und ein großer Wendekreis zwischen den Objekten können schnell zum Segen werden, wenn ein Senior ins Haus aufgenommen werden muss oder ein junges Familienmitglied einen Unfall erleidet. Informieren Sie sich in einer Badausstellung über die Maße von Sanitärobjekten und prüfen Sie, ob auf Ihrem Grundriss alles Platz findet, was Sie sich wünschen.

Treppe Verkehrsfläche für Flur und Treppe kostet so viel wie wertvolle Wohnfläche. Wer weniger als die häufig üblichen 20 Prozent Verkehrsflächen einplant, kann das Haus kleiner bauen, oder er gewinnt Platz. Es gibt zwei Möglichkeiten: die Treppe mitten in den Wohnraum setzen (das spart Flur) oder sie außer Haus in ein separates Treppenhaus verlagern – das bringt Wohnfläche und darüber hinaus die Möglichkeit, das Haus später ohne größeren Bau- und Kostenaufwand in zwei Wohneinheiten aufzuteilen. Weitläufig und schick, aber teuer sind halbe Geschosse, die man durch offene Treppen miteinander verbindet. Solche schräg gegeneinander versetzte Wohnebenen, sogenannte Split-Level-Bauweise, empfiehlt man für Hanghäuser, damit man Erdreich nur sparsam abtragen muss. Auf einem flachen Grundstück kommen gerade aufeinander gestapelte Etagen preiswerter. Die »Treppenmeister Partnergemeinschaft« gibt folgende Tipps für die Treppenplanung: Eine notwendige (das heißt: einzige) Treppe muss 80 Zentimeter nutzbare Laufbreite haben, bequemer sind 100 Zentimeter. Das Geländer muss 90 Zentimeter Höhe haben, Stäbe maximal 12 Zentimeter Abstand – dann passt kein Kinderköpfchen hinein. Die empfohlene Stufenanzahl bis 2,75 Meter Geschosshöhe liegt bei 15 Steigungen – nicht notwendige Treppen darf man steiler bauen.

▶ Bauherren-Ideen: **Anregungen und Planungstricks zum Abgucken finden Sie in der Bauherren-Community unter** www.haus.de/hausideen

Welche Räume wünschen wir uns?

Steht die Hausgröße schon fest, richten sich nach ihr Anzahl und Fläche der Räume. Es geht auch umgekehrt: Wunschzimmer ankreuzen, Größe notieren und addieren, multiplizieren mit 1,3 – so groß müssen Sie bauen.

- ❍ *Windfang* ________ m²
- ❍ *Diele* ________ m²
- ❍ *Flur* ________ m²
- ❍ *Kochküche* ________ m²
- ❍ *Essplatz* ________ m²
- ❍ *Wohnküche mit Essplatz* ________ m²
- ❍ *Speisekammer* ________ m²
- ❍ *Wirtschaftsraum* ________ m²
- ❍ *Allraum zum Kochen, Essen und Wohnen* ________ m²
- ❍ *separates Wohnzimmer* ________ m²
- ❍ *Schlafzimmer* ________ m²

Prüfen Sie: Lassen sich Ihre Wünsche mit der GFZ des Bebauungsplans und mit Ihrem Baubudget vereinbaren?

- ❍ *Kinderzimmer für ____ Kinder* ________ m²
- ❍ *Home-Office im Haus* ________ m²
- ❍ *separater Arbeitstrakt für ____ Freiberufler oder Selbstständige* ________ m²
- ❍ *Gästezimmer* ________ m²
- ❍ *Bad mit WC* ________ m²
- ❍ *Bad ohne WC* ________ m²
- ❍ *Gäste-WC* ________ m²
- ❍ *Zweitbad* ________ m²
- ❍ *Einliegerwohnung* ________ m²
- ❍ .... ________ m²
- ❍ .... ________ m²
- ❍ .... ________ m²

Wohnfläche insgesamt: ________ m²

check

Welches Material ist für uns das beste?

Rohbau-Info über Wände und Decken, Keller und Dach

Jedes zweite Eigenheim wird mit Ziegeln gebaut, die Fassade passend zur Region bekleidet. Baumaterialien und Bauweisen, die uns seit Generationen als problemlos und gesund vertraut sind, sollte man erst nach strenger Prüfung durch moderne Baustoffe ersetzen.

Nach mir die Sintflut – wer so denkt, baut wahllos mit beliebigem Material und kneift vor der Frage, was er hinterlässt. Jahr für Jahr fallen weit mehr als 23 Millionen Tonnen Bauschutt an, dazu 10 Millionen Tonnen Baustellen-Abfälle. Beides steckt häufig voller Schadstoffe. Teerpappen und Holzschutz-Chemikalien, Kleber, synthetisches Dichtmaterial sowie Kunststoffe entweichen dem Schlot der Müllverbrennungsanlagen als unkalkulierbare Gifte wie Dioxine und Furane. Schutt und zu viel gekauftes Material landen auf der Deponie, Schadstoffe sickern ins Grundwasser. Mit der heutigen Technik kann es nicht saniert werden, es bleibt verseucht.

Weitblick üben Menschen, denen die Zukunft nicht egal ist, wählen Baumaterial sorgfältig aus und lassen sich nur so viel Material liefern, wie sie wirklich brauchen – das entlastet Müllkippe und Geldbeutel. Die Umweltbelastung lässt sich mit verträglichen Baustoffen reduzieren, die schon in der Produktion und später in Anwendung und Entsorgung wenig Energie verbrauchen und unsere Gesundheit schonen. Graue Energie nennen Fachleute alle Energie, die in einem Baustoff steckt. Zur Herstellung eines Kubikmeters Beton braucht man 5000 Kilowattstunden Energie, so viel schlummert in 500 Litern Erdöl.

Sinnvoll bauen Die Produktion von Vollziegeln verbraucht 1160 Kilowattstunden je Kubikmeter, von Leichtmauerziegeln 570 Kilowattstunden. Holz benötigt 560, Kalksandstein 440, Aluminium 196000 (!) Kilowattstunden Herstellungsenergie für jeden Kubikmeter, Kunststoff bis zu 12800 Kilowattstunden. Glas nutzt die Wärme der Sonne und amortisiert den Energieverbrauch seiner Produktion. Viele Rohstoffe reisen, bevor Sie damit bauen. Verwenden Sie vorwiegend Material, das man in Ihrer Gegend gewinnt. Holz fährt durchschnittlich 100 Kilometer, Ziegel und Kalksandstein legen 500 Kilometer zurück, Kunststoffe und Metalle 3000 bis 5000 Kilometer. Man muss kein Müsli-Esser sein, um sich ein paar Gedanken über ökologisches Bauen zu machen. Wir haben noch die Chance, den Globus bewohnbar zu erhalten, auch dadurch, dass wir mit der Natur bauen statt gegen sie. »Ungesund zu leben ist bequem«, sagt der Immunbiologe Gerd Uhlenbruck. »Irgendwann wird es verdammt unbequem.« Ökologie, Wohnkomfort und ein Blick aufs Geld widersprechen einander nicht: Klimagerechte und energiegewinnende Baukonzepte sowie energiesparende Bauweise und Heizsysteme senken Bau- und Nutzungskosten und ermöglichen ein behagliches Leben. Es gibt keinen Baustoff, der nur gute oder nur schlechte Eigenschaften hat: Es kommt drauf an, was man draus macht. Man muss immer Material und Konstruktion zusammen betrachten, um Vor- und Nachteile abwägen zu können.

Baustoff-Wahl Bauunternehmer stellen fest, dass Bauherren in ihrem Eigenheim wohnen wollen – es bauen zu müssen, ist für viele lästiges Mittel zum Zweck: Man kann ihnen also eine Menge andrehen. Marketing-Facheute schätzen, dass nur ein Viertel aller Kaufentscheidungen auf sachbezogenen Argumenten basieren. Drei Viertel seines Hab und Guts kauft der Mensch emotional. Insgeheim lenken ihn dabei vier Faktoren: Lebensstil und psychologisches Strickmuster, Bezugsgruppen sowie Einschätzung des Produkts – nicht objektive Eigenschaften. Der Kopf mag sich von einem Haus mehr Platz wünschen oder eine kluge Altersvorsorge. Die Seele erhofft sich Abgrenzung oder Zugehörigkeit, Sicherheit, Selbstverwirklichung oder Gesundheit. Die meisten Bauherren wählen die richtigen Baustoffe mit ihrem »Bauchgehirn«:

Bauherren-Typen *Individualisten* tendieren zu puren Formen und kühlen Konstruktionen aus Alu, Glas und Holz und grenzen sich damit vom Üblichen ab. *Genügsame* bauen sich Zugehörigkeit und Heimat mit regionaltypischem Material und bewährten Bauweisen: im Norden Backstein im Westen und Osten Sandstein, im Süden Holz. *Vorsichtige* entscheiden sich im Zweifel für die preiswerteste und rationellste Lösung, etwa vorgefertigte Bauteile – so gewinnen sie die Sicherheit, dass keiner sie übers Ohr haut. *Bastler und Kreative* wollen später stolz sein auf »ihr« Werk und suchen sich Material aus, das sich zum Do-it-yourself eignet: Holz oder Selbstbausysteme aus Stein. Bauherren mit besonderem *Verantwortungsbewusstsein* klopfen Material und Konstruktion ab nach Nutzen oder Schaden für Gesundheit und Umwelt – ihr Haus muss »biologisch« sein.

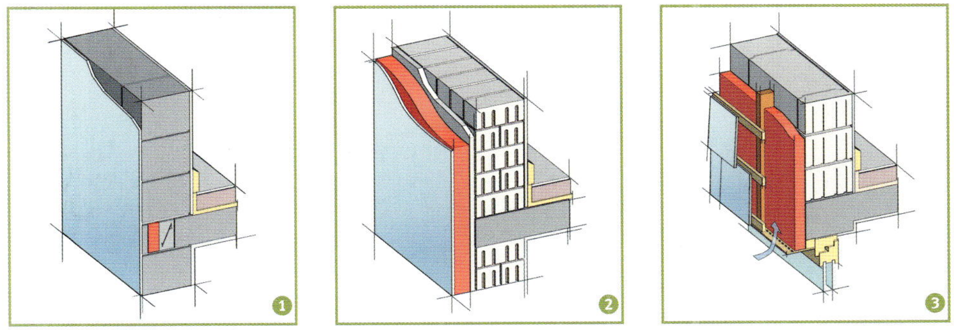

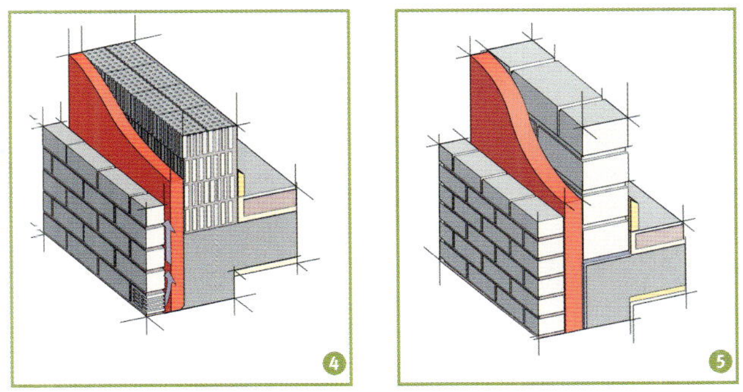

Wandsysteme (Dämmstoff rot, Wetterschutz blau gezeichnet):
1 einschalige Wand: Putz weist Regen ab
2 Wärmedämmverbund: dämmt und schützt
3 Fassadenbekleidung: hält Dämmung trocken
4 Vormauerung dämmt Wärme effektiv
5 Zweischalige Wand: dämmt Schall effektiv

Zwei rationale Wege zu einer guten Entscheidung

Bei der Entscheidung für Material und Baukonstruktion geht es um viel Geld und Ihr späteres Wohlbefinden. Wer sich scheut, sie mit dem Bauch zu fällen, braucht rationale Argumente.

Kosten kalkulieren Auf die Außenwand entfallen 15 Prozent der Baukosten, gut die Hälfte davon sind Handwerkerlöhne. Außenwände kosten zum einen viel Geld, zum andern geht später viel kostspielige Wärme über sie verloren. Nicht nur ein einfacher Baukörper kann die Fläche der Außenwände klein halten, auch der Bautyp Einfamilien-, Doppel- oder Reihenhaus entscheidet, wie viel Außenwand notwendig ist.

U-Wert – was soll das heißen?

Wie gut ein Bauteil kostbare Heizwärme dämmt, erkennt man am U-Wert. Er gibt an, wie viel Wärme (in Watt = W) durch einen Quadratmeter (m^2) Außenwand oder Fenster fließt, wenn es draußen um ein Grad (in Kelvin = K, entspricht 1 Grad Celsius) kälter ist als drinnen. Das Maß des U-Werts lautet W/m^2K. Merken Sie sich die Faustregel: Je niedriger der U-Wert, desto besser hält das Bauteil Wärme im Haus.

info

Umwelt, Gesundheit, Behaglichkeit Auch wer sich für die Umwelt nicht so verantwortlich fühlt, ist an der eigenen Gesundheit und am Wohnklima stark interessiert. Baustoffe für Wände sollen Feuchtigkeit nach Bedarf aufnehmen und abgeben, »sorptionsfähig« sein. Trockene Raumluft reizt die Schleimhäute, feuchte ist schwül und führt auf Dauer zu Schimmel. Offenporiges Material nimmt viel Feuchtigkeit auf und gibt sie ab. Kalte Wände sind unbehaglich, man sollte also Baustoffe wählen, die Wärme speichern: Schweres Material mit hoher Dichte kann das besser als leichtes. Wird aber die Wärme zu schnell nach außen geleitet, friert man oder heizt sich arm. Der U-Wert gibt den Energieverlust durch ein Bauteil hindurch an – je geringer der Wert, desto besser der Wärmeschutz. Leichtes Material dämmt die Wärme effektiver als schweres. Ein Baustoff, der alles gleichzeitig könnte, der wäre »gesund«. Da es ihn nicht gibt, kombiniert man von innen nach außen einen sorptionsfähigen, einen speichernden und einen Baustoff, der wirkungsvoll dämmt. Gute Sorptionsfähigkeit haben Holz, Lehm, unglasierte Ziegel, Kalk, Gips und Textilien. Große Speicherfähigkeit weisen Natursteine wie Granit, Sandstein und Marmor auf. Bauökologen bevorzugen Kalksandstein, Lehm oder Ziegel als Speichermasse. Ihre Produktion belastet die Umwelt im Vergleich zu anderen nur gering. Dämmstoffe funktionieren aufgrund der Tatsache, dass Luft schlechter leitet als feste Körper. Sie schließen Luft in kleinen Hohlräumen ein. Eine Dämmung versieht ihren Dienst nur trocken, schon 5 Prozent Feuchtigkeit nimmt der Dämmung die Hälfte ihrer Dämmfähigkeit – also vor Feuchte schützen. Naturnahe Dämmstoffe wie Kokos und Zellulose, Holzwolle oder Schafswolle können Feuchtigkeit und Getier anziehen und gelten als brandgefährdet. Manche Firmen behandeln ihr Produkt mit Boraxsalz oder Ammoniumsulfat – das reizt während des Einbauens empfindliche Schleimhäute. Lassen Sie sich vom Hersteller eines Naturpro-

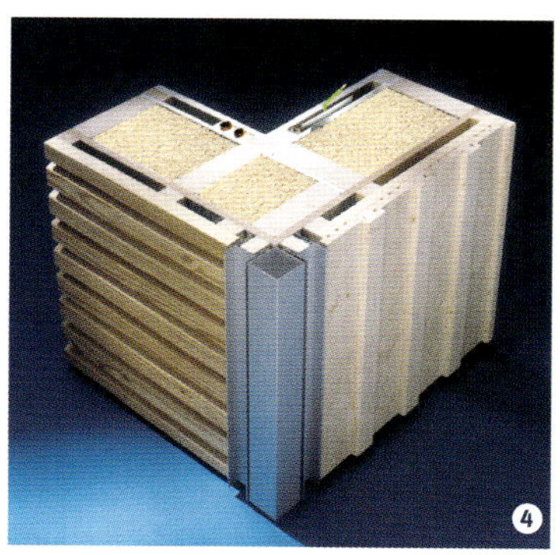

Wand-Baustoffe

1. *Ziegel: Löcher senkrecht auf Lagerfuge = Hochlochziegel (Bild). Löcher waagrecht = Langlochziegel.*
2. *Kalksandstein: hält besser Maß als gebrannter Stein; eignet sich auch für sichtbares Mauerwerk.*
3. *Porenbeton: Griffe geben Fingern Halt.*
4. *Holz-Sandwich: Keine Baufeuchte, natürliche Materialien schaffen gesundes Raumklima.*
5. *Blähton mit gedämmten Kammern für einschalige Wände.*
6. *Holzspandämmstein: Man füllt sie mit Beton, der Kern trägt und speichert Wärme, der Mantel dämmt sie.*

Porenbeton lässt sich leicht und sauber verarbeiten, auch von Laien. Die Blöcke werden mit Dünnbettmörtel verklebt. Ob sie lotrecht übereinander sitzen, kontrolliert zur Sicherheit der Bauleiter.

dukts dessen Eigenschaften, Behandlung und fachgerechte Verarbeitung genau erklären und fragen Sie, ob der Einbau einer Dampfsperre sinnvoll oder notwendig ist.

Außenwände

Die Außenwände bilden einen Schutzschild gegen Wind und Wetter, Hitze und Kälte, Lärm und Gestank – und gegen übel wollende Menschen und Tiere. Vorbeidonnernden Lastwagen sollen sie ebenso standhalten wie Düsenjägern, die die Schallmauer durchbrechen, und sie dürfen nicht unter der Last des Dachs oder unter ihrer eigenen zusammenbrechen. Und das alles, obwohl Öffnungen für Fenster und Türen sie durchbrechen und der Zahn der Zeit an ihnen nagt.

Kompromiss suchen Nur ein Super-Material könnte alle Anforderungen gleich gut und obendrein wirtschaftlich erfüllen. Bis es erfunden ist, nimmt man Nachteile in Kauf oder gleicht sie aus, indem man die Vorteile verschiedener Baustoffe kombiniert. Wände aus nur einem Material baut man besonders dick, in Kombinationen erfüllt jedes Material eine Teilaufgabe – eins trägt die Lasten, eins dämmt die Wärme, eins schützt vor der Witterung.

Einschalige Wände aus nur einem Baustoff nennt man monolithisch oder homogen. Bauphysiker geben ihnen den Vorzug vor mehrschichtigen Wänden: Die Bauausführung ist einfach und es schleichen sich keine Baufehler ein – besonders kritisch sind Anschlussstellen zu anderen Bauteilen wie Decken, Fenstern, Rollladenkästen und Balkonen. Damit herkömmliche Steine die Raumwärme wirklich gut dämmen, müsste man Außenwände 50–60 Zentimeter dick bauen. Das kann sich keiner leisten, hinzu kommt: Die Wohnfläche eines Hauses beginnt am Innenputz, schlanke Wände lassen auf vergleichbarer Haus-Grundfläche mehr Platz zum Wohnen als dicke Wände.

Einschalige Wände Hersteller entwickeln moderne Mauersteine mit immer besserem Dämmvermögen: Ziegel, Poren- oder Bimsbeton aus porosierten Rohstoffen oder mit eingebautem Dämmstoff. Es genügt, einschalige Wände mit diesen Steinen 36 Zentimeter stark zu bauen, sie tragen und dämmen zugleich. Je besser sie diese Aufgabe erfüllen, desto höher liegt ihr Preis – möglicherweise erzielen Sie einen vergleichbaren Dämmwert mit einer dickeren Wand aus günstigeren Steinen billiger.

Mehrschalige Wände Monolithische Außenwände sind als Tragwerk überdimensioniert, für die Statik würden schon schlankere Mauern ausreichen. Sie kosten zwar weniger, lassen aber zu viel Wärme aus dem Haus – man montiert deshalb

Richtige Bauweise spart Heizenergie

Mörtelbetten verbinden Mauersteine. Ein übliches Dickbett aus Normalmörtel (NM) ist etwa 1 cm hoch. Es dämmt Wärme schlecht und bildet für sie Brücken nach draußen. Ein millimeterflaches Verkleben der Steine leitet Wärme kaum und hilft, Energie zu sparen. Nachteil für Heimwerker: Dickbettmörtel erlaubt Korrekturen am Sitz der Steine, Verkleben nicht.

tipp

Bauen mit Fertigteilen, schneller sparen:
1. *Container: Auf der Baustelle treffen komplette Räume ein samt Treppe und Tür, Heizung, Küche und WC.*
2. *Gewölbe: Wein lagern oder Trompete spielen: Die unterirdische Ziegelröhre steht am Haus oder frei im Garten, die Maxi-Version eignet sich zum Wohnen.*

Dämmung als Wärmebremse vor die Wand (s. Seite 76) und eine Wetterhaut (s. Seite 47), die den Dämmstoff von außen trocken hält. Verbundsysteme dämmen und schützen zugleich. Ganz gleich, für welche Wandbaustoffe Sie sich entscheiden: Mauerwerk in den vom Hersteller empfohlenen Stärken ist druckfest, jedoch wenig zug- und biegefest. Man stützt die Wände also durch Auflasten wie Decken und Ringanker – pro Geschoss klammert ein Betonstreifen rundum die Mauerkrone.

Bauen mit Fertigteilen Bauelemente sparen Zeit und damit Geld, denn der Lkw liefert schon Riesenstücke für Wand und Decke – der Rohbau steht mitunter an einem Tag. Profis fertigen die Module in der Fabrikhalle, für das Montieren vor Ort reichen ein Kran und drei bis fünf Mann. Rationeller geht's fast nicht: Sogar Tür- oder Fensteröffnungen sind schon drin. In vielen Wänden stecken Leitungen oder Kanäle für die Elektro- und Sanitärinstallation, die Oberflächen müssen nicht mühsam und zeitraubend aufgeschlitzt und wieder verputzt werden. Das verringert auch den Bauschutt: 1 Tonne zu entsorgen kostet immerhin ab 100 Euro. Die Elemente tragen oft auch schon Dämmung und sind schallgeschützt. Fertigteile sparen also Zeit: Ein Geschoss steht an einem Tag, Regen und Sturm können folglich dem Rohbau nichts mehr anhaben. Je kompletter die Elemente, desto perfekter passen sie zusammen und verkürzen die Zeit für Montage und Ausbau. Was Arbeitsstunden reduziert, spart Geld. Gewinn bringen schon größere Steine. Formate im Halbmeter-Maß aus Kalksandstein, Ziegel oder Porenbeton verzahnen durch Nut und Feder, das Mörteln der Stirnfugen entfällt. Dank Spezialgreifer und Mini-Kran schafft ein Maurer die fünffache Fläche am Tag.

Stein auf Stein Jeder zweite Bauherr errichtet ein Ziegelhaus. Die Steine aus gebranntem Lehm speichern und dämmen Wärme gut und sollen auch Elektrosmog fernhalten. Maxi-Steinformate, mörtellose Verzahnung der Stirnfugen sowie Mörtelwalzen für die Lagerfugen verkürzen die Bauzeit und die Verklebung mit millimeterdünnem Mörtel statt zentimeterdickem Zement verbessert die Wärmedämmung der Wand. *Leichtziegel* entstehen, wenn vor dem Brennen Sägespäne oder Hartschaum-Kügelchen beigemengt werden – sie vergasen beim Brand und hinterlassen wärmedämmende Poren im Material. Die fertigen Ziegel dampfen nicht mehr aus. *Kalksandstein* dämmt Schall ausgezeichnet, Wärme hingegen schlecht – zusätzliche Dämmung ist notwendig. *Wärmedämm-Verbundsysteme* können wiederum den Schallschutz verschlechtern, deshalb ist es besser, eine Vormauerschale zu errichten. *Porenbeton* besteht zu 20 Prozent aus Quarzsand und Zement, Kalk, Wasser und Spuren von Aluminium als Treibmittel. Es schließt 80 Prozent Luft in die Steine ein, so dämmen sie gut und sind leicht und handlich. *Beton* dämmt Schall gut und speichert Wärme effektiv, dämmt jedoch schlecht – deshalb muss Dämmung montiert werden. Es dauert etwa 2 bis 3 Jahre, bis Betonwände trocken sind; sorgfältiges Heizen und Lüften vermeiden Schimmel. *Bimssteine* werden aus gasreicher Lava hergestellt, sie bestehen zu 85 Prozent aus Luft. Sie dämmt gut und macht das Material leicht für Selbstbauer. Der

❸ One-Man-Show: große Steine, integrierte Installationskanäle = kurze Bauzeit, kein Schlitzen. Mit Spezialkran bauen Profis 1 m² Wand in 15 Minuten.

❹ Fußwärmer: Im Dämmstoff-U sitzt das Streifenfundament sicher.

❺ Ziegelwand am Stück: 1 m² steht in 12 Minuten.

❻ Leichtbeton: Tür- und Fensteröffnungen, Kabelschächte und Leitungsrohre sind ab Werk schon drin – Einzug bald.

Baustoff gilt zugleich als guter Wärmespeicher. Ein spezieller Leichtmörtel verbindet die Lagerfugen von Standard- und zahlreichen Sonderformaten, etwa U-Steine für den Ringanker oder Rollladen-Kästen. Nuten und Federn an den Stein-Stirnseiten verzahnen Stoßfugen verschiebungssicher: Mörtel ist dort überflüssig. *Blähton*-Mauersteine bestehen aus gebranntem Ton, Selberbauer können sie gut tragen und bearbeiten. Griffige Blöcke mit Nut-und-Feder-Profil bilden eine kraftschlüssige Verbindung in der Stoßfuge. Vorteil: keine Kältebrücken. Die Lagerfugen werden vermörtelt mit einem praktischen Mörtelschlitten, der über die Steinreihen gezogen wird. Große Formate ermöglichen rasches Arbeiten; muss ein Stein geschnitten werden, schaffen das auch Laien mit einer Steinsäge. Produkte aus Bims- und Blähton werden auch unter der Bezeichung »Leichtbeton« gehandelt. Die vielen Poren saugen Regen und Erdfeuchte rasch ein – man muss deshalb die Außenmauern mit einem mehrschichtigen Putz schützen, wahlweise vorgehängter Fassade aus Holz oder Metall.

Stecksysteme Verfüllsysteme werden als problemlose Lösung für Laien angeboten. Es gibt Bausätze für Fertighauskeller sowie komplette Häuser. Hohle Elemente aus Hartschaum, Blähton oder gepressten Holzspänen werden auf Fundament oder Bodenplatte zu jeweils drei Reihen oder einem Geschoss trocken übereinander gesteckt, Pass-Stücke lassen sich zusägen, umlaufende Nuten und Federn an den Elementen greifen fest ineinander und vermeiden Fugen und Wärmebrücken. Die Hohlräume gießt man von oben mit Beton aus – per Eimer oder über Krankübel und Schlauch, die Hersteller empfehlen Transportbeton. Aussparungen für Installationsrohre und Elektroleitungen werden später in die weiche Außenschale gefräst. Vorteile der Schalungssteine: Die Füllung speichert Wärme gut, die Hartschaum- oder Holzspanhülle dämmt Wärme sowie Schall innen und außen, zusätzliches Dämmmaterial ist nicht notwendig. Wie stark die Mauern sein müssen, berechnet der Architekt nach den statischen Erfordernissen für Ihr Gebäude, den Rest erledigen

Baukran verletzt Nachbars Luftraum

Besichtigen Sie Ihre Parzelle mit dem Architekten und klären Sie, ob der Baukran über fremdem Grund ausschwenkt. Dann streift der Ausleger Nachbars Luftraum – lassen Sie ihn unterschreiben, dass er es duldet. Legt er sich quer, müssten Sie klagen – vor Baubeginn. Gerichtsverfahren können Jahre dauern, lassen Sie sich stattdessen eine Baukonstruktion empfehlen, für die man keinen Baukran benötigt: auf gute Nachbarschaft!

tipp

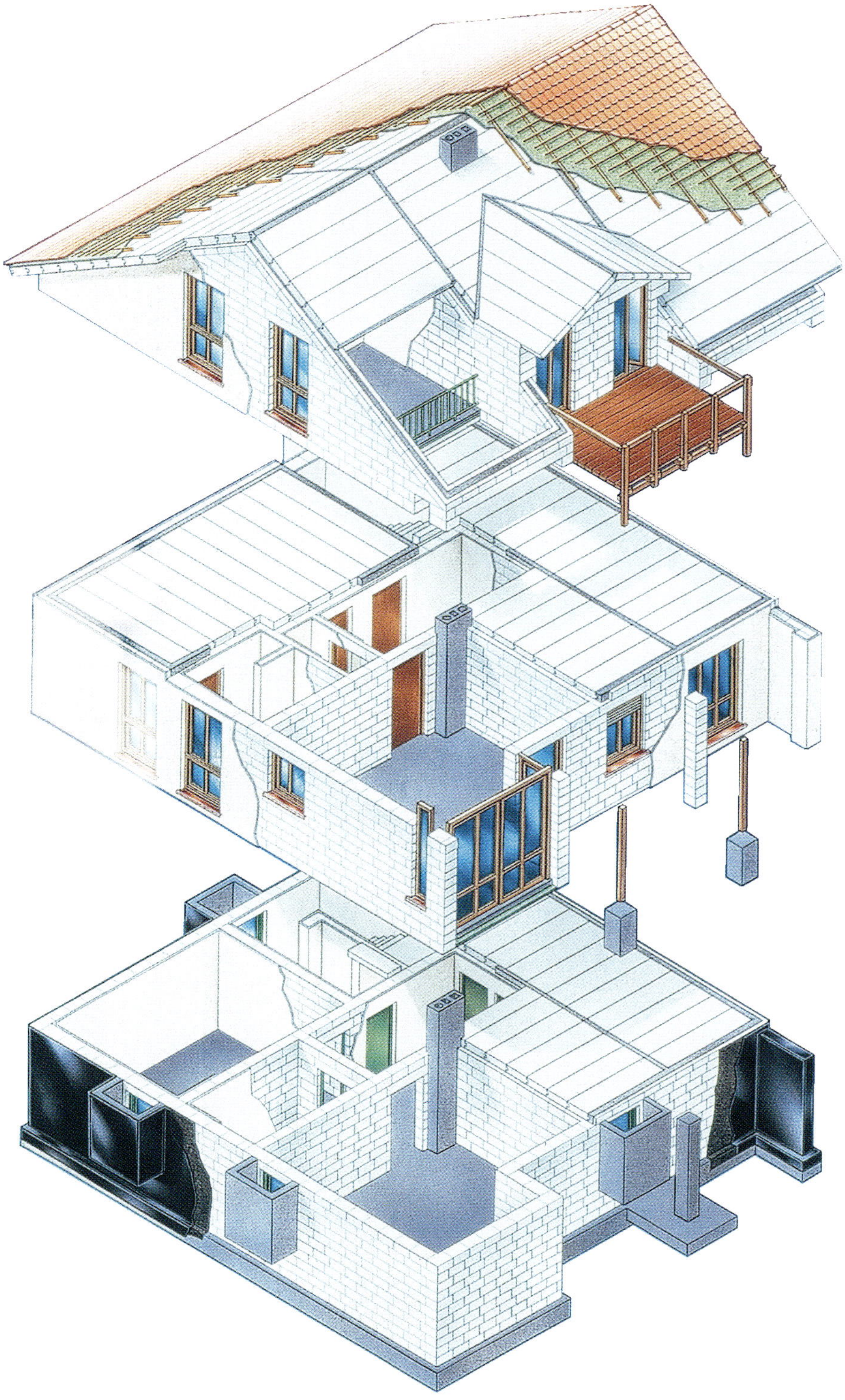

– der Theorie nach – selbst blutige Laien. Wie die Praxis aussieht, hängt ab von den Unterlagen und Plänen, Bauhandbüchern und der Vor-Ort-Betreuung, die eine Firma anbietet. Unter www.haus.de berichten im Wohn- und Bauforum Bauherren solcher »Lego«-Häuser von ihren Erfahrungen.

▶ **Baupreise: Von A wie Abdichtung bis W wie Wassertechnik: Informieren Sie sich über Kosten für Roh- und Ausbau unter www.haus.de/baupreis**

Wer Eigenleistung richtig plant, hält die Kosten niedriger. Man setzt heute den Anteil der Lohnkosten für fertige Handwerkerleistungen mit 50–60 % an. Es ist falsch, große Löcher in der Finanzierung durch enorme Eigenleistung stopfen zu wollen. Das Maß für Ihr Leistungspotenzial ist das, was Sie schon jetzt für den Broterwerb aufwen- den und wie viel Sie darüber hinaus noch tun können. Rationell ist besser als billig: Riesige Porenbeton-Elemente verkürzen die Rohbauphase um 80 Prozent – prüfen Sie, ob sich Ihre Eigenleistung da überhaupt noch lohnen würde.

Individuell zugeschnittenes Domizil für 125.000 Euro

Dach und Fassade des Hauses sind komplett mit dunkelroten Faserzement-Wellplatten verkleidet, was mit dazu beitrug, die Baukosten möglichst gering zu halten.

Die Bauherren hatten sich ein kostengünstiges Zweipersonenhaus gewünscht – es sollte nichts von der Stange sein, sondern ein individuell auf ihre Wohnbedürfnisse zugeschnittenes Domizil. Ihr Raumprogramm war rasch umrissen, und bei der Gestaltung ließen sie ihrem Architekten völlig freie Hand. Der enge Budgetrahmen gab den Ausschlag für Konstruktionsart, Materialwahl und Verarbeitung: Dach und Fassade des Holzelementbaus sind durchgängig mit dunkelroten Faserzement-Wellplatten verkleidet, die dem kompakten Bau sein ungewohnt homogenes Aussehen verleihen. Sein gutes Gespür für Ökonomie bewies der Architekt auch bei der Grundrisskonzeption. Die Verkehrsfläche ist auf ein Minimum reduziert, im Erdgeschoss gehen Küche, Ess- und Wohnbereich offen ineinander über. Das in Gebäudemitte platzierte Treppenmöbel fungiert als Stauraum. Eine großzügige Deckenöffnung über dem Essplatz verbindet die Geschossebenen miteinander. Sie reicht bis unter den First und sorgt dafür, dass in dem nur 90 Quadratmeter großen Haus nirgendwo ein Gefühl von Beengtheit aufkommt. Die präzise platzierten Fensteröffnungen fokussieren Ausblicke in die Landschaft und erweitern den Wohnbereich auch optisch ins Freie. Wenige Farben und Materialien bestimmen den Raumeindruck: Im Innern präsentiert sich der Holzelementbau mit einem betonierten Kern und unverputzten Oberflächen, alle übrigen Wände wurden weiß gestrichen. Der geglättete Estrich im Erdgeschoss hat sich als robuster Bodenbelag bereits bestens bewährt. Auf Fliesen wurde verzichtet, Waschtischverkleidungen sowie Einbauregale sind aus Betonplan: filmbeschichteten Sperrholztafeln, die üblicherweise im Fahrzeugbau oder als Schalungsmaterial zum Einsatz kommen. Jedes Detail ist hier gut durchdacht, was sich konsequenterweise auch im Außenraum fortsetzt: Eine geschosshohe Wandscheibe aus Sichtbeton verbindet Wohnhaus und Garage miteinander und formt einen schützenden Rücken, der eine großzügige holzgedeckte Terrassenplattform umschließt. Auf der Südseite schirmt eine Reihe Bambuspflanzen den Sitzplatz gegen Einblicke von der Straße ab.
Mit dem Verzicht auf Standardlösungen, dem Einsatz preiswerter Materialien sowie der Konzeption einfacher, aber raffinierter Details ist es dem Architekten gelungen, eine kostengünstige Alternative zu marktüblichen Hauskonzepten zu entwickeln: Für 125.000 Euro ist hier ein ebenso erschwingliches wie unverwechselbares Domizil mit hoher Wohnqualität entstanden.

Architekten: SoHo Architektur Alexander Nägele

Brandschutz bei Holzhäusern und Fertighäusern – da denken viele, das sei ein schwer lösbares Problem. Diese Einschätzung ist jedoch nicht zutreffend. Holzkonstruktionen zeigen sich durchaus ebenbürtig zu anderen Bauweisen, das hat eine Vielzahl von Forschungsarbeiten und Brandprüfungen ergeben. Natürlich gilt das nur, wenn bei der Planung schon die richtigen Maßnahmen ergriffen wurden.

Bauen mit Holz

Mit Holz baut, wer eine gefühlsmäßige Vorliebe für diesen Baustoff hat: Er ist natürlich und angenehm anzufassen, wächst nach und riecht gut, und seine Herstellung ist umweltfreundlich. Bautechniker schätzen das Material wegen seiner hohen Festigkeit bei relativ geringem Gewicht, Bauherren mit knappem Budget wegen der Möglichkeit, Holzbauteile problemlos selbst zu bearbeiten und zu verbinden.

Qualitäten Längs zu einem Baumstamm verlaufen röhrenförmige Faserzellen, die von Querzellen unterbrochen werden. Holz ist also richtungsgebunden aufgebaut, seine Eigenschaften hängen von der Faserrichtung ab: Quer zur Faser ist es elastisch und biegsam, längs zur Faserrichtung fest und starr. Ein Baum wächst, indem sich seine Zellen teilen. Im Frühjahr entsteht auf diese Weise weiches Frühholz, im Spätjahr festes Spätholz, das den Baum stützt – beides zusammen bildet einen Jahresring. Wie gut ein Stamm Druck oder Zug erträgt, bestimmt auch seine Feuchtigkeit. Sie verändert sich, wenn die Holzzellen Wasser aufnehmen und speichern; Holz ist hygroskopisch. Normalerweise sind die Zellwände mit Wasser gesättigt, ihre Hohlräume aber leer – das Holz hat seinen Fasersättigungspunkt erreicht, je nach Holzart bei 23–35 Prozent Holzfeuchte. Zum Verbauen ist solches Holz zu feucht. Bauholz wird auf 12–18 Prozent Restfeuchte getrocknet, die Zellwände geben ihr Wasser ab, und das Holz schwindet. Aber nicht gleichmäßig, sondern im Frühholz nur halb so viel wie im Spätholz. Wie Bauholz sich verzieht, hängt ab von der Lage und Krümmung der meist dunklen Spätholz-Anteile. Bretter aus der Seite eines Stamms werden auf der sogenannten rechten Seite (zur Stamm-Mitte hin) rund, auf der sogenannten linken Seite (vom Stamm weg) hohl. Kernholz arbeitet am wenigsten. Es entwickelt sich nach frühestens 20 Jahren, wenn der innere Teil des Stamms mit dem Flüssigkeitstransport aufhört, verkernt und fester wird. Das Splintholz weiter außen am Stamm übernimmt diese Transportarbeit dann allein.

Schnitt und Güte Kernholz ist teuer, es gibt jedoch auch andere Schnitte aus dem Stamm, die seiner Qualität nahe kommen. Bauholz ist eingeteilt in Güteklassen (für die Tragfähigkeit) und Schnittklassen (für die Kantenbearbeitung). Die Bedingungen sind festgelegt in den Normen DIN 4074 und DIN 68365. Diesen Normen gemäß sollten Sie Ihr Bauholz bestellen. Für übliche Anforderungen an ein Wohnhaus reicht Holz der Güteklasse II.

Traditionelle und moderne Verbindungen
Traditionelle Fachwerkverbindungen sehen Sie auf der Zeichnung rechts oben. Von links: Ein »Blatt« verlängert den Balken, mit einem »Versatz« ordnet man Hölzer im schiefen Winkel an, mit dem »Zapfen« verbindet man sie rechtwinklig. Ein »Kamm« koppelt Hölzer, die sich kreuzen. Die Verbindungen können ohne zusätzliche Nägel nur Druckkräfte aufnehmen, keine Zugkräfte. Moderne Verbindungen können beides, überdies schwächen keine Ausschnitte das Material, und der Arbeitsaufwand ist geringer. In der mittleren Zeichnung sehen Sie von links Bolzen (1), Blechverbinder (2), T-Profil (3)

und eingepresste Nagelplatten (4). Es ist deutlich zu sehen: Der Querschnitt der Hölzer bleibt erhalten, kann also geringer und preisgünstiger ausfallen. Die Bauteile lassen sich durchlaufend (mittlere Zeichnung (1) oder stumpf (2, 3, 4) verbinden. Moderne Skelettbauten errichtet man mit wesentlich größeren Stützenabständen als traditionelle Fachwerkhäuser. Gewöhnlich wird ein gleichmäßiger Stützenabstand festgelegt, das Raster. So ergeben sich Bauteilgruppen mit gleichen Abmessungen. Sie bringen dem Haus Ordnung, ermöglichen konsequente Planung und lassen großen Spielraum für die Gestaltung des Grundrisses sowie für An- und Umbauten. Die Länge eines Querbalkens setzt dem Stützenabstand Grenzen, die Spannweite einer Balkendecke zum Beispiel ist nicht beliebig erweiterbar.

Leimbinder und Holzständer Neue Bauteile ermöglichen größere Spannweiten und kühnere Konstruktionen – das sehen Sie auf der unteren Zeichnung. Brettschichtholz (1) nutzt die Vorteile von massivem Holz und überwindet seine Nachteile: Bretter von 2 Zentimeter Dicke werden durch feine Keilzinken aneinander gereiht bis zu 35 Metern Länge und beliebig oft aufeinander geleimt – auch gebogen – bis 3 Meter Höhe. Brettschichtträger halten stabil ihre Form und sind extrem belastbar. Soll das Bauteil viel tragen und wenig wiegen, verwendet man Kastenträger (2) oder Leichtträger (3). Auch ganze Wandelemente werden heute vorgefertigt (4). Für die Tafelbauweise facht man Holzrahmen mit Dämmstoff aus und beplankt sie mit Platten – so entstehen beispielsweise Fertighäuser.

Konstruktiver Holzschutz Alte Bauwerke beweisen, dass Holzbauten über Jahrhunderte hinweg ihre Aufgabe erfüllen können, obwohl der organische Baustoff dem Kreislauf der Natur unterliegt: Jedes organische Material wird durch tierische oder pflanzliche Lebewesen in seine Ausgangsstoffe zurückgeführt. Unter ökologischen Gesichtspunkten sind diese Lebewesen Nützlinge. Sie verwandeln sich rasch in Schädlinge, wenn das Holz lange halten soll wie in einem Bauwerk. Pflanzen und Tiere greifen Holz an, wenn sie genügend

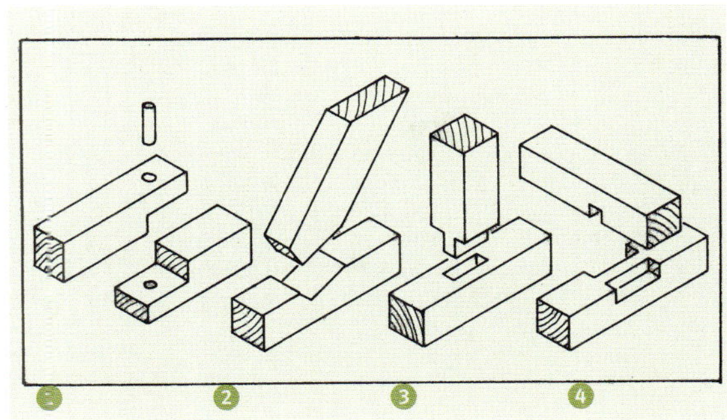

Traditionelle Holzverbindungen
1 Blatt zum Verlängern
2 Versatz für Schrägen
3 Zapfen für rechte Winkel
4 Kamm für gekreuzte Hölzer

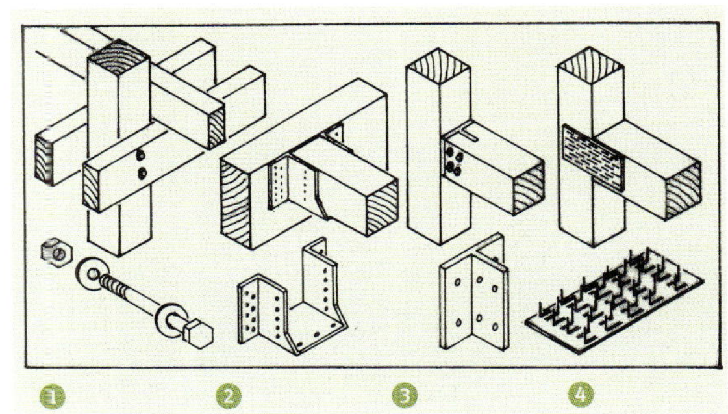

Moderne Holzverbindungen
1 mit Bolzen verschraubt
2 in Blechformteil (Verbinder) eingehängt
3 auf T-Profil gesteckt
4 durch Nagelplatten fixiert

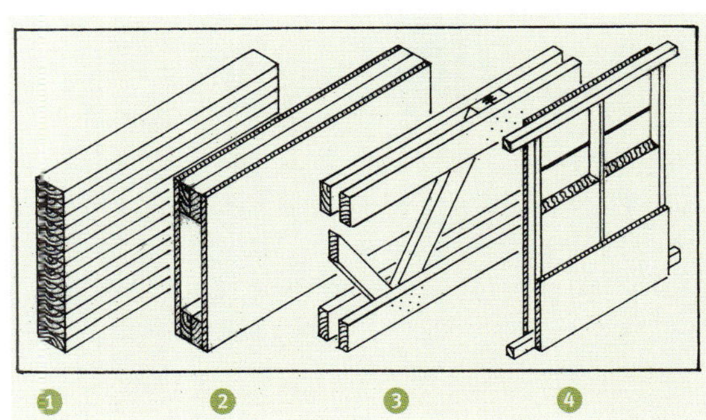

Neue Bauteile
1 Brettschichtträger = große Spannweite
2 Kastenträger = wenig Verbrauch
3 Leichtträger = luftiger Bau
4 Wandelement = Vorfertigung

Feuchtigkeit und Nahrung sowie Sauerstoff und ihre Wohlfühl-Temperatur vorfinden. Die Veränderung einer dieser Voraussetzungen verhindert Schäden. Achten Sie beim Kauf auf Holzart und Einschnitt. Je nach Art und Menge der biologischen Inhaltsstoffe sind die Holzarten unterschiedlich widerstandsfähig. Es gibt fünf Klassen nach Norm DIN 68364. In Bauholz-Rissen sammelt sich Feuchtigkeit, die Rissneigung hängt ab vom Einschnitt – achten Sie auf »stehende« Jahresringe. Schützen Sie das Holz während Transport und Lagerung vor Feuchtigkeit – die ideale Feuchte ist die, auf die

Holzhäuser: streng gegliedert, charmant geschmückt

- ❶ *Heimat im Marine-Stil: Fichtenholz kostet 300 – 400 Euro pro m³.*
- ❷ *Bayerisch wohnen: Lärchenholz kostet 350 – 500 Euro pro m³.*
- ❸ *Leben wie in Schweden: Kiefer kostet 350 – 500 Euro pro m³.*

sich das eingebaute Holz später durch Witterung oder Raumklima einpendeln wird. Auch in der Bauphase soll das Holz keine Feuchtigkeit aufnehmen – oft nicht einfach: Putz und Estrich können viel Nässe in den Bau bringen, weichen Sie besser auf Trockenbau-Produkte aus. Nach der Bauzeit schützt eine kluge Konstruktion das Haus: Fachleute sprechen von konstruktivem oder passivem Holzschutz.

Holzschutz am Dach Wasser bedroht ausgebaute Dächer von außen und innen. Raumluft enthält stets mehr oder weniger viel Wasserdampf. Dringt er in die Hauskonstruktion, dann wandert er nach draußen auf die kalte Hausseite, kühlt unterwegs zu flüssigem Tauwasser ab und durchnässt Sparren und Dämmung. Eine Dampfbremse auf der Rauminnenseite stoppt Feuchte, man lüftet sie durchs Fenster ab. Draußen saugen Balken besonders gierig Wasser in Faserrichtung auf, weshalb man Hirnholzflächen stets abdeckt mit Brettern oder Blechen oder sie so abschrägt, dass Regenwasser abläuft. An senkrechten Balken rinnt Wasser herab, auf waagerechten bleibt es stehen – liegendes Holz schützt man wie Hirnholzflächen oder beschirmt es mit der Dachdeckung.

Holzschutz an der Fassade Ein ausladendes Dach schützt einen großen Teil der Fassade. Wo Holz frei liegt, soll Wasser schnell ablaufen: An waagerechten Bekleidungen die Bretter mit kleinen Zwischenleisten montieren oder mit abgeschrägten Tropfkanten. Besser ein Fassadenkleid aus senkrechten Brettern bauen, sie leiten Wasser rascher ab. Grundsätzlich soll man Fassadenbekleidungen mit Abstand zur Wand anbringen. Diese Hinterlüftung trägt Feuchte von der Rückseite fort. Wo Balken auf Mauerwerk liegen, stoppt eine Sperrschicht kriechende Feuchtigkeit.

Holzschutz am Fußpunkt Regenwasser spritzt vom Boden etwa 30 Zentimeter hoch. Dort sollten Sie kein Holz verbauen. Gemauerte Sockel als Unterbau für tragende Holzstützen bewahren vor Spritzwasser, Feuchtigkeitssperren wiederum schützen das Holz vor Nässe von innen, beispielsweise aus frischen Betondecken – es dauert Jahre, bis diese völlig durchgetrocknet sind.

Natürlich bauen Unsere Vorfahren bauten Holzhäuser ohne chemischen Schutz. Sie schlugen ihr Holz im Winter, wenn es den Insekten wenig Nährstoffe bot. So wenig, dass Larven davon nicht satt wurden und starben. Das Holz wurde über lange Gewässerstrecken geflößt oder getriftet, dieser preisgünstige Transport laugte die Nährstoffe für Insekten aus. Die Bäume, die zu Bauholz wurden, waren alt und hatten einen hohen Kernholzanteil. Es widersteht Schädlingen besser als weiches Splintholz. Früher nahm man in Kauf, dass der Splintholz-Anteil eines Balkens wegfaulte oder abgefressen wurde. Damit die Statik dennoch stimmte, bemaßen unsere Vorfahren die Balkenquerschnitte üppig. Auch wenn wir uns die Erfahrung alter Baumeister zu Nutze machen wollen – so umsichtig zu bauen, ist heute teuer. Wo passiver Holzschutz nicht ausreicht, beugen chemische Mittel einem Befall durch Holzschädlinge vor. Die Norm DIN 68800 legt fest, wann Holzschutz vorgeschrieben ist. Er richtet sich nach dem Grad, in dem Holz in den diversen Anwendungsbereichen gefährdet ist – siehe Tabelle rechts.

Chemischer Holzschutz Der Wunsch nach einem gesunden und umweltgerechten Wohnumfeld sowie die rasante Entwicklung neuer diffusionsoffer Werkstoffe für den Einsatz als Feuchteschutz von Holzbauteilen haben den Verzicht auf den vorbeugenden chemischen Holzschutz ermöglicht. Durch besondere bauliche Maßnahmen kann für nahezu das gesamte Gebäude die Gefährdungsklasse 0 erreicht werden. Lediglich die Schwelle auf der Kellerdecke ist weiterhin der Gefährdungsklasse 2 zuzuordnen. Durch den Einsatz einer dauerhaft beständigen Holzart wie zum Beispiel Lärche kann auch hier auf den chemischen Holzschutz verzichtet werden. Eine sorgfältige Planung und Ausführung vorausgesetzt, bietet der modernen Holzbau eine gute Möglichkeit zum ökologischen und gleichzeitig energiesparenden Bauen.

▶ Bauen mit Holz: **Infos zu Einsatzbereichen, Oberflächen, Eigenschaften des Naturmaterials finden Sie unter** www.haus.de/holz

Wie gefährdet ist Holz wirklich?

Gefährdungsklasse	Auswaschbeanspruchung	Anwendungsbereiche	Anforderungen an Holzschutzmittel
1	keine Beanspruchung durch Niederschlag und Spritzwasser	Innenbauteile (Dachkonstruktionen, Geschossdecken, Innenwände) und gleichartig beanspruchte Bauteile, relative Luftfeuchte < 70 %	Insekten vorbeugend
2	keine Beanspruchung durch Spritzwasser, Niederschlag o.Ä.	Innenbauteile, mittlere relative Luftfeuchte > 70 %, und Innenbauteile (im Bereich von Duschen), wasserabweisend abgedeckt. Außenbauteile ohne unmittelbare Wetterbeanspruchung	Insekten vorbeugend, pilzwidrig
3	Beanspruchung durch Niederschlag, Spritzwasser o. Ä.	Außenbauteile ohne Erdkontakt und/oder Wasserkontakt, Innenbauteile in Nassräumen	Insekten vorbeugend, pilzwidrig, witterungsbeständig
4	ständiger Erd- und/oder Wasserkontakt (zum Beispiel Beton)	Außenbauteile mit und ohne Ummantelung	Insekten vorbeugend, pilzwidrig, witterungsbeständig, moderfäulewidrig

Osttiroler Bergschafe knabbern in 1500 Meter Höhe Wiesen kurz gegen Erosion und spenden Bauherren ihre Wolle als Dämmstoff für Wände, Dach und Fußböden. Die Naturfasern puffern Feuchte, neutralisieren Schadstoffe in der Raumluft und dämpfen Lärm. Heimwerker kommen mit den Matten oder Flocken gut zurecht.

Baustoffklasse: Was müssen wir wissen?

Baustoffe im Handel müssen geprüft sein auf Verhalten im Brandfall. Brandschutzklassen informieren: Nicht brennbare Stoffe kriegen Klasse A1 oder A2, sie glimmen nicht bei 450 °C Zündtemperatur.
Klasse B: brennbare Stoffe, sie schwelen bei 450 °C. Ob sie dann glimmen, hängt von vielen Umständen ab.
B1: schwer entflammbar,
B2: normal entflammbar,
B3: leicht entflammbar, nicht zugelassen

info

Dämmstoffe

Dämmstoffe bremsen Wärme auf ihrem Weg durch Außenwände und Dach, sie werden aus unterschiedlichen Materialien hergestellt:
Baumwolle Baumwollsträucher wachsen im Ausland in Monokulturen mit viel Dünger und Pflanzenschutzchemie heran. Die Samenhaare webt man zu Matten, Rückstände sind nicht nachweisbar – trotzdem sollte man sich das Prüfzertifikat des Herstellers zeigen lassen. Deutsche Hersteller verwenden Baumwolle aus Öko-Anbau.
Flachs Stängel der Leinpflanze werden weich geklopft, zu Vlies gekämmt und manche Produkte mit Kunstfasern stabilisiert – das stört Baubiologen. Unbedenkliches Borax verzögert die Entflammbarkeit.
Glaswolle-Matten Altglas wird geschmolzen, zu Fasern geschleudert, mit Bakelit gebunden, mit Silikon feuchteabweisend ausgerüstet. Diese Mineralwolle war ins Gerede geraten: Beim Hantieren dringen Fäserchen in die Lunge, es bestand ein begründeter Verdacht auf krebserregendes Potenzial – achten Sie auf das RAL-Gütezeichen »Erzeugnisse aus Mineralwolle«. Nur solche Produkte dürfen es tragen, die einen Kanzerogenitätsindex (KI) von höchstens 40 erreichen oder rasche Biolöslichkeit aufweisen, also sich im Körper zügig abbauen. Dennoch: Keine geöffneten Packungen quer über die Baustelle schleppen, Folie erst vor Ort entfernen, während Ein- und Ausbau Staub vermeiden, Staubmaske »P1« oder »P2« tragen.
Hanf Vernadelte Filze aus purem Hanf oder gemischt mit Synthetikfasern dämmen ähnlich wie Flachsmatten. Borsalz rüstet sie für die Baustoffklasse B2 aus – siehe Kasten links.
Hartschaum (PUR) Das Erdölprodukt entsteht per Treibmittel, es verrottet nicht, weist Feuchte ab – ideal zur Keller- und Flachdach-Dämmung oder als Montageschaum.
Holzfaser-Dämmplatte Holzreste werden zerkleinert, nasser Faserbrei gepresst und getrocknet. Holz-Lignin oder Alaun-Leim backt sie zusammen.
Kalziumsilikat-Platten Kalksilikate werden mit Zellstoff gemischt und unter Druck gehärtet. Das Material puffert Feuchte gut. Man setzt es in Altbauten ein zur Entfeuchtung und in Neubauten an feuchtegefährdeten Wänden – um Fenster und Türen herum, in Kellerräumen.
Kokosfaser Die struppigen Haare der Kokosnuss-Schale puffern Tropenglut. Das Material wird aus Indien und Indonesien importiert, mit ungiftigem Ammoniumsulfat schwer entflammbar gemacht und zu Dämmfilzen verarbeitet. Es bleibt in Feuchte stabil, eignet sich für Bad und Gäste-WC.
Kork-Platten Korkschrot wird unter Druck gebläht, dabei tritt Harz aus, das ihn bindet. Das Material erreicht Baustoffklasse B2 ohne Zusatz.
Mineralschaum-Platten Übernehmen als Teil sogenannter Wärmedämm-Verbundsysteme Wärmedämmung und -speicherung zugleich, ein Glasfasergewebe darauf trägt den mineralischen Putz.
Perlite-Schüttung Aufgeblähtes vulkanisches Gestein, je nach Andwendungsfall auch wasserabweisend. Die natürliche Radioaktivität jedes mineralischen Materials wird für diese Dämmung als

unbedenklich eingestuft. Wegen Staubbelastung nur mit Atemschutzmaske »P2« verarbeiten.

Polystyrol Man unterscheidet EPS (Styropor) und XPS (Styropur). EPS wird hauptsächlich als Fassadendämmung bei Wärmedämm-Verbundsystemen verarbeitet. XPS ist druckfester und eignet sich beispielsweise für Bodendämmung mit hoher Belastung.

Schafwolle Neuseeländische Massen-Schafhaltung geht einher mit intensiver Behandlung der Tiere mit Insektenvernichtungsmitteln und Schimmelpilz-Giften. Wer naturnah bauen möchte, verwendet deutsche oder österreichische Produkte. Schafschurwolle wird mit Kernseife gewaschen, gegen Motten imprägniert und zu Filz mit oder ohne Kunstfaser-Beimischung verarbeitet.

Schaumglas Treibmittel schäumt Glas auf, die Zellen enthalten Kohlendioxyd und Schwefelwasserstoff – Platten stinken, wenn man sie schneidet. Das Material ist extrem druck- und wasserfest, eignet sich für befahrbare Flachdächer.

Steinwolle-Matten Herstellung, Eigenschaften und Problematik ähnlich wie Glaswolle.

Zellulose-Schüttung Tageszeitungs-Remittenden werden zermahlen, Borax- oder Aluminiumsalze machen sie schwer entflammbar (je nach Anbieter Klasse B2 oder B1). Papier dämmt nur optimal verdichtet – das muss man einem geschulten Fachbetrieb überlassen: Zum Materialpreis von 30 Euro pro Kubikmeter Dämmstoff kommen etwa 100 Euro Verfüllkosten pro Kubikmeter dazu.

Außen- oder Innendämmung? Bei gleicher Dämmstärke bremsen Innen- und Außendämmung Wärmeverluste gleich gut. Außendämmung vermeidet Wärmebrücken besser als Innendämmung, und nimmt weniger Wohnfläche weg. Bei Innendämmung besteht die Gefahr von Schimmel zwischen Dämmung und Wand.

▶ **Energie-Einsparverordnung: Was Sie als Laie zu dem verwirrenden Regelwerk wissen müssen, erfahren Sie unter www.haus.de/energie**

Dämmstoffe im Vergleich

Material	Einsatzbereich	Wärmeleitfähigkeit Lambda für W/mK	Notwendige Schichtdicke in cm für U= 0,2 W/m²K	Primärenergie-Aufwand zur Herstellung	Preis in Euro pro m² für U = 0,2 W/m²K
Baumwolle	Steildach, Decke, Innenwand	0,040	24	NIEDRIG	34
Flachs	Steildach, Decke, Fußboden	0,040	24	SEHR NIEDRIG	40
Glaswolle-Matten	Steildach, Außenwand, Fußboden	0,035–0,040	22–24	HOCH	10
Hanf	Steildach, Decke, Fußboden	0,040–0,045	24	SEHR NIEDRIG	34
Hartschaum (PUR)	Flachdach, Kellerwand	0,020–0,035	20–24	SEHR HOCH	24
Holzfaser-Dämmplatte	Steildach, Außenwand, Innenwand, Decke	0,040–0,055	24-28	MITTEL	46
Kalziumsilikat-Platten	Innendämmung, Brandschutz	0,05–0,065	30–35	EXTREM HOCH	229
Kokosfaser	Fugenstopfwolle, Estrichdämmung	0,045	27	HOCH	37
Kork-Platten/Schrot	Steildach, Fussboden	0,045	27	HOCH	33
Mineralschaum-Platten	Außendämmung, Brandschutz	0,045	27	HOCH	29
Perlite-Schüttung	Bodenausgleich für Trockenestrich	0,050–0,055	30–32	HOCH	32
Polystyrol (XPS)	Bodenplatte, Kellerwand, Dach	0,030–0,040	20–24	EXTREM HOCH	40
Schafwolle	Steildach, Decke, Innenwand, Fußboden	0,040	24	SEHR NIEDRIG	40
Schaumglas	Bodenplatte, Kellerwand, Flachdach	0,040–0,060	24–35	EXTREM HOCH	114
Steinwolle-Matten	Dach, Außenwand, Fußboden, Decke	0,035–0,050	22–30	HOCH	11
Zellulose-Schüttung	Steildach, Decke	0,040–0,050	24–30	SEHR NIEDRIG	21

Keller aus stahlbewehrtem WU-Beton halten drückendes Hang- oder Grundwasser von den Hauswänden ab. Für problemlosere Grundstücke gibt es preiswertere Lösungen.

Fundamente und Sohlplatte

Wer Ski fährt, weiß es: Hätte man nicht die Bretter unter den Füßen, versänke man bis zum Kragen im Tiefschnee. Sie verbreitern die Standfläche und verteilen so die Last des Körpers besser: auf jeden einzelnen Quadratzentimeter Schnee-Oberfläche drücken weniger Kilo. Hausbau funktioniert ähnlich: Ein gemauertes Einfamilienhaus drückt mit fast 400 Tonnen Gewicht auf den Erdboden, das Fundament trägt die Lasten gleichmäßig ab und verhindert, dass das Gebäude im Erdreich versinkt. Man verankert die Außenwände auf Streifen, früher aus Feldsteinen oder Ziegeln, heute überwiegend Beton. Schmale Gräben auszuheben und zu verfüllen, spart Material, kostet aber Zeit. In der Ebene kann es wirtschaftlicher sein, gleich eine ganze Platte zu gießen. Darunter benötigt man manchmal aber doch wieder einzelne Fundamentstreifen, um besonders schwere Bauteile extra abzustützen – einzelne Wände oder den Kamin. Wenn Sie Ihren Hausplan mit dem Architekten besprechen, fragen Sie ihn danach. Am Hang müsste man für eine Sohlplatte die Schräge erst aufwendig planieren, hier empfehlen sich oft Betonpunkte als Fundament.

Frosttiefe Im Winter friert Erde etwa 80 Zentimeter tief ein. Der Frost würde unter die Bodenplatte kriechen, feuchte Erde gefrieren und das Gebäude heben – dann reißen die Wände. In Regionen mit mildem Klima gräbt man für die Fundamente 80 Zentimeter tief, in frostreichen Gegenden 1,50 Meter und setzt darauf die Kellerwände. Wer in seinem Keller nicht kriechen möchte, lässt ihn aus der Erde ragen und nutzt ihn zum Wohnen (siehe Beispiele rechts) oder gräbt die Fundamente tiefer.

Keller

Abhängig von Bodenbeschaffenheit und Größe kostet der Keller für ein Einfamilienhaus 25 000 bis 50 000 Euro, eine Fundamentplatte 9 000 bis 18 000 Euro. Das Haus braucht für seine Stabilität keinen Keller, aber vielleicht seine Bewohner für ihr gutes Gefühl. Ein Keller hat Vorzüge, das finden neun von zehn Bauherren, die sich einen geleistet haben. Fast jeder Zweite, der sich gegen den Keller entschieden hat, wünscht sich inzwischen einen – als Abstellfläche oder Brennstofflager, Hobbyraum oder Gästezimmer. Eine Umfrage unter deutschen Maklern ergab: 86 Prozent der Befragten berichten, dass ein Haus ohne Keller schwerer zu verkaufen sei – und 36 Prozent schätzen, dass man ein Fünftel weniger Gewinn erzielen würde.

Wohnraum Damit Kellerraum amtlich als Wohnraum zählt, schreiben die Landesbauordnungen ein Mindestmaß an Komfort vor. Wesentliche Faktoren sind die Belichtung, Belüftung und notwendige Rettungswege. Je nach Bundesland und Gebäudeklasse sind zusätzlich Mindestraumhöhen vorgeschrieben. Sehen Sie in Ihrer Baugenehmigung nach, Räume mit der Bezeichnung »Keller« sind kein Wohnraum und werden auch nicht zur Geschossflächenzahl GFZ hinzugerechnet.

Radonbelastung Rund 10 Prozent aller Lungenkrebsfälle führt man zurück auf Stoffe, die beim Zerfall des Edelgases Radon entstehen. Es kommt aus dem Boden. Wie viel ins Haus gelangt, hängt davon ab, wie viel das Gestein des Baugrunds und der Keller durchlässt. Konzentrationen bis 200 Becquerel pro Kubikmeter gelten als unbedenklich, im Schnitt misst man 50 Bq/m³, in voll unterkellerten Häusern wird ein Drittel weniger gemessen. Die Technischen Überwachungsvereine (TÜV) verschicken Messdosen und werten sie aus.

Mauersteine Die meisten Bauherren mauern ihren Keller auf die Bodenplatte aus den gleichen Baustoffen wie die Außenwände: Wärmedämmziegel, Kalksandstein, Porenbeton oder Leichtbeton aus Bims, wahlweise Blähton. Die Materialien kosten weniger als Beton, haben ein günstigeres Raumklima, und Heimwerker können durch ihre Eigenleistungen Geld sparen.

Stahlbeton Steht das Grundwasser hoch oder drückt Wasser aus einem Hang, ist das günstig für den Brunnenbau. Der Keller würde aber durchfeuchten; wer auf ihn nicht verzichten mag, baut ihn als wasserundurchlässige Wanne: Man formt die Kellerwände aus Holzschalen, setzt Stahlbewehrungen hinein und verfüllt den Schalenzwischenraum über einen Rüssel mit Transportbeton. Der enthält Zusätze, die ihn wasserdicht machen. Stahlbeton kostet für den Keller eines frei stehenden Hauses rund 10 Prozent mehr als anderer Baustoff, für den Keller eines Doppelhauses 5 Prozent.

Fertigkeller Bauherren in Zeitnot entscheiden sich für einen Fertigkeller aus Stahlbeton, seine Geschosshöhe beträgt 2,34 Meter, gegen Aufpreis sind 2,64 Meter Höhe möglich. Bodenplatte und Wandelemente werden mit Aussparungen für Fenster und Türen vorgefertigt, zur Baugrube geliefert und per Autokran aufs Fundament gehoben. Der Keller steht in 1–2 Tagen.

Füllsteine Hohlformen aus Hartschaum oder Beton, Leichtbeton oder Holzwerkstoff werden übereinander gesetzt, je nach System mit Bewehrungseisen stabilisiert und mit Ortbeton ausgegossen.

Konzeptkeller Preiswerter, einfachster Nutzkeller, den der Bauherr später ausbaut. Wärmedämmung und Fensterqualitäten sollten dabei bereits auf die geplante Nutzung ausgelegt sein.

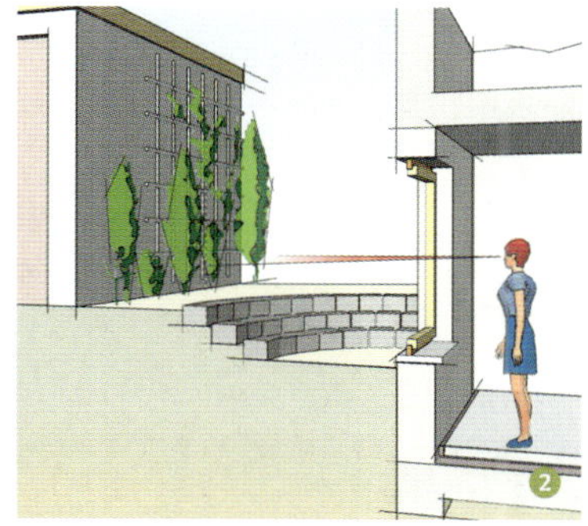

❶ Keller halbhoch aus dem Boden ragen lassen: weniger Buddelarbeit, mehr heller Wohnraum.
❷ Wasserdichten Betonkeller in den Hang schieben: trockene Hauswände, trockenes Auto – Garage überflüssig, mehr Platz für den Garten.
❸ Fenster statt Lichtschacht einbauen: Wohnraum gewinnen.

Dichten Nässe steigt in Wänden hoch wie in Würfelzucker, waagerechte Sperren stoppen sie. Je näher am Boden man sie einbaut, desto mehr Feuchte hält sie von Mauern fern – 4 Prozent Feuchtigkeit in einer Leichtziegelmauer halbiert deren Dämmwirkung. Sitzt die Sperre unter der Erdoberfläche, muss man Wände auch senkrecht schützen, in Neubauten macht man das außen.

▶ **Bauschäden: Vermeiden ist die beste Lösung, früh entdecken die zweitbeste. Wichtige Infos unter www.haus.de/bauschaden**

Brauchen wir einen Keller?

Spar-Idole Niederländer: Sie bauen kellerlos, die Häuser kosten halb so viel wie unsere. Doch der Vergleich hinkt: Baugrund dort hat hohen Grundwasserstand, Keller kämen vergleichsweise teuer, weil sie wasserdicht gebaut werden müssen. Wer einen neutralen Kostenvergleich sowie Broschüren wünscht, bestellt sie gratis bei der Initiative Pro Keller im Internet unter www.prokeller.de.

tipp

Lange Pfetten bilden einen weiten Dachüberstand, er hält Regen von Balkongenießern sowie Fassade ab und erweitert winters die schneefreie Zone rund um das Haus – Holzreinholen oder Müllraustragen ist dann in Pantoffeln möglich.

Dachkonstruktion

Für hölzerne Dachstühle genügt Vollholz der Güteklasse II, es besitzt »gewöhnliche Tragfähigkeit«. Die Qualitätsstandards für Konstruktionsvollholz sind in der DIN 18334 geregelt. Der Feuchtegehalt liegt unter 18 Prozent, und es gibt Standard-Querschnitte. Möchten Sie die Dachbalken später sehen, kaufen Sie Konstruktionsvollholz »KVH-Si« für den sichtbaren Einbaubereich. Werden die Dachschrägen später von innen verkleidet, reicht »KVH-NSi« für den nicht sichtbaren Bereich. Keine Angst, wenn Sie Balken geliefert bekommen mit einem Riss von außen nach innen – solche Trocken- und Schwindrisse beeinträchtigen die Tragfähigkeit nicht. Es gibt zwei Prinzipien, nach denen man hölzerne Dachstühle konstruiert.

Sparrendach Im Sparrendach bilden jeweils ein Deckenbalken (die Balkenlage über dem obersten Wohngeschoss) mit zwei schrägen Sparren ein Dreieck, das Gespärr. Massive Streifen, zum Beispiel aus Porenbeton, können die Sparren ersetzen; solche Dächer halten Lärm effektiv ab – diese Konstruktion sollten Sie in Erwägung ziehen, wenn Sie in der Nähe eines Flughafens oder einer Autobahn bauen. Die Sparren tragen die ganze Dachlast allein. Sind sie länger als 4,5 Meter, spreizt man einen waagerechten Querbalken ein, der sie auseinander drückt – den Kehlbalken. In einem solchen Kehlbalkendach ergibt sich unterm First ein kleines Dreieck, der Spitzgiebel – dort lässt sich eine Schlafempore oder ein Stauraum einziehen. Die einzelnen Gespärre werden miteinander verbunden durch eine Windrispe, früher eine Holzleiste, heute ein verzinktes Stahlband. Sie verläuft diagonal vom Fußpunkt des vordersten Gespärrs zum höchsten Punkt des hinteren Sparrenpaars und verhindert, dass der Dachstuhl wegkippt. Deshalb – sollten Sie später Ihr Haus umbauen – dürfen Sie die Windrispe auf keinen Fall einfach abmontieren. Der Sparrenabstand beträgt in der Regel 70 – 100 Zentimeter, zu wenig für den Einbau großer Fenster. Dafür sollte man möglichst nur einen, im Notfall mehrere Sparren kappen und über sowie unter dem geplanten Fenster Wechsel einbauen. Dies sind waagerechte Balken, an denen man den Fensterrahmen festschraubt. Sparrendächer sind in sich stabil und bilden einen stützenfreien Dachraum, er lässt sich bequem bewohnen. Auf einer massiven Geschossdecke lässt man die Sparren meist auf einer schrägen Betonaufkantung fußen. Ragen sie über diese Kante hinaus, entsteht ein seitlicher Dachüberstand.

Über einem Einfamilienhaus bis 8 Meter Dachspannweite kostet ein Sparrendach weniger als ein Pfettendach. Wer vornehmlich auf den Preis schaut, deckt ein größeres Haus mit einem Kehlbalkendach, es ist immer noch preisgünstiger als ein Pfettendach.

Pfettendach Im Pfettendach ruhen die Sparren auf waagerechten Balken in Längsrichtung des Gebäudes, den Pfetten. Die beiden Fußpfetten liegen auf den Außenwänden, die Firstpfette und/oder (je nach Größe des Dachraums) auch Mittelpfetten lagern auf den Giebelwänden sowie den Innenwänden oder Stützen. Solche Träger muss man alle 4,5 Meter aufstellen, damit die

Holzbalken nicht durchhängen. Die Wände oder Stützen machen die Grundrissplanung zur Tüftelei, dadurch ergeben sich jedoch häufig besonders reizvolle Wohnräume unter der Schräge. Noch ein Vorteil: In ein Pfettendach lassen sich auch größere Fenster und Gauben unkomplizierter einbauen als in ein Sparrendach.

Flachdach In den 1960er-Jahren wurden Flachdächer als modern bejubelt, dann verdammt – sie waren irreparabel undicht. Jetzt feiern sie, technisch ausgereift, ihr Comeback – man verschenkt keinen Zentimeter Wohnfläche. Ein gutes Beispiel sehen Sie auf Seite 90. Man baut Flachdächer heute mit unmerklichem Gefälle nach innen, so läuft Regenwasser sicher ab. Flachdächer werden meist als Warmdach ausgeführt. Statt Dachdeckung schützt eine Kiesauflage oder Substratschicht die empfindliche Dachabdichtung vor Temperaturschwankungen. Normgerecht gefertigte Materialien dichten Flachdächer nach heutigem Wissen zuverlässig ab.

Warmdach Im nicht belüfteten Steildach, auch Warmdach genannt, liegen über der Tragkonstruktion: Dampfsperre zum Schutz der Wärmedämmung vor Raumfeuchte, Dämmschicht, darauf Dachabdichtung zum Schutz vor Außenfeuchte. Darüber nagelt man Dachlatten und hängt Ziegel ein. Zwischen Latten und Dachdeckung zirkuliert Luft – die einzige Luftschicht in einem Warmdach. Es nutzt die gesamte Sparrenhöhe zum Dämmen. Die Materialschichten sollen von innen nach außen jeweils dampfdiffusions-offener sein, damit Feuchtigkeit in der Konstruktion diffundieren kann.

Kaltdach Das sogenannte belüftete Dach galt früher als Nonplusultra, heute sieht man es aus Energiegründen kritischer: Es hat eine Lüftungsschicht mehr, und zwar zwischen der Wärmedämmung und der Dachabdichtung. Wird die Dämmung feucht, kann sie über die Luftschicht auch wieder austrocknen. So nistet sich nirgendwo Wasserdampf ein, und es verringert sich das Risiko von Materialschäden durch Spannungen. Wichtig am Kaltdach sind First und Traufe, von da her weht im wahrsten Sinn des Wortes der Wind.

1 *Sparrendach für steile Dächer: Nur die schrägen Sparren tragen die Last, keine Stütze stört im Dachraum. Deckenbalken oder Betondecke bilden mit dem Sparrenpaar unverschiebliche Dreiecke. Diagonale Bretter oder Metallbänder halten die Dreiecke auf Abstand, sonst kippt der Dachstuhl wie eine Reihe Dominosteine.*

2 *Pfettendach für flache, breite Dächer. Die Sparren ruhen auf waagerechten Balken, den Pfetten. Sie verteilen die Last auf die Außenwände. Die Stützen erfordern ideenreiche Planung der Dachzimmer, der Einbau von Fenstern ist unproblematisch.*

Große Dachflächen sollten Sie mit zusätzlichen Lüftungsziegeln decken.

Dachdeckung

Klimaforscher warnen: Künftig werden immer häufiger Stürme mit Windstärke 10 und mehr an Bäumen zerren – und an Dächern. »Wiebke« und »Lothar«, »Martin« und »Anatol« fegten durch Europa und verursachten Schäden von weit mehr als 5 Milliarden Euro. Mit Stärke 8 wird Wind versicherungstechnisch zu Sturm, dann kommen Gebäude- und Hausratversicherung auf für Schäden an Haus und Gut. Die Versicherer können die Regulierung aber ablehnen, wenn das Haus falsch oder instabil gebaut ist.

Schwachstellen Besonders sorgfältig sollten Sie das Dach an Schwachstellen planen: Grate und First, Traufe, Kehle und Ortgang sind besonders anfällig. Dort, wo das Dach einen Knick nach außen macht, wird das Deckungsmaterial traditionell gemörtelt oder modern verklammert – Grat

Wie teuer wird unser Dach?

Je komplizierter das Dach, desto mehr kostet es.
Brettschalung 10,- Euro/m²
Dachbahn legen 7,45 Euro/m²
Dachlattung 9,50 Euro/m²
Konterlattung 3,50 Euro/m²
Doppeldeckung Biberschwanz 35,- Euro/m²
Windklammern für Biberschwänze 7,50 Euro/m²
Abschluss seitlich eindecken 17,30 Euro/m²
Grate & Kehlen eindecken 25,25 Euro/m²
Firststeine 57,30 Euro/m.

info

und Firstziegel müssen fest verankert sein. An der Traufe läuft Regenwasser in die Rinne, sie sollte passend zur Dachfläche dimensioniert sein und 2–3 Prozent Gefälle aufweisen, damit der Wasserstrom nicht überschwappt oder unkontrolliert abreißt und unter die Deckung gesogen wird. In der Nähe von Bäumen sollte man einen Laubfangkorb montieren, damit das Fallrohr nicht verstopft. Die Nahtstelle zweier Dachflächen in Hauswinkeln nennt man Kehle. Dort setzen Regen und Schnee dem Dach stark zu; die Fuge mit Folie und (Kupfer-)Blech oder mit Formziegeln gut abdichten. Der Ortgang ist der Spalt am Giebel zwischen Außenwand und Dachstuhl. Dort treiben Wind und Regen hinein, wenn kein solide verschraubtes Windbrett oder Blech sie stoppt.

Materialwahl Die Dachdeckung umspannt das Tragwerk wie eine Schutzhaut. Welches Material sich eignet, hängt unter anderem von der Dachneigung ab – je steiler sich die Dachfläche neigt, desto poröser darf der Baustoff sein. Reetgras zum Beispiel lässt Regenwasser gut abrinnen auf Dächern zwischen 45–80 Grad Neigung. Auf flacheren Dächern zwischen 22–35 Grad würde es sich vollsaugen, dort verlegt man Material wie Betondachsteine oder Schiefer, Falzziegel, Biberschwanz-Ziegel oder Hohlpfannen. Es spielt auch eine Rolle, wie stark der Dachstuhl ist – wer mit schwerem Material deckt, muss das bedenken: Betondachsteine wiegen 50–60 Kilogramm pro Quadratmeter, Schiefer 32–45, Falzziegel 50–60, Biberschwänze 60–68, Hohlpfannen 45–55 Kilogramm. Reethalme lasten mit 10–2 Kilogramm auf jedem Quadratmeter Dach, drei Lagen Holzschindeln mit 7–17 Kilogramm. Schließlich bestimmt auch Ihre Wunsch-Dachform, welches Material es bedecken kann: große, preiswerte Platten taugen für einfache, gerade Dächer, komplizierte Dachformen benötigen kleinformatiges, manchmal kostspieligeres Material.

Harmonie Früher verwendeten die Handwerker Baustoffe aus der Umgebung – alle Dächer trugen Reet, Holzschindeln oder Schiefer. Passen Sie auch heute die Dachdeckung der Region oder Ihrem Wohnviertel an – für eine harmonische Dachlandschaft. Moderne Materialien können teurere traditionelle ersetzen, zum Beispiel Dachsteine aus Beton die Tonziegel oder Kunstschiefer den echten Schiefer. Wer vom Bauamt die Erlaubnis erhält, setzt optische Akzente mit farbenfroher Deckung.

Dämmung Die Energie-Einspar-Verordnung schreibt Dämmung für Neubauten vor. Wie dick und effizient sie sein muss, soll Ihr Architekt errechnen. Welche Materialien infrage kommen – lesen Sie in der Tabelle auf Seite 77. Dort erfahren Sie ebenfalls, wie dick Sie dämmen müssen. Es gibt auch Massivdächer, die hohen Wärme-, Schall- und Brandschutz gewähren. Lange Ziegelelemente

❶ *Dämmung auf den Sparren muss der Dachdecker anbringen. Sie hält Wärme effektiver im Dachraum als Innendämmung.*
❷ *Dämmung zwischen den Sparren können Heimwerker selbst montieren. Stöße von Dämmbahn zu Dämmbahn mit Spezialfolie luftdicht schließen.*

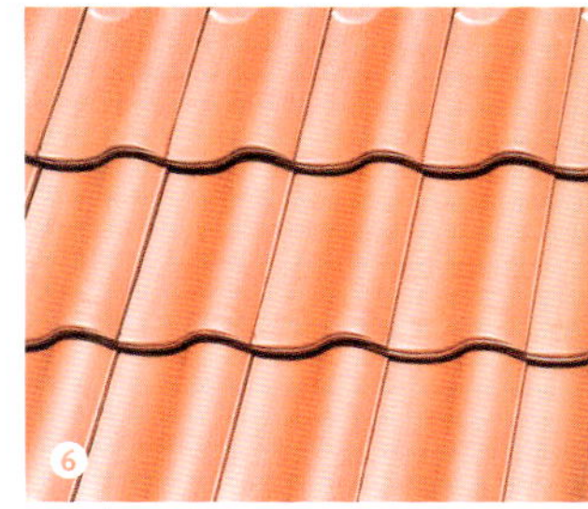

oder Dachplatten aus Porenbeton spannen sich zwischen First und Traufe. Massivdächer liegen auf den Giebelwänden auf, im Dachraum stören darum keine Stützen.

Licht unters Dach Wohnräume unterm Dach sollen hell sein, die Landesbauordnungen schreiben hierfür Fenstergrößen vor. In Bayern etwa muss die Summe aller Fensterflächen so groß sein wie ein Achtel der Grundfläche. Flächen unterhalb einer Schräge zählen unter 1 Meter Höhe nicht mit. Gleichen Sie Stil, Form und Größe der Dachfenster den Fenstern in der Fassade Ihres Wunschhauses an.

Dachflächenfenster Giebelfenster in kleinen Formaten lassen sich leicht einbauen. Möchten Sie die gesamte Giebelfläche verglasen, bemisst der Statiker die Dachkonstruktion entsprechend. Für Dachflächenfenster, die breiter sind als ein Sparrenabstand, müssen die Sparren gekappt und später die Anschlüsse an die Dachhaut besonders sorgfältig ausgeführt werden. Preisgünstiger und bautechnisch einfach ist es, statt eines großen Fensters im Querformat zwei kleine Fenster nebeneinander oder übereinander einzuplanen. Sitzt das Flügelholz niedriger als 90 Zentimeter über dem Fußboden, muss man ein Geländer montieren. Das Bauamt verlangt zwei Fluchtwege aus dem Dachgeschoss: einer führt über die Treppe, der zweite übers Giebel- oder Dachfenster. Dachflächenfenster müssen von unten gut zu sehen und mit der Feuerwehrleiter erreichbar sein. Mancherorts sind Dachgauben verboten. Wo nicht: Planen Sie sie nicht zu wuchtig – möglicherweise können Sie sich an gelungenen Bauten in der Nachbarschaft Ihres Bauplatzes orientieren. Fertiggauben sind nicht schwieriger einzusetzen als Dachflächenfenster. Hängen Sie vor Gaubenfenster ab 1,80 Meter Höhe einen Balkon – Sie gewinnen Sommer-Wohnfläche mit Aussicht.

Dachterrasse Eine Dachterrasse steigert den Wohnwert. Die Loggia schneidet aber aufwendig in die Hauskonstruktion ein, der Boden wird gebaut wie ein begehbares Flachdach (s. Seite 81). Denken Sie auch an Details wie ein Fallrohr, das Regenwasser sammelt und in den Kanal führt. Planen Sie einen 15 Zentimeter hohen Türsockel ein, er schützt den Raum vor Stauwasser. Vorschrift: Rüsten Sie die Dachterrasse mit einer wenigstens 90 Zentimeter hohen Brüstung ein.

▶ **Dachdeckung: Ziegel, Dachsteine und mehr über 170 Dachdeckungen. Marktüberblick mit Planungs-Infos unter www.haus.de/dachdeckung**

▶ **Fenster: Die neue Fenstergeneration hilft wie ein gut gedämmtes Dach beim Energiesparen. Beispiele und Infos unter www.haus.de/fenster**

Hütchen-Spiel: Dachdeckungen

1. *Flachziegel lassen sich 4 cm schieben, passend zur Lattenweite. Preis: ab 10 Euro/m².*
2. *Glattziegel mit vertieften Rillen, etwa 22 Euro/m².*
3. *Hohlpfanne im Maxiformat, das Dach fix gedeckt, Preis um 8 Euro/m².*
4. *Rautenziegel mit kristallblauer, eingebrannter Schicht ab 22 Euro/m².*
5. *Kupfer patiniert schön im Freien oder schon ab Werk, um 49 Euro/m².*
6. *Hohlfalzziegel werden auch S-Pfanne genannt, nach historischem Vorbild, um 13 Euro/m².*
7. *Beton-Dachstein mit Doppelknick und prägnanter Schattenkontur, um 9 Euro/m².*
8. *Biberschwanz, hier das bewährte Modell in neuen Farben, ab 35 Euro/m².*
9. *Schiefer »altdeutsch« legen kostet 80 Euro/m², schlichter ab 48 Euro/m².*

Geschossdecken

Decken tragen Mensch, Mobiliar – und ihr eigenes Gewicht. Statiker berechnen die Tragfähigkeit nach der Masse, die auf die Decke Kraft ausübt, die Maßeinheit heißt Kilo-Newton (kN). Wohnraumdecken werden so berechnet, dass sie zum Eigengewicht eine Verkehrslast von 1,5 Kilo-Newton pro Quadratmeter aushalten, das entspricht 150 Kilogramm Masse. Wird Ihre Decke stärker belastet, etwa von einem Kachelofen, einem Tresor oder einem besonderen Kunstwerk, berücksichtigt der Statiker die Mehrlast. Für das Tragwerk verwendet man massive Platten (Massivdecke) oder Träger aus Beton, Holz oder Stahl (Leichtdecke).

Aufbau in Schichten Decken müssen eine Menge mehr tun als nur tragen: sie steifen die Wände aus und stabilisieren dadurch das Gebäude, sie bremsen Wärmeverlust und Schall und schützen vor Feuchtigkeit und Feuer. Man baut Decken schichtweise wie Außenwände auf, weil nicht jedes Material alles kann. Von unten nach oben kombiniert man Untersicht und Tragschicht mit Zwischenschicht und Nutzschicht. Untersicht (Zimmerdecke) und Nutzschicht (Fußbodenbelag) gestalten vornehmlich den Raum und machen ihn wohnlich, in leichten Decken können sie auch den Schall- und Brandschutz verbessern. Die Zwischenschicht (Estrich) dämmt Wärme und Trittschall, die Tragschicht Luftschall. Welche Tragkonstruktion für Ihr Haus richtig ist, hängt ab von seinen Außenwänden: leichte Decken lassen sich auf jede Wandkonstruktion legen, massive Decken eignen sich nur für massive Wände, gemauerte Stützen oder Stahltragwerk.

Massive Decken Stahlbeton, eine Verbundkonstruktion aus Stahlmatten oder -stäben und Beton, nimmt Lasten schon ab 10 Zentimeter Stärke auf, dämmt Luftschall ausreichend ab 15 Zentimeter, widersteht Feuer und nimmt Durchfeuchtung nicht übel – das sind die Wohnvorteile. Planungsvorteil: Die Decken lassen sich beliebig über jeden Grundriss spannen. Als Manko in der Bauphase gilt der hohe Arbeitsaufwand: die Deckenunterseite wird komplett eingeschalt und von Hilfsjochen (verstellbaren Metallständern) gestützt. Es dauert lange, bis der Beton trocken ist und die Bauarbeiter weitermachen können. Später beklagen sich Bewohner häufig über ungenügende Trittschalldämmung, schlechte Wärmedämmung und lange Baufeuchte. Baubiologen befürchten, dass die großflächige Stahlbewehrung wie eine Antenne elektrische und elektromagnetische Schwingungen verstärkt. Stahlbetondecken werden an Ort und Stelle gegossen, deshalb nennt man sie auch Ortbetondecken. Kostengünstiger sind Decken aus teilweise oder gänzlich vorgefertigten Elementen. Es gibt sie in Wunsch- und Standardmaßen, Einzelanfertigungen kosten mehr als

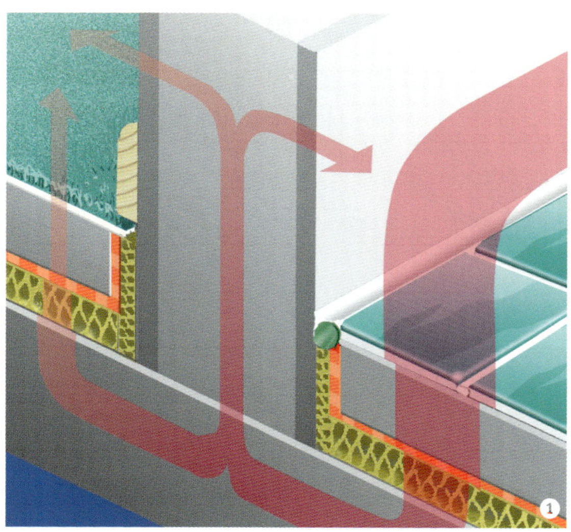

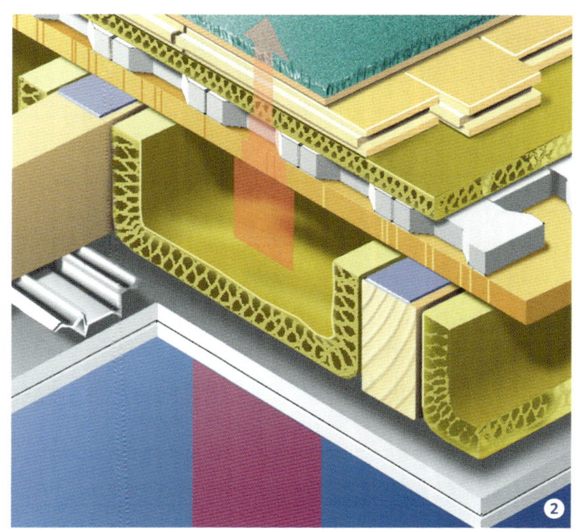

Schallwege erkennen und unterbrechen:
1 Schwimmt der Estrich in einer Rundumdämmung, wird Trittschall gedämpft.
2 Holzdecken mit Gehwegsteinen aus Beton beschweren oder doppelte Gipsplatten an Federschienen abhängen.

Ziegel-Elementdecken werden im Werk gefertigt nach Bauherren-Wünschen, dann einbautrocken verlegt und mit Beton vergossen. Sie sind sofort begehbar, die Maurer können gleich weiterbauen.

Normteile. Filigrandecken kommen als 2 bis 3 Quadratmeter große, dünne Betonplatten auf die Baustelle. Sie tragen die Stahlarmierung schon in sich. Ein mobiler Kran hebt sie auf das Mauerwerk und einige Hilfsjoche. Die Filigranteile bilden gewissermaßen die Verschalung für den Ortbeton, mit dem man die Differenz zur endgültigen Deckenstärke aufgießt. Bauvorteil: Man benötigt wenig Stützen, die Decke ist rasch trocken. Wohnvorteil: Die Deckenunterseite ist glatt. Man verspachtelt nur noch die Plattenstöße und tapeziert oder streicht direkt auf den Beton – man spart sich also den Putz.

Leichte Decken Sie bestehen aus Trägern und Füllung. Armierte Betonrippen oder U-förmige Ziegelschalen, Stahlgitter oder Holzbalken werden im 70- bis 80-Zentimeter-Abstand verlegt. Für Spannweiten bis 4 Meter gibt es vorgefertigte Bauteile in wirtschaftlichen Standardgrößen. Längere Träger benötigen einen größeren Querschnitt und verteuern den Bau sprunghaft. In Beton-, Ziegel- und Stahlträger hängt man die Deckenfüllung ein: Platten aus Leicht- oder Porenbeton oder betongefüllte Ziegelelemente. Die Fugen längs der Träger werden mit Stahlstäben bewehrt und mit Beton ausgegossen. Die Elemente lassen sich ohne Kran tragen. Das ist interessant auf unzugänglichen Bauplätzen oder neben schwierigen Nachbarn – lesen Sie dazu den Kasten auf Seite 69. Auch Selbstbauer können leichte Decken bauen, die Hersteller liefern einen Verlegeplan mit. Aus ihm liest man Lage und Spannrichtung der Träger ab, die mit Positionsnummern gekennzeichnet sind. Der Trägerabstand richtet sich nach der Breite der Füllelemente. Planungsvorteil: Ziegel-Einhängedecken zum Beispiel lassen sich bis 7 Meter spannen ohne Stützen und halten Traglast bis 12,5 Kilo-Newton pro Quadratmeter aus. Bau-Vorteil: Arbeit und Kosten für die Schalung entfallen.

Holzdecken Wer sein Haus aus Holz konstruiert, baut Decken aus demselben Material. Holzdecken lassen sich auch in Massivhäuser einziehen; sie kosten weniger, wenn man schlechteren Luft- und Trittschallschutz in Kauf nimmt. Ein Fehlboden füllt den Abstand zwischen den Holzbalken, die sogenannten Gefache: Seitliche Leisten tragen eine Brettschale, darauf legt man Rieselschutzpapier und schweres Material wie Ziegelsplitt, Kies oder Betonsteine – sonst hört man jeden Schritt von oben. Die raue Brettschale kaschiert man von unten mit Gipskarton oder einer Holzbekleidung. Wer die Balken später sehen möchte, nagelt eine schöne Brettschale obendrauf und beschwert sie mit trockenen Ziegeln, Betonsteinen oder mit nassem Beschwerungsestrich. Damit er Holzbewegungen mitmacht ohne Risse, schneidet man die halbfeste

Können wir an der Decke sparen?

Decken spannt man von Tragwand zu Tragwand: Geringe Distanz hält Kosten niedrig. Kluge Planung spart bis 10 000 Euro: Über einem 5 x 5 m großen Raum braucht man 5 Meter Deckenlänge, über 6 x 4 m genügen 4 m. Als Deckenauflager keine Wand mit großen Fensterflächen vorsehen, sonst müssen teure Stürze die Decke tragen. Wer offen wohnen will, verkürzt Spannweiten mit Pfeilern oder Unterzug.

tipp

Masse in 40 x 40 Zentimeter große Platten. Eine nach unten offene Decke ist handwerklich einfacher und meist preisgünstiger als eine geschlossene Holzbalkendecke. Nachteil: Der Aufbau ist höher und muss zur Raumhöhe addiert werden.

Innenwände

Wo Außenwände sich neigen oder Decken sich biegen würden, fordern Statiker schwere, tragende Innenwände als Aussteifung oder Stütze. Bauherren teilen mit Innenwänden eine unwirtliche Halle in gemütliche Wohnräume und schützen sich mit ihnen vor Zugluft, Blicken und Geräuschen. Das können auch leichte Wände, die nicht tragen. Sie kosten 10–20 Euro pro Quadratmeter weniger als tragende Wände. Dennoch bevorzugen preisbewusste Planer im Zweifel eine tragende Innenwand, wenn sie Deckenspannweite spart – siehe Kasten auf Seite 85.

Sonnen- und Heizwärme erwärmen Baustoffe, sie dehnen sich. Kühlen sie wieder ab, ziehen sie sich zusammen. Jedes Material macht das unterschiedlich stark und schnell: Deshalb müssen an Stellen, wo unterschiedliche Materialien aufeinander treffen, entsprechende Fugen vorgesehen werden, damit auf Dauer keine Risse entstehen.

Tragende Wände In Einfamilienhäusern errichtet man sie meist mindestens 17,5 Zentimeter stark, dann darf man Schlitze fräsen (nicht stemmen!) für Heizungs- und Warmwasserrohre und Elektroleitungen. Die Preise pro Quadratmeter Innenwand: um 70 Euro für beidseitig beplankte Holzständer mit Dämmstoff in der Mitte oder für beidseitig verputzten Kalksandstein, um 75 Euro für beidseitig verputzten Porenbeton und zirka 80 Euro für beidseitig verputzte Hochlochziegel. Tragwände lassen sich bis 11,5 Zentimeter dünn errichten. Dann darf man sie nur senkrecht schlitzen – maximal 1 Zentimeter tief und 10 Zentimeter breit – dort haben nur Elektrokabel Platz.

Nicht tragende Wände Nicht tragende Wände baut man oft noch dünner – 10 Zentimeter. So spart man Platz und Kosten. Sie eignen sich gut zum Selberbauen. Ein statischer Nachweis ist nicht erforderlich, wenn die Wand durch Ankerlaschen oder einbindende Verzahnung gehalten wird und die Steine mit Normalmörtel (s. Seite 66) vermauert sind. Sie können wählen zwischen Bausteinen aus Ziegel und Kalksandstein, Poren- oder Leichtbeton und Glas. Auch Konstruktionen aus Holz- oder Metallständern mit Gipsplatten-Beplankung sind möglich. Ganz gleich, ob sie tragen oder nicht: Durch dünne Wände hört man die Flöhe husten, erst recht Musik dröhnen.

Schalldämmung Alle Geräusche versetzen Luft in Schwingung – je schneller, desto höher die Töne. Man spricht von Frequenz und misst sie in Hertz (Hz). Menschen hören Töne zwischen 16 und

Ruhe einbauen:
❶ Leichte Mauern durch zusätzliche Dämmung verbessern, dafür weich federndes Material verwenden.
❷ Leichtbauwände bis 90 Kilogramm Gewicht pro Quadratmeter eignen sich lediglich in zweischaliger Konstruktion.

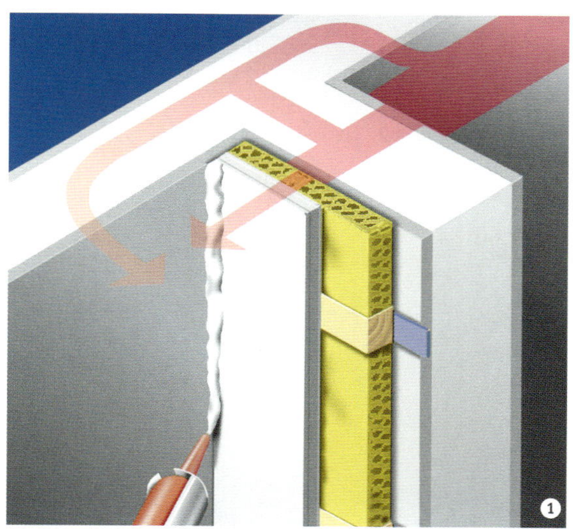

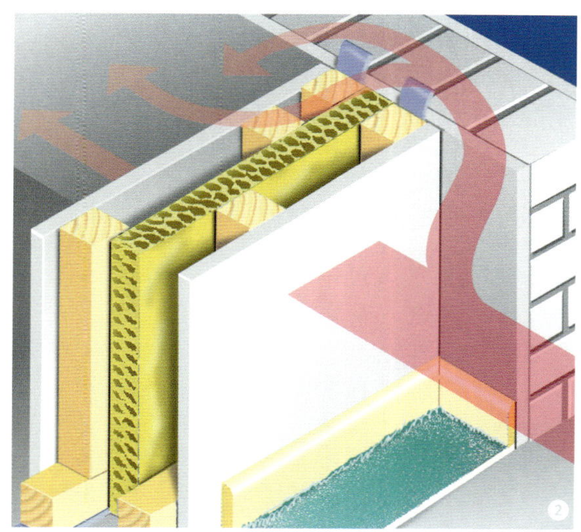

20 000 Hertz, in Häusern machen Frequenzen zwischen 100 und 3150 Hertz Probleme. Je energischer Luft angestoßen wird, desto größer die Lautstärke – in der Fachsprache Schalldruck genannt, der in Dezibel (dB) gemessen wird. Er lässt unsichtbar auch Bauteile schwingen. So wandelt sich Luftschall in Körperschall, er durchquert die Trennwand und strahlt im Nachbarraum als Luftschall ab. Wie gut ein Bauteil ihn zurückhält, hängt ab von seinem Gewicht – je mehr, desto besser. Doch ein Teil des Luftschalls prallt ab an schweren Wänden aus glattem, hartem Material; weicher Dämmstoff auf der Raumseite schluckt ihn. Leichte Bauteile sollte man mehrschichtig ausführen, dann dämmen sie gut, und die Familienmitglieder nerven sich nicht gegenseitig. Schall nimmt gern Schleichwege, zum Beispiel über Nahtstellen zwischen Bauteilen. Massive Wände muss man fest aneinander koppeln, zum Beispiel mit Metalllaschen. Leichte Wände bis 90 Kilogramm pro Quadratmeter hingegen koppelt man mit Dämmstreifen weich ab von schweren (Außen-)Wänden. Schlimmster Fehler: Estrich, Bodenfliesen oder Parkett mit Wandkontakt. Der Estrich muss auf einer Spezialdämmschicht schwimmen, ohne die Wand zu berühren. Umlaufende Dämmstreifen zwischen Bodenbelag und Wand unterbrechen Trittschall.
Schalldämm-Maße Ein Staubsauger quält uns mit 60 Dezibel; nur 10 Dezibel weniger empfinden wir schon als halb so laut. Schalldämm-Maße liegen je nach Wandkonstruktion zwischen 37 Dezibel (8 Zentimeter Gipswandbauplatten) und 55 Dezibel (11,5 Zentimeter Hochlochziegel mit verputzter Holzwerkstoffplatte auf Schwinghölzern), Ihre Innenwände sollten ein Mindestmaß von 42 Dezibel leisten.

Welche Baustoffe gefallen uns am besten?

Halten Sie Ihre Wahl fest für das Gespräch mit dem Architekten.

Wandsystem
- ❍ *massiv*
- ❍ *mehrschalig*
- ❍ *zum Selberbauen*

Materialien
- ❍ *Ziegel*
- ❍ *Kalksandstein*
- ❍ *Porenbeton*
- ❍ *»Legosteine«*
- ❍ *Bims- oder Blähbeton*
- ❍ *Holz*

Öko-Feeling
- ❍ *heimische, regionale Baustoffe*
- ❍ *ist uns egal*

Holz
- ❍ *kommt infrage*
- ❍ *wir wollen massiv bauen*

Dämmstoffe
- ❍ *Mineralwolle*
- ❍ *Holzfaserplatten*
- ❍ *Hartschaum*
- ❍ *Blähton*
- ❍ *Zellulose*
- ❍ *Schafwolle*
- ❍ *Kork*
- ❍ *Kokosfaser*
- ❍ *Baumwolle*
- ❍ *Flachs*

Keller
- ❍ *ja*
- ❍ *nein*
- ❍ *Ziegel*
- ❍ *Kalksandstein*
- ❍ *Leichtbeton*
- ❍ *Stahlbeton*
- ❍ *Fertigkeller*
- ❍ *Konzeptkeller*
- ❍ *Verfüllsteine*

Dachstuhl
- ❍ *Sparrendach*
- ❍ *Pfettendach*

Dachdeckung
- ❍ *nach Bebauungsplan*
- ❍ *Ausnahmegenehmigung*

Geschossdecken
- ❍ *massive Decken*
- ❍ *Holzbalkendecken*
- ❍ *Kellerdecke massiv, Wohnraumdecken Holz*

Innenwände
- ❍ *nur tragend*
- ❍ *Trennwände auch nicht tragend*

check

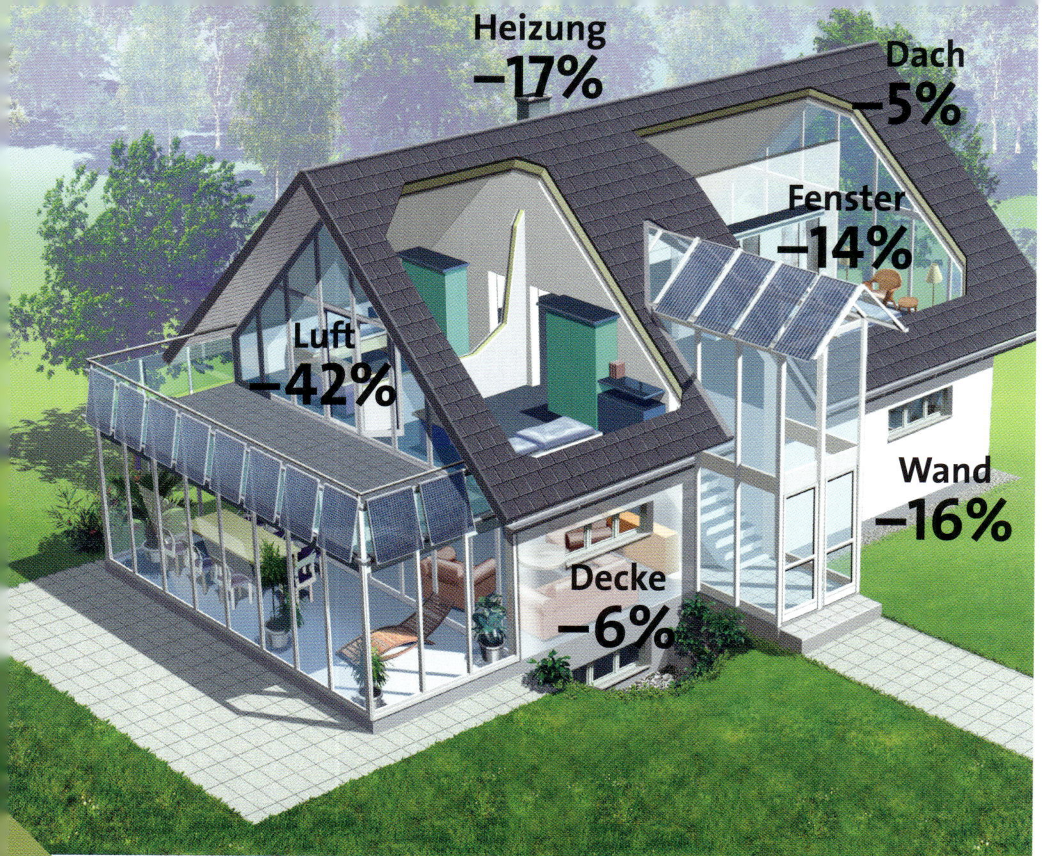

Welche Haustechnik ist unser Geld wert?

Heizen und Wasser wärmen, Strom und Regen zapfen

Dies ist ein Niedrig-Energie-Haus. Die Zahlen zeigen, wie viel Wärme seine Bauteile verlieren. Glasflächen, richtig gebaut, können aber auch Energie sammeln. Der Anteil des Lüftungsverlustes ist in Energiesparbauten oft größer als der bauliche Wärmeverlust.

Frühere Wärmeschutz-Verordnungen konzentrierten sich ausschließlich auf den zulässigen Heizwärmebedarf, gemessen pro Jahr und Quadratmeter Wohnfläche. Die aktuelle Energie-Einspar-Verordnung EnEV setzt vorher an und bewertet den Bedarf an Primärenergie – der Einsatz regenerativer Energieträger wie Sonne und Wind und CO_2-neutraler wie Holz und Biomasse werden belohnt. Fossile Energieträger, also Öl und Gas, schneiden schlechter ab; der Bauherr muss dann mehr Dämmung einbauen.

Energie sparen

In der EnEV wird ein Haus jetzt ausschließlich als Gesamtsystem bewertet. Mediziner nennen so etwas ganzheitliche Methode: alles gleichzeitig zu beachten, um die beste Wirkung zu erzielen. Genau das passiert auch in der EnEV. Erstmals ist Planern und Bauherren freigestellt, *wie* sie unter den zulässigen Verbrauchs-Höchstwerten bleiben. Das gelingt mit Wärmeschutz oder erneuerbarer Energie, Wärmerückgewinnung oder intelligenter Heizungsanlage. Alles zu kombinieren bringt aber häufig keinen größeren Effekt, nur höhere Kosten.

Regelwerk Erstmals werden Haus (Dämmung, Wärmebrücken, Dichtigkeit) und Heizung zusammen betrachtet. Die Verflechtungen sehen Sie in der Grafik auf der rechten Seite: die Transmissionsverluste, also der Wärmedurchgang durch die Gebäudehülle, sowie Lüftungsverluste und auf der anderen Seite Gewinne des Gebäudes (beispielsweise durch Sonneneinstrahlung) ergeben den Heizwärmebedarf. Ihn deckt die Technik, die ihm angepasst wird: Heizung, Brauchwasser-Erwärmung und Betriebsstrom. Dann kommt es noch darauf an, womit man heizt. Dafür gibt es Bonuspunkte oder Punktabzug – sie führen zum Primärenergie-Bedarf. Wer seine Heizung umsichtig plant, kann beim Bauen etwas sparen, weil er schneller erreicht hat, was erreicht werden muss.

Pluspunkte Gehen Sie systematisch vor und haken Punkt für Punkt ab: Transmissions-Wärmeverluste klein halten, Lüftungs-Wärmeverluste weitgehend vermeiden, beides ausgleichen mit dem Gewinn von Sonnenwärme. Darüber hinaus Pluspunkte sammeln, dann hat man woanders Spielraum: Duschwasser wärmen mit Sonnenkollektoren, Wärme recyceln in einer Lüftungsanlage, Heizung füttern mit dem »richtigen« Energieträger. Die Karten liegen offen; spielen Sie – gut geplant – mit Ihren persönlichen Schwerpunkten.

Transmissionsverluste vermeiden Binsenweisheit mit teuren Folgen: Winters ist es drinnen warm, draußen kalt – Wärme fließt immer von der warmen auf die kalte Seite und durchquert dabei Wände, Decken und Dach. Baustoffe halten Wärme unterschiedlich gut, der U-Wert gibt die Effektivität an (s. Seite 65). Dicke, massive Wände tragen und dämmen zugleich, aber die wenigsten Bauherren können sie bezahlen. Man baut sch ankeres Tragwerk und ergänzt es mit Dämmmaterial (welches sich eignet, lesen Sie auf Seite 76). Dämmung von außen ist bauphysikalisch am vorteilhaftesten. Sie vermeidet Wärmebrücken, die Hauptleitstellen für Energieverluste. Für Selbermacher bietet sich unterm Dach Dämmung von innen an. Schützen Sie Innendämmung mit einer Dampfbremse vor Durchfeuchtung, sonst wärmt sie wie ein nasser Pullover: schlecht.

Lüftungsverluste reduzieren Nach der EnEV müssen Häuser luftdicht gebaut werden. Ein Vorteil mit Risiken: Dosiertes Lüften wird noch wichtiger als früher – zu viel verschleudert Energie, zu wenig erzeugt hohe Schadstoff-Konzentration und hohe Raumluftfeuchte. Luftfeuchte kondensiert an kalten Bauteilen, dort wachsen dann Schimmelpilze, die Allergien und Tumoren auslösen. Alle zwei Stunden sollte die Raumluft komplett erneuert werden. »Wände atmen nicht, denn sie haben keine Lungen«, sagt Prof. Dr. Ing. Fritz Steimle, Vorsitzender des Fachinstituts Gebäude, Klima, Lüftung: »Kohlendioxyd und andere Emissionen müssen weggelüftet werden.« Steht ein Fenster sperrangelweit offen, erneuert sich Raumluft innerhalb von 5 (Winter) bis 15 Minuten (Sommer). Über gekippte Fenster kann der Luftaustausch bis zu einer Stunde dauern – wertvolle Heizwärme flieht ins Freie, im Raum schlottert man. Eine automatische Lüftungsanlage nimmt Familien den Diskussions-Dauerbrenner »Fenster auf – Fenster zu«: Wie sie funktioniert, erfahren Sie auf Seite 98.

Solare Gewinne einheimsen Platzieren Sie das Gebäude so auf dem Grundstück, dass die Sonne von morgens bis abends ins Haus flutet – Fachleute nennen das passive Solarnutzung, sie geht in die Wärmebedarfs-Rechnung mit ein. Die Verglasung bestimmt den Wärmegewinn: Klare Verglasung lässt 65–80 Prozent der Helligkeit durch, Sonnenschutzgläser nutzen nur 30–65 Prozent der Strahlen. Treffen Lichtstrahlen auf Wände und Boden, verwandeln sie sich in Wärmestrahlen. Fenster auf der sonnigen Südseite fangen ein Fünftel mehr Wärme ein als ein Nordfenster. Südfenster verbessern die Energiebilanz des Hauses, wenn der übliche Fensteranteil – etwa ein Viertel der Wandfläche – vergrößert wird auf die Hälfte oder drei Viertel der Wandfläche. Gegen andere Himmelsrichtungen sollte man die Fenster aber nicht vergrößern, sonst verschlechtert sich die Energiebilanz erheblich.

So funktioniert das Regelwerk

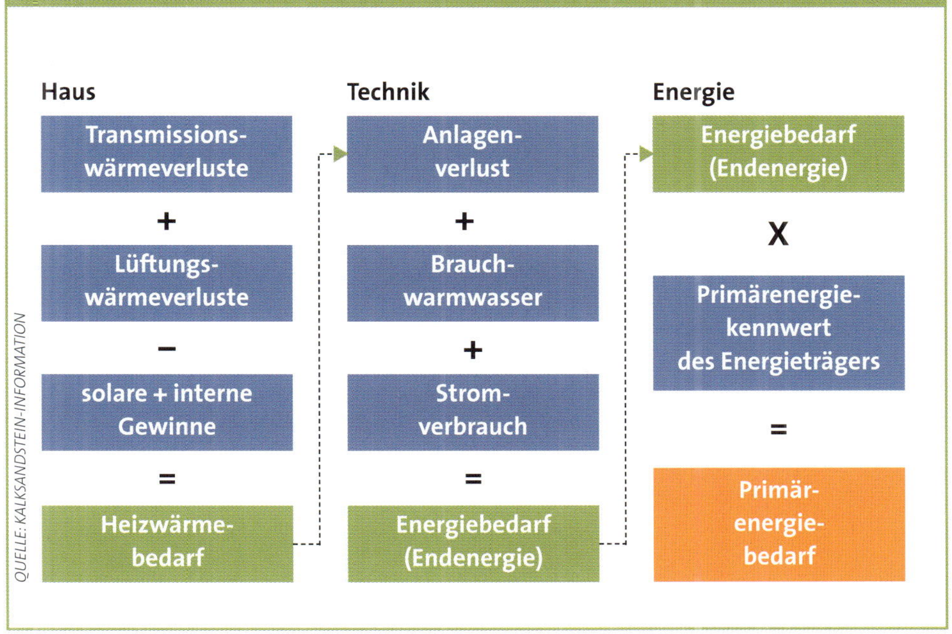

Die EnEV betrachtet Haus und Heizung zusammen: Ein Haus wird nicht mehr in Bauteile zerlegt, die bestimmte Wärmeschutzkriterien erfüllen müssen. Wärmeverluste durch Bauteile und Fenster werden verrechnet mit Wärmegewinn aus Sonnenlicht und Bauteilen. So ergibt sich der Heizwärmebedarf. Für Heizung, Warmwasserbereitung und elektrische Geräte besteht ein Energiebedarf. So viele Kilowattstunden jährlich benötigt Ihr Haus für jeden Quadratmeter seiner Wohnfläche. Multipliziert mit dem Kennwert des Energieträgers (Öl, Gas, Sonne), errechnet sich der Bedarf an Primärenergie.

Warm wohnen fast ohne Heizung

Super Dämmung, große Südfenster, intelligente Haustechnik: Passt alles zusammen, braucht man kaum Öl, Gas und Strom. Wie schön Energiesparen aussehen kann, zeigen diese Niedrigenergie- und Passivhäuser.

❶ Cooles Rechteck für Singles und Paare: Lifestyle plus Büro auf 35 m² Grundfläche.

❷ Moderne Wohnburg für Großfamilien: kreativer Lebens- und Arbeitsraum auf 162 m² Wohnfläche.

❸ Gemütliches Eigenheim für vier: Heimat auf 257 m² Wohn- und Nutzfläche.

❶ Wohnkubus

Das Haus aus vorgefertigten Bauteilen erreicht fast die Form eines Würfels, also das energetisch günstigste Verhältnis von Außenfläche zu Volumen (siehe Seite 45): Der Wohnkubus nutzt jeden Zentimeter Grundfläche optimal aus, große Fensterflächen nach Osten und Süden sammeln Sonnenwärme. Das Schweizer Architekturbüro bauart reduzierte den zweigeschossigen Baukörper auf das Wesentliche. Auf knapp 70 Quadratmetern Wohnfläche haben alle Räume Platz, die man zum Leben braucht: im Erdgeschoss Wohn- und Essraum, Flur und Küche sowie das Bad, im Obergeschoss eine Galerie, je ein Arbeits- und Schlafzimmer – sie sind durch eine Schiebewand voneinander getrennt und auch als ein großer Raum nutzbar.

❷ Passivhaus

Mitglieder der Qualitätsgemeinschaft Deutscher Fertigbau befassen sich mit Ökobilanzen und Herkunft, Bearbeitung sowie Entsorgung von Baustoffen und berücksichtigen das für Wohnqualität und Energiespar-Konzepte von Fertighäusern. Eines der Ergebnisse ist dieses Passivhaus. Das Zinkdach buckelt sich nach außen, so ist innen mehr Platz: 162 Quadratmeter. Die Bewohner verbrauchen den Gegenwert von 1,5 Litern Heizöl pro Quadratmeter Wohnfläche und Jahr dank Wärmepumpe, Lüftungsanlage, Solarkollektor, KNX-Elektrotechnik (s. Seite 102)

❸ Passivhaus

Erdgeschoss plus Satteldach, Zwerchhaus zur Sonne – das Haus passt leicht in übliche Bebauungspläne. Die Familie gab 10 Prozent mehr Geld als andere Bauherren für eine leistungsfähigere Dämmung aus und baute das Haus sorgfältig luftdicht. Glasflächen heimsen Sonnenenergie ein für die Wohnräume, ein 7-Quadratmeter-Sonnenkollektor Wärme für das Brauchwasser, Solarzellen erzeugen Strom, auch für die Lüftungsanlage. Sie schleust Frischluft in die Zimmer, eine Wärmepumpe heizt sie winters vor, kühlt sie im Sommer. Das Haus hat einen jährlichen Heizwärmebedarf von 1,4 Liter Öl pro Quadratmeter Wohnfläche.

Brennwert-Kessel gibt es für Öl oder Gas. Die Regelung sitzt unter der Deckelklappe, sie lässt sich an den meisten Kesseln auch von Laien leicht einstellen.

Wärme erzeugen

Zentralheizung ist heute üblich: Ein Kessel im Keller oder auf der Wohnetage schickt warmes Vorlauf-Wasser durch die Heizkörper, der kühlere Rücklauf fließt zurück in den Kessel. Früher bullerten Kessel zwischen 70 und 90 Grad, sommers wie winters. Klimaforscher stellten einen Zusammenhang her zwischen Heiztechnik und Wetterkatastrophen: das Klima verändert sich wegen der Erderwärmung. Kohlendioxyd ist daran schuld, zu viel dieses Treibhausgases entsteht beim Autofahren und Heizen. Seit 2002 gelten für Heizkessel verschärfte Abgashöchstwerte: Die Bundes-Immissionsschutz-Verordnung (BImSch) erlaubt für Kessel bis 25 Kilowatt Leistung maximal 11 Prozent Wärmeverlust im Abgas – der Schornsteinfeger kontrolliert auch nagelneue Anlagen. Die Kosten einer Heizungsanlage lassen sich mit einer Faustformel grob schätzen: Anzahl der Heizkörper (einer pro Raum, zwei in großen Räumen) malnehmen mit 900 Euro.

Niedertemperatur-Kessel Der Niedertemperaturkessel ist eine Weiterentwicklung des Konstanttemperaturkessels. Während die Konstanttemperaturkessel das Heizungswasser und damit auch die Vorlauftemperatur das ganze Jahr auf 70 bis 90 Grad erhitzen, wird bei der Niedertemperaturtechnik die Vorlauftemperatur über einen Außentemperaturfühler je nach Bedarf abgesenkt. Somit wird das Kesselwasser des Niedertemperaturkessels nur so weit erwärmt, wie es erforderlich ist. An kalten Tagen liegt diese Temperatur höher als an warmen. Niedertemperaturkessel beheizen immer noch sehr viele Häuser, für den Neubau ist die Technik aber überholt

Brennwert-Kessel Brennwert-Technik nutzt Öl oder Gas am besten aus. Abgas enthält Wasserdampf, in dem Wärme steckt. In herkömmlichen Kesseln entweicht der Wasserdampf ungenutzt ins Freie. In Brennwert-Kesseln lässt man ihn am kühlen Rücklaufrohr kondensieren, dort gibt er seine Wärme wieder ab. Regelungen überwachen und steuern Brenner und Pumpe, Mischer und Raumtemperatur.

Pellets Statt Öl oder Gas verbrennt die Anlage Presslinge aus Holzresten. Mit dem nachwachsenden Rohstoff Holz lässt sich umweltbewusst Heizwärme und Warmwasser erzeugen, ohne dabei auf den Komfort einer mit moderner Regelungstechnik ausgestatteten Zentralheizung verzichten zu müssen. Pellets verbrennen CO_2-neutral, setzen also nur die Menge an Kohlenstoffdioxid frei, die die Bäume während ihres Wachstums aufgenommen haben. Die Presslinge werden per Lastwagen geliefert und über einen Schlauch in den Lagerraum gepumpt. Zur Lagerung haben sich Silos aus Gewebe oder Metall

Wie ist das mit dem Wirkungsgrad?

Brennwert-Kessel holen mehr Wärme aus Gas oder Öl als übliche Kessel: Die Abgase werden gekühlt, bis der darin enthaltene Wasserdampf kondensiert. Diese Kondensationswärme wird noch einmal zum Heizen eingesetzt. Verbrennt man Öl, lassen sich 6–7 % mehr Energie nutzen, in Gas sitzt ein zusätzliches Energieplus von 10–12 %. So kommen Brennwert-Kessel auf einen Wirkungsgrad über 100 %.

tipp

etabliert, die im Keller oder auch außerhalb des Hauses aufgestellt werden können. Ein Schnecken- oder ein Saugaustragsystem transportiert die Pellets zum Brenner. Eine automatische Ascheaustragung sorgt für einen minimalen Wartungsaufwand. Der handliche Aschekasten muss nur wenige Male im Jahr geleert werden. Durch zahlreiche Fördermöglichkeiten und die günstigen Betriebskosten lohnt sich die höhere Anfangsinvestition bereits nach wenigen Jahren.

Wärmepumpen Sie nutzen Wärme aus der Umwelt, ziehen Kalorien aus Erdreich, Grundwasser und sogar winterlicher Luft. Strom oder Gas erhöhen die allenfalls lauen Temperaturen auf Wohlfühlniveau. Wie wirtschaftlich eine Anlage läuft, gibt die Jahresarbeitszahl (JAZ) an. Beträgt die Jahreszahl zum Beispiel 4,0, heißt das, die 4 fache Menge der eingesetzten elektrischen Arbeitsleistung wird in Wärmeenergie umgesetzt. Ab einer JAZ von 3,0 ist eine Wärmepumpe energieeffizient. Flächenheizsysteme wie Fußboden- oder Wandheizung benötigen nur niedrige Vorlauftemperaturen und sind deshalb besonders geeignet.

Brenner Arbeiten Kessel und Brenner gut zusammen, bilden sie eine energiesparende Einheit. Kompakte Kessel-Brenner-Kombinationen, sogenannte Units, nutzen die eingestellte Energie besser. Gebläsebrenner arbeiten mit hohem Wirkungsgrad, es gibt sie für Öl und Gasbetrieb. Der Brennstoff wird zu einem kegelförmigen Nebel zerstäubt, ein Gebläserad transportiert die Verbrennungsluft heran und dosiert sie. Gebläsebrenner passen sich wechselndem Wärmebedarf an, dosieren Brennstoff und Luftzufuhr und müssen seltener an- und ausschalten.

Regelung Brenner, Umwälzpumpe und Mischer müssen miteinander harmonieren. Dafür gibt es eine elektronische Regelung. Ohne sie wären die modernen hohen Wirkungsgrade und niedrigen Abgaswerte nicht möglich. Einfache Modelle steuern nur einen Heizkreis, kosten weniger. Sie sollten

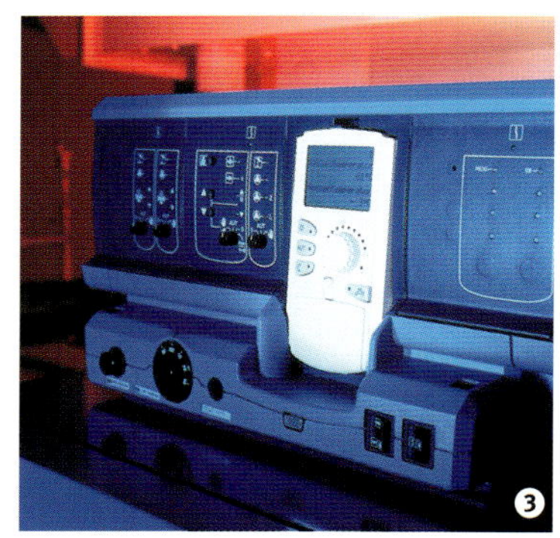

Wärmelieferanten für jeden Bauherren-Typ:
1. *Kessel mit seitlichem Brenner und Wasserspeicher daneben.*
2. *Ein Brenner feuert von oben effektiver als von der Seite.*
3. *Nahtstelle zu KNX, die Kesselregelung ist aus der Ferne möglich.*
4. *Wer Wärmepumpen einbaut, setzt auf regenerative Energien.*
5. *Moderne Holzheizungen gewährleisten eine saubere, effiziente Verbrennung und lassen sich manuell oder automatisch beschicken.*
6. *Aufbau eines Solarkollektors.*

Kachel- oder Kaminofen: Wer in Ihr Haus Einzug hält, bestimmen Geld und die Zeit, die Sie zu Hause verbringen. Kacheln heizen sich träge auf, geben aber Wärme 20 Stunden lang ab. Kaminöfen heizen und erkalten schnell.

eine Zeit- und Brauchwassersteuerung haben. Andere können mehrere, unabhängige Heizkreise regeln, etwa in Mehrfamilienhäusern. Praktisch sind Fernbedienungen: Man spart sich den Weg in den Keller. Wer ein Stecksystem wählt, kann die Heizung später verändern und anpassen. Wird etwa ein Sonnenkollektor fürs Brauchwasser nachgerüstet, stimmt ein Solarmodul den Heizkreislauf auf den Zuwachs ab. Für Heizanlagen ohne Mischer kann man ein Fuzzy-Gerät einsetzen: Es arbeitet mit »ungenauer« Logik bedarfsgerecht, hat nicht nur »An« und »Aus« im Programm, sondern auch »Etwas mehr« und »Etwas weniger«. Das Gerät reguliert die Werte nach der Temperatur des Kesselwassers statt nach der Außentemperatur.

Kaminöfen Schwedenöfen erzeugen im Frühjahr und Herbst als Zusatzheizung rasch Wärme – der Heizkessel kann kalt bleiben. Kleine Öfen wiegen um 150 Kilo; falls Sie jetzt schon ein günstiges Modell finden (zum Beispiel beim Abverkauf im Frühjahr), können Sie später mit ihm ins neue Haus umziehen. Die Heizkraft soll zur Zimmergröße passen. Faustformel: 1 Kilowatt Heizleistung wärmt ca. 10 Quadratmeter Grundfläche. Grundkörper aus Metall heizen hauptsächlich die Raumluft. Das geht schnell, ebenso schnell wird es aber wieder kühl, wenn das Feuer erlischt. Öfen mit Keramik- oder Steinmantel speichern darin auch Wärme: Die Öfen kommen langsam auf Temperatur, geben jedoch die gespeicherte Wärme lange und gleichmäßig wieder ab. Schwere Modelle aus Speckstein liefern nach dem Abbrand Strahlungswärme – wie Kachelöfen. Öfen der *Bauart I* schließen ihre Türen von selbst, stehen nur zum Befeuern offen. Man braucht lediglich einen Schornstein, darf unten den Heizkessel und oben den Kaminofen anschließen. Modelle der *Bauart II* arbeiten auch mit offener Tür, dafür brauchen Sie einen extra Schornsteinzug. Feuer braucht Sauerstoff, 1 Kilo Holz benötigt zum Verbrennen 9 bis 12 Kubikmeter Luft. In dichten, gut gedämmten Niedrigenergie-Häusern schafft die Raumluft den Nachschub nicht – kaufen Sie einen speziellen Ofen, der Frischluft durch Rohre oder Schläuche von außen anzieht. Die Flammengröße exakt zu steuern, erfordert Erfahrung – oder eine automatische Regelung. Vorteil: hoher Wirkungsgrad, niedriger Schadstoff-Ausstoß. In manche Modelle legt man nur das Holz ein und zündet es an, dann steuern Bi-Metalle mechanisch die Lüftungsklappen und verbrennen das Holz »sauber«. In Luxusöfen drosseln und fördern Mikroprozessoren die Verbrennung. Wem Holzspalten und Aufschichten zu mühsam ist, der heizt mit Pellets:
Die Presslinge aus Holzresten haben eine niedrige Restfeuchte (etwa 8 Prozent) und deshalb hohen Heizwert.

Feinstaub

Heizen mit Holz ist zwar gut fürs Klima, aber Millionen kleiner Holzfeuerungsanlagen stoßen gesundheitsschädlichen Feinstaub aus. Feinstaubrichtlinie und Bundes-Immissionsschutz-Verordnung sehen strenge Emissionsgrenzwerte für Kleinfeuerungsanlagen vor. Moderne Holzfeuerungsanlagen sind besonders emissionsarm und können das Umweltzeichen »Blauer Engel« erhalten.

info

Ein Kachelofen lässt sich mit Sonnenkollektor (links) koppeln – beide zusammen halten ein Einfamilienhaus warm und liefern Brauchwasser für eine Familie, ganz ohne Heizkessel. Fotovoltaikzellen (rechts) produzieren Strom aus Licht und machen die Bewohner energetisch vollends autark.

Kachelofen Der Ofensetzer unterscheidet zwei Kachelofentypen: Grundofen und Warmluftofen. Im *Grundofen* werden Kacheln mit Schamottesteinen vermauert, damit ein Feuerraum entsteht. Von dort aus führen Kanäle bis zum Schornsteinstutzen – die Rauchgaszüge. Während die heißen Rauchgase zum Schornstein ziehen, erwärmen sich die Schamottesteine. Bis die Wärme an die Ofenoberfläche gelangt, dauert es etwa 2 Stunden. Kacheln speichern die Wärme bis zu 20 Stunden und strahlen sie langsam ab an Decke, Wände und Boden. Die Raumluft erwärmt sich nur wenig. Die Strahlungswärme von Grundöfen gilt als die gesündeste, weil kaum Staub aufgewirbelt wird – im Gegensatz zu Zentralheizung, Kaminofen und Warmluftofen. Ein Grundofen ist mit Holz oder Kohle beheizbar.

Ein *Warmluftofen* wird mit festen Brennstoffen beschickt, es gibt auch Modelle für den Einsatz von Öl oder Gas. Die Kacheln eines Warmluftofens umschließen einen Heizeinsatz. Die Raumluft strömt unten in den Kachelmantel und erwärmt sich beim Hochsteigen am Heizeinsatz und an metallenen Abgasrohren. Durch Gitter oben tritt die warme Luft aus – es entsteht eine Luftwalze, die Staubpartikel vom Boden aufwirbelt – nichts für Allergiker. Sind die Kacheln warm, gibt der Warmluftofen auch Strahlungswärme ab.

Wasser dezentral wärmen

Zentrale Warmwasserbereitung ist üblich: Das Heizwasser durchströmt eine Rohrheizfläche im Kessel, gibt seine Wärme an das Wasser im Brauchwasserspeicher ab, eine Pumpe hievt es über einen langen Rohrweg ins Bad. Wie heiß man sein Brauchwasser haben möchte, stellt man am Kessel ein. Er hält den Inhalt des Wasserspeichers stets auf Wunschtemperatur. Dezentrale Warmwasserbereitung mit Durchlauferhitzer oder Warmwasserspeicher ist in Häusern ohne Zentralheizung sinnvoll. Die Geräte wärmen das Wasser vor Ort statt im Keller. Vorteil: Das Rohrnetz zu Waschbecken, Badewanne und Dusche ist kürzer – es gibt weniger Fläche, an der das Wasser abkühlt. Je nach Bauart versorgt ein Gerät eine einzige Zapfstelle oder alle in Bad und Küche. Anschaffung und Wartung von Einzelgeräten kosten mehr. Wegen begrenzter Heizleistung kann es zu Wartezeiten am Wasserhahn kommen, oder die Wassermenge reicht nicht aus. Im gasbeheizten Speicherwasserwärmer erhitzt ein Gasbrenner unter dem Standspeicher das Wasser im Behälter. Wem mit Gas mulmig ist, der installiert einen Stromspeicher und wärmt das Wasser mit günstigerem Nachtstrom. Das Wasser kühlt im Lauf des Tages ab, eventuell heizt man nach zum regulären Preis.

Drucklose Wasserspeicher Drucklose oder »offene« Elektro-Warmwasserspeicher sind preisgünstiger als geschlossene Elektrospeicher (diese nennt man auch Druckspeicher oder druckfeste Warmwasserspeicher). Sie liefern mehr warmes Wasser, und man kann zwei Wasserhähne zugleich aufdrehen – einer duscht, der andere putzt sich die Zähne. Im Durchlaufspeicher stecken ein Durchlauferhitzer und ein geschlossener Elektrospeicher. Braucht man viel Warmwasser, schaltet sich automatisch eine hohe Heizleistungsstufe zu. Auch Durchlauferhitzer versorgen eine oder mehrere Zapfstellen. Sie wärmen das Wasser, während es das Gerät durchströmt. Elektronik passt die Heizleistung automatisch der Temperaturvorwahl sowie der Durchflussmenge und der Kaltwassertemperatur an. Neueste Geräte nutzen solar vorgewärmtes Wasser und sparen so bis zu 60 Prozent Energie. Per Fernbedienung lässt sich die Wasserwärme schon vom Bett aus regeln. Einziger Wermutstropfen: Die ausströmende Wassermenge von Durchlauferhitzern ist geringer als die von Warmwasser-Speichersystemen – problematisch, wenn mehrere Zapfstellen gleichzeitig geöffnet sind. Die Zeiten übrigens, in denen ein klobiger Badeofen das Badezimmer verunstaltete, sind längst vorbei: Viele Einzelgeräte haben Design-Preise erhalten und sind auch für Ästheten angenehm anzuschauen.

Energiequellen

Die meisten Bauherren geben zu viel Geld für die Heizung aus. Sie wissen nicht, was normaler Komfort kostet. Die Gesamtkosten der Heizung setzen sich zusammen aus Investitionskosten für die Heizanlage, Energieverbrauchs-, Wartungs- und Reparaturkosten sowie indirekten Kosten für Heizraum, Anschlussgebühren, Lagerraum, Tank und Schornstein. Kostenvoranschläge weisen in der Regel nur die Investitionskosten aus, nicht den Verbrauch und die teure Lagerkapazität. Es lohnt sich also, zusätzlich Geld auszugeben für eine detaillierte, unabhängige Heizungsplanung. Wenn Sie zwischen verschiedenen Heizsystemen wählen wollen: Lassen Sie nicht nur die Investition berechnen, sondern auch die Wirtschaftlichkeit. Zu einer kompletten Planung gehört, den Wärmebedarf des Hauses zu berechnen – mit Kesselgröße, Heizflächen und Rohrnetz samt Ventilen, Verteilern und Mischern. Ein Montageplan und ein Leistungsverzeichnis sind wichtig. Seit 2009 gilt das Erneuerbare Energien-Wärmegesetz. Danach muss bei einem Neubau ein gewisser Teil des Wärmebedarfs mit erneuerbaren Energiequellen gedeckt werden, z.B. 4 Quadratmeter Solarkollektor für ein 1- bis 2-Familien-Haus.

Heizöl 12 Millionen Haushalte wärmen Räume und Duschwasser mit Öl, dieser Brennstoff ist in Deutschland noch am weitesten verbreitet. Heizöl, das in Haushalten verwendet wird, heißt »Heizöl extra leicht« (HEL). Es weist einen Energiegehalt von etwa 10 Kilowattstunden pro Liter auf, ebenso viel wie 1 Kubikmeter Gas.

Gas + Fernwärme In vielen Neubaugebieten wird jetzt auch ein Fernwärme- oder Gasanschluss angeboten. Gas empfiehlt sich vor allem für die Versorgung von Brennwertkesseln; sie erzielen hohe Nutzungsgrade und lassen sich besonders platzsparend unterbringen – zum Beispiel an der Wand. Sie verringern den Ausstoß von Kohlendioxyd noch einmal im Vergleich zu herkömmlichen Gasheizungen. Flüssiggas statt Erdgas bietet sich an, wenn das Erdgasunternehmen mit seiner Zuleitung nicht über fremde Grundstücke an Ihres herankommt oder die Gemeinde sich gegen die Versorgung mit Erdgas entschieden hat. Flüssiggas wird wie Öl im Tankwagen geliefert.

Ein Rotor im Garten erfordert Bau- und Sicherheitsaufwand, ist laut und lohnt sich in vielen Regionen nicht. Alternative: Mit einer Finanzanlage in Windenergiefonds unterstützt man die Potenziale erneuerbarer Energien und profitiert von der Rendite.

Energiebewusst: Wärmegewinn aus Sonnenkollektoren, kombiniert mit einer Wand- oder Fußbodenheizung.

Feste Brennstoffe Heizkessel für Holzscheite sind spürbar kostspieliger als Gaskessel und amortisieren sich nur, wenn man das Holz nicht kaufen muss – als Waldbesitzer oder Inhaber einer Schreinerei. Zudem müssen diese Anlagen von Hand beschickt werden, was im Alter oder bei Krankheit nur mühsam funktioniert. Hackschnitzelheizungen verbrennen Schredderholz. Für ein Einfamilienhaus lohnen diese Anlagen meist nicht, erst bei großen Sammelheizungen kann man sie wirtschaftlich betreiben. Für alle anderen Bauherren könnte ein Pelletkessel interessant sein. Er wird befeuert mit gepressten Hobel- oder Sägespänen und macht unabhängig von Öl- oder Gaslieferanten. Für den Einbau einer Pelletheizung gibt es Zuschüsse (mehr Infos vom Bundesministerium für Wirtschaft und Ausfuhrkontrolle unter www.bafa.de). Pellets verbrennen CO_2-neutral, es wird nur so viel Kohlendioxyd in die Umgebung abgegeben, wie das Holz zuvor im Wachstum aufgenommen hat (und beim Verrotten entlassen würde). In 2 Kilogramm Pellets steckt die Energie von 1 Liter Heizöl oder 1 Kubikmeter Gas. Produktion und Transport der Pellets bergen weniger Umweltrisiken als die der fossilen Brennstoffe Öl und Gas, und das Lieferantennetz weitet sich stetig aus.

Sonne Die Sonne schickt uns kostenlose Energie. Kollektoren wärmen mit ihr das Brauch- und Heizwasser, Siliziumzellen verwandeln Sonnenlicht in Strom. Wer mit der Sonne auch heizen will, braucht 10 Quadratmeter mehr Kollektorfläche und einen doppelt so großen Speicher. Um 60 Grad nach Süden geneigte Kollektoren nutzen die tiefer stehende Sonne in den Übergangsmonaten, decken jährlich 80 Prozent des Warmwasser- und 20 Prozent des Heizenergiebedarfs.

Flachkollektoren sind gedämmte Kästen mit Glasdeckel. Die Sonnenstrahlen durchdringen das Glas und treffen auf Absorberbleche. Die kurzwelligen Lichtstrahlen werden umgewandelt in langwellige Wärmestrahlen. Die Wärmestrahlen können nicht mehr durch das Glas zurück ins Freie. Zirkulierende Flüssigkeit transportiert die Wärme zum Warmwasserspeicher. Dunkle Flächen arbeiten effektiver, sie reflektieren weniger.

Vakuumröhrenkollektoren bestehen aus Absorbern in Glasröhren, sie kosten ein Drittel mehr als Flachkollektoren und erhitzen auf 3,5 Quadratmeter so viel Wasser wie 5 Quadratmeter Flachkollektoren. Solarkollektoren lassen sich auf jedem Dach installieren, man setzt sie direkt auf die Dachlatten oder – billiger – auf Befestigungsschienen über die Ziegel. Eine Person verbraucht im Jahr um 1000 Kilowattstunden zum Wasserwärmen. Die

»Initiative Solarwärme plus« errechnete: 1 Quadratmeter Kollektorfläche liefert jährlich bis zu 570 Kilowattstunden Energie, das entspricht einer Brennstoffmenge von 60 Litern Heizöl, 60 Kubikmetern Erdgas oder rund 120 Kilo Braunkohlebriketts. 4–6 Quadratmeter Kollektorfläche senken den Energieverbrauch einer vierköpfigen Familie für die Warmwasserbereitung um 60 Prozent. Die Anlage kostet montiert ab 5 000 Euro inklusive Leitungen, Umwälzpumpe, Wärmetauscher, Regelung und 300-Liter-Warmwasserspeicher. Der Kollektor kostet ein Drittel der Anlage, ein Drittel der Speicher und der Kesselanschluss, ein Drittel die Montage und die Verrohrung – hier können Selbermacher Geld sparen.

Wind Windräder wandeln bewegte Luft in elektrische Energie um. Der Wind muss kräftig blasen. Günstig für ein Windrad sind Nord- und Ostseeküste mit durchschnittlich 6 Metern pro Sekunde Windgeschwindigkeit und die Höhenlagen der Mittelgebirge mit 4 Metern pro Sekunde. Im Süden lohnt sich eine Anlage nur am Alpenrand. Die Kosten: 2 000–5 000 Euro für ein Einfamilienhaus. Sie brauchen dafür eine Baugenehmigung.

Erde, Luft und Wasser Wärmepumpen, wie auf Seite 92 vorgestellt, nutzen die Wärme, die in Erdreich, Außenluft und Grundwasser steckt. Ein Kältemittel mit niedrigem Siedepunkt in der Wärmepumpe verdampft, sobald es an der Erd-, Luft- oder Wasserwärme vorbeigeleitet wird. Der Dampf entzieht der Umwelt Wärme, wird per Kompressor verdichtet und so auf eine höhere Temperatur gebracht. Das hoch temperierte Gas gibt seine Wärme an Heizungs- und Brauchwasser ab, das Kältemittel wird wieder flüssig und fließt zum Ausgangspunkt zurück. Der Kompressor wird meist elektrisch betrieben, auch Gasbetrieb ist möglich. Luftwärmepumpen sind kompakt und passen auch in kleine Keller. Für Grundwasserwärmepumpen benötigt man einen Förder- und einen Sickerbrunnen sowie die Genehmigung der Wasserschutzbehörde. Erdwärmepumpen funktionieren nur mit langer Leitung durchs Grundstück, es sollte so groß sein wie die Wohnfläche, besser eineinhalb Mal so groß. Das Erdreich ist durch die Wärmeentnahme kühler als herkömmlicher Boden – die Blühzeiten von Blumen und die Reifezeiten von Gemüse verschieben sich dadurch.

Wärme verteilen

Mit einer ausgeklügelten Heizung und dichten Fenstern Heizkosten sparen und die Umwelt schonen – das klingt gut. Die Rechnung geht aber nur auf, wenn man mit Verstand heizt. Zu warme Zimmer kosten Energie: Wohnräume sollen 19 bis 22 Grad haben, Schlafräume 15–18 Grad, im Bad fühlt man sich am wohlsten mit 22–24 Grad.

Raumtemperatur Die richtige Raumtemperatur trägt zum Energiesparen bei: 1 Grad Celsius weniger spart etwa 6 Prozent Heizkosten. In der Küche heizen Herd und andere Geräte den Raum mit, und wer nachts oder im Urlaub die Heizung drosselt, senkt Energiekosten spürbar. Aber nie ganz ausschalten: Der Kessel benötigt nach einer Pause viel Energie zum Aufheizen.

Konvektionswärme heizt die Raumluft auf, sie lässt die Wände, Decken und Böden vergleichsweise kühl. Strahlungswärme hingegen temperiert die Raumoberflächen, kühl bleibt dabei die Luft. Überwiegt im Raum Strahlungswärme, fühlt man sich schon bei niedrigeren Temperaturen behaglich. Heizflächen geben Konvektions- und Strahlungswärme in unterschiedlichen Anteilen ab. Flächenheizungen in Fußboden, Wand oder Decke strahlen mehr, Heizkörper erwärmen eher die Raumluft durch Konvektion.

Heizkörper Moderne Heizkessel wärmen das Vorlaufwasser für die Heizkörper auf maximal 55 Grad. Man braucht Heizkörper mit großer Oberfläche, die genügend Wärme abstrahlen. Der Heizungsbauer errechnet die Größe exakt in Abhängigkeit von der Dämmung und der Größe des jeweiligen Raums. Die flachen Heizkörper von heute fassen wenig Wasser, es lässt sich rasch temperieren und fein regulieren. Blechlamellen zwischen zwei Platten vergrößern die Oberfläche und strahlen mehr Wärme ab. Für Bad und Diele bieten sich Heizleitern an, die zugleich als Handtuch- oder Mantelwärmer fungieren – sie lassen sich auch als Raum-

Am Thermostatventil lassen sich Temperaturen zwischen 8 und 28 °C einstellen. Der häufig genutzte Skalenwert 3 entspricht etwa 20 °C, jeder Strich ist 1 °C mehr oder weniger. Das Ventil hält die Raumtemperatur stets konstant auf dem einmal eingestellten Wert.

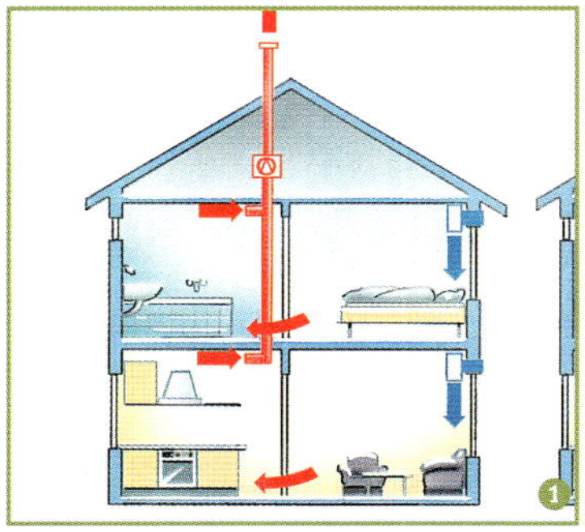

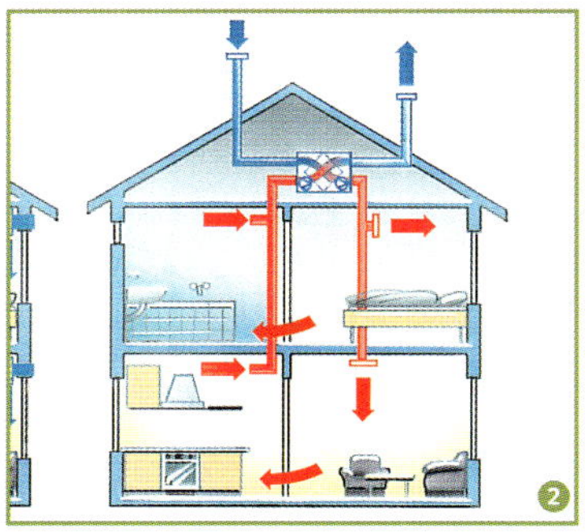

Luftaustausch ohne Fenster, mit System
❶ *Abluftanlage: Ein Ventilator saugt verbrauchte Luft durchs Abluftrohr ins Freie. Frische Luft strömt durch Fenster nach.*
❷ *Kontrollierte Be- und Entlüftung: Das Abluftrohr wird ergänzt durch einen Zuluftstrang, ein Wärmetauscher temperiert die kühle Frischluft mit Abluftwärme vor.*

teiler quer in den Raum montieren. Auf Elektroanschluss achten, wenn die Heizung im Sommer ausgeschaltet ist.

Flächenheizung Je geringer die Temperatur des Heizkörpers, desto günstiger arbeitet die Anlage. Flächenheizungen wärmen wohlig schon mit 35–40 Grad, wärmen zu 60–75 Prozent durch Strahlung. Heizungsinstallateure erklären: Deshalb liegt die senkrechte Temperaturverteilung im Raum näher an der Ideallinie als die mit Radiatoren. Ohne Fachchinesisch heißt das: An der Tür ist es genauso warm wie am Fenster. Eine Fußboden- oder Wandheizung bringt zwei weitere Vorteile, die besonders Allergiker interessieren: Es entsteht keine Luftwalze, die Staub mit sich trägt. Und die Strahlungswärme breitet sich nach allen Raumseiten gleichmäßig aus. Nicht nur die Heizfläche, auch die anderen Oberflächen wie Wände und Möbel bleiben warm und trocken – keine Chance für Schimmel. Boden und Wand erhitzen sich träge. Wer es in seinen Räumen schnell kuschelig wünscht, kombiniert die Fußbodenheizung mit Radiatoren oder einem Kaminofen.

Verlegetechnik Auf dem Boden verlegt man die Rohre von Flächenheizungen in nassen Zement- oder Fließestrich oder unter einen trockenen Fertigestrich. Nass verlegte Heizrohre geben ihre Wärme nur langsam ab, die umgebende Masse bremst. Trocken montierte Systeme reagieren schneller, sind leichter und brauchen nur 6 Zentimeter Konstruktionshöhe. Man darf sofort darauf herumlaufen, kann schneller ins neue Haus einziehen. Zudem kommt man einfacher an die Rohre heran, wenn Reparaturen anfallen. Als ideale Heizpartner gelten umweltschonende Techniken wie Wärmepumpe und/oder Sonnenkollektor. Flächenheizungen gibt es aus Kunststoff, Stahl und Kupfer.
Die Verteilung der Rohre muss man gründlich austüfteln, sonst ärgert man sich über kühle Stellen, die sich nur mit einem Mehr an Heizenergie überbrücken lassen. Entlang der Fensterfront legt man die Rohre eng und schirmt so effektiv Kälte ab, die von dort ins Haus dringt. Für die übrige Fußbodenfläche genügt ein größerer Abstand. Es gibt ein Fußboden-Heizsystem, das Selbermacher in drei Arbeitsschritten und ohne Klemmhilfe installieren können – für Zement- oder Fließestrich. Auf dem Markt ist auch Estrich, der sich bereits nach knapp 2 Stunden erwärmt; herkömmliche Produkte bleiben nach dem Anschalten der Heizung die ersten 3 Stunden kalt.

Regeln und lüften

Früher konnte man Heizkörper nur auf- oder abdrehen – im Raum fühlte man Affenhitze oder Lausekälte. Thermostat-Ventile an den Heizkörpern helfen beim Energiesparen und bringen Komfort. Man kann sie dosiert öffnen, sie lassen jeweils nur eine bestimmte Menge Heizwasser in den Heizkörper. Der gibt genau so viel Wärme ab, dass Sie sich wohl fühlen. Durch einen Dreh am Ventil bestimmen Sie, ob die Raumtemperatur 18 oder 20 oder 22 Grad betragen soll. Raumwärme umspült im Ventilgriff einen Temperaturfühler; der zieht sich zusammen in Kälte und dehnt sich in Hitze. Liegt die Raumtemperatur unter der gewünschten Marke, öffnet sich das Ventil automatisch und lässt mehr Heizwasser in den Heizkörper. Wird es im Zimmer zu warm, meldet dies der Fühler im Thermostatventil über eine Flüssigkeit oder eine Wachsmasse im Kegel – der bewegt sich und drosselt den Wasserdurchfluss.

Raumtemperatur Der Fühler im Drehgriff arbeitet nur genau, wenn ihn die Raumluft ungehindert umspült. Bauen Sie die Thermostatventile so ein, dass sie frei in den Raum ragen. Vorgestellte Möbel und Vorhänge stauen Wärme, die das Ventil irritiert: Es registriert eine höhere Raumtemperatur als gewünscht und schließt sich – im Zimmer bleibt es kalt. Sie müssten sich also vorher überlegen, wie Ihr Grundriss aussehen soll und wo welche Möbel stehen werden – das Sofa möglichst nicht vor dem Heizkörper. Geht es gar nicht anders, kann man die Raumtemperatur auch per Funk ans Ventil melden.

Kontrollierte Wohnraumlüftung holt automatisch und bequem frische Luft in richtiger Menge ins Haus. Systeme mit Wärmerückgewinnung arbeiten sparsam. Die verbrauchte Luft wird in einem Rohrnetz gesammelt und auf dem Weg ins Freie durch

Wer wirklich Ahnung hat, kann seinen Elektriker bei der Arbeit unterstützen. Der Anschluss an das öffentliche Netz darf aber ausschließlich von einem Elektromeister ausgeführt werden.

einen Wärmetauscher gesaugt. Dort gibt sie fast all ihre Wärme an die frische Luft ab, die ein Ventilator durch einen zweiten Rohrstrang im Haus verteilt. Gute Wärmerückgewinnungsanlagen nutzen über 90 Prozent der Abluftwärme zum Temperieren der Frischluft. Durchatmen ohne Fenster zu öffnen hat weitere Vorteile, vor allem für Allergiker: die Anlage filtert Pollen und Staub. Um Zug- und Strömungsgeräusche zu vermeiden, muss sie vom Profi dimensioniert und eingestellt werden. Zudem bleibt Autolärm draußen. Ein supergedämmtes Passivhaus kommt ohne ein separates Heizsystem aus. Die Spitzenlast an extrem kalten Wintertagen wird durch eine kleine elektrische Zusatzheizung in der Lüftungsanlage abgedeckt. Wer einen Erdkanal vorschaltet, spart zusätzlich Heizenergie im Winter und kann im Sommer sogar umweltfreundlich und sehr preisgünstig sanft kühlen.

Elektroplanung

Allein ein Blick auf das unentwirrbare Knäuel von Kabeln und Mehrfachsteckern hinter der Stereoanlage oder Ihrem Computer zeigt, woran die Elektronetze in den meisten Haushalten kranken: Die Ausstattung genügt heutigen Ansprüchen nicht mehr. Planen Sie die Elektrik Ihres Hauses also zukunftsweisend. Die Stromversorgung ist etwas so Individuelles, dass man sie nicht einfach dem Elektromeister überlassen sollte. Der installiert, was die meisten wollen – die wiederum verlassen sich auf den Fachmann. Doch der kennt nicht Ihre Lebensgewohnheiten und wird Ihnen nur das Übliche bieten, wenn Sie nicht rechtzeitig das Gespräch mit ihm suchen.

Individuelle Vorlieben Beispiele lassen sich genügend finden: Linkshänder brauchen Steckdosen dort, wo ein Rechtshänder niemals hingreifen würde, für Rollstuhlfahrer und kleine Menschen sind Lichtschalter in 80–85 Zentimetern Höhe über dem Fußboden bequemer statt in 115 Zentimetern, und ganz normale Hausfrauen sowie Senioren freuen sich über sogenannte Service-Steckdosen, die auf Knopfdruck den Stecker ausspucken – man muss daran nicht ziehen. Erfahrungsgemäß macht eine herkömmliche, sprich unzulängliche Elektroinstallation 4 Prozent der reinen Baukosten aus. Ein auf Zuwachs geplantes Stromnetz verursacht Mehrkosten von etwa 1 Prozent, aber es bringt ungleich mehr Komfort. Wenn Geld knapp ist: Setzen Sie Prioritäten. Verschieben Sie den teuren Fliesenboden auf später, verlegen Sie jetzt Teppichboden aus dem Sonderangebot. Ein Nachrüsten der Elektroanlage kommt teurer und macht immer Dreck und Krach. Auf den Bedarf an Elektroinstallation kommen Sie am besten, wenn Sie Ihren Grundrissplan in der Fantasie möblieren.

Sicherungen retten Ihr Leben

Fließt Strom zu stark, schmoren die Leitungen. Davor schützen Sicherungen – pro Raum eine, und je Großgerät wie Herd, Waschmaschine und Trockner noch eine. Sicherungen schützen Leitungen und Geräte vor starkem Fehlerstrom. Schon schwacher Fehlerstrom tötet Menschen, sie werden geschützt durch Fi-Schalter, die den Stromkreis innerhalb von Sekundenbruchteilen unterbrechen. Der Einbau ist Pflicht.

info

Wer hält sich wann im Zimmer auf, und was tut er dort? Dieses Spielchen kennen Sie ja noch vom Kapitel Grundrissplanung. So wird Ihnen klar: Welche elektrischen Geräte hat man dabei in Gebrauch? Reicht die Beleuchtung dazu aus?

Elektro-Basics Jetzt können Sie schon Entscheidungen treffen: Hier muss ein Deckenauslass für eine Leuchte hin, dort ein Schalter und da eine Steckdose – oder gleich drei. Damit Ihre Notizen für den Fachmann leicht lesbar sind, tragen Sie am besten die richtigen Symbole in eine Kopie des Grundrissplans ein – die wichtigsten Zeichen sehen Sie auf Seite 100. Damit Sie nichts vergessen: Zum Eingang gehören Klingel, Sprechanlage und Licht. Eine Leuchte muss auch in die Garage. Außen- und Garagenleuchte sollten von innen und außen mit einem Wechselschalter zu schalten sein; Steckdosen in der Garage und auf der Terrasse hingegen nur von innen – sonst haben Diebe mit elektrischem Einbruchswerkzeug leichtes Spiel. Dasselbe gilt für Licht und Strom im Keller und – falls er Zugang von außen hat – davor.

Sicher baden: Elektroplan

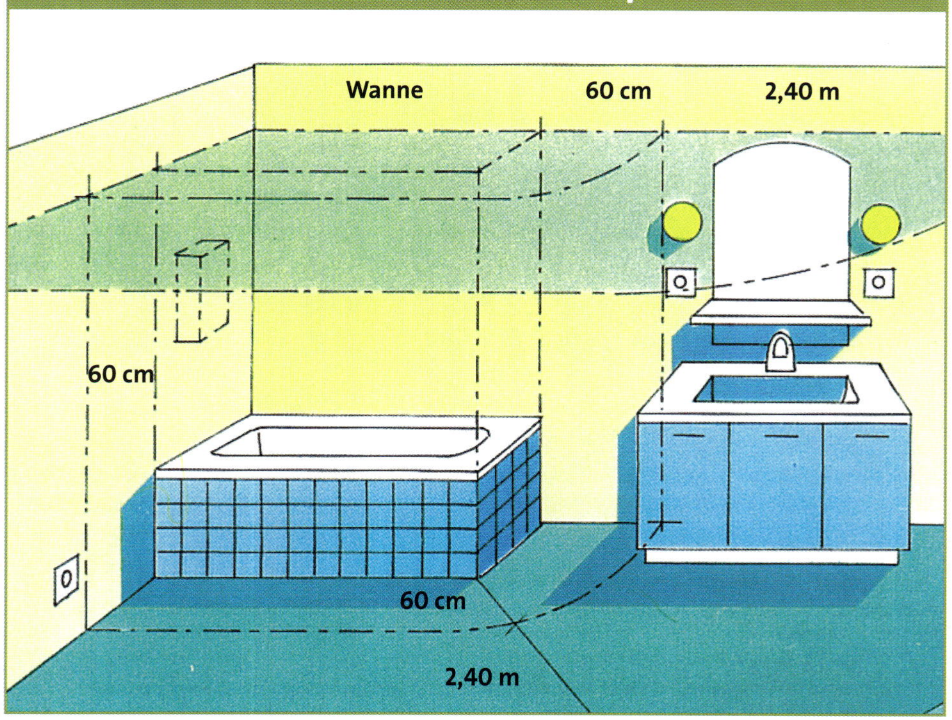

Wasser und Strom – eine lebensgefährliche Mischung. Die Bauordnung schreibt Schutzzonen vor, in denen keinerlei Installationen erlaubt sind. Tabuzonen liegen großräumig um Wanne und Dusche.

Bad und Küche Für Badezimmer gibt es strenge Vorschriften – schauen Sie die Zeichnung unten an: Über der Wanne darf nichts installiert werden außer eigens für diesen Bereich hergestellte Warmwasserbereiter. In der 60-Zentimeter-Zone daneben dürfen sich zusätzlich noch Leuchten befinden. Erst im 240-Zentimeter-Bereich sind Steckdosen möglich. Leitungen, die der Versorgung anderer Bereiche dienen, sind in allen Zonen unzulässig. In der Küche sollten Geräte so platziert werden, dass man sich beim Arbeiten nicht verrenken, unnötig viel laufen oder bücken muss. Komfort-Standard sind heute Kühlschrank und Backofen auf Augenhöhe, es gibt auch schon Geschirrspüler, in die man sich nicht hineinbeugen muss – die Anschlüsse für solche Geräte legt man entsprechend höher. Über dem Herd montiert man in 145 Zentimetern Höhe eine Steckdose für die Dunstabzugshaube. Selbst wenn Sie im Moment sicher sind, dass Sie ohne Haube auskommen: Lassen Sie die Steckdose installieren und verstecken Sie sie unter Putz – dann brauchen Sie sie später nur freizukratzen. Fehlt sie, schlitzen Sie sonst die frisch gestrichenen Wände wieder auf. Über der Arbeitsplatte sollten Sie mindestens sechs Steckdosen einplanen für Kaffeemaschine und Eierkocher, Toaster und Mixer. Die Deckenbeleuchtung reicht für die Arbeitsfläche nicht, sehen Sie Leuchtenauslässe unter den Oberschränken oder auf halber Wandhöhe vor.

Wohn- und Schlafräume Kinderzimmer sind kleine Wohnungen für sich: leben, spielen und arbeiten in einem Raum. Hier sind im Lauf der Zeit die einschneidendsten Bedarfsänderungen zu erwarten: Jetzt kräht der Nachwuchs vielleicht noch in der Wiege, bald wird er seine Hausaufgaben am Computer erledigen, im Internet surfen – und Ihr Telefon blockieren, wenn er kein eigenes hat. An neuen Apparaten lässt sich eine »Taschengeld-Sperre« einstellen, die horrende Rechnungen verhindert. Sind die Kinder erwachsen, übernimmt vielleicht Oma das Zimmer – es ist auf alle Fälle ratsam, in Kinderzimmern gleich Anschlüsse zu legen für Telefon, Antenne und Informationstechnologie

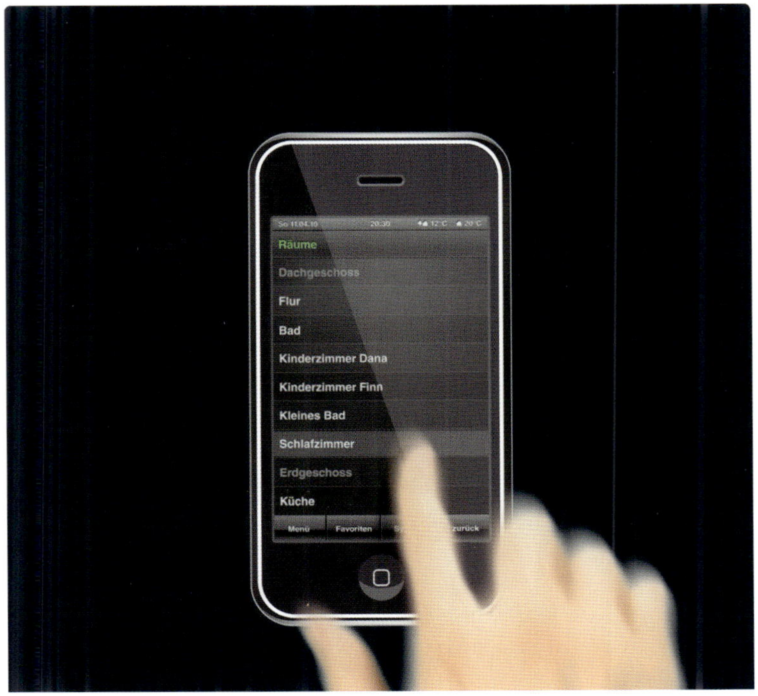

Haustechnik steuern übers Smartphone, zum Beispiel Jalousien herunterlassen von unterwegs per speziellem Steuerungssystem. Infos unter www.gira.de

– und genügend Steckdosen dort, wo der Schreibtisch stehen wird.

Leitungen verlegen Üblicherweise liegen Stromleitungen unter Putz. Das sieht sauber aus, hat aber Nachteile: Erstens erkennt man nicht, wo sie liegen, wenn man ein Loch in die Wand bohren möchte. Und zweitens lässt sich an einer Unterputz-Installation nur umständlich etwas ändern. Deshalb sollte man sich zum einen unbedingt einen Verlegeplan der Leitungen anfertigen oder kopieren und zweitens Leerrohre einbauen, in die man später weitere Leitungen einfädeln kann. Andere Möglichkeit: Kabelkanäle montieren statt Sockelleisten über dem Fußbodenbelag. Sie können Kabelkanäle aber auch in Fensterbrüstungshöhe montieren – Steckdosen in dieser Höhe sehen zwar nur im Heimbüro akzeptabel aus, haben in Wohnräumen aber eine praktische Höhe für ältere, behinderte oder korpulente Bauherren.

Montagehöhe An welcher Stelle oder auf welcher Höhe Kabel aus der Wand geführt werden, ist nicht festgelegt. Es gibt Empfehlungen, die Sie nach Ihren Bedürfnissen ändern können: Festanschlüsse für Geräte sitzen mittig dahinter und 20 Zentimeter über der Oberkante des Fußbodens, Steckdosen für Geräte 30 Zentimeter über dem Fußbodenbelag. Schalter und Steckdosen neben Türen und Fenstern installiert man 105 Zentimeter. Wandauslässe für Arbeitsplatzleuchten 135 Zentimeter über der Fußbodenoberkante. Abzweigdosen sitzen richtig 30 Zentimeter unter der Decken-Unterkante. Die Kabel selbst verlaufen an Wänden oder hinter Wandbekleidungen – das wiederum ist verbindlich – zum Schutz vor Beschädigungen durch Nägel oder Schrauben stets waagerecht oder senkrecht, nie schräg. Auf Decken hingegen dürfte man Leitungen auch auf kürzestem Wege führen; es empfiehlt sich aber, das Prinzip der waagerechten und senkrechten Linien sinngemäß zu übernehmen. Installationszonen für senkrechte Leitungen liegen 10–30 Zentimeter unter den Zimmerdecken sowie 10 bis 30 Zentimeter von Tür- und Fensterlaibungen entfernt. Für waagerechte Leitungen hat man einen Spielraum zwischen 15 und 45 Zentimetern unterhalb der Decke und 15–45 Zentimeter oberhalb des fertigen Fußbodens. Eine Ausnahme bilden Arbeitsflächen, darüber dürfen Leitungen in 90–120 Zentimeter oberhalb des Bodenbelags geführt werden.

Macht Strom krank? Die meisten Krankheiten, zum Beispiel Allergien und Krebs, wurzeln in ganzen Bündeln von Ursachen, Elektrosmog könnte ein Faktor sein. Obwohl seit Jahrzehnten geforscht wird, findet man nur magere Ergebnisse. Untersuchungen gehen oft von geringen Fallzahlen aus, beziehen andere Risikofaktoren nicht ein. Effekte

Wie kommt der Strom ins Haus?

Vom Verteilerkasten auf der Straße führt ein Kabel zum Anschlusskasten im Keller – ein Band kennzeichnet den unterirdischen Verlauf, damit Sie nicht ausgerechnet dort pflanzen. Metallrohre für Heizung und Wasser können Fehlerstrom führen, eine Potenzial-Ausgleichsschiene verbindet sie sowie Blitzableiter, Antenne, Telefonanlage und eventuell Gasrohre mit dem Fundament-Erder – er leitet Spannung weg ins Erdreich.

info

Symbole für die Elektroplanung

deuten sich allenfalls an: Wirken elektromagnetische Wellen und gleichzeitig Schwermetalle auf den Körper, verringert sich die Belastbarkeit. Man sollte die Belastung reduzieren, wo es mit vernünftigem Aufwand geht. Bautipps: Verlegen Sie abgeschirmte Kabel, sie kosten ein Drittel mehr. Sinnvoll sind Netzfreischalt-Automaten, sie aktivieren den Stromkreis nur bei Bedarf. Man soll sie nicht in Stromkreise einbauen, wo ein Gerät dauernd Strom braucht, etwa die Heizung oder der Gefrierschrank. Für einzelne Wände eignet sich gut ein Abschirmputz, wenn man sich vor elektrischen (nicht magnetischen) Wellen schützen will. Verhaltens-Tipps: Ziehen Sie Netzstecker, wenn das Elektrogerät nicht gebraucht wird; vermeiden Sie Stand-by-Betrieb. Elektrowecker ans Fußende des Betts stellen, Elektrogeräte nicht an eine Wand stellen, auf deren Rückseite das Bett steht. Leuchtstoffröhren und Energiesparlampen verursachen starke Magnetfelder – hier steht Umweltschutz gegen Gesundheitsschutz.

Zukunftstechnik installieren

Es begann in Bürobauten und Krankenhäusern, jetzt gönnen sich immer mehr private Bauherren den Segen moderner Elektronik – sie macht das Haus komfortabler und sicherer und spart Energie. Über PC, per Fernbedienung oder Handy reguliert man Heizung und Rollläden, Garagentor und Waschmaschine. Mit dem internationalen Installationsbus KNX (früher: EIB) sichert man sich und seiner Familie eine bequeme Wohnzukunft: Das System prüft Fenster und Türen und verrät, was offen steht. Elektronik ermittelt den Warmwasserbedarf und schaltet den Brenner ein. Jalousien lassen sich einzeln oder in Gruppen steuern – zum Beispiel alle, die nach Süden zeigen. Eine Fernabfrage verrät auch am Urlaubsstrand, ob Herd oder Bügeleisen abgeschaltet wurden, derweil programmieren Sie »Beleuchtung an« oder »Beleuchtung aus« und foppen damit Einbrecher. Zu- und Abluft der Lüftungsanlage regeln Sie automatisch, die Heizung schalten Sie per Telefon an für einen warmen Empfang nach langer Geschäftsreise. Und der Kundendienst findet den Defekt in der Waschmaschine mittels Ferndiagnose.

Funktion Eine zweiadrige, abgeschirmte 24-Volt-Leitung zieht sich durch das Gebäude. In Schaltern und Geräten sitzen Chips, die über die Leitungen »kommunizieren«. Das geht, weil jedes Gerät oder Bauteil codiert und seine Adresse gezielt angesprochen wird. Beispiel: Der Helligkeitssensor meldet »Der Tag hat begonnen«. Die Steuerungen für Rollläden, Nachtleuchte und Heizung erkennen: »Diese Information betrifft mich« – wie ein Fahrgast die Nummer seiner Buslinie erkennt. Der Rollladen geht hoch, das Notlicht aus und die Heizung schaltet höher. Mit einem Koppler lassen sich verschiedene Bus-Linien vernetzen: Ein Anwendungskontrolleur erlaubt mehr als nur die üblichen Steuerungskommandos. Mit ihm lassen sich etwa Heizungsprotokolle und Analysen erstellen, logische Verknüpfungen herstellen, komplizierte Abläufe erfassen und lenken. Damit Systeme international zusammenpassen, haben sich 80 Unternehmen auf einen Standard geeinigt, seither heißt das System »KNX«. Erweiterungen sind ohne großen Aufwand möglich: An einer herkömmlichen Elektroinstallation muss man montieren, im Bus-Netz nur programmieren. Funkbus-Systeme kommunizieren ohne Kabel. Um die Geräte rationell einzusetzen, muss man sie einfach benutzen können, eine verständliche Benutzeroberfläche ist wichtig. Entscheiden Sie sich für ein System, dessen Bedienungsanleitung Sie verstehen.

Komfort KNX erhöht den Komfort und senkt Energiekosten – weil die intelligente Haustechnik Wärmelecks aufspürt. Die Heizung beispielsweise regelt sich pro Raum selbst, zeitabhängig je nach Nutzung. Stehen Fenster zum Lüften offen, schalten die Heizkörper ab. Im Jahr kann eine Familie durch KNX-Technik bis zu 30 Prozent der Heizkosten einsparen. Wenn die Kinder später ausziehen und ein Teil des Hauses zum Vermieten separiert wird, müssen keine neuen Geräte installiert werden. Nur die KNX-Zentrale wird umprogrammiert.

Kosten Wer sich das leisten kann? Sie natürlich! Je mehr Technik man im Haus einbaut, desto schneller lohnt sich ein KNX-System. Für die übliche

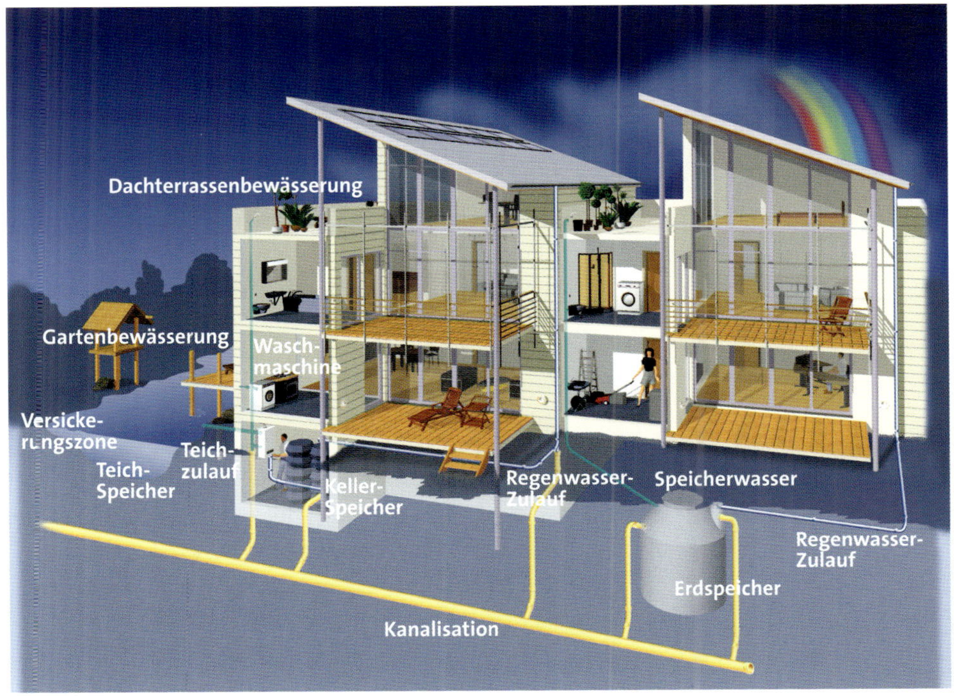

Die beiden Häuser zeigen, wie man Regenwasser hortet. Es fließt vom Dach durchs Fallrohr (blau) in den Speicher. Im Filter wird Schmutzwasser in den Abwasserkanal (gelb) geleitet. Eine Pumpe presst das gereinigte Regenwasser (türkis) zu den Zapfstellen. Überfluss läuft in die Kanalisation oder den Gartenteich.

Elektroinstallation (Grundausstattung Licht) zahlen Sie etwa ein Drittel der Kosten für KNX, berechnete der Hersteller Merten. Die komfortable Strominstallation (Licht, Jalousien und Einzelraumsteuerung) kostet mit KNX das Gleiche wie ein herkömmliches Komfortnetz. Für eine Luxusinstallation mit zentraler Lichtsteuerung und Urlaubssteuerung, Raumüberwachung, automatischer Außenbeleuchtung sowie Netzfreischaltung spart KNX im Vergleich zur herkömmlichen Installation etwa 2400 Euro. Überlegen Sie vorher genau, was Sie alles steuern wollen. Eine KNX-fähige Haustür etwa braucht Platz im Rahmen für das Kabel. Wer es nachträglich verlegt, muss Schlitze stemmen. Suchen Sie sich einen Installateur mit KNX-Kenntnis – die Hersteller nennen Adressen. Setzen Sie pro Geschoss einen Verteilerkasten für die Elektroleitungen. Dann bleiben Sie flexibel fürs Erweitern, An- und Umbauen. Im Keller braucht man keine teuren Vierfachschalter – preiswertere Ein- und Zweifachschalter genügen.

Regenwasser nutzen

Wir verbrauchen täglich 130 Liter kostbares Trinkwasser – und zahlen dafür viel Geld. Der Bedarf lässt sich senken, indem man Gratis-Wasser verwendet. Die Technik dazu ist inzwischen ausgereift. Es gibt sogar Zuschüsse, man muss sie nur rechtzeitig beantragen.

Reserven schonen In heißen Sommern erklären Städte und Gemeinden den Wassernotstand, Ballungsgebieten fehlen bis zu 50 Millionen Kubikmeter Wasser. Rasensprengen ist dann verboten, am Tankwagen auf dem Marktplatz wird Wasser ausgeteilt. Pro Jahr regnen und schneien 200 Milliarden Kubikmeter Niederschläge auf die Bundesrepublik, eine ebenso große Menge passiert unser Land in Flüssen. Ein Teil des Wassers enthält Schmutz und Gift, nur 5 Milliarden Kubikmeter taugen als Trinkwasser. Und nur diese Menge zirkuliert durch unsere Leitungen – wir zapfen, gebrauchen und verunreinigen das Nass und lassen es in die Kanalisation laufen; Kläranlagen müssen es in aufwendigen Arbeitsschritten immer wieder säubern. Sparmaßnahmen wie Wasserspar-Armaturen in Küche und Bad senken den Pro-Kopf-Verbrauch auf 100 Liter. Regenwasser kann die Hälfte des Verbrauchs ersetzen: Den größten Teil mit rund einem Drittel bringt eine Regenwassernutzung für die Toilettenspülung. Die Waschmaschine verbraucht mit Regenleitung

Keine Kanalgebühr fürs Gartengießen

Abwassergebühren richten sich nach dem Trinkwasserverbrauch. Für Gießwasser entfallen sie – wenn man per Zwischenzähler Gartenverbrauch nachweist. Er kostet 100 Euro und rentiert sich ab 500 l Gießwasser pro Woche in der fünfmonatigen Gartensaison. Es ist allerdings nicht im Sinn von Umwelt und Allgemeinheit, mit Trinkwasser zu gießen – besser Regenwasser in Tonnen oder in einer Zisterne sammeln.

tipp

13 Prozent weniger Trinkwasser, Putzen und Gartengießen bringen 5 Prozent Ersparnis.

Gewinne Zur Zeit kostet 1 Kubikmeter Trinkwasser inklusive Abwassergebühr durchschnittlich 4 Euro, im Saarland, in Hessen und Thüringen mehr, Tendenz steigend. Wer kostenlos Regenwasser nutzt, spart im Jahr rund 200 Euro und braucht weniger Enthärter und Waschmittel für die Waschmaschine – ein Gewinn für den eigenen Geldbeutel. Die Kommunen sparen Kosten für Wasseraufbereitung, Abwasserentsorgung und Klärung – ein Gewinn für die Region. Und wer Regenwasser nutzt, schont Grundwasser-Vorräte und gibt ihnen mehr Zeit, sich über den natürlichen Wasserkreislauf zu erneuern – ein Gewinn für die Umwelt.

Regenmenge In Deutschland fallen im Jahresmittel 837 Liter Wasser auf 1 Quadratmeter Boden. Auf einem Dach mit 120 Quadratmetern Fläche kommen also rund 100 000 Liter zusammen. Ein Viertel davon verdunstet, also bleiben rund 75 000 Liter für Sie übrig. Sie können Ihre Sammelquote selber errechnen mit einer Faustformel: Regenmenge (örtliches Wetteramt fragen) x Dachfläche x 0,75. Dächer sind relativ sauber. Eine glatte Deckung wie Schiefer, Aluminium und glasierte Tonziegel lässt Regenwasser schnell ablaufen, wenig Wasser verdunstet. Betondachsteine reagieren, wenn leicht saurer Regen drauffällt: Das ist positiv, weil das Kalzium im Beton den Niederschlag neutralisieren kann. Wenig geeignet sind geteerte und begrünte Dächer: Die Sonnenwärme löst aus bitumenhaltigem Material Geruchs- und Farbstoffe. Grasdächer färben Wasser mit Huminstoffen und speichern selbst bis zu 50 Prozent des Regenwassers. In der Wolke sind Tropfen keimfrei, auf dem Weg zur Erde nehmen sie Staub und Erreger auf. Vom Dach werden Vogelmist, Pollen und Blätter über Rinne und Fallrohr mitgeschwemmt. Der Schmutz würde die Wasserqualität im Regenspeicher verschlechtern, Filter halten ihn draußen. Selbst reinigende Filter baut man ins senkrechte Fallrohr: 90 Prozent des Wassers fließt sauber zum

Kunststofftank im Garten eingraben:
1. *Grube so tief ausheben, dass der Tankeinlauf frostfrei sitzt.*
2. *Grubenboden feststampfen, mit Sand und Kies füllen. Tank halb voll Wasser laufen lassen.*
3. *Erde anfüllen und feststampfen.*
4. *Rohrschacht für Pumpe anbringen, Pumpe runterlassen.*
5. *Anschlüsse zum Fallrohr verlegen.*
6. *Filterkasten und Regenwasserzulauf montieren, Grube mit Boden auffüllen.*

Wir haben die Zukunft getestet

Bauherren, die mehr in Haustechnik investieren, gewinnen Energie, ein gutes Gewissen – und verdienen manchmal sogar ein bisschen Geld.

❶ Heizkraftanlage

Das grüne Kraftpaket im Keller der Meiers wandelt die Bewegungsenergie eines Motors in Strom, seine »Abfall«-Wärme beliefert die Heizung. Der Spezialmotor schluckt Erdgas, bringt 5,5 Kilowatt elektrische Leistung und 12,5 Kilowatt Wärme. Die Wärme wird in einem 750-Liter-Pufferspeicher gesammelt, überschüssiger Strom ins Netz gespeist und vergütet. Der separate 300-Liter-Brauchwasserspeicher holt sich aus dem Pufferspeicher Energie zum Wasserwärmen. Das Gerät kostet rund 13 000 Euro und hält nach Firmenangaben etwa 30 Jahre. Die Familie spart jährlich rund 1 100 Euro Energiekosten, die Wartungskosten betragen etwa 250 Euro pro Jahr.

❷ Solaranlage

Familie Stopfer hüllte Terrasse und Balkon in Glas, montierte Kollektoren für Heizung und Warmwasser, es fließt in Waschmaschine und Geschirrspüler. Solarzellen liefern in der Spitzenzeit (»peak«) 5,94 Kilowattstunden Strom. Das ist doppelt so viel, wie die Familie braucht. Der Überschuss geht ins Netz des regionalen Betreibers, er vergütet 20 Jahre lang mit 0,5 Euro pro Kilowattstunde – gemäß dem zur Zeit der Montage noch gültigen Erneuerbare-Energien-Gesetz EEG. Aktuell werden 0,39 Euro pro Kilowattstunde 20 Jahre lang vergütet. Eine 6-Kilowatt-Anlage kostet etwa 25 000 Euro.

❸ Wärmepumpe

Wärmepumpen ziehen aus Luft, Grundwasser oder Erdreich kostenlose Wärme, erhöhen diese auf Heiztemperatur. Meist arbeiten die Geräte mit Strom oder Gas. Familie Zizler versteckte ihre Elektro-Wärmepumpe in einem Anbau, durch dessen Lamellen Luft strömt. Das Gerät leistet 11 Kilowatt, heizt 240 Quadratmeter Wohnfläche und wärmt Brauchwasser. Eine Wärmepumpe für rund 10 000 Euro schafft das allein, ohne Heizkessel – also monovalent. Eine ausgeklügelte Drehzahlregelung garantiert, dass dies auch mit Kaltluft funktioniert. Zudem spart eine Lüftungsanlage Energie durch Wärmerecycling – durch eine kleine Wärmepumpe noch effizienter.

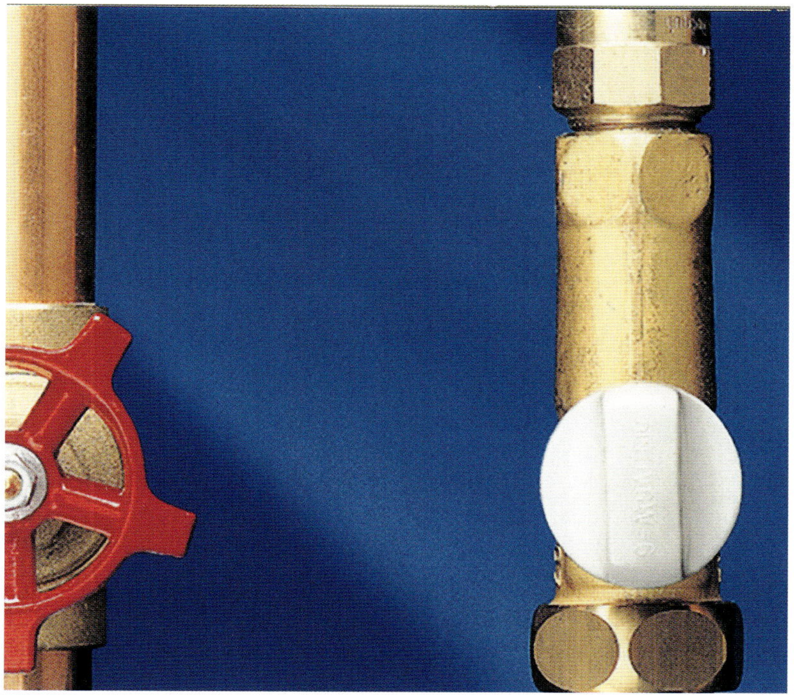

Bevor Sie Regenwasser durch ein Rohrleitungsnetz im Haus zum WC schicken oder in die Waschmaschine, klären Sie die rechtlichen Rahmenbedingungen ab im Bauamt, Wasserwirtschaftsamt sowie auf der Gemeindeverwaltung. Im Entwässerungsplan für Ihren Neubau müssen der Zu- und Überlauf sowie der Wassertank eingezeichnet sein.

Speicher, der Rest spült Schmutz in den Kanal. Mit mehreren Fallrohren summieren sich die Kosten. Günstige Alternative: Wasser aller Fallrohre vor dem Speicher zusammenleiten und reinigen. Das Wasser muss dunkel und kühl lagern, das stoppt Algen und Keime. Zisternen aus Beton oder Kunststoff werden im Garten vergraben. Ihr Fassungsvermögen sollte den Regenwasserbedarf der ganzen Familie decken – pro Person 700–800 Liter. Wirtschaftliche Größe für vier Personen: 3,5 Kubikmeter für Kellertanks, 6 Kubikmeter für Zisternen im Garten.

Regelzentrale Das Regenwasser wird aus der Zisterne durch ein eigenes Leitungssystem zu den Toiletten und Wasserhähnen hochgepumpt. Das Steuergerät mit Pumpe und Schaltregler garantiert einen gleichmäßigen Druck im System. Auch beim Ansaugen sollen keine Sedimente aufgewirbelt werden. Am Speicherboden ist darum ein hochgebogenes Rohr oder ein schwimmender Ansaugfilter eingebaut – ein Schlauch mit Schwimmerkugel saugt das Wasser etwa 10 Zentimeter unter der Oberfläche an. Regnet es längere Zeit nicht, ist die Reserve irgendwann aufgebraucht. Die Pumpe könnte leer laufen und neuer Zufluss würde Ablagerungen aufwirbeln. Darum misst ein Fühler den Wasserstand und füllt automatisch Trinkwasser nach. Regnet es lange heftig, läuft die Zisterne über in den Abwasserkanal. Können die Rohre die Flut nicht schnell genug ableiten, staut das Abwasser zurück. Damit es nicht in den Speicher fließt, muss sein Überlauf höher liegen als die Rückstau-Ebene des Kanals – der befindet sich meist auf Straßenniveau.

Versickerung Fließt Überschuss in den Kanal, geht Wasser dem natürlichen Kreislauf verloren. Abhilfe schafft eine Zisterne, die stetig Wasser in das umgebende Kiesbett versickern lässt, wenn die Speichermenge ein bestimmtes Niveau übersteigt. Sie können alternativ auch eine Zisterne mit Raumreserve einbauen – sie verzögert bei Platzregen den Zeitpunkt, bis der Wasserüberschuss in die Kanalisation fließt. Dritte Möglichkeit: Sie speisen mit dem Überfluss einen Gartenteich. Flache Uferzonen lassen viel Wasser natürlich versickern und die Oberfläche verdunstet einen Teil – so entsteht immer wieder Platz für Nachschub. Bau und Betrieb einer Regenwasseranlage sind nicht bundeseinheitlich geregelt – Bauamt, Wasserwirtschaftsamt und Gemeinde geben Auskunft. In der Regel gilt: Ein Bauantrag ist nicht nötig, doch der Einbau muss dem Wasserversorgungsunternehmen gemeldet werden – Stichwort »Teilbefreiung vom Anschluss- und Benutzungszwang«. Sie muss genehmigt werden.

▶ **Solarwärme und Sonnenstrom: Die wichtigsten Informationen über Forschung, Technik sowie Förderung finden Sie unter www.haus.de/energie**

Was ist uns Umweltschutz wert?

Sind Sie umweltbewusst und möchten Energie sparen um jeden Preis? Oder gehören Sie zu den Pragmatischen, die Investition und Nutzen kühl gegeneinander abwägen? Testen Sie: In welchem Typ erkennen Sie sich wieder?

Typ A *Taten statt Warten – trotz oder gerade wegen großer Umweltsünder, gegen die man nicht ankommt. Ich sage mir: Jeder Bauherr macht sich seine Lebensqualität selbst – und die seiner Kinder und seiner Nachbarn auch. Das hat etwas mit Verantwortung zu tun, die ich spüre. Ökohäuser mit ausgeklügelter Energiespar-Technik kosten etwas mehr, doch wer weiß schon heute, wie die Energiepreise weiter steigen. Obendrein gibt es jede Menge Zuschüsse und verbilligte Darlehen von der Kreditanstalt für Wiederaufbau (www.kfw.de). Außerdem, finde ich, darf Umweltschutz nicht am Geld scheitern. Es ist doch auch etwas ganz Besonderes, Duschwasser von der Sonne wärmen zu lassen, seine Wäsche mit Regenwasser zu waschen und die Waschmaschine mit Strom zu speisen, den man selber auf dem Hausdach produziert hat.*

Stimme zu Partner 1 Partner 2
○ ○

Typ B *Abwarten und Tee trinken – gesund bauen ja, aber nicht um jeden Preis. Das ist jedenfalls meine Meinung. Wenn man sich mal aufmerksam umhört und ein bisschen kritisch ist, kommt man zu dem Schluss: Je mehr man in Energiespar-Technik investiert, desto teurer kommt jede eingesparte Kilowattstunde. Klar, Hersteller argumentieren anders, auch Freunde machen einem manchmal ein schlechtes Gewissen: So darf man nicht denken, sonst haben unsere Kinder eine düstere Zukunft. Aber Energiesparen, das geht doch schon billiger – durch Lichtausknipsen oder Stand-by-Abschalten. Wir fliegen auch nicht in Urlaub, sondern machen es uns dann im Garten gemütlich – verbraucht keinen Treibstoff, die Luft bleibt rein, das schützt die Umwelt auch. Außerdem weiß man ja gar nicht, ob die ganze Technik reibungslos funktioniert. Erst mal tun, was naheliegt. Dämmen muss man nach der Energie-Einsparverordnung ja sowieso. Und ich berücksichtige beim Bauen Herstellung, Transportwege und später problemlose Entsorgung der Baustoffe. Vielleicht rüste ich später energiesparend nach.*

Stimme zu Partner 1 Partner 2
○ ○

Typ A: Öko-Fan

Für Sie darf es, wie für 77 % aller Bauherren, das volle Haustechnikprogramm sein: Wärmepumpe, Solarkollektor und -zellen, Lüftungsanlage und Regenzisterne – am besten alles elektronisch verbunden per KNX und regelbar mit Handy.

Typ B: Der Rechner

Sie bauen für ein schöneres Leben – das schließt Tüfteln und Sparen nicht unbedingt ein. Wie Sie setzen 20 % der Bauherren auf bewährte Technik, die ohne Elektronik-Studium funktioniert.

test

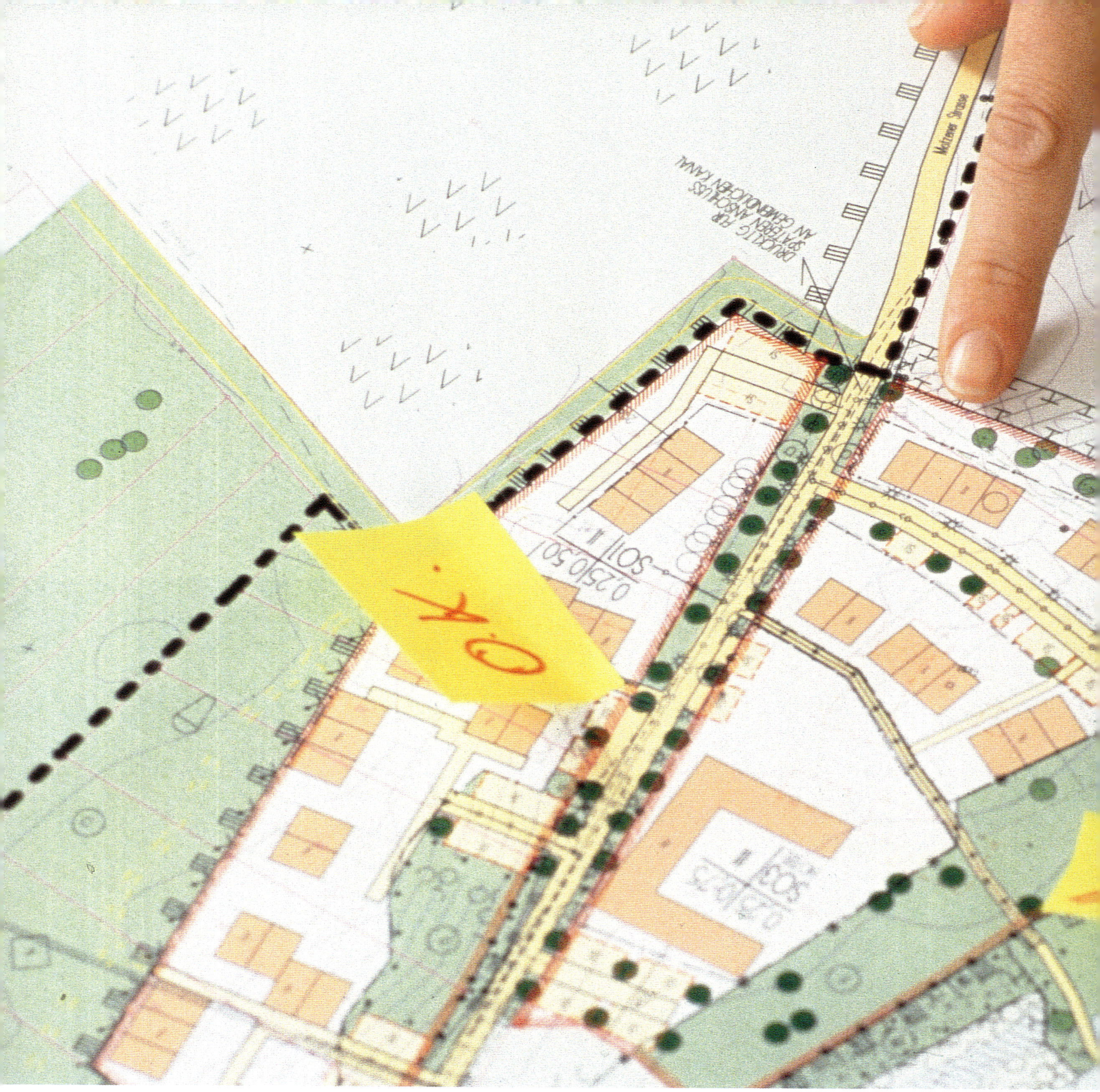

Wer uns durch die Behörden begleitet

Wir haben Dutzende von Skizzen gezeichnet, viele verworfen, uns manchmal richtig gefetzt. Es hat sich gelohnt, unser Traumhaus steht – in Gedanken. Jetzt bräuchten wir einen Architekten, der uns sagt, ob man das so bauen kann. Vielleicht hat er noch ein paar andere Ideen. Wie finden wir einen guten Planer? Er zeichnet ordentliche Pläne und wir legen los, oder?
Ob wir alles durchkriegen bei den Behörden? Falls nicht: Wie gehen wir am besten vor? Und was ist, wenn einem von uns etwas zustößt? Oder auf der Baustelle was schiefgeht? Wir sollten unbedingt mit unserem Versicherungsvertreter reden.

Welcher Architekt passt zu uns?

Wie wir ihn finden und worum er sich kümmert

Viele Bauherren liebäugeln mit der Vorstellung, das Honorar für den Architekten zu sparen. Das ist verkehrt gedacht: Ein echter Profi plant Ihnen Ihr Traumhaus auf den Leib, verkürzt die Bauzeit, reduziert die Baukosten und merzt Baufehler aus.

Sie wünschen sich ein Haus mit etwas Pfiff: eine ungewöhnliche Fassade, einen raffinierten Grundriss und ausgefeilte Technik? Dann könnte der Bau ein Fall für den Architekten sein. Er geht auf die Wünsche der Bauherren ein, achtet auf die Kosten und verhandelt mit den Behörden und Handwerkern – wenn man den richtigen Vertrag mit ihm abschließt.

Leistungen

Das Bauamt prüft Pläne zur Genehmigung nur, wenn sie von einem Bauvorlageberechtigten unterschrieben sind. Das kann ein Architekt sein oder ein vorlageberechtigter Ingenieur aus der Baubranche. Pläne für einfache Bauwerke darf sogar ein Meister des Bauhandwerks abzeichnen. Wer die Kosten eines Architekten scheut, heuert für die Baupläne einen angestellten Bauingenieur an, der sich nach Feierabend ein paar Euro dazuverdient. Der Haken: Er wird sich vermutlich nicht die Mühe machen, Lage und Bodenbeschaffenheit des Grundstücks, Architektur und Topografie der Umgebung sowie Ihre Wünsche gründlich kennenzulernen. Fraglich, ob so ein optimaler Entwurf gelingt. Und wer die Bauleitung übernimmt.

Individuelle Planung Grundsätzlich braucht man einen Architekten oder anderen Bauvorlageberechtigten nur zur Vorlage genehmigungsfähiger Unterlagen – alles andere könnten Bauherren im Prinzip selbst übernehmen. Aber es hat Vorteile, einen Architekten auch mit Ausführungsplanung und Ausschreibung sowie mit der Bauüberwachung zu beauftragen. Schon zur Auswahl des Grundstücks sollte man ihn mitnehmen. Er prüft, ob sich darauf Ihr Traumhaus realisieren lässt, schließlich kennt er die Auflagen der Baubehörde. Sagen Sie, was Sie sich wünschen, und klären Sie, wie viel Sie ausgeben wollen. Sparen lässt sich durch schlichtes Weglassen (etwa von Trennwänden) oder raffinierte Konstruktion (zum Beispiel schlanke Holzstützen). Nach und nach verfeinert der Architekt seine Planung vom Vorentwurf mit Kostenschätzung über den Entwurf bis zur Genehmigungsplanung. Die Kosten für den Architekten sollten Sie nicht bereuen; oft spart er sie ein allein durch seine effiziente Planung oder den Hinweis auf Fördergelder, die Ihnen eventuell zustehen.

Vereinbarter Erfolg Bevor Sie die Dienste des Architekten in Anspruch nehmen, schließen Sie einen Werkvertrag: Der Architekt ist Ihnen den vereinbarten Erfolg schuldig, Juristen nennen ihn Werk. Die Arbeit allein genügt nicht. Sonst könnte Ihr Auftragnehmer theoretisch die ganze Zeit an seinen Stiften kauen oder geschäftig telefonieren, ohne jemals einen Entwurf zustande zu bringen oder Handwerkern Aufträge zu erteilen. Im Architektenvertrag vereinbaren Sie Leistung und Bezahlung entsprechend der Honorarordnung für Architekten und Ingenieure (HOAI). Ein Vollarchitekturauftrag verpflichtet den Architekten zu neun aufeinander folgenden Leistungsphasen, man kann jede einzelne auch separat per Teilauftrag buchen. Die HOAI beschreibt für jede Phase, welche Grundleistungen im Preis enthalten sind und für welche Sonderleistungen ein Extra-Honorar anfällt.

Gestaffelte Leistung Die HOAI erklärt in Paragraf 33 + Anlage 11 die Leistungsphasen und ihre Grundleistungen vereinfacht so:

Phase 1 Grundlagenermittlung: Klären der Aufgabe, Beratung zum Leistungsbedarf, Entscheidungshilfe für die Auswahl anderer Fachplaner.

Phase 2 Vorplanung: Klärung technischer, gestalterischer, wirtschaftlicher und ökologischer Zusammenhänge, Vorverhandlungen mit Behörden. Kostenschätzung nach DIN 276.

Phase 3 Entwurfsplanung: Zeichnerische Darstellung des Gesamtentwurfs bis zum Maßstab 1:100. Kostenberechnung nach DIN 276.

Phase 4 Genehmigungsplanung: Erarbeitung eines genehmigungsfähigen Bauantrags und Einreichen bei der Baubehörde.

Phase 5 Ausführungsplanung: Endültige, vollständige Konstruktions-, Ausführungs- und Detailzeichnungen im Maßstab 1:50 bis 1:1.

Phase 6 Vorbereitung der Vergabe: Erstellen von Leistungsbeschreibungen, Leistungsverzeichnis

Phase 7 Mitwirkung bei der Vergabe: Einholen von Angeboten, Verhandlungen, Auftragserteilung.

Das Honorar hängt vom Planungsaufwand ab: Einfamilienhäuser werden der Honorar-zone III »Mitte« zugerechnet. Hausgruppen auf Minigrund und Prachtvillen mit aufwendiger Haustechnik sind in der teureren Honorarzone IV»Unten«.

Architektenarbeit: Kostenaufstellung nach DIN 276. Damit verhandeln Sie über Ihr Baudarlehen.

Schon in der Planungsphase für Ihr Haus brauchen Sie eine Kostenschätzung – die Bank will wissen, um welche Beträge es geht. Der Architekt erfasst die Kosten nach diesen Kostengruppen:

1. Grundstückskosten: Kaufpreis, Notargebühren, Grunderwerbsteuer, Grundbucheintrag, evtl. Abrisskosten für bestehende Gebäude
2. Erschließungskosten: Anschluss des Bauplatzes an das öffentliche Ver- und Entsorgungsnetz sowie an öffentliche Straßen
3. Bauwerkskosten: reine Baukosten; Aufschlüsselung nach Gewerken für den Rohbau und den Innenausbau
4. Gerätekosten: für bewegliche Güter, die Sie zur Nutzung des Hauses brauchen – etwa den Feuerlöscher oder Schilder »Kein Trinkwasser« am Zapfhahn der Regenwasserleitung
5. Kosten der Außenanlagen: Dränage rund ums Haus, Ver- und Entsorgungsleitungen auf dem eigenen Grundstück, Wege, Zäune, Tore
6. Kosten für zusätzliche Maßnahmen: Grundwasserabsenkung während der Bauphase, Stützmaßnahmen an Nachbargebäuden
7. Baunebenkosten: Architektenhonorare, Geldbeschaffungskosten, Baustellen-Versicherungen, Gebühren

info

Phase 8 Objektüberwachung: Erstellen eines Zeitplans, führen eines Bautagebuchs, Abnahme von Bauleistungen, Rechnungsprüfung, Überwachung der Mängelbeseitigung, Kostenkontrolle über die Endabrechnungen der Bauunternehmen.
Phase 9 Objektbetreuung und Dokumentation: Objektbegehung zur Feststellung von Mängeln vor Ablauf der Verjährungsfrist, Überwachung der Mängelbeseitigung sowie Mitwirkung bei der Freigabe von hinterlegten Sicherheitsleistungen.

Kosten

Gelegentlich lassen sich Bauherren von einem Architekten »ganz unverbindlich« einen Plan machen – und wundern sich, wenn eine Honorarrechnung kommt. Unter Unverbindlichkeit versteht ein Architekt: bei Vertragsabschluss steht noch nicht fest, ob der Bauherr später auch wirklich den gesamten Auftrag an diesen Architekten vergibt. Dazu muss noch nicht einmal ein schriftlicher Auftrag existieren; ein Architektenvertrag kann ohne Weiteres auch mündlich zustande kommen. Es ist jedoch möglich, einen »bedingten Vertrag« zu schließen – falls der Architekt sich darauf einlässt. Dann arbeitet er zunächst auf eigenes Risiko, und ein Honorar wird nur fällig, wenn eine weiterführende Bedingung eintritt – zum Beispiel der Kauf eines Grundstücks oder die Aufstellung eines Bebauungsplans.

Honorarordnung für Architekten Das Architektenhonorar beträgt rund 10 – 15 Prozent der Baukosten. Die Honorarordnung für Architekten und Ingenieure (HOAI) legt Mindest- und Höchsthonorare fest, gestaffelt zum einen nach anrechenbaren Hauskosten – etwa öffentliche und nichtöffentliche Erschließung sowie Außenanlagen, nicht jedoch Grundstückskosten und Baunebenkosten. Zum anderen richtet sich der Betrag nach Honorarzonen: Gebäude mit durchschnittlichem Planungsaufwand und mittlerer Ausstattung werden der Honorarzone III zugerechnet, Terrassen- oder Hügelhäuser sowie aufwendig geplante Häuser und Hausgruppen der Honorarzone IV.

Prozentuale Berechnung Früher galt: Je teurer das Eigenheim, desto mehr durfte kassiert werden. Das Architektenhonorar richtete sich nach den tatsächlichen Baukosten am Ende der Bautätigkeit – bis zu diesem Zeitpunkt hatte der Bauherr keinen Überblick und der Architekt keinerlei Spar-Anreiz. Die »neue« HOAI 2009 änderte das Architektenhonorar bauherrenfreundlich: Es wird nun nach der Kostenberechnung (Phase 1–4) ermittelt.

▶ **Kostenschätzung** In der Leistungsphase 2, dem Stadium der Vorplanung, ermittelt der Architekt zum ersten Mal die Gesamtkosten des Hauses. Er geht dabei überschlägig anhand von Erfahrungs-Richtwerten vor, meist in Euro pro Quadratmeter Wohnfläche oder Kubikmeter umbauter Raum. Zu diesem frühen Zeitpunkt kann der Architekt mit seiner Kostenschätzung bis zu 30 Prozent nach oben oder unten danebenliegen.

▶ **Kostenberechnung** In Leistungsphase 3, der Entwurfsplanung, nähert sich der Architekt den tatsächlichen Baukosten exakter – er weiß schon

Architektenhonorar: Grundleistungen nach HOAI. Damit kalkulieren Sie die Planungskosten.

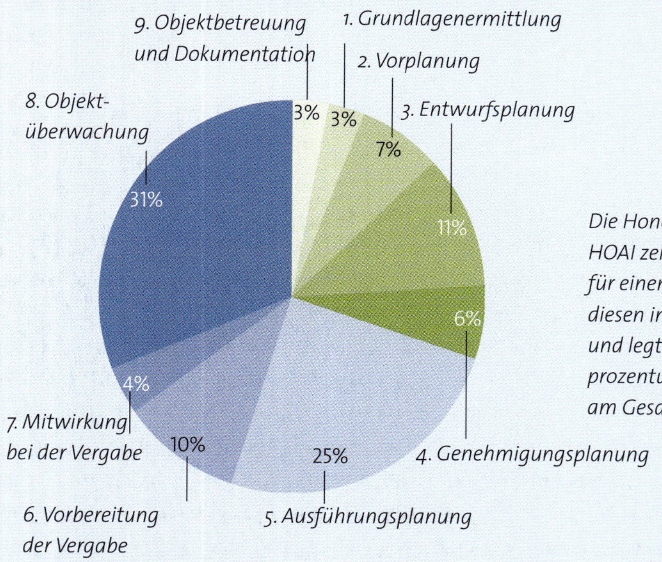

Die Honorartafel der HOAI zeigt die Gebühren für einen Vollauftrag, teilt diesen in 9 Leistungsphasen und legt für jede Phase den prozentualen Kostenanteil am Gesamtauftrag fest.

info

mehr über die Nutzungsbedingungen für das Haus und den Mengenbedarf an Baumaterial. Abweichungen von 20 Prozent von den endgültigen Herstellungskosten sind aber auch jetzt noch durchaus möglich. Nach dieser Baukostenberechnung bemisst der Architekt sein Honorar für alle kommenden Leistungsphasen.

▶ Kostenanschlag Er ist vorgesehen in Leistungsphase 7, der Mitwirkung bei der Vergabe. Jetzt kennt der Architekt die Preise derjenigen Handwerker, die Bauaufträge bekommen. Er addiert sie zu allen bis dahin entstandenen Kosten und ermittelt nun die zu erwartenden Kosten.

▶ Kostenfeststellung Sie erfolgt als letzte Stufe der Abrechnung in Leistungsphase 8, während der Objektüberwachung. Jetzt muss der Architekt alle tatsächlich entstandenen Kosten anhand von Rechnungen nachweisen. Die Kostenfeststellung ist also zugleich die Schlussabrechnung.

Honorare nach freier Vereinbarung Die HOAI regelt, was der Architekt für sein Geld tun muss, und zählt auf, was innerhalb einer Leistungsphase als Grundleistung gilt. Besondere Leistungen sind möglich, kosten aber extra – Sie bezahlen nur, wenn es einen Vertrag gibt mit Beschreibung der Leistungen sowie der Höhe der Bezahlung. Die Vergütung ist Verhandlungssache. Sie sollte sich am Honorar für die Grundleistung orientieren, wenn die Sonderleistung mit ihr vergleichbar ist. Andernfalls vereinbaren Architekt und Bauherr ein Stundenhonorar. Geben Sie Ihrem Architekten Spar-Anreiz mit einer Erfolgsprämie: Wenn Sie am Ende weniger für Ihr Haus bezahlen als vorausberechnet, darf er einen Teil der eingesparten Summe kassieren – umgekehrt kann bei Kostenüberschreitung ein Teil seines Honorars einbehalten werden. man spricht von der sogenannten Bonus-Malus Regelung, die vorher vertraglich vereinbart werden muss.

Für Bauherren ist es hilfreich, wenn der Architekt ihnen eine Fristenliste überreicht: Bis zu welchem Zeitpunkt muss die Farbe von Dach und Fassade entschieden sein, wann sollen Fenster und Türen ausgesucht werden, wann die Bodenbeläge und Fliesen?

Architektenauftrag: So rechnet der Planer mit Ihnen ab

Mindestgebühren der Honorarzone III für einen Vollarchitekturauftrag

Phase	Art der Kostenermittlung	Anrechenbare Kosten in Euro	Mindestsatz Zone III in Euro	Honoraranteil in %	Honoraranteil in Euro
1–4	Kostenberechnung	200 000	23 745	27	6 411
5–7	Kostenanschlag	210 000	23 745	39	9 261
8–9	Kostenfeststellung	220 000	23 745	34	8 073
	Gesamthonorar für den Architekten **inkl. 19 % Umsatzsteuer; maßgebl. für die Höhe des Honorars ist die Kostenberechnung**			**100**	**23 745** **28 257**

Alle Verantwortlichkeiten des Architekten sollten vertraglich festgehalten werden, ebenso die Baukosten und der Haftungsumfang. Nur so lässt sich eine eventuelle Baukostenüberschreitung beweisen und der Architekt zu Schadenersatz heranziehen.

Unverbindlich ist nicht kostenlos

Die Rechtsprechung geht davon aus, dass jeder Bauherr weiß: Sobald ein Architekt in Aktion tritt, darf er Geld verlangen. Bitten Sie den Architekten um eine Auskunft – auch unverbindlich –, schließen Sie einen stillschweigenden Architektenvertrag mit ihm ab. Unklarheiten vermeiden: Gleich beim Erstkontakt schriftlich fixieren, welche Leistung Sie kostenfrei (nicht unverbindlich) in Anspruch nehmen können.

info

Architektensuche

Fachzeitschriften berichten immer wieder über nicht alltägliche und besonders gelungene Häuser – meist steht der Name des Architekten gleich dabei. Andernfalls kann in der Redaktion nachgefragt werden.
Referenzen Kennen Sie einen Architekten nur vom Hörensagen, sollten Sie ihn nach seinen bisherigen Werken fragen. Ist er an einem Auftrag interessiert, zeigt er gern seine Pläne und nennt Referenzobjekte. Spaziergänge sind sehr aufschlussreich. Wer mit offenen Augen durch die Straßen geht, entdeckt vielleicht genau das Haus, von dem er immer träumte. Der Eigentümer verrät außer dem Namen des Architekten sicher auch, wie die Zusammenarbeit mit ihm verlief.
Erste Besprechung Sie haben sich für einen Architekten entschieden? Er wird in einem ersten Besprechungstermin die Grundrisse und Ansichten einiger von ihm geplanter Häuser vorlegen. Hören Sie dem Architekten zu, achten Sie auf sein Arbeits- und Sprechtempo und prüfen Sie, inwieweit er auf Sie und Ihre Wünsche eingeht. Hören Sie auf Ihr Bauchgefühl – noch können Sie sich für einen anderen Planer entscheiden.

Vertrag

Auf dem Bau sind Absprachen auch nach Handschlag gültig, im Streitfall aber nicht beweisbar. Ein schriftlicher Vertrag sollte alle Aufgaben und Pflichten festlegen. Das sind außer dem Honorar Gewährleistungsfristen sowie der Umfang der Haftung.
Einheitsvertrag Die meisten Architekten legen ihren Bauherren einen Einheitsvertrag der Architektenkammer vor. Er wahrt die Interessen beider Parteien fairer als Formularverträge anderer Urheber. Lesen Sie alle Punkte ganz genau durch. Sie müssen den Einheitsvertrag nicht als Komplettpaket unterschreiben, über einzelne Passagen lässt sich durchaus verhandeln.
Individueller Vertrag Aus einem Einheitsvertrag darf der Bauherr dem Architekten nur »aus wichtigem Grund« kündigen – nicht zum Beispiel aus enttäuschtem Vertrauen, das Sie nicht schlüssig begründen können. Dann müssten Sie die bisher erbrachten Leistungen zahlen – klar. Zusätzlich jedoch 40 Prozent des vereinbarten Resthonorars! Nach dem Werksvertragsrecht des Bürgerlichen Gesetzbuches (BGB) hat der Auftraggeber hingegen jederzeit Kündigungsmöglichkeit – ändern Sie den Einheitsvertrag mit Einverständnis des Architekten in einen individuellen Vertrag ab. Andere Möglichkeit: Sie beauftragen den Architekten immer nur stufenweise – so können Sie sich ohne großen finanziellen Verlust wieder trennen, wenn es Probleme in der Zusammenarbeit gibt. Wenn Sie vereinbaren, dass der Architekt nicht alle Leistungen aus seinem Katalog übernimmt, halten Sie in einem Teilauftrag unmissverständlich alle gewünschten Leistungsphasen fest. Unverzichtbar sind in der Regel Grundlagen-Ermittlung und Vorplanung, Entwurfsplanung, Genehmigungsplanung sowie die Bauüberwachung.

Bauherren-Infos

Der Architekt braucht Informationen, sonst plant er am Bauherrn vorbei: Sagen Sie ihm, welches Baumaterial Ihnen sympathisch ist – Ziegel oder Holz, Stahl oder Glas. Lassen Sie ihn wissen, ob Sie ein Anhänger der Baubiologie sind, Feng-Shui Ihnen etwas bedeutet oder Sie in einem Passivhaus wohnen könnten – wo man die Fenster im Winter nicht öffnen darf. Auch über Stilvorstellungen muss der Profi Bescheid wissen: gemütlich oder cool, bescheiden oder lifestyle-mäßig. Halten Sie sich später mit nachträglichen Änderungen zurück – oder machen Sie wenigstens nicht den Architekten für die Kostenexplosion verantwortlich. Und überlassen Sie ihm Entscheidungen, die technische Sachkenntnis verlangen – er hat wahrscheinlich mehr Erfahrung als Sie.

Architekten-Haftung

Der Architekt haftet für Planungsfehler, Ausführungsmängel und Baukostenüberschreitung. Ratsamer als ein Prozess ist eine außergerichtliche Einigung, notfalls mithilfe eines Gutachters; Adressen wissen der Bauherrenschutzbund oder der Verband privater Bauherren (Telefonbuch). Oder fragen Sie die regionale Architektenkammer nach einem Schlichtungsausschuss.

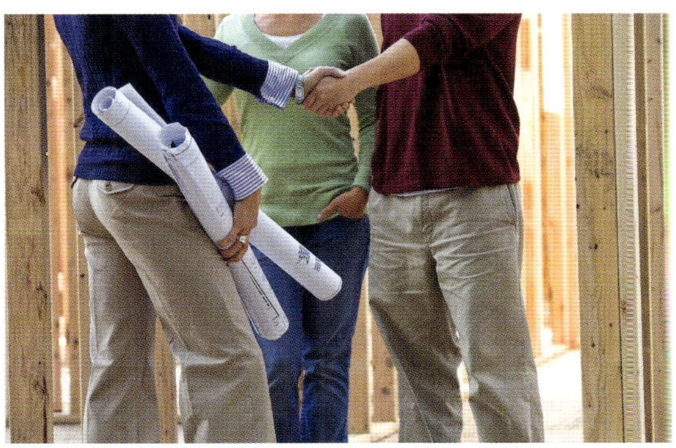

▶ **Gute Architekten: In der Hausideen-Community finden Sie auch Adressen hervorragender Planer www.haus.de/hausideen**

Welche Phasen wollen wir buchen?

Bauherren können Vieles am Bau selbst erledigen – wozu Zeit oder Talent fehlen, überlässt man dem Architekten und legt seine Aufgaben in einem Teilauftrag fest. Kreuzen Sie an, was Sie und Ihr Partner sich zutrauen.

		A	B
	A = überlassen wir dem Architekten *B = machen wir selber*	❍	❍
Phase 1	*Bauvorhaben klären: Was soll wann wo und wie gebaut werden? Eventuell Grundstücks- oder Standortanalyse*	❍	❍
Phase 2	*Hausskizze, Kostenschätzung, Vorverhandlungen mit Baubehörden*	❍	❍
Phase 3	*Endgültiger Plan und Kostenberechnung, Prüfung auf Genehmigungsfähigkeit der Pläne*	❍	❍
Phase 4	*Ausarbeiten der Vorlagen für den Bauantrag, Einreichen der Pläne bei der Baubehörde zur Prüfung*	❍	❍
Phase 5	*Detail- und Konstruktionszeichnungen, Ergänzung aller für die Handwerker notwendigen Angaben*	❍	❍
Phase 6	*Erstellen von Leistungsbeschreibungen mit Leistungsverzeichnissen, eventuell Aufstellung alternativer Leistungsbeschreibungen*	❍	❍
Phase 7	*Ausschreibung an Handwerker, Prüfung der Angebote, Verhandlungen, Kostenanschlag*	❍	❍
Phase 8	*Bauaufsicht und Kostenkontrolle, Untersuchung des Hauses auf Mängel, Überwachung der Nachbesserung*	❍	❍
Phase 9	*Zusammenstellung von Zeichnungen und technischen Ergebnissen für spätere Überprüfungen, Umbauten und Reparaturen*	❍	❍

check

Wie viel Sicherheit brauchen wir?

Versicherungspolicen für Bauherren und Eigenheimbesitzer

Versicherungen schützen nicht vor Schäden, lindern aber finanzielle Not. Bauherren schätzen ihr Risiko unterschiedlich ein, vielen sind die Versicherungsprämien zu teuer. Doch selbst Sparsame sollten eine Haftpflicht- und eine Gebäudeversicherung abschließen.

Wer ein Haus plant, kriegt plötzlich eine dünne Haut und wird nachdenklich: Bisher hatte man Geld im Rücken für alle Fälle. Jetzt ist das Kapital gebunden an den Hausbau, irgendwie »weg«. Was eigentlich, sinniert man auf dem Weg zur Bank oder zwischen Baumarktregalen, wenn meiner Familie was passiert? Oder wenn auf dem Bau etwas Kostspieliges schiefgeht? Ein paar wichtige Versicherungen wappnen Sie gegen eine finanzielle Katastrophe.

Vor und in der Bauphase

Mit Baubeginn sind Sie für alle Missgeschicke verantwortlich, die auf der Baustelle passieren. Dazu zählen Schäden am Gebäude ebenso wie Schäden, die Personen auf der Baustelle erleiden oder anrichten. Folgende Policen können Sie vor Baubeginn für die Bauphase abschließen:

Wohngebäudeversicherung Brand, Blitz und Überschwemmung können Ihren Rohbau so zurichten, dass er wieder abgerissen werden muss. Ihre Nerven können Sie leider nicht versichern, aber Ihr Baukonto: Eine Wohngebäudeversicherung schließt die Feuerversicherung für den Rohbau meist gratis mit ein, kostet rund drei Viertel mehr Beitrag als eine reine Brandversicherung – die reicht, damit die Bank Kredit gewährt.

Bauherren-Haftpflicht Stürzt ein Kind in den Kellerschacht oder zertrümmert ein Balken Nachbars Auto, sind Sie dran – auch wenn Schilder den Zutritt auf die Baustelle verbieten und Sie dem Lastwagenfahrer zwanzigmal gesagt haben, er soll das Holz woanders abladen. Eine Bauherren-Haftpflichtversicherung schützt gegen Haftungsansprüche von Geschädigten. Die Police kostet etwa 1 Promille der Bausumme und gilt vom Baubeginn bis zur Abnahme. Vereinbaren Sie eine Deckungssumme von mindestens 2–3 Millionen Euro pauschal für Personen- und Sachschäden.

Bauherren-Rechtsschutz Prozesse um das Baurecht können teuer werden, zumal die üblichen Rechtsschutz-Versicherungen die »teuren« Streitgebiete wie Erb-, Scheidungs- und Baurecht ausschließen. Um sich dennoch gegen unberechtigte Schadensersatzansprüche abzusichern, können Bauherren-Haftpflichtversicherungen abgeschlossen werden, die den Rechtsschutz zumindest zum Teil abdecken – fragen Sie Ihren Anbieter danach.

Bauleistungsversicherung Gebaut wird unter freiem Himmel und auf oft unbekanntem Grund und Boden. Verwandelt Regen Ihre Baugrube in einen Teich, läuft Tag und Nacht die teure Pumpe mit teurem Strom, dann zahlt die Bauleistungsversicherung (auch »Bauwesen-Versicherung«). Sie übernimmt zudem die Kosten, wenn Sturm Wände eindrückt oder Vandalen Ihre Baustelle verwüsten. Versichert sind Bauleistungen, Baustoffe und Bauteile gegen ungewöhnliche Witterung, Beschädigung durch Unbekannte und Fahrlässigkeit von Bauarbeitern. Meist beteiligt man Baufirmen und Handwerker an der Versicherungsprämie.

Glasversicherung Sie ist empfehlenswert, wenn Sie mit vielen und großen Glasflächen bauen wollen. Üblicherweise ist das Glasbruchrisiko schon über die Bauleistungsversicherung gedeckt – jede Scheibe zählt aber als ein Schaden, für den Selbstbeteiligung anfällt. Rechnen Sie aus, was für Sie günstiger kommt: der Beitrag für die Glasversicherung – oder die Scheibenanzahl multipliziert mit der Selbstbeteiligung.

Baufertigstellungsversicherung Bauträger sollten Sie mit Bedacht auswählen, Seriosität und Bonität prüfen (lassen). Wer dennoch Misstrauen hegt, schließt diese Versicherung ab: Geht der Bauunternehmer in Konkurs, ist die Fertigstellung des Hauses finanziell abgesichert.

Eigenleistungsausfall-Versicherung Wer seinen Bau mit hoher „Muskelhypothek" finanziert, sollte über die Versicherung seiner Arbeitskraft nachdenken: Können Sie wegen Unfall oder Krankheit die geplante Eigenleistung nicht erbringen, ersetzt die Spezialpolice den Ausfall.

Unfallversicherung Helfen auf dem Bau Freunde oder Verwandte, muss der Bauherr sie bei der Berufsgenossenschaft anmelden – ganz gleich, ob

Was tun im Schadensfall?

Andreas Meinhardt,
Verband öffentlicher Versicherer,
Düsseldorf

»

Aus der frisch verlegten Leitung sprudelt Wasser in den Rohbau – was ist das Wichtigste?
Drehen Sie sofort den Haupthahn ab und lassen den Bau trocknen. Senden Sie Ihrem Versicherer immer einen Kostenvoranschlag, bevor Sie Handwerker beauftragen. So kann ein Gutachter zunächst den Schaden bewerten, Tipps geben und im Notfall mit einem Scheck helfen.

Darf man durchweichte Sachen wegwerfen?
Werfen Sie beschädigte Gegenstände nicht weg. Und fassen Sie nach einem Einbruch nichts an, bis die Polizei kommt.

Es scheint relativ oft vorzukommen, dass der Rohbau brennt. An wen wendet man sich?
Zuerst geht man zur Polizei, dann meldet man die Sache der Versicherung. Diese beantwortet alle Fragen zum weiteren Vorgehen und kümmert sich um die reibungslose Abwicklung. Grundsätzlich sollte man in jedem Schadensfall relevante Telefonate protokollieren und wichtige Briefe kopieren.

Kaum ist die Haustür eingebaut, dringen Einbrecher in den Neubau. Und jetzt?
Fotografieren oder filmen Sie Beweise und erstatten Sie sofort Anzeige mit einer Liste des Diebesguts. Wenn nötig, sperren Sie Konten und Karten.

Wie informiert man die Versicherung richtig?
Melden Sie den Schaden sofort über eine Notrufnummer. Sie steht auf Ihrem Versicherungsschein oder dem Anschreiben. Den Versicherungen der Sparkassen können Sie den Schaden auch online melden – halten Sie die Nummer des Versicherungsscheins bereit.

Wenn man selbst einen Schaden verursacht hat: Soll man gleich alles zugeben?
Nein, leisten Sie kein Schuldeingeständnis – äußern Sie sich nur zu den Fakten. Senden Sie der Haftpflichtversicherung Skizzen und Zeugenaussagen. Ihre Rechtsschutzversicherung vermittelt Ihnen einen Anwalt, der auch die Kostenübernahme klärt. Informieren Sie Ihre Versicherung, wenn sich der gegnerische Anwalt meldet, wenn Briefe kommen oder repariert wird.

«

sie gratis helfen oder gegen Bezahlung. Abhängig vom Umfang der Arbeiten zahlt man Beiträge in die gesetzliche Unfallversicherung, die den Verletzten und eventuell die Angehörigen und Hinterbliebenen entschädigt. Bauherren und Ehepartner genießen diesen Schutz nicht; sie können eine private Bauhelfer-Unfallversicherung abschließen. Ob sich das lohnt, entscheiden Sie selbst: In nur 6 Prozent der Fälle ist die Berufsunfähigkeit auf einen Unfall zurückzuführen.

Berufsunfähigkeitsversicherung Sie ist vor allem für jüngere Bauherren empfehlenswert, denn ihnen steht keine Berufs- oder Erwerbsunfähigkeitsrente aus der gesetzlichen Rente zu. Eine Berufsunfähigkeitsversicherung kann allein abgeschlossen werden oder als Zusatzversicherung zu einer kapitalbildenden Lebensversicherung oder einer privaten Rentenversicherung. Als Zusatzversicherung ist sie günstiger und hat den Vorteil, dass die Lebens- oder Rentenversicherung im Fall der Berufsunfähigkeit beitragsfrei weiterläuft.

Auf Baustellen lässt sich gegen Diebstahl nur fest eingebautes Material versichern. Nachts und übers Wochenende schließt man sicherheitshalber Schubkarre und Werkzeug in die Baubude.

Eine private Arbeitslosenversicherung hingegen ist schlecht angelegt. Sie zahlt im Fall des Falles nur 12–24 Monate, unter Umständen genau Ihren eingezahlten Betrag – unverzinst. Verbraucherschützer raten zu eigenen, verzinsten Rücklagen.

Risiko-Lebensversicherung Stirbt der Hauptverdiener, müssen viele Hinterbliebene das Haus verkaufen – sie bringen die monatlichen Kreditraten nicht auf. Eine Risiko-Lebensversicherung federt diese Gefahr ab, manchmal knüpft die Bank die Darlehensvergabe an eine solche Absicherung. Die Hinterbliebenen können mit der fälligen Versicherungssumme ihre Darlehensschuld auf einen Schlag begleichen – und wohnen dann praktisch mietfrei. Es gibt zwei Varianten der Versicherung: Die Police garantiert während der gesamten Kaufzeit konstante Leistung, oder die Versicherungssumme passt sich Jahr für Jahr der sinkenden Schuldenlast an. Das ist günstiger, hinterlässt aber der Familie kein zusätzliches Polster.

Nach dem Einzug

Schon jetzt, während der Planungsphase, checken Sie am besten, welche Versicherungen Ihnen für die Zeit nach dem Einzug noch fehlen. Dann haben Sie genügend Zeit, Preisvergleiche anzustellen und einen günstigen Anbieter herauszufinden.

Hausratversicherung Die Gebäudeversicherung deckt Schäden an der Bausubstanz ab, die Hausratversicherung schützt die beweglichen Güter darin: eigene und geliehene Möbel, Gebrauchsgegenstände und Sportgeräte. Man bekommt den Neuwert ersetzt, wenn sie kaputt oder verloren gehen durch Einbruchdiebstahl und Raub, Vandalismus und Brand, Blitzschlag und Explosion, Leitungswasser, Sturm und Hagel. Die Versicherungssumme sollte dem Betrag entsprechen, der für die Neuanschaffung des Hausrats nötig ist.

Private Haftpflichtversicherung Schadensersatz-Ansprüche können auf Sie zukommen, wenn der Schornsteinfeger über die Kinderstiefel in der Diele stolpert, ein Passant auf eisglattem Gehweg vor Ihrem Haus ausrutscht oder der herabfallende Geranienkasten das Skateboard von Sohnemanns

Freund beschädigt. Eine private Haftpflicht versichert Sie gegen die finanziellen Folgen solcher Unachtsamkeiten, der Versicherungsschutz gilt auch für Ehepartner und minderjährige, unverheiratete Kinder. Eigene Schäden und die von mitversicherten Personen deckt die private Haftpflichtversicherung allerdings nicht.

Haus- und Grundbesitzer-Haftpflicht Wer sein Haus selbst nutzt, braucht diese Versicherung nicht – die private Haftpflichtversicherung kommt auf für Personen- und Sachschäden, die durch Ihren Grundbesitz entstehen. Wenn Sie aber das Haus oder eine Einliegerwohnung darin vermieten, ist nicht die Privathaftpflicht zuständig, sondern die Haus- und Grundbesitzerhaftpflicht.

Rechtschutzversicherung Während der Bauphase ist eine Rechtschutzversicherung sinnvoll, weil man es zu tun hat mit unzählig vielen Vertragspartnern und juristischen Feinheiten, Meinungen und Charakteren. Nicht immer sind sich die Beteiligten einig, und manche sehen sich vor Gericht wieder. Wohnt man in seinem neuen Eigenheim, glätten sich langsam die Wogen. Die Rechtschutzversicherung wird überflüssig – es sei denn, man erwartet noch heftige Auseinandersetzungen mit Nachbarn oder Behörden.

Öltank-Versicherung Ein Liter Öl im Grundwasser verseucht eine Million Liter Trinkwasser. Sie sind für Ihren Tank verantwortlich. Die Prämie hängt ab vom Tankvolumen und vom Aufstellungsort – unterirdisch auf dem Grundstück oder oberirdisch im Keller Ihres Hauses. Ein 3000-Liter-Heizöltank kostet 30 bis 50 Euro Versicherung im Jahr.

Solar-Versicherung Solarstromanlagen sind eine sichere Zukunftsinvestition. Das haben auch Langfinger erkannt. Deshalb ist eine Diebstahlversicherung kombiniert mit Sturm, Hagel und Feuer empfehlenswert.

Was fehlt uns?

Gehen Sie alle Policen durch, die Sie und Ihre bessere Hälfte bereits abgeschlossen haben. Kreuzen Sie hier die Bereiche an, die Sie zusätzlich abdecken möchten, und lassen sich Angebote machen.

Versicherung	Abgedeckte Risiken	
❶ *Baufertigstellung*	*Konkurs des Bauträgers*	❍
❷ *Bauherren-Haftpflicht*	*Schäden, die durch die Baustelle entstehen*	❍
❸ *Bauleistung*	*Beschädigung von Baumaterial*	❍
❹ *Berufsunfähigkeit*	*Einkommenseinbußen*	❍
❺ *Eigenleistungsausfall*	*Arbeitsunfähigkeit auf der eigenen Baustelle*	❍
❻ *Gewässerschäden*	*Verunreinigung von Grundwasser und Gewässern durch Heizöl*	❍
❼ *Glas*	*Schäden an Scheiben, Platten, Bausteinen, Kuppeln und Spiegeln aus Glas und Kunststoff*	❍
❽ *Haus- und Grundbesitzerhaftpflicht*	*Schäden auf vermietetem Grundstück*	❍
❾ *Hausrat*	*Schäden am/Diebstahl von Hausrat*	❍
❿ *Private Haftpflicht*	*Sach- und Personenschäden, die andere auf Ihrem Grundstück erleiden*	❍
⓫ *Risiko-Leben*	*Finanzielle Not von Hinterbliebenen*	❍

check

Wie werden unsere Pläne amtlich?

Bauantrag stellen, Nachbarn fragen, Baubeginn anzeigen

Die Rennerei von Amt zu Amt frisst Zeit und nervt. Nicht immer ist persönliche Anwesenheit erfoderlich. Die meisten Fragen lassen sich leicht telefonisch, per Fax oder E-Mail klären. Schreiben Sie eine Liste aller Aufgaben und haken Erledigtes ab. So verlieren die Aktenberge ihren Schrecken.

Wartezeit ewig, Auskünfte null, Personal muffig – sind Bauherren in Deutschland der Verwaltung ausgeliefert? Nicht, wenn sie die Spielregeln kennen und nutzen. Oft sind es die Bauvorschriften, die Ideen der Bauherren ausbremsen und Motivation sowie Kreativität lahmlegen. Schnell bekommt der Sachbearbeiter im Amt den schwarzen Peter für den Ärger zugeschoben. Doch ist das berechtigt? Eine Umfrage des Ipsos-Instituts (s. Seite 123) im Auftrag von DAS HAUS ergab, dass mehr als die Hälfte der Befragten sich von den Baubehörden besseren Service wünscht. Dagegen steht: Die Ämter tun bereits eine Menge. Obendrein haben Bürger, zum Beispiel wenn der Bebauungsplan ausliegt, Mitspracherechte, von denen sie eher zu selten Gebrauch machen. Planung und Behördengänge – und die Monate ziehen vorüber? Zähmen Sie Ihre Ungeduld ein wenig und halten sich vor Augen: Die echte Bauphase eines Hauses dauert mindestens ein Jahr – genauso viel Zeit brauchen Sie vorher, bis Sie alle Formalitäten unter Dach und Fach gebracht haben: Sicherung der Finanzierung und Grundstückssuche, Kaufvertrag und Grundbucheintrag, Planung und Baugenehmigung. Jedenfalls: Ungeduld hilft nicht weiter. Sie kommen am besten zurecht, wenn Sie die Wege kennen und auf Details achten.

Bauvoranfrage

Bevor Sie einen aufwendigen Bauantrag einreichen, der vielleicht abgelehnt wird: Checken Sie, ob es sich bei Ihrem Stück Land überhaupt um ein Baugrundstück handelt – unbedingt, bevor Sie es kaufen. Das geht mit einem formlosen Brief an die Baubehörde oder, rascher, in einem persönlichen Gespräch, zu dem Sie am besten gleich einen Architekten mitnehmen.

Mündliche Anfrage Ist das Grundstück prinzipiell bebaubar, erfahren Sie bei dieser Gelegenheit – der Bauvoranfrage – gleich, welche Ausmaße und wie viele Stockwerke Ihr Eigenheim haben darf, welche Baugrenzen einzuhalten sind und ob

Fantasie wagen? Viele Bauherren prallen mit ihren Ideen an Verordnungshürden ab, manche überzeugen mit Argumenten oder Beispielen – und siegen.

irgendwelche Auflagen bestehen bezüglich Natur, Landschafts- oder Denkmalschutz. Die Gemeinde kann durch einen Bebauungsplan eine Höchstgrenze für die Größe Ihres Hauses festsetzen, in einer Gestaltungssatzung sein Aussehen festlegen und zum Beispiel unter Berufung auf das Forstamt die Distanz zwischen einem Waldsaum und neuen Häusern extrem groß ansetzen. So sehen Sie im Vorfeld, welche Ihrer Träume sich realisieren lassen, wo Änderungen oder gar Abstriche notwendig sind – oder wo Sie sich ein gutes Argument überlegen müssen, um eine Ausnahmegenehmigung zu erwirken.

Antrag auf Vorbescheid Wichtige Fragen lassen sich auch schriftlich durch einen sogenannten Vorbescheid klären. Für die Form einer Bauvoranfrage gibt es keine festen Regeln, fragen Sie die Behörde, welche Unterlagen sie zur Prüfung braucht. Die Baugenehmigungsbehörde ist je nach Bundesland 2–4 Jahre daran gebunden und darf im Genehmigungsverfahren bereits gemachte Zusagen aus dem Vorbescheid nicht ablehnen (Bindewirkung).

Genehmigungsverfahren In vielen Bundesländern ermöglichen sogenannte Genehmigungsfreistellungsverfahren, »ohne« Baugenehmigung zu bauen. Doch Vorsicht, die Voraussetzungen (qualifizierter Bebauungsplan, erschlossenes Grundstück ...) müssen vorher genau geprüft werden, und Abweichungen sind nicht möglich. Das Verfahren wird mit der Einreichung Ihrer Pläne beantragt. Nachteil ist: Die gesamte Verantwortung liegt nun auf Ihren Schultern oder denen Ihres Architekten. Vorteil ist der Wegfall der Genehmigungsgebühr, und Sie können früher mit dem Bau beginnen. Kann das Freistellungsverfahren nicht angewandt werden, wird ein »vereinfachtes Baugenehmigungsverfahren« beantragt. Dies ist in der Regel dazu gedacht, die Genehmigungsbehörden zu entlasten und die Wartezeiten zu verkürzen. Dazu werden nur bestimmte Punkte der Bauvorlage geprüft. Für den Antragsteller vereinfacht sich nichts. Lediglich die Bearbeitungszeit kann sich verkürzen. Da die Behörde die Einhaltung der öffentlich-rechtlichen Vorschriften nur in den wichtigsten Punkten prüft, ist auch bei diesem Verfahren mehr Eigenverantwortung gefordert. Alle sonstigen Bauanträge werden im normalen Baugenehmigungsverfahren behandelt.

Bauantrag

Mit den Entwurfsplänen beantragen Sie die Baugenehmigung – das geht auch, wenn ein Nachbar seine Unterschrift verweigert hat. Der Haken: Möglicherweise erwirkt er mit einer Klage die Verzögerung des Baubeginns oder eine vorüber-

Gespräch statt Brief spart Geld

Entspricht Ihr Bauvorhaben dem Bebauungsplan und der örtlichen Gestaltungssatzung, dürfte mit der Genehmigung alles glattgehen. Der schriftliche Antrag auf Vorbescheid kostet Bearbeitungsgebühr und Zeit, eine persönliche Besprechung des Vorentwurfs mit einem Experten der Baubehörde ist dagegen gratis – aber unverbindlich.

tipp

Wenn sich der Nachbar sträubt, Ihre Baupläne zu unterschreiben: Zeigen Sie ihm in Ruhe, was Sie vorhaben, und dass ihm kein Nachteil droht.

Welche Unterlagen brauchen wir?

Der Architekt sollte vorher klären, ob das Bauamt für Ihr Bauvorhaben spezielle Dokumente braucht. Im Allgemeinen reicht man der Baubehörde folgende Unterlagen ein in dreifacher Ausfertigung: Antrag auf Baugenehmigung und Lageplan, Baubeschreibung und Bauzeichnung, Berechnung von Grundflächenzahl GRZ und Geschossflächenzahl GFZ sowie den Nachweis der erforderlichen Stellplätze.

info

gehende, gar endgültige Einstellung der Bauarbeiten. Inzwischen steigen Ihre Kosten für den Rohbau um etwa 10–12 Prozent, für den Ausbau zwischen 7 und 8 Prozent pro Jahr. Fragen Sie also lieber nach dem Grund seiner Einwände und versuchen Sie, den nachbarschaftlichen Frieden wieder herzustellen. Die Formulare für den Bauantrag erhalten Sie von Ihrer Gemeinde; auf einer Liste steht, welche Pläne Sie abgeben müssen. Meist verlangt man den amtlichen Lageplan des Katasteramts, Bauzeichnungen und Baubeschreibungen – jeweils unterschrieben außer von den Nachbarn von Bauherr und Entwurfsverfasser. Reichen Sie den Antrag bei der Gemeindeverwaltung ein.

Kontrolle Der Gemeinderat bespricht, ob Ihr Bauvorhaben planungsrechtlich zulässig ist, nimmt zu Ihrem Baugesuch Stellung und gibt alles weiter an die Baugenehmigungsbehörde. Die kann kontrollieren, ob Ihre Pläne die Bauordnung, Brand-, Lärmschutz- und Wärmeschutzvorschriften einhalten und ob die Abstandsflächen zu Straßen sowie Nachbargebäuden stimmen. Oft schalten die Behörden noch »Träger öffentlicher Belange« ein: Je nach Lage Ihres Baugrundstücks sind das Fachleute des Straßen- oder Wasserwirtschaftsamts, der Denkmalschutz- oder Naturschutzbehörde.

Baubescheid Der Baubescheid kommt meist innerhalb von 1–2 Monaten, komplizierte Anträge dauern länger. Wenn Sie nichts hören, fragen Sie in regelmäßigen Abständen nach, wie die Bearbeitung des Antrags vorangeht. Protokollieren Sie alle Gespräche, anhand Ihrer Notizen können Sie sich beschweren. Überlegen Sie jedoch vorher, was Sie damit erreichen, denn Ihre Beschwerde verursacht erneut Arbeit. Rührt sich 3 Monate nichts, haben Sie laut Gesetz das Recht, Untätigkeitsklage einzureichen. Sollte in Ihrem Bundesland oder für Ihre besonderen Pläne eine Genehmigung notwendig sein und hat man nicht gerade etwas ganz Exotisches vor, wird sie in den meisten Fällen erteilt – gelegentlich erst nach Verhandlungen. Nur einem von ungefähr 150 Antragstellern wird die Genehmigung definitiv verweigert. Ganz gleich, ob genehmigungspflichtig oder genehmigungsfrei:

Sie müssen innerhalb einer bestimmten Frist anfangen, sonst erlischt die Erlaubnis – in der Regel nach 3 Jahren. Man kann sie verlängern. Das ist praktisch, wenn Sie etwa Wintergarten, Garage oder Balkon aus Kostengründen erst später (an-) bauen wollen. Lassen Sie alles im ersten Bauantrag genehmigen – was man hat, das hat man – und verlängern Sie die Baugenehmigung, bis das Haus komplett ist.

Baubeginnsanzeige Schicken Sie mindestens 1 Woche vor Beginn der Bauarbeiten eine Baubeginnsanzeige an die Genehmigungsbehörde. Achten Sie darauf, dass Sie die Pläne, die genehmigt worden sind, genau einhalten. Sonst droht Baustopp mit Bußgeld. Und Sie müssen alles entfernen, was nicht der Genehmigung entspricht. Hoffen Sie nicht darauf, dass es keiner merkt: Selbst wenige Zentimeter Abweichung kann die Baubehörde gnadenlos mit einer Abrissverfügung ahnden.

Ablehnung? Widerspruch!

Lehnt die Behörde eine Baugenehmigung aller Voraussicht nach ab, werden Sie darüber informiert, bevor man Ihnen den schriftlichen Bescheid zustellt. Zu diesem Zeitpunkt können Sie den Antrag noch zurückziehen – das empfiehlt sich auf jeden Fall, wenn ein Widerspruch keine Aussicht auf Erfolg hätte. So sparen Sie einen Großteil der Gebühren für Prüfung und formelle Ablehnung. Sie haben nun die Gelegenheit, Teile des Bauplans zu ändern oder findig zu argumentieren: So sollte ein Bauherr beispielsweise 30 Meter Abstand lassen zwischen Wald und Haus, damit bei Sturm

Bauherren-Umfrage: Mit Behörden nichts als Ärger?

Ein guter Architekt findet auch innerhalb der Bauvorschriften schöne, intelligente Lösungen.	76 %
Wenn man selber nett ist zu den Beamten, dann wird man von ihnen auch freundlich behandelt.	75 %
Sicher, es gibt viele Bauvorschriften, aber die haben doch auch ihren Sinn.	74 %
Es müsste mehr Möglichkeiten geben, sich gegen Behördenwillkür zur Wehr zu setzen.	69 %
Beim Bauen gilt: Man muss Schlupflöcher kennen, um das System auszutricksen.	67 %
Gäbe es nicht so viele Bauvorschriften, wären unsere Städte bunter und abwechslungsreicher.	64 %
Wenn es nur halb so viele Vorschriften gäbe, würde die Wirtschaft besser funktionieren.	62 %
Am besten nimmt man sich einen Architekten, dann spart man sich Ärger mit dem Bauamt.	58 %
Ich glaube, viele Beamte sind frustriert, weil niemand ihre Arbeit schätzt.	57 %
Ich wünsche mir mehr Beratung – viele Beamte kennen sich in komplizierten Fragen nicht aus.	57 %
Es hat sich nicht viel geändert: Die meisten Ämter sind verstaubt und unflexibel.	55 %
Ich weiß nicht, warum die Leute so meckern – ich habe gute Erfahrungen mit Behörden.	43 %
Ich habe mich schon oft über die anmaßende Behandlung in Behörden geärgert.	42 %
Ich würde eher ein Haus kaufen als bauen, um mich nicht mit dem Bauamt herumzuärgern.	41 %
Wäre der Service bei den Behörden besser, würde ich höhere Gebühren in Kauf nehmen.	31 %

Für DAS HAUS ermittelt von »Ipsos« in einer repräsentativen Umfrage

Eine Reihe von Entscheidungen liegen im Ermessen des Sachbearbeiters. Es gibt Ausnahmegenehmigungen für alles, man muss mit seinen Entwürfen überzeugen können.

Baustelle sichern und versorgen

Der Baukran soll aufgestellt werden, ein Tieflader liefert Bauteile oder provisorische Versorgungsleitungen werden angeschlossen – das ist auf manchen Grundstücken nur möglich mit einer kurzzeitigen Straßensperrung oder Blockade öffentlicher Parkplätze. Stellen Sie an das Amt für öffentliche Ordnung einen schriftlichen Antrag. Bauwasser und -strom beantragen Sie bei Wasserwerk und Energieversorgungsunternehmen.

info

kein Baum aufs Dach knickt. Er wies nach: Die Stürme wehen stets von Westen und knicken Stämme weg vom Haus nach Osten – 6 Meter Abstand wurden genehmigt. Kommt eine Umplanung aus Kosten- oder Zeitgründen oder prinzipiell nicht infrage, warten Sie den formellen Ablehnungsbescheid ab und legen dann Widerspruch ein – vorausgesetzt, für Ihre Pläne besteht noch irgendeine kleine Chance. Das sollten Sie mit Ihrem Architekten besprechen. Wie man Widerspruch ohne Formfehler einlegt und innerhalb welcher Frist er zu erfolgen hat, steht in einer Rechtsbehelfsbelehrung. Sie ist dem Ablehnungsbescheid stets beigefügt – ohne sie ist er ungültig. Wenn Sie für die Begründung Ihres Widerspruchs noch den Rat von Juristen, Bauexperten oder sonstigen Fachleuten brauchen: Wahren Sie auf jeden Fall pünktlich die Widerspruchsfrist und reichen Sie die Begründung eventuell erst später nach.

Klage vor Gericht Bleibt die Baubehörde bei ihrer Ablehnung, reicht sie Ihr Schreiben an die Rechtsaufsichtbehörde weiter, in den größeren Bundesländern ist das der Regierungspräsident oder die Bezirksregierung. Wird auch dort Ihrem Widerspruch nicht stattgegeben, bleibt Ihnen der Klageweg vor das Verwaltungsgericht. Bedenken Sie, dass Ihnen dadurch zusätzliche Kosten entstehen und der Baubeginn sich verzögert – unter Umständen Jahre. Ist Ihr Wunsch den Aufwand wert? Bevor Sie sich auf diesen Weg begeben: Holen Sie sich Rat von Baufachleuten und Anwälten, zum Beispiel als Mitglied des Verbands privater Bauherren (Telefon 030-27 89 01-0, Internet www.vpb.de) oder des Bauherren-Schutzbundes (Telefon 030-3128 001, online www.bsb-ev.de).

▶ Erfahrungen: **Mit anderen Bauherren Tipps austauschen für Behörden und Baugenehmigung unter www.haus.de/bauforum**

Jetzt wird es langsam ernst: Alles erledigt?

Sie haben sich tapfer durch die ersten 12 Kapitel dieses Buchs gekämpft und den vagen Traum vom eigenen Haus in ein konkretes Projekt verwandelt. Sie wissen jetzt, was man als Bauherr braucht, und haben alle wichtigen Entscheidungen getroffen. Keine vergessen? Haken Sie zur Kontrolle noch einmal die wichtigsten ab.

1. *An unserem Entschluss gibt es jetzt nichts mehr zu rütteln: Wir bauen!* ❍
2. *Die Finanzierung steht auf soliden Füßen.* ❍
3. *Unsere Zukunftspläne und -wünsche sind abgesteckt.* ❍
4. *Die Entscheidung über frei stehendes Haus, Doppel- oder Reihenhaus ist gefällt.* ❍
5. *Wir haben ein Grundstück, auf dem wir bauen dürfen.* ❍
6. *Wir haben die Baumaterialien gewählt, die uns am sympathischsten sind.* ❍
7. *Wir wissen in etwa, wie unser Haus aussehen soll.* ❍
8. *Wir haben unsere Träume von viel Platz auf ein realistisches Maß reduziert, trotzdem gibt es genügend privaten Raum für jeden Hausbewohner.* ❍
9. *Wir wissen, mit wie viel Haustechnik wir zurechtkommen – und unser Geldbeutel.* ❍
10. *Wir haben einen Architekten, dessen Entwürfe uns gut gefallen, dem wir vertrauen, und wir haben einen einwandfreien Vertrag mit ihm geschlossen.* ❍
11. *Wir haben die Versicherungen für die Bauphase und später abgeschlossen, die wir für wichtig halten.* ❍
12. *Unser Architekt hat alle Unterlagen, die er für die Bauvoranfrage oder für den Bauantrag benötigt.* ❍

check

Telefonnotiz
Baubeginn sofort
rotring isograph
EINGANG
EINGANG
KÜCHE
DIELE
429.2o
WC
WC
WF
KÜCHE
ABST.
ESSEN
ESSEN
DOPPELGARAGE
429.7o
WOHNEN
TERRASSE
HEIZUNG
FLUR

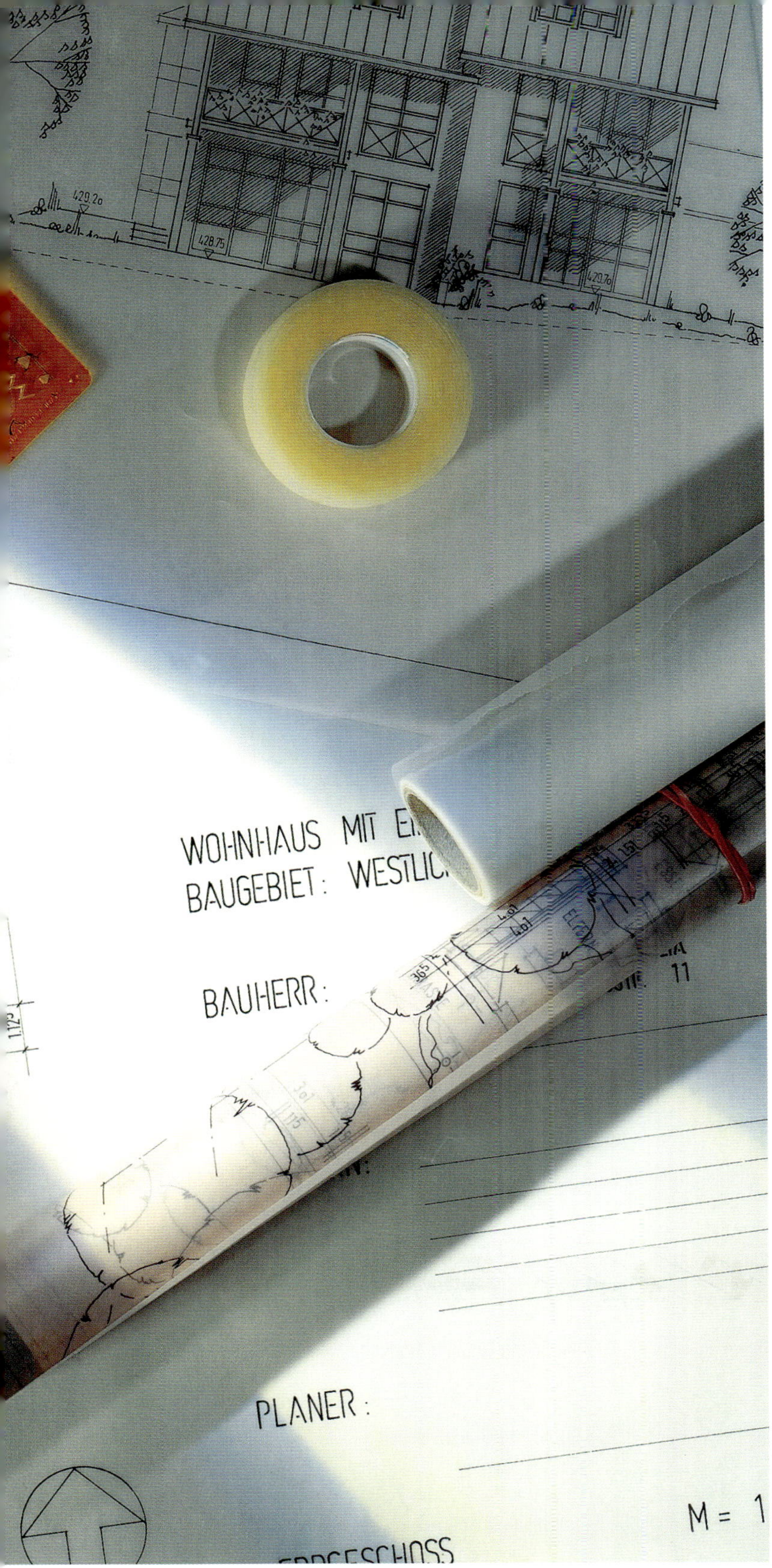

Wie wir schlau den Bau regeln

Natürlich wollen wir so schnell wie möglich einziehen, und jeder Tag auf dem Bau kostet unser Geld – wie koordiniert man eigentlich die Termine? Viele Arbeiten kann man selber machen, aber was lohnt sich wirklich? Woher kriegen wir Handwerker für den Rest? Und wie schaffen wir es, dass sie zügig arbeiten? Wir informieren uns jetzt, wie Profis eine Baustelle organisieren.

So halten wir die Bauzeit knapp

Termine planen und die Baustelle am Laufen halten

Ein Blick auf den Bauzeitenplan verrät, wer gerade auf der Baustelle arbeiten sollte und wer fehlt. Handwerker müssen für ihre Terminverzögerungen geradestehen – falls der Vertrag diese Regelung enthält. Ein Anruf genügt nicht für den Anspruch auf Schadensersatz, man fordert ihn schriftlich.

Während der Bauphase zahlen Sie gleichzeitig Miete und Kredit oder Bereitstellungszinsen, und die Baupreise steigen. Zeit ist also Geld – jeder Baustellentag kostet, Verzögerungen belasten Ihr Baukonto unnötig. Planen Sie sorgfältig die Termine und kümmern Sie sich darum, dass jeder Baupartner sie einhält – auch Sie selbst. Dann klappt es wie am Schnürchen, und Sie wohnen bald im eigenen Haus.

Termine planen

Hilfreich ist ein Termin-Ablaufplan: Er zeigt, wer wofür zuständig ist und wann, wie Bauherr, Handwerker und Behörden als gutes Team zusammenarbeiten. Mit einem Plan gewinnen Sie zudem einen Überblick über Vorbereitungs-, Durchführungs- und Trocknungszeiten und vermeiden, dass der Bau ohne Grund ruht oder sich Handwerker ins Gehege kommen. Wer in etwa weiß, welche Materialmengen auf der Baustelle verarbeitet werden, plant die Bauzeit realistisch. Für ein Einfamilienhaus von 80 Quadratmetern Grundfläche hebt man annähernd 500 Kubikmeter Erde aus, gießt 25 Kubikmeter Beton zur Bodenplatte und 50 Kubikmeter zu Geschossdecken, baut 130 Kubikmeter Mauern und stellt 180 Quadratmeter Gerüst auf, verlegt an die 130 Quadratmeter Dachpfannen und verputzt 140 Quadratmeter Außenwände. Zirka 100 Quadratmeter Kelleraußenwand werden abgedichtet und 285 Quadratmeter Innenputz verstrichen, 190 Quadratmeter Estrich und 105 Quadratmeter Teppichboden oder Parkett werden verlegt und 75 Quadratmeter Bodenfliesen. Etwa 220 Quadratmeter Wände verschönert man mit Tapeten, 140 Quadratmeter Decke verputzt und streicht man oder bekleidet sie mit Holz.

So lange dauert der Hausbau Diese Materialmengen zu verbauen, dauert für ein konventionell errichtetes Haus zwischen 6 und 10 Monaten. Die Tabelle rechts gibt Ihnen erste Anhaltspunkte, wie lange Durchschnittshandwerker für Durchschnittsarbeiten an Durchschnittshäusern benötigen. Rechnen Sie die eineinhalbfache bis doppelte

Was dauert wie lange?

Gewerk	Arbeitszeit in Stunden
Bodenplatte und Entwässerung	105
Mauerwerk, Stürze, Schornstein	690
Abdichtung Kelleraußenwand	65
Dränage	45
Decken und Ringanker	80
Dachstuhl oder Massivdach	60
Dacheindeckung	85
Regenrinne	23
Außenputz	220
Fenster	26
Haustür	6
Heizungsinstallation	120
Sanitärinstallation	80
Elektroinstallation	95
Innenputz	215
Teppichboden	25
Bodenfliesen	140
Innentüren	20
Treppen	80
Tapeten, Anstrich	120
Deckenbekleidung	110
Badausbau	100

Dauer für Arbeiten, die Sie selbst erledigen wollen Teilen Sie die Stundenangaben der Tabelle durch die acht Arbeitsstunden eines Tages und die Zahl, die Sie dann erhalten, durch die fünf Arbeitstage einer Woche. Sie wissen jetzt, wie viele Wochen Sie für ein Gewerk ungefähr veranschlagen sollten Rückt der nächste Bautrupp erst an, wenn das vorherige Gewerk abgeschlossen ist, dauert der Hausbau zu lange. Manche Arbeiten lassen sich parallel verrichten. Handwerker verschiedener Gewerke sollten einander aber nicht auf die Füße treten – man setzt sie an unterschiedlichen Hausbereichen ein: Während der Elektriker seine Leitungen in den Wohnräumen verlegt, stellt der Heizungsbauer im Keller den Kessel auf, und der Schreiner setzt die Fenster ein. Wer so geschickt plant, verkürzt die Bauzeit.

Bauzeitenplan Wer wann auf der Baustelle arbeitet und was er tut, legt man in einem Bauzeitenplan fest. Er sieht aus wie eine Tabelle: In der ersten Spalte stehen untereinander alle Bauarbeiten in der richtigen Reihenfolge – von den Erdarbeiten bis zum Außenputz. Pro Kalenderwoche Bauzeit gibt es je eine weitere Spalte. Querstriche auf Höhe der jeweiligen Arbeiten markieren die Zeit, in der sie erledigt werden sollen. Der ausgefüllte Bauzeitenplan sieht aus wie eine Treppe, die von links nach rechts absteigt. Wie Sie Ihren Bauzeitenplan anlegen, sehen Sie auf der hinteren Innenklappe dieses Buchs. Er enthält die Termine für den Bau eines aufwendigen Eigenheims. Ein einfaches Haus steht schneller – auf der folgenden Seite sehen Sie den Bauzeitenplan für eine straff organisierte Baustelle. Die Werte stellen jeweils eine grobe Kalkulationshilfe dar, denn Ihr Haus verursacht möglicherweise erheblich mehr oder etwas weniger Arbeit. Sprechen Sie die detaillierte Einsatzdauer der Handwerker ab mit Ihrem Architekten und dem jeweiligen Meister des Betriebs. Berücksichtigen Sie in Ihrem persönlichen Bauzeitenplan, dass sich Folgegewerke wegen Ausfallzeiten eines vorhergehenden eventuell verschieben, und denken Sie an Urlaubszeiten, Schulferien und die Zeiträume, in denen Sie Eigenleistung erbringen wollen.

Gekoppelter Plan Mit dem Bauzeitenplan koordinieren Sie die Handwerkertermine und verschaffen sich Woche für Woche Überblick über den Baufortschritt – als Kontrolle für Fremdarbeiten und Ansporn für Ihre Eigenleistung. Je präziser Sie vorplanen, desto genauer lässt sich feststellen, ob Ihr Bau noch in der Zeit liegt. Zudem wissen Sie, in wie vielen Wochen Sie in Ihr Haus einziehen. Der Bauzeitenplan zeigt auch, wann welcher Bauabschnitt fertig ist – und somit Rechnungen anfallen für Handwerkerlöhne und Baumaterialien. Raffinierte Bauherren koppeln ihren Bauzeitenplan mit einem Terminplan, aus dem Anlass und Höhe von Zahlungen hervorgehen: Zwei Wochen nach ihrem ersten Spatenstich zum Beispiel bekommen sie eine Rechnung über 3600 Euro für den Bodenaushub, nach sechs Wochen müssen 10300 Euro für Bodenplatte und Entwässerung bezahlt werden, in der 12. Woche sind 7500 Euro fällig für den Dachstuhl, in der 20. Woche verlangt der Fliesenleger 5000 Euro für die Bodenfliesen – bei Ihrem Haus können diese Beträge natürlich abweichen. Sie benötigen also in regelmäßigen Zeitabständen größere Geldsummen – ab Seite 154 lesen Sie, wie Sie den Finanzfluss am besten organisieren. Besprechen Sie Ihren Bauzeitenplan mit Ihrem Kreditgeber, damit er das Baudarlehen möglichst rechtzeitig zur Verfügung stellt.

Genaue Vorgaben Ein exakter Bauzeitenplan hilft allen Baupartnern, sich termingerecht vorzubereiten, pünktlich auf der Baustelle zu erscheinen und ihre Arbeit beizeiten fertigzustellen. Der ausgeklügeltste Terminplan wird allerdings hinfällig, wenn Sie Ihre Eigenleistung wegen Krankheit oder eines unvorhergesehenen Familienereignisses nicht bewältigen. Der finanzielle Ausfall Ihrer Eigenleistung lässt sich versichern: Sie bekommen eine vereinbarte Summe, um auf die Schnelle noch Handwerker mit der Arbeit zu beauftragen

Bauzeiten-Plan: Hausbau in 6 Monaten

	1. Monat	2. Monat	3. Monat	4. Monat	5. Monat	6. Monat
Aushub	1.+2. Woche					
Grundleitungen	3. Woche					
Bodenplatte	4. Woche					
Keller		1.+2. Woche				
Erdgeschoss		3.+4. Woche				
Dachstuhl			1.+2. Woche			
Dachdeckung			3.+4. Woche			
Abdichtung Dachanschlüsse			4. Woche	1. Woche		
Elektroinstallation			3.+4. Woche			
Heizungsinstallation			4. Woche	1. Woche		
Sanitärinstallation			4. Woche	1. Woche		
Fenstereinbau			4. Woche	1. Woche		
Gerüstaufstellung				1. Woche		
Rollladeneinbau				2.+3. Woche		
Innenputz				2.+3. Woche		
Außenputz				3.+4. Woche		
Estrich				4. Woche		
Haustüreinbau					1. Woche	
Fliesen					2.+3. Woche	
Treppen, Türen					3.+4. Woche	
Tapete, Anstrich					4. Woche	1. Woche
Bodenbeläge						3. Woche
Außenanlage					3.+4. Woche	1.+2. Woche

und zu bezahlen – mehr Versicherungs-Infos vorn im Buch ab Seite 116.

Termin-Überschreitung Die meisten Bauunternehmen werden die Arbeiten an Ihrem Haus rasch und zügig erledigen, sie wollen den Ruf ihrer Firma erhalten und die Rechnung stellen. Manche Handwerker sind sehr gefragt, bedienen (zu) viele Baustellen gleichzeitig und geraten in Terminschwierigkeiten. Andere Firmen könnten sich leider als unzuverlässige Baupartner erweisen, trotz Empfehlung von Bekannten. Ganz gleich, warum: Rechnen Sie damit, dass jemand Sie einfach sitzen lässt. Häufige Ausreden: Fahrzeug defekt, Mitarbeiter krank, Lieferschwierigkeiten des Herstellers. Nicht Ihr Problem, solche Ereignisse hat der Unternehmer zu organisieren und zu verantworten.

Druck machen »Betriebsstörungen oder Transport- und Lieferschwierigkeiten können die Bauzeit verlängern« – sollte ein Betrieb Ihnen einen Vertrag mit diesem Passus vorlegen: auf keinen Fall unterzeichnen! Vereinbaren Sie stattdessen schriftlich eine Konventionalstrafe für Verzögerung – üblich sind je Tag 0,2 Prozent der Brutto-Auftragssumme, aber maximal 10 Prozent. Behalten Sie sich darüber hinaus einen Ausgleich vor für Schäden, die eine Verzögerung verursacht. Eine pauschale Strafzahlung deckt den Rattenschwanz an Folgeschäden unter Umständen nicht vollständig ab.

Termine vereinbaren Der Handwerker muss nur zahlen, wenn Sie eine Terminüberschreitung nachweisen. Vereinbaren Sie Beginn und Abschluss der Arbeiten klar und schriftlich. Legen Sie Termine nach Kalenderwochen fest, etwa: »Einbau von Heizanlage und Sanitär-Rohinstallation erfolgt in der 32. bis 34. Kalenderwoche.« Noch etwas: Der Handwerker muss die Bauverzögerung fahrlässig verschulden, damit Sie ihn – zusammen mit einem Rechtsanwalt – belangen können. Fängt er nicht rechtzeitig an, weil Sie mit Ihrer Eigenarbeit in Verzug geraten sind, oder muss er zuerst einmal Ihren Pfusch korrigieren, gehen Sie leer aus. Wägen Sie auch kritisch Sonderwünsche und Planänderungen ab, die Ihnen während der Bauzeit noch einfallen.

Was müssen wir wann erledigen?

Die Handwerker schuften, die Baustelle mausert sich langsam zum Haus. Für Bauherren gibt es jetzt noch allerhand zu tun. Haken Sie ab, was erledigt ist.

1. Woche: *Der Architekt zeichnet Ausführungspläne im Maßstab 1:50. Wir beantragen Strom, Wasser, Telefon und Gas für Baustelle und Haus. Und schauen in den Mietvertrag, um die Wohnung rechtzeitig zu kündigen.* ❍

7. Woche: *Die Handwerker reagieren mit Angeboten auf unsere Ausschreibung. Wir machen Verträge mit ihnen, legen Termine fest und verschicken die Baubeginnsanzeige.* ❍

9. Woche: *Die Baustelle wird eingerichtet. Wir schließen Versicherungen ab, die uns noch fehlen, etwa Brand- oder Wohngebäude-, Bauwesen- und Bauherrenhaftpflicht-Versicherung.* ❍

10. Woche: *Die Erdarbeiten sind in vollem Gang, wir schicken eine Kopie des Versicherungsscheins für die Brand- oder Wohngebäudeversicherung an unsere Kreditgeber.* ❍

16. Woche: *Das Dachgeschoss wird gemauert, wir verschicken die Rohbaufertigstellungs-Anzeige an das Bauaufsichtsamt.* ❍

21. Woche *Die Fenster werden eingesetzt, wir schließen eventuell eine Glasversicherung ab.* ❍

30. Woche: *Die Heizung ist eingebaut, wir schließen eine Haftpflichtversicherung für die Solaranlage ab.* ❍

32. Woche: *Die Fassade wird verputzt, wir verschicken die Baufertigstellungs-Anzeige ans Bauaufsichtsamt.* ❍

check

So sparen wir durch Selbermachen

Wann es sich lohnt, was wir dürfen und wie begabte Freunde uns helfen können

Wer viel Zeit hat und Spaß am Selbermachen, kann sein Haus komplett in Eigenregie errichten. Bausätze mit Montageanleitung und Baustellenbetreuung ebnen auch Familien mit Mini-Budget den Weg zum Eigenheim.

Bauen in eigener Regie oder Profis ranlassen? Handwerkerlöhne machen immerhin 50–60 Prozent der Baukosten aus. Da lohnt es sich, selber anzupacken – aber nur, wenn man auf der Baustelle viel Zeit verbringen kann.

Euphorie bremsen

Möchten Sie Ihre Ausgaben für Handwerkerrechnungen um 10 Prozent drücken, müssen Sie ungefähr 1000 Stunden Eigenarbeit leisten – für eine Ersparnis von 20 Prozent schuften Sie 2000 Stunden usw. Innerhalb eines Jahres schaffen voll Berufstätige 500 bis 1000 Stunden auf dem Bau; Plackerei nach Feierabend und am Wochenende spart also maximal ein Zehntel der Handwerkerlöhne. Wer mehr sparen will oder muss, opfert seinen Urlaub oder spricht mit seinem Arbeitgeber über ein »Sabbath-Jahr«, also unbezahlte Auszeit. Vergleichen Sie Ihre Monatslöhne oder Ihr Jahresgehalt (plus Urlaubsgeld und Weihnachtsgratifikation) mit der Baukostenersparnis – so sehen Sie schnell, ob sich das für Sie lohnt. Wie man mit vollem Job die Zeit einer Woche sinnvoll einteilt, zeigt das Diagramm auf der Seite gegenüber.

Wie viel Ersparnis wirkich drin ist Wenn Sie mehr als 25 Stunden pro Woche für den Hausbau aufbringen, vielleicht gar Freunde und Verwandte helfen, lassen sich bis zu 30 Prozent der Handwerkerlöhne sparen. Mehr ist in der Regel nicht drin. Einige Arbeiten sind selbst für geschickte Heimwerker im Alleingang zu aufwendig oder gefährlich: Der Aufbau eines Gerüsts zum Beispiel, Arbeiten auf dem Dach und am Kamin. Ausschließlich Profis dürfen das Sanitär-, Heizungs- und Elektronetz installieren, Laien sind nur als Helfer im Team erlaubt. Manch eine Arbeit ließe sich zwar theoretisch selber erledigen, lohnt sich aber überhaupt nicht oder wäre völlig unsinnig: Man könnte beispielsweise die Baugrube von Hand ausheben – ein Bagger buddelt jedoch schneller und hat nachher keine Kreuzschmerzen. Das größte Einsparpotenzial birgt der Rohbau: In der Rechnung für das Hausgerippe stecken 5,8 Prozent Maurerlohn und 10,6 Prozent für die Betonarbeiter; Zimmerer und Schreiner kassieren für ihre Arbeit 6,4 Prozent der Baukosten. Ein Sack Zement wiegt 50 Kilogramm, Keramikfliesen für 1 Quadratmeter Boden oder Wand etwa 14 Kilo: Wollen Sie am Rohbau mithelfen, sollten Sie auf jeden Fall gesund und kräftig sein. Wer schon Bandscheibenvorfall oder Leistenbruch hinter sich hat, kann sich schwere Rohbau-Arbeiten gleich abschminken. Natürlich zehrt auch der Innenausbau an Ihren Körperkräften; er setzt Sie aber zeitlich weniger unter Druck. Voraussetzung: Alle Hausbewohner – also Sie und Ihre Familie – ertragen über Monate ein Leben auf der Baustelle, und die Profihandwerker werden durch Ihre Einteilung nicht an Anschlussarbeiten gehindert. Erledigen Sie vorzugsweise Arbeiten, die lohnintensiv sind und für die sich ein größerer Maschineneinsatz nicht rentiert.

Das können Sie selbst

Begnadete Heimwerker schaffen, eventuell nach Anleitung durch einen Profi, eine ganze Menge: Mauern errichten, Betondecken einziehen oder Hohlkörperdecken verlegen, Treppen bauen und die Kelleraußenseite mit Isolierputz streichen, Dränagerohre verlegen, die Fassade verputzen und streichen, Schlitze schlagen und Leerrohre einziehen, Innenwände verputzen, Türen und Fens-ter einbauen, die Dachschräge und Wände dämmen und Leichtbauwände montieren. Selbst wenn Sie blutiger Laie sind, werden Ihnen folgende Arbeiten gelingen: Fundamentgräben ausheben, Rohrleitungen und Kellerdecke dämmen, Innenwände streichen oder tapezieren, Fertigparkett oder Laminat-Elemente verlegen, Teppichboden und Fliesen verkleben, den Garten bepflanzen und einfrieden.

Professionell arbeiten Fleißigen Heimwerkern ist es durchaus möglich, sich den Lohnanteil am Bau zu erschuften. An den Kosten für Baumaterialien lässt sich hingegen kaum etwas sparen. Hüten Sie sich davor, allerlei Sonderangeboten nachzujagen. Sie zahlen zwar hie und da ein paar Hunderter weniger, haben es allerdings häufig mit B-Ware zu tun, an der Sie vielleicht nicht lange Freude haben. Wichtig für Bauherren, die ihr Haus vom Bauträger kaufen: Eine Baubeschreibung sollte neben den Einzelpreisen für Bauteile wie Türen, Fenster und Fliesen auch die Baupreise für mögliche Eigenleistungen enthalten.

Termine einhalten Legen Sie vor Abschluss des Vertrags mit dem Bauunternehmen den Abzug für Ihre Eigenarbeiten fest. Der Bauvertrag regelt dann im Detail, wer welche Arbeiten übernimmt. Nach Baubeginn darf Ihre Eigeninitiative nicht den Terminplan der Baufirma durcheinanderbringen. Denn wird Ihr Part nicht zum vereinbarten Termin fertig, müssen die Handwerker ihren Arbeitsbeginn verschieben – und das kann teuer werden, ist in jedem Fall ärgerlich. Konzentrieren Sie sich lieber auf Arbeiten, die im Bauablauf erst ganz zum Schluss drankommen und die Sie sich zeitlich einteilen können: Boden- und Wandbeläge anbringen, Wände und Decken malern, die Außenanlagen gestalten. Für selbst erledigte Arbeiten gibt

Haus fertig, Ehe auch?

Intakte Familie trotz Bau-Stress: Erübrigen Sie Zeit für Erholung und Vergnügen.

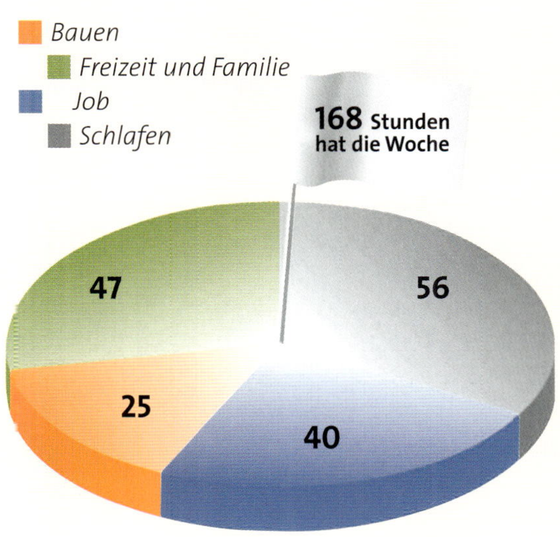

Selbst geschickte Hobbyhandwerker benötigen fürs Buddeln oder Mauern doppelt so lange wie Profis. Wollen Sie 10 % der Baukosten sparen, müssen Sie 1000 Stunden im Jahr mit anfassen. Das heißt: 25 Stunden pro Woche einplanen bei 40 Arbeitswochen im Jahr – 12 Wochen entfallen wegen Regen, Schnee und Urlaub. Wenn Sie hingegen von jährlich 52 Arbeitswochen ausgehen, werken Sie wöchentlich 20 Stunden auf dem Bau – muten Sie sich nicht mehr zu.

es keine Gewährleistung. Damit ließe sich leben, manch ein Handwerker jedoch könnte Ihre Eigenleistung als Vorwand für eigene Schlamperei nehmen. Oder die Haftung für Bauschäden berechtigt zurückweisen, etwa weil Sie ein Dichtungsband vergessen haben oder der Untergrund unsachgemäß vorbereitet war. Führen Sie Ihre Aufgaben aus wie ein Profi – erkundigen Sie sich genau, wie man die Arbeiten fachgerecht ausführt.

Werkzeug kaufen oder mieten

70 Prozent aller Bauherren machen irgendetwas selbst, seien es auch nur Kleinigkeiten wie das Finish der Wände oder das Einhängen von Fenstern und Türen. Die Ersparnis ist zwar gering, die Arbeit fördert aber den Spaß am Haus – vorausgesetzt, alles klappt nach Wunsch. Wissen, Erfahrung und Geschick bestimmen, ob Sie selber werkeln oder lieber Handwerker beauftragen. Sogar begabte Heimwerker brauchen mindestens doppelt so lange wie routinierte Berufshandwerker. Ohne gut ausgestattete Werkstatt ist man als Bauherr aufgeschmissen. Handwerker verleihen ihr Werkzeug ausgesprochen ungern. Und wenn überhaupt, dann gegen Geld. Sie brauchen eine sorgfältig ausgewählte Werkzeug-Kollektion zwischen Basisausstattung und Liebhaberei, die nicht ganz billig ist. Viele Geräte verwenden Sie nur einmal. Überlegen Sie vor dem Kauf, ob Mieten nicht sinnvoller wäre. In Ihrem Baustellen-Notfall-Koffer sollten sich unbedingt befinden: Schreiner-, Holz- und Gummihammer, Kombi- und Wasserrohrzange, ein Sortiment Schlitz- und Kreuz-Schraubendreher, Schraubzwingen, Rundfeile und Feilraspel, Bügelsäge, Stechbeitel, ein Körner, ein Anschlagwinkel und eine Wasserwaage. Zur elektrischen Grundausrüstung gehören Akkuschrauber, Zollstock, Bohrmaschine und Stichsäge, Schwingschleifer und Elektrohobel, Handkreissäge und Winkelschleifer. Obwohl Sie auf einen Schlag 1000 Euro oder mehr los sind, lohnt sich die Anschaffung.

Bauen üben in der Heimwerker-Akademie

Frank Michel, Geschäftsführer Do-it-yourself-Academy

»

Do-it-yourself-Academy – klingt ein bisschen abgehoben …
Ist sie aber nicht, ganz im Gegenteil: Sie vermittelt praktische Fertigkeiten. Die werden natürlich gestützt durch Theorie – aber nur so viel wie nötig.
Wer darf mitmachen?
Jeder Laie, der das Selbermachen von Arbeiten im Haus und drumherum lernen will – das ist speziell für Bauherren sehr hilfreich.
Zum Beispiel?
Die Angebote reichen vom Mauern und Dachausbau über das Fliesenlegen und Schreinern bis zum Montieren von Trennwänden und Küchenbau. Man kann sogar Elektroschweißen lernen.
Braucht man Vorkenntnisse?
Nein, das ist ja gerade der Sinn der DIY-Academy: Die Kurse sollen Laien fit machen.
Da treffen sich also Scharen von arbeitswütigen Männern?
Ein Viertel aller Heimwerker sind Frauen, speziell für sie bieten wir Frauenkurse an. »Selbst ist die Frau« vermittelt zum Beispiel den Umgang mit Elektrowerkzeugen. Danach lassen sich kleinere Haushaltsreparaturen eigenständig ausführen. Bauherrinnen müssen also nicht extra einen Handwerker holen – oder ihren Mann zehnmal bitten, bis er endlich zur Tat schreitet.
Wer baut, hat weder Zeit noch Geld, quer durch Deutschland zu einem Kurs zu fahren.
Sie können das Angebot bundesweit wahrnehmen, an über 80 Standorten halten 250 Experten um die 1000 Kurse ab. Das Programm wird ergänzt durch Bücher und CD-ROMs. Die Kurse dauern meist einen Tag, es gibt auch zwei- bis fünftägige Wochenend- und Ferienkurse. Die Kosten liegen, je nach Aufwand und Material, zwischen 50 und 140 Euro.
Wie erfährt man, wo welcher Kurs läuft?
Das komplette Kursprogramm gibt es im Internet unter: www.diy-academy.eu
Persönliche Fragen zu Kursen beantwortet Kerstin Schmitz-Mohr unter 0221-27 75 95-28
DIY-Academy e.V.
An der Rechtschule 1–3
50667 Köln

«

Eigenleistung: Was man spart

Wie viel Zeit Sie aufwenden müssen, wie viel Geld Sie reinarbeiten können und was Sie für Material ausgeben – alle Angaben jeweils pro Quadratmeter, Preise gemittelt zwischen städtischem und ländlichem Niveau.

1. *Lackieren Sie Klappläden selbst, so sparen Sie 14 Euro Lohn. Materialkosten für den Lack: 6,50 Euro, Arbeitsaufwand pro Quadratmeter 22 Minuten.*
2. *Nut-und-Feder-Bekleidung in Dachzimmern montieren: 14,50 Euro Handwerkerlohn sparen, dafür 1 Stunde pro Quadratmeter selber arbeiten. Profile (Massivholz) oder Paneele (furniert oder beschichtet) kosten 17 Euro.*
3. *Tapezieren: 7 Minuten Arbeit pro Quadratmeter, 18 Cent Lohnersparnis, Materialkosten für Tapete 2 Euro.*
4. *Putz streichen in 15 Minuten pro Quadratmeter, 2,50 Euro Lohn entfallen, Sie zahlen 1 Euro für Material.*
5. *Parkett verlegen dauert 35 Minuten pro Quadratmeter, die Lohnersparnis liegt bei 19 Euro. Holzmosaik in Eiche natur gibt es schon ab 19 Euro.*
6. *Teppichboden verlegen schafft man in 12 Minuten pro Quadratmeter, der Profi würde 7 Euro verlangen. Materialkosten für Auslegeware: 19 Euro.*
7. *Bodenfliesen verkleben, und so 19 Euro für den Fliesenleger sparen. Ebenso viel investieren Sie ins Material. 1 Quadratmeter ist in 45 Minuten verlegt.*
8. *Außenputz streichen: Farbe kostet 1,70 Euro; für 10 Minuten pro Quadratmeter Eigenarbeit sparen Sie 5,60 Euro Malerlohn.*
9. *Holzfassade streichen: 21 Minuten Arbeit pro Quadratmeter, 12 Euro weniger Lohnkosten, 5,20 Euro fürs Material.*
10. *Gartenweg: Pflaster kostet 6 Euro, ist in 33 Minuten verlegt und spart 16 Euro Lohn.*

Quelle: www.siradas.de

Eigenleistung statt Eigenkapital

Wer fehlendes Eigenkapital durch seine Arbeit ersetzen will, darf den Anteil nicht zu hoch ansetzen. Eine Heimwerker-Stunde wird mit 25 Euro veranschlagt. Um 30 000 Euro zu sparen, müssten Sie 1200 Stunden arbeiten, also ein Jahr lang täglich über 3 Stunden auf dem Bau schuften. Allerdings verlängert die Muskelhypothek oft die Bauzeit, was Finanzierungs- und Baunebenkosten erhöhen kann.

tipp

Sie werden diese Werkzeuge immer wieder einsetzen, während der Bauzeit und später, wenn es etwas zu renovieren gibt. Schauen Sie im Zweifelsfall nicht auf jeden Euro, und schaffen Sie sich gute Qualität an. Hochwertige mechanische Werkzeuge wie Schraubendreher oder Zange bestehen aus gehärtetem Chrom-Vanadium-Stahl und liegen wegen ihrer ergonomisch geformten Griffe gut und sicher in der Hand. Elektrische Geräte sollten schutzisoliert sein und das VDE-Zeichen tragen oder eine Bauartprüfung mit dem GS-Zeichen nachweisen. Pflegen und warten Sie Ihre Geräte, dann halten sie lange. Lassen Sie abends nichts auf der Baustelle liegen, sondern schließen Sie alles in den Kofferraum. Handwerker greifen ohne böse Absicht zu dem, was nahe liegt, und verschleppen es auf Nimmerwiedersehen.

Geräte clever mieten Handwerker, Baumärkte und Verleihfirmen bieten Miet-Werkzeug gegen Gebühr an. Ausleihen können Sie alles Mögliche, vom Hammer bis zum Bagger. Das kostet, je nach Gerät, zwischen 5 Euro für einen Tapeziertisch und 180 Euro für einen Radlader, jeweils pro Tag. Brauchen Sie ein Gerät länger, verringert sich die Tagesmiete, manchmal gibt es auch Sonderkonditionen fürs Wochenende. Auch Kurzzeittarife werden angeboten, zwei Stunden Ausleihen kostet dann nur die Hälfte des Tagespreises. Falls sich die Arbeit doch hinzieht, verlängern Sie einfach per Anruf die Frist.

Gebrauchsanweisung lesen Erkundigen Sie sich telefonisch, ob der Verleiher das Gerät Ihrer Wahl in seinem Programm führt und zu dem Termin reserviert, an dem Sie es benötigen. Größere Geräte können Sie sich an die Baustelle liefern lassen oder zum Transport einen Anhänger mitmieten, kleinere Maschinen holen Sie mit Ihrem Auto ab – lassen Sie sich ihre Ausmaße durchgeben. Nehmen Sie zur Ausleihe Personalausweis und Führerschein mit. Bevor Sie Werkzeug oder Gerät aus der Halle schaffen, weist der Verleiher Sie in die fachgerechte Bedienung ein. Fühlen Sie sich nach anfänglichem Selbstvertrauen plötzlich unsicher, lässt sich häufig auch Personal dazumieten, das mit dem Gerät umgehen kann. Im Verlauf der Einweisung stellt sich auch gleich heraus, ob der mechanische oder elektrische Helfer in Ordnung ist. (Oder ob der Vormieter Ihnen vielleicht Schäden unterjubeln wollte und hofft, dass Sie dafür aufkommen.)

Schäden versichern Als Sicherheit hinterlegen Sie eine Kaution, etwa 100 Euro für einen Bohrhammer. Beschädigen Sie das Gerät, wird die Kaution verrechnet. Sonst bekommen Sie das Geld wieder. Die meisten Werkzeug- und Geräteverleiher bieten eine Versicherung an, sie macht 10 Prozent der Leihgebühr aus und springt für Schäden ein. Fragen Sie nach Geräte-Zubehör und Sicherheitsausrüstung wie Helm, Schutzbrille und Staubmaske – sie sind oft im Mietpreis enthalten. Sinnvoll sind Kurse, in denen Sie handwerkliche Fähigkeiten erwerben oder verfeinern können. Volkshochschulen und die Deutsche Heimwerker-Akademie halten solche Seminare ab – siehe Interview auf Seite 134. Im Internet verschaffen Sie sich Knowhow unter www.haus.de/doit.

Arbeit ist so gut wie das Werkzeug, mit dem man sie erledigt. Eine Stichsäge gehört zur Grundausstattung, mit der entlang einer Führungsschiene schnurgerade Schnitte gelingen. Eine Staubabsaugung hält das Arbeitsfeld und die Atemwege frei.

Werkzeug kaufen oder mieten?

Werkzeug	Kaufpreis in €	Mietpreis pro Tag in €	Kaution in €
Hochdruckreiniger	920	20	50
Mörtelmischer	300	15	50
Fliesenschneider, 63 cm	50	12	25
Tischkreissäge	1800	20	50
Rundschleifer	80	25	50
Bohrhammer, 4,2 kg	350	20	50
Stemmhammer, 18 kg	950	45	100
Mauernutfräse	710	25	50
Generator, 2,2 kVA	480	25	50
Heizstrahler	1580	20	100
Schmutzwasserpumpe	220	20	50
Schutzgas-Schweißgerät	950	50	100
Fahrgerüst, Alu, 3–12 m	3500	30–60	100
Minibagger	26000	100	1000
Tapeziertisch	40	5	20
Elektrokettensäge	125	30	50

Wenn Freunde helfen

Müßiggang kommt für Bauherren nicht infrage. Trotz Behördengängen, Papier- und Rechnungskram legen sie auf der Baustelle selbst Hand an und schnell sind Nachbarn und Freunde, Arbeitskollegen und Verwandte zusammengetrommelt, die unentgeltlich zupacken. Bevor Sie Bauhilfe in Anspruch nehmen, kümmern Sie sich um Rechts- und Versicherungs-Formalitäten.

Versicherungen Vor dem Gesetz werden Sie automatisch zu einem »nicht gewerbsmäßigen Unternehmer«, sobald Sie selber schuften oder sich von Bekannten helfen lassen. Sie sind verpflichtet, Ihr Bauvorhaben innerhalb einer Woche nach Baubeginn der Bau-Berufsgenossenschaft (BG BAU) zu melden, die für Ihre Region zuständig ist. Die Mitarbeiter der Genossenschaft sagen Ihnen, was Sie tun müssen, zum Beispiel einen Stundennachweis für Ihre Helfer führen. Das gilt auch für Baumaßnahmen, die Sie ohne Baugenehmigung ausführen dürfen. Im Bundesgebiet gibt es sieben gesetzliche Unfallversicherungen für das Baugewerbe. Sie kommen für Baustellen-Unfälle auf, Laien sind besonders gefährdet. Eine bestimmte Zahl an Helferstunden pro Bauprojekt ist manchmal kostenlos versichert, für Stunden darüber hinaus bezahlen Sie als Bauherr Beiträge in die Unfallversicherung, je nach Region sind das um 2 Euro pro Stunde und Helfer. Fragen Sie nach der beitragsfreien Stundenzahl in Ihrer Region. Die gesetzliche Unfallversicherung übernimmt nach einem Sturz in den Kellerschacht oder einem Rutsch vom Dach die Kosten für die Heilbehandlung bis zur Pflege wegen Hilflosigkeit, Reha-Maßnahmen für die Rückkehr in den bisherigen Beruf des Helfers oder die Umschulung zu einer anderen Tätigkeit. Darüber hinaus würde die BG BAU Rentenzahlungen an den Verunglückten übernehmen, falls er nicht mehr oder nur teilweise arbeiten kann. Kommt er gar zu Tode, werden die Angehörigen mit Witwen- oder Waisenrente unterstützt. Auch wenn Ihre Freunde eine private Haftpflicht- oder Unfallversicherung haben, befreit Sie das nicht von der Meldung an die BG BAU.

Meldepflicht Helfer sind nicht automatisch versichert, deshalb sollten Sie die Meldung an die BG BAU auf keinen Fall versäumen: Passiert etwas, droht Ihnen ein Bußgeld bis 2500 Euro. Wenn Sie der Berufsgenossenschaft gegenüber falsche Angaben machen, verfolgt Sie unter Umständen das Strafrecht. Wer auf Nummer sicher gehen will, schließt eine private Bauhelfer-Unfallversicherung ab. Sie kostet je nach Versicherungssumme um die 30 Euro pro Person und gilt 1 Jahr.

Sicherheit und Unfallschutz Kümmern Sie sich darum, dass Ihre Helfer weder in Sandalen übers Gerüst turnen noch ihren Kopf schutzlos hinhal-

Eigenleistung verrechnen lassen

Sprechen Sie Umfang und Wert Ihrer Eigenleistungen ab mit Ihrem Architekten, Fertighaus-Hersteller oder Bauträger: Der Betrag muss von den Baukosten abgezogen werden. Achten Sie ferner darauf, dass in eigener Regie besorgtes Material gutgeschrieben wird, etwa Sanitärobjekte, Fliesen, Parkett. Und besprechen Sie mit dem Planer wie auch mit den Handwerkern detailliert Ihren Einsatz.

tipp

ten. Auf der Baustelle besteht Helmpflicht. Auch Freiwillige müssen Arbeitsschuhe anziehen. Wer mit Zement hantiert, muss Arbeitshandschuhe überstreifen, und geschweißt wird nur mit Schutzbrille. Für das Gerüst gibt es spezielle Vorschriften, die Sie bei der Bau-Berufsgenossenschaft erfragen. Der gesunde Menschenverstand gebietet, der Schutzpflicht nachzukommen; wo er aussetzt, kann die Berufsgenossenschaft nach einem Unfall Schadensersatz für ihre Kosten verlangen, und darüber hinaus ein Bußgeld verhängen. Lassen Sie sich am besten von der BG BAU am Info-Telefon beraten, es gibt auch Broschüren und Merkblätter. Wenn nötig, kommt ein Techniker auf die Baustelle. Er hilft, berät, kontrolliert, auch am Wochenende. Im Internet finden Sie Infos unter: www.bgbau.de.

Eigener Schutz Ihre privaten Helfer sind abgesichert, Sie und Ihr (Ehe-)Partner nicht. Eine private Unfallversicherung wäre zu überlegen. Sie können stattdessen auch einen freiwilligen Unfall-Versicherungsschutz der BG BAU beantragen. Er kostet in Bayern beispielsweise um die 500 Euro pro Person und Monat.

Hausbau ist Familiensache: Immer häufiger begnügen sich Frauen nicht damit, Butterbrote für die Helfer zu schmieren. Sie greifen selbst zu Bohrer, Säge und Hammer. Fertighaus-Käufer können je nach Talent zwischen verschiedenen Ausbau-Stufen wählen.

Freundschafts-Krise Ihre Laien-Helfer sind nicht unfehlbar, einem von ihnen unterläuft vielleicht ein grober Schnitzer. Bedanken Sie sich für Hilfsangebote von Kandidaten mit zwei linken Händen – und überlassen Sie ihnen Aufgaben, bei denen nichts schiefgehen kann, etwa Bier holen oder Schutt wegfahren, Prospekte für den Innenausbau besorgen oder Firmen abtelefonieren nach dem günstigsten Preis für die Badewanne. Ein Freund ist für Schäden am Bau nicht haftbar zu machen. Zuständig könnte seine private Haftpflichtversicherung sein – hoffen Sie, dass die Police Gefälligkeitshandlungen einschließt. Was aber, wenn nicht? Dem Laien fällt zum Beispiel ein Ziegelstein aus der Hand, trifft eine Passantin, und aufgrund des Vertrags greift seine Haftpflicht nicht? Dann springt Ihre private Haftpflichtversicherung ein unter zwei Bedingungen: Es handelt sich um ein kleineres Bauvorhaben bis zu einer vereinbarten Bausumme, und Sie haben das Unglück mitverschuldet – etwa weil Sie dem Helfer den Stein zugeworfen haben. Übersteigt die Bausumme einen bestimmten Wert, in der Regel 25 000 Euro, begleicht Ihre Bauherren-Haftpflicht den Schaden. Aber nur, wenn Sie das Risiko Eigenleistung mitversichern.

Entlohnung und Steuer Viele Bauherren revanchieren sich für die Muskelpower ihrer Freunde mit ihrer eigenen und ackern später fleißig mit beim Hausbau ihrer Helfer. Wer seiner Truppe sofort etwas Gutes tun möchte, lädt sie zu einem Essen ein. Sobald Sie Ihren Helfern danken mit Geld oder Naturalien, mischt sich das Finanzamt in den Deal: Ihre Freunde müssen jedes Einkommen und jeden sogenannten »geldwerten Vorteil« versteuern.

▸ **Professionell heimwerken: Tipps und nützliche Kniffe gibt es in den Do-it-yourself-Anleitungen unter www.haus.de/doit**

Zu welchem Heimwerker-Typ gehören Sie?

Während des Bauens ein fröhliches Lied auf den Lippen? Oder ist die Tür das Einzige, was bei Ihnen klappt? Der Test verrät, ob Sie ein begnadeter Selbermacher sind oder Ihr Haus doch lieber Handwerkern überlassen sollten.

Sie möchten einen Schrank. Was tun Sie?

1. *Plan zeichnen, Material berechnen, Werkzeug holen.*
2. *Ich kaufe einen Bausatz und schraube ihn zusammen.*
3. *Ich gehe ins Möbelgeschäft, kaufe mir mein Traumstück.*

In einer Bauanleitung steht Schwalbenschwanz …

1. *Na, das ist eine Art, Holzteile zu verbinden.*
2. *Ich schaue den Begriff in meinem Heimwerker-Lexikon nach.*
3. *Ich lasse die Finger davon, bis ich jemanden fragen kann.*

Wenn es im Haus etwas zum Basteln gibt …

1. *… höre ich Radio, pfeife und werkele bis abends.*
2. *… brüte ich über der Anleitung und verschiebe die Arbeit.*
3. *… scheuche ich Partner, Kind und Hund aus dem Weg.*

Sie benötigen einen Fliesenschneider:

1. *Ich kenne einen Fliesenleger, der leiht mir das Ding.*
2. *Ich schaue im Baumarkt nach einem günstigen Angebot.*
3. *Ich behelfe mir mit einer Zange, das geht schon.*

Ein Maler veranschlagt pro Raum 500 Euro:

1. *Ich rechne nur die Materialkosten und schaffe es wesentlich billiger.*
2. *Ich kaufe Fellrolle und Farbe, vergesse aber Abdeckfolie oder sonst was.*
3. *Für das Geld mach ich mich nicht dreckig, hole den Maler.*

Wenn größere Arbeiten anstehen …

1. *… überlege ich, wie lange sie dauern, und nehme Urlaub.*
2. *… kann ich die ja nach und nach an den Wochenenden erledigen.*
3. *… mach ich das nebenbei, wie es sich zeitlich gerade ergibt.*

Mein(e) Partner(in) findet Heimwerken …

1. *… sexy, hält mir den Rücken frei mit belegten Broten und Lob.*
2. *… gut, will helfen – das ist manchmal fast lästig.*
3. *… spießig, schimpft über Zeitaufwand und Dreck.*

Punkte addieren, Auswertung lesen.

7–10: Mustergültig
Bauschutt-Haufen verwandeln sich unter Ihren Händen quasi zu purem Gold. Sie haben alles, was perfekte Heimwerker auszeichnet.

11–15: Ausbaufähig
Sie sind ein toller Heimwerker – in der Theorie. Geht es ans Praktische, fehlt Ihnen schon mal der Überblick. Keine Sorge, dieses Buch hilft.

16–21: Zappenduster
Andere mögen ihre Zeit auf Baustellen oder in Hobbykellern verbringen. Für Sie ist es sinnvoller, währenddessen Geld zu verdienen: Gute Handwerker kosten.

test

So finden wir gute Handwerker

Ausschreibungen und Auftragsvergabe: Richtig entscheiden

Glück muss man haben oder Köpfchen: Eindeutige Leistungsverzeichnisse und Bauverträge hindern Handwerker daran, Arbeiten nach Gutdünken auszuführen statt nach dem aktuellen Stand der Bautechnik.

Wollte man den Film drehen »Wir bauen unser Haus«, wären Sie als Bauherr der Regisseur. Sie benötigen Darsteller und beauftragen jemanden mit dem Casting des kompletten Teams – in diesem Fall können Sie wählen zwischen Generalunternehmer und -übernehmer, Bauträger und Fertighaus-Firma. Oder Sie besetzen die Rollen der Handwerker selbst in der sogenannten Einzelvergabe. Das kann Ihnen allerdings auch der Architekt abnehmen.

Generalunternehmer

Vielen Häuslebauern fehlen Erfahrung, Zeit oder Mut, sich für ihr Bauvorhaben im ganz großen Stil zu engagieren und sich um alles zu kümmern. Wer sich alle Aufgaben vom Hals halten will, lässt sich sein Haus zum Beispiel von einem Generalunternehmer hinstellen: mit dessen Leuten, nach Ihren Bauplänen, schlüsselfertig und zum garantierten Festpreis. Wenn Sie den Hausbau einem Bauunternehmer überlassen, ist Unterschreiben und Einziehen das Einzige, was Sie selbst tun müssen – vorausgesetzt, Sie wappnen sich klug gegen typische Risiken.

Alles aus einer Hand Erkundigen Sie sich vor dem Abschluss des Vertrags über die Seriosität Ihres Generalunternehmers – über Bank, Schufa und Handwerkskammer. Verträge zwischen Generalunternehmer und Bauherr können ganz unterschiedlich aufgesetzt sein. Zeigen Sie jeden Entwurf vor der Unterschrift einem versierten Juristen. Manche Verträge sehen weitgehende Vollmachten für den Generalunternehmer vor. Seien Sie besonders vorsichtig, wenn es um die Verfügungsgewalt über Ihr Baukonto geht – etwa, um Handwerkerrechnungen zu begleichen.

Weisungsrecht für Handwerker Möglicherweise hat der Generalunternehmer nicht für alle Gewerke eigene Leute, er holt sich Fremdfirmen dazu. Klären Sie, ob Ihr Auftragnehmer die Verträge mit Handwerkern in seinem Namen schließt oder in Ihrem Namen. Ist der Generalunternehmer einziger Partner der Handwerker, nehmen die

Männer vielleicht von Ihnen als Bauherr keine Weisungen entgegen. So müssen Sie Ihre Wünsche stets auf dem Umweg über den Generalunternehmer an den Mann bringen. Die Handwerker können ihrerseits die Bezahlung der Rechnungen nur vom Generalunternehmer fordern. Die Eintragung einer Bauhandwerker-Sicherungshypothek am Grundstück in Ihr Grundbuch ist dann nicht möglich – vorsichtige Handwerksbetriebe bestehen aber darauf: Der Eintrag sichert ihnen die Erfüllung ihres Anspruchs, falls der Generalunternehmer vor der vollständigen Bezahlung pleite geht.

Bezahlung der Rechnungen Schließt der Generalunternehmer die Handwerker-Verträge in Ihrem Namen ab, muss trotzdem er die Rechnungen bezahlen – er fordert von Ihnen die Beträge und leitet sie weiter an die Handwerker. Haken: Der Generalunternehmer kann Sie abkassieren, das Geld aber für sich behalten oder Konkurs anmelden. Dann werden die Handwerker sich an Sie wenden; wenn es ganz dick kommt, zahlen Sie doppelt oder verlieren das Grundstück.

Gewährleistungsansprüche Ist der Generalunternehmer alleiniger Vertragspartner der Handwerker, fallen ihm die Zurückhaltungsrechte und die Gewährleistungsansprüche zu. Er darf also – beispielsweise wegen mangelhafter Arbeit – Rechnungsbeträge ganz oder teilweise zurückhalten, bis der Pfusch beseitigt ist. Wichtig für Bauherren: Ist das Haus fertig gebaut, sollte der Generalunternehmer seine Gewährleistungsansprüche gegenüber den Handwerkern an der Bauherrn abtreten. So bleiben die Ansprüche auf jeden Fall bestehen, auch wenn die Generalfirma zwischenzeitlich liquidiert werden sollte. Andernfalls lässt sich danach nichts mehr reklamieren.

Preisgestaltung Das Haus bauen lassen zum Festpreis: ein verlockendes Angebot. Sie müssen aber wissen: Ein Generalunternehmer schließt nicht nur mit Ihnen einen Festpreis-Vertrag ab, sondern auch mit jedem Handwerker, den er für den Bau engagiert. Stellt sich heraus, dass die Preise nicht zu halten sind, werden Handwerker kaum auf Gewinn verzichten, sondern Leistung reduzieren oder Material sparen; oft so geschickt, dass Sie als Bauherr davon gar nichts mitkriegen. Hier beißt sich die Katze in den Schwanz: Sie sind zu Kontrollgängen über die Baustelle gezwungen und tragen Verantwortung, die Sie mit dem Vertrag an den Unternehmer abgeben wollten. Aus dieser Klemme hilft Ihnen gegen Gebühr ein unabhängiger Bau-Controller – Adressen bekommen Sie als Mitglied vom Verband privater Bauherren (Telefon 0180-524 82 48, Internet www.vpb.de) oder vom Bauherren-Schutzbund (Telefon 030-312 80 01, www bsb-ev.de).

Bauherren-Modell Baut der Generalunternehmer das Haus im Namen des Bauherrn, spricht man vom »Bauherren-Modell« – früher war es für viele Bauherren steuerlich attraktiver, das Haus zu »bauen« statt vom Unternehmer zu kaufen. Die Steuergesetze lauten inzwischen anders, und durch Konkurs windiger Unternehmer verloren etliche Leute ihr Geld – das »Bauherren-Modell« wird nicht mehr angeboten. Der Konkurrenzkampf zwischen Generalunternehmern ist groß. Sie profitieren davon, wenn Sie Forderungen stellen und

Fertighaus: Auf- und Ausbau im Nu

1. *Innenwände: In 2 Stunden baut ein vierköpfiger Bautrupp plus Chef das Erdgeschoss.*
2. *Giebel: Im trockenen Werk zweiteilig gefertigt, so passt er auf den Laster. Monteure fügen die Stücke vor Ort zusammen.*
3. *Spitzboden: Knaggen rechts und links werden die doppelten Deckenbalken tragen.*

Einzelvergabe spart 10% Kosten

Haus zum garantierten Festpreis? Klingt gut: Klettern während der Bauphase die Baupreise, muss der Generalunternehmer zusehen, wie er dann kalkuliert. Seien Sie gewiss: Das hat er getan, bevor er Ihnen den Kaufvertrag vorlegt. Generalunternehmer sichern sich gegen Preiserhöhungen ab, indem sie dieses Risiko in den Hauspreis einrechnen. Meist liegt der Zuschlag zwischen 10 und 15 % der Bausumme.

tipp

Fertighäuser kauft man nicht mehr von der Stange, der Firmenarchitekt oder ein Planer Ihrer Wahl entwickelt Ihr Heim nach Ihren individuellen Wünschen. Wer sich dafür entscheidet, schafft sich Organisation, Lauferei und Bauüberwachung vom Hals und hat es mit nur einem Ansprechpartner zu tun.

Sicherheiten verlangen – seriöse Firmen haben wegen der hohen Zahl an Konkursen dafür Verständnis und bieten freiwillig Sicherheiten an wie beispielsweise Fertigstellungs-Bankbürgschaft, Gewährleistungs-Bankbürgschaft und 5-Phasen-Baucontrolling durch den Technischen Überwachungsverein (TÜV).

Generalübernehmer Ein Generalunternehmer lässt die Arbeiten von seinen eigenen Leuten erledigen oder gibt einen kleinen oder großen Teil weiter an Mitarbeiter fremder Firmen, an Subunternehmer. Leistet der Unternehmer selbst überhaupt keine Bautätigkeit, spricht man von einem Generalübernehmer. Dahinter stecken in der Regel Handwerksmeister, die sich auf Koordinationsaufgaben konzentrieren. Oder Kaufleute, die die betriebswirtschaftliche Seite des Geschäfts betreuen und Subunternehmer mit dem Bauen beauftragen. Für Sie als Bauherr kann das insofern einen Unterschied machen, als ein Generalunternehmer meist mit heimischen Handwerksbetrieben zusammenarbeitet, Generalübernehmer oft Handwerker von wer-weiß-woher holen. Tummeln sich auf Ihrer Baustelle ausländische Arbeitskräfte, die nicht ordnungsgemäß gemeldet und versichert sind, stellt das Gewerbeaufsichtsamt Ihnen den Bau ein. Fragen Sie Ihren Generalunter- oder -übernehmer auf jeden Fall nach Herkunft und Qualifikation der Bauarbeiter.

Bauträger

Die Immobilien-Beilagen der Wochenendzeitungen sind voll von Anzeigen für schlüsselfertige Häuser: Bauunternehmen halten Pläne für eine Handvoll Haustypen bereit und bieten sie zum Bau auf Ihrem Grundstück an. Man hat meist geringe Möglichkeiten, Hausform, Größe und Ausstattung nach seinen Wünschen zu beeinflussen. Der Vertrag mit dem Unternehmer ist Planungs- und Bauvertrag in einem. Andere Möglichkeit: Das Unternehmen kauft ein Grundstück, bebaut es mit seinem Typenhaus und offeriert Ihnen beides zum Kauf. Dann haben Sie es mit einem »Bauträger« zu tun und schließen einen Bauträger-Kaufvertrag ab. Für ihn gilt der besondere Verbraucherschutz der Makler- und Bauträgerverordnung (MaBV). Trotzdem sollten Sie auch hier die Vorsichtsregeln beachten, die für das Bauen mit einem Generalübernehmer gelten.

Fertighausfirma

Fertighäuser plant man heute so individuell wie herkömmlich gebaute – äußerlich sind sie kaum zu unterscheiden. Der Bauherr legt Hausform, Grundriss und Ausstattung selbst fest, beauftragt damit den Hersteller oder einen freien Architekten. Ist der Plan gezeichnet, weiß man als Bauherr ganz genau, wie viel das Haus kostet – dieser Festpreis gilt in der Regel 12 Monate, vom Tag des Vertragsabschlusses an. Die Fertighausfirma produziert Wände, Giebel und Dachstuhl in der trockenen Werkshalle, unabhängig vom Wetter. Tieflader transportieren die Bauteile zum Grundstück, die Monteure verankern sie auf dem Keller oder

Handwerkerangebot für Parkettarbeiten – die Leistungsbeschreibung enthält insgesamt 15 Positionen, von den Vorarbeiten bis zu den Stundensätzen von Meister, Geselle und Lehrling.

Handwerkerangebot – ein Auszug:
Fachgerecht: alle Kosten bis zur letzten Schraube

Position	Menge	Titel	Einheits-preis	Gesamt preis
2		Parkettarbeiten		
2.1	140 m²	Liefern, verlegen und mit emmissionarmen Kleber verkleben von: Fertigparkett: Eiche natur, 2-Schicht verleimt, farblos geölt, 1. Sortierung, astarm und ohne Splint, Nutzschicht 4 mm; Materialgröße: Diele ca. 130 x 1800 mm Gesamtdicke: 10 mm; Bereich: EG, OG, DG; Verlegeart: englischer Verband, Laufrichtung nach Angabe; Untergrund: Trockenestrich auf Fußbodenheizung; Besonderheit: Anarbeiten an Fassade und Türlaibung;	92,00	12 880,00
2.2	50 m²	wie Pos. vor, jedoch Materialgröße Parkett ca. 70 x 500 mm	67,00	3 350,00
2.3	40 lfm	Liefern und einbauen von farblich angepassten, dunklen Presskorkleisten für Anschlussfugen an Treppe und Fassade, gemäß Plan inkl. sämtlicher Zu- und Verschnitte	4,50	180,00
2.4	120 lfm	Liefern und montieren von passenden Eiche-Sockelleisten, massiv, eckig mit schräger Oberseite, Größe 45 x 22 mm, Länge 2500 mm, mit Edelstahlschrauben im Abstand von 50 cm gleichmäßig montiert	9,00	1080,00

der Fundamentplatte. Die Fertighausfirma übernimmt die Organisation der rund 20 Handwerksbetriebe, die an einem Neubau arbeiten.
Der Bauherr hat für Fragen nur einen Ansprechpartner. Die kurze Bauzeit hält die Doppelbelastung von Miete und Bereitstellungszins gering (siehe Seite 16).
Schlüsselfertig Wie für Bauträger-Häuser gilt auch für Häuser aus vorgefertigten Bauteilen: Katalog-Texte dürfen nicht schwindeln, sie können aber Details so oder so formulieren. Vergleichen Sie Zahlungsbedingungen verschiedener Firmen: Manche wollen den Kaufpreis erst zur Schlüsselübergabe, andere fordern ihr Geld nach Baufortschritt oder sogar noch vor dem ersten Spatenstich – was üblich ist und wie Sie gut fahren, lesen Sie auf Seite 29. Bauträger- und Fertighäuser werden in der Regel »schlüsselfertig« angeboten – ein dehnbarer Begriff. Das Haus muss bezugsfertig sein – manche Firmen liefern nur das Notwendigste. Der Preis eines »teuren« Hauses enthält möglicherweise vieles, was für ein scheinbar preisgünstiges Haus extra berechnet wird – zum Beispiel eine Bodenuntersuchung oder Eingabepläne, den Transport von Bauteilen oder die Unterbringung und Verpflegung der Monteure, den Baukran oder die Einbauküche. Bitten Sie im Zweifelsfall um Referenzadressen von Bauherren, die ein Haus von Ihrem Wunsch-Bauträger oder dem Fertighaus-Hersteller Ihrer Wahl gekauft haben. Oder Sie beauftragen einen Anwalt, bei Gerichten um den Firmensitz herum nach der Anzahl der Bauprozesse zu fragen, die gegen den Hersteller bekannt sind. Die dritte Möglichkeit: Eine Anfrage unter Bauherren im Bau- und Wohnforum der Zeitschrift »Das Haus« unter www.haus.de/forum.
Ausbauhaus Viele Firmen bieten Ausbauhäuser an: Die Lieferfirma errichtet den Rohbau mit Dach, Fenstern und Haustür. Der Bauherr übernimmt den Innenausbau selbst oder lässt das Haus von begabten Verwandten fertig bauen. Informieren Sie sich aber genau über die Preisdifferenz zum fix und fertigen Haus und über den Lieferumfang – es gibt verschiedene Ausbaustufen.
Selbstbauhaus Man kann sein Haus auch komplett selbst mauern und ausbauen: Die Firma transportiert Material für einen Bausatz auf die Baustelle, der Bauherr fügt es zum Haus – gute Angebote enthalten exakte Pläne, verständliche Anleitungen und regelmäßige Profi-Betreuung. Bausätze sehen auf den ersten Blick verlockend preiswert aus, sie empfehlen sich für Bauherren, die genügend Zeit und Durchhaltevermögen, Kraft und Ahnung haben – das vorige Kapitel »So sparen wir durch Selbermachen« gibt Entscheidungshilfe.

Handwerkerwahl per Telefon

Bevor Sie Ihre Leistungsverzeichnisse verschicken, sollten Sie sich mit den Betrieben Ihrer Wahl telefonisch in Verbindung setzen. Fragen Sie, ob sie an dem Auftrag überhaupt interessiert sind und die Arbeiten leisten können. Auch wichtig: Hat der Handwerker Zeit, wenn Sie ihn brauchen? Oder müssten Sie Ihren Zeitplan verschieben? Fragen Sie zudem nach Bauherren, für die er gearbeitet hat, und sprechen Sie mit denen.

tipp

Einzelvergabe

Sie möchten Ihr Haus bauen wie die meisten Bauherren? Dann beauftragen Sie Handwerker, die Ihre Architekten-Pläne ausführen. Es leuchtet ein, dass man mit einem Auftrag über Zehntausende von Euro nicht zum erstbesten Handwerker geht. Eine »Ausschreibung« gibt einen Überblick über die Preise: Mehrere Betriebe bekommen ein sogenanntes Leistungsverzeichnis. Es enthält alle Arbeiten, die ausgeführt werden sollen.

Leistungsbeschreibung verfassen Haben Sie einen Architekten, gibt es keinerlei Probleme. Er stellt die Leistungsverzeichnisse für die verschiedenen Gewerke auf, und er kennt das ganze Drumherum eines Ausschreibungsverfahrens. Er berät Sie auch, wenn Sie die eingehenden Angebote auswerten wollen.

Wie Laien am besten vorgehen Handwerker-Angebote können Sie auch selbst einholen, dies birgt jedoch eine Schwierigkeit: Als Laie werden Sie es kaum schaffen, ein Leistungsverzeichnis zu erstellen. Einen Anhaltspunkt gibt Ihnen der Kostenvoranschlag eines Handwerkers, den Sie bereits in die engere Wahl gezogen haben. Manche Bauherren decken seinen Firmennamen und die Preise ab, kopieren sein Angebot und verschicken es an andere Handwerker. Das ist illegal und dem Handwerker gegenüber unfair.

Risiken Stattdessen sollten Sie alle Angebote genau prüfen und gemeinsam mit dem Handwerker durchsprechen. Bei Pauschalen immer fragen, was sie alles beinhalten, und im Zweifelsfall den Vertrag ergänzen. Unvollständige oder unklar beschriebene Angebote verursachen häufig teure Nachträge. Handwerkerangebote kann man oft nur schwer miteinander vergleichen, deshalb lassen Sie sich wenigstens bei großen oder technisch anspruchsvollen Ausschreibungen von einem Architekten helfen.

Leistungsverzeichnis selbst verfassen: nur sinnvoll, wenn man Materialien und Verarbeitung kennt. Zementfliesen etwa verfugt man mit spezieller Schlämme aus Zement und Quarzsand.

Handwerkerwahl

Familien, die schon in ihrem Eigenheim wohnen, erzählen gern lustige oder haarsträubende Handwerker-Storys: Da sollten zum Beispiel die Fliesen im Bad interessant diagonal verlegt werden, und abends fand man sie in einer langweiligen Reihe. Oder das Heizkörperventil hätte unbedingt rechts am Heizkörper sitzen sollen, damit eine bestimmte Schrankschublade nicht dagegen knallt. Das tut sie nun seit Jahren, denn der Heizungsbauer montierte das Ventil links.

Kriterien für die Wahl der Betriebe An wen schickt man also seine sorgfältig ausgearbeiteten Leistungsverzeichnisse? Auf jeden Fall nicht an den erstbesten Betrieb aus dem Branchenbuch. Folgen Sie den Empfehlungen Ihres Architekten, Ihrer Freunde oder Kollegen. Wer sich für Handwerksbetriebe auf dem Land entscheidet, fährt oft günstiger als mit Unternehmen in der Stadt. Meister vor Ort bemühen sich oft mehr als Leute von weither – es spricht sich im Dorf schnell herum, wenn einer schlampig arbeitet. Zudem schaut der örtliche Handwerker rasch vorbei, wenn nach dem Einzug etwas nicht funktioniert oder zu reparieren ist – er weiß, was er wie gebaut hat und wo er den Knackpunkt suchen muss.

Angebote auswerten

Keiner der Handwerker darf das Leistungsverzeichnis ändern. Sonst tappen Sie vielleicht in eine Kostenfalle. Einsparungsvorschläge des Handwerkers in seinem Gewerk ziehen eventuell höhere Kosten im Folgegewerk eines anderen Handwerkers nach sich. Nimmt beispielsweise der Dachdecker bestimmte Form- und Spezialpfannen aus seinem Angebot, muss der Spengler Kehlen und Grate mit Kupfer abdecken und eine Leiter für den Schornsteinfeger auf die Schräge montieren. Leistungsvergleich Ob der Austausch von Leistungen eine gute und tatsächlich preiswerte Idee ist, kann der Architekt beurteilen. Bauen Sie ohne ihn, sollten Sie auf der Kalkulation nach Leistungsverzeichnis bestehen. Rechnen Sie alle Angebote nach – mancher Handwerker ist billiger, weil er sich schlicht verrechnet hat. Prüfen Sie, ob jemand die Mehrwertsteuer vergessen hat. Jetzt fertigen Sie sich einen Preisspiegel. Das geht einfach, denn Sie listen jeweils Firma, Leistung und Preis nebeneinander auf. Seien Sie misstrauisch gegenüber Billigst-Angeboten, die weit unter denen der Mitbewerber liegen. Vielleicht möchte der Preisbrecher lediglich erst einmal ins Geschäft mit Ihnen kommen und später seine Kosten über Tricks hereinholen – wie nachträgliche Abrechnung von Zusatz-Stunden oder höhere Materialpreise. Zuschlags- und Bindefrist Üblicherweise gibt ein Handwerker in seinem Angebot an, wie viel Zeit Sie für die Annahme haben. Bis zum Ablauf dieser Frist ist er an die angegebenen Preise gebunden. Entscheidet sich der Bauherr erst nach der Frist für das Angebot, sollte er unbedingt nachfragen, ob sich die Preise inzwischen geändert haben. Leistungsbeschreibungen legen genau und verbindlich fest, wie lange die sogenannten Zuschlags- und Bindefristen sind.

So klappt die Ausschreibung

Interview mit Thomas Voelckner, Maurer, Architekt und Baupreis-Experte, Dachau bei München

Was muss man wissen, bevor man lange Listen für die Leistungsbeschreibungen verfasst?
Beschaffen Sie sich so viele Informationen wie möglich – über die Beschaffenheit des Baugrunds und Bauauflagen, Bautechnik, Materialien und Arbeitsschritte.
Wie genau soll man sich in einer Ausschreibung festlegen? Vielleicht kennt der Handwerker ja günstige Alternativen?
Die Ausschreibung sollte möglichst hundertprozentig genau sein, nur so lassen sich Angebote vergleichen. Die Bauausführungen stellt man anhand von Baubeschreibung oder Raumbuch zusammen – gibt es beides nicht, verfassen Sie Raumlisten, zum Beispiel: Erdgeschoss, Flur, 30 m². Stellen Sie für jeden Raum Fabrikat und Materialart, Schichtstärken und Oberflächenbehandlung zusammen sowie die Farben, wenn es wichtig ist. Man kann den Handwerker bitten, Alternativ-Positionen anzugeben, etwa Mehr- oder Minderstärken, bessere oder einfachere Fabrikate. Bauherr und Architekt können dann gemeinsam alle Vor- und Nachteile besprechen und sich entscheiden.
Kann man sich an DIN-Normen orientieren?
Allermeistens. Streitpunkt sind aber oft Oberflächen von Beton und Putz. Am Begriff »Sichtbeton« etwa scheiden sich die Geister, diese Bezeichnung ist in keiner DIN festgelegt. Hier hat es sich bewährt Fotos bereits ausgeführter Bauvorhaben beizulegen.
Wann verschickt man die Leistungsverzeichnisse?
Je früher sie beim Anbieter eintreffen, desto länger hat er Zeit für eine sorgfältige Kalkulation. Eine Frist von 4–6 Wochen ist empfehlenswert – je nach Umfang der Leistungen kann sie kürzer oder länger sein.
Wie profitiert der Bauherr von früher Ausschreibung?
Flattern ihm überhöhte Preise ins Haus, hat er Zeit für eine zweite Ausschreibung. Ist ihnen die Frist zu knapp, werfen manche Handwerker die mühsam ausgearbeiteten Leistungsverzeichnisse weg.
Muss ein Profi ausschreiben?
Nein, aber man sollte mit Profi-Ausschreibungstexten arbeiten, etwa von der Edition AUM – Info unter Telefon 08131-565 90.

Üblicherweise betragen sie nicht mehr als 30 Kalendertage.

Auftragserteilung

Den Zuschlag geben Sie dem, der ein Angebot unterbreitet mit konkretem Umfang und genauer Material- und Konstruktionsbeschreibung, mit Arbeitsdauer, Anfahrtskosten und Preisen inklusive Mehrwertsteuer. Die Verdingungsordnung für Bauleistungen (VOB) ist das wichtigste Regelwerk für alle am Bau beteiligten Partner. Sie besteht aus den drei Teilen Vergabe, allgemeine Vertragsbedingungen und technische Vertragsbedingungen – die technischen sind gegliedert nach Gewerken mit jeweiliger DIN-Norm-Nummer. Leistungsumfang, Aufmaß und Abrechnung sind dort im Detail aufgelistet. Die VOB erspart eine Menge Ausschreibungs- und Vertragstext und schafft Sicherheit – machen Sie sie zum Vertragsbestandteil.

Einheitspreis Meist wird die fertige Bauleistung zu Einheitspreisen angeboten. Das bedeutet: Anfahrt, Rüst- und Maschinenzeiten, Nebenarbeiten, Kran und Gerüst werden in den Quadratmeter- oder Stückpreis schon eingerechnet, die Vergütung bemisst sich nach den tatsächlich ausgeführten Mengen. Nachteil: Nachträgliche Erhöhungen sind möglich, wenn sich Quadratmeter erhöhen oder Stückzahlen ändern.

Festpreis Versuchen Sie, vor der Auftragsvergabe einen Festpreis auszuhandeln. Vorteil: Sie bezahlen keinen Euro mehr, auch wenn der Handwerker schließlich für seine Leistungen länger braucht. Dafür wird in den Auftrag der Vermerk aufgenommen: »Angebot wird Festpreis.« Der zusätzliche Vermerk Brutto bzw. Netto soll Unklarheiten vermeiden.

Stundenlohn Mit Stundenlohnverträgen kalkulieren Sie risikoreich: Handwerker könnten sich als Schnecken entpuppen oder viel Zeit zum Werkzeug- oder Brötchenholen benötigen. Schließen Sie solche Verträge nur unter Zeitdruck oder in Notfällen – etwa für die Beseitigung von Unwetterschäden am Rohbau oder wenn in Ihrem Zeitfenster partout kein anderer Handwerker Zeit hat, eine bestimmte Arbeit auszuführen.

Gewährleistung Nach VOB gilt für Bauwerke eine Gewährleistungsfrist von 4 Jahren, für Arbeiten am Grundstück und feuerberührte Teile von Feuerungsanlagen 2 Jahre. Ein Vertrag nach Bürgerlichem Gesetzbuch (BGB) würde 5 Jahre Frist geben, für arglistig verschwiegene Mängel 30 Jahre – diese Fristen gelten auch für VOB-Verträge, wenn sie zusätzlich schriftlich mit den Handwerker vereinbart wurden. In drei Viertel der Fälle geht alles glatt: Das Meinungsforschungs-Institut Ipses ermittelte für die Zeitschrift »Das Haus« in einer Umfrage: 73 Prozent der Befragten hatten günstige und kompetente Handwerker.

Schwarzarbeit ist billiger, aber verboten – und es gibt keinerlei Anspruch auf Gewährleistung. Die Garantiezeit für Leistungen am Bau beträgt gesetzlich 1–5 Jahre. Wichtig dabei ist, dass der Bauherr z.B. bei technischen Geräten die Wartung nicht vergisst. Sonst erlischt der Anspruch. Bauherr und Handwerker können privatrechtlich beliebig längere Garantiefristen vereinbaren.

▶ Baupreise: **Welche Preise für welche Arbeiten auf Sie zukommen, errechnen Sie mit der Baupreis-Datenbank unter www.haus.de/baupreis**

Wie werden die Handwerker zu Partnern?

Wer mit Handwerkern richtig umzugehen weiß, schafft ein gutes Arbeitsklima und erspart sich unnötigen Ärger. Kennen Sie eigentlich die 10 goldenen Regeln? Prüfen Sie hier Ihr Wissen.

1. **Arbeiten exakt festlegen**
   Unsere Vorstellungen sind klar: Wir wissen, welche Arbeiten notwendig sind.

2. **Firmen beauftragen**
   Wir haben uns bei Freunden, Nachbarn und Arbeitskollegen erkundigt, wer mit welchen Handwerkern zufrieden war. Zudem haben wir bei der Handwerkskammer nachgefragt.

3. **Festpreise vereinbaren**
   Wir haben den Umfang der Arbeiten festgelegt und von drei Betrieben jeweils schriftliche Angebote, in denen die Kosten für Material und Lohn extra aufgeschlüsselt sind.

4. **Angebote vergleichen**
   Wir wissen: Das billigste Angebot muss nicht das beste sein. Wir haben die Angebote verglichen, ob sich Arbeitsumfang und Material gleichen.

5. **Alles schriftlich festhalten**
   Wir haben alle Termine festgelegt und sie so gesetzt, dass Luft drin ist. Das haben wir den Handwerkern nicht verraten, damit wir Termindruck erzeugen können.

6. **Bauablauf gut planen**
   Wir richten die Baustelle so ein, dass Zufahrtswege frei sind und es Platz gibt, wo die Handwerker Maschinen lagern können.

7. **Gutes Klima schaffen**
   Wie man in den Wald hineinruft, so schallt es heraus: Ab und zu ein freundliches Gespräch mit den Handwerkern führen, für gute Arbeit Trinkgeld verteilen, auch mal einen Imbiss bringen.

8. **Arbeiten überwachen**
   Wir werden Arbeiten täglich prüfen und Arbeitsstadien fotografieren. Sollte ein Handwerker pfuschen, beseitigen wir den Mangel nicht selber, sondern fordern ihn auf, den Fehler zu beseitigen. Stundenzettel für Zusatzarbeiten unterschreiben wir nur, wenn wir zufrieden sind.

9. **Mängel reklamieren**
   Über grobe Mängel auf dem Bau informieren wir den Betrieb und fordern Nachbesserung. Dafür setzen wir 2 Wochen Frist.

10. **Beweise sichern**
   Wenn Streit unvermeidbar ist, wenden wir uns an eine Schiedsstelle der Handwerkskammer. Falls das keine Klarheit bringt, schalten wir auf der Stelle einen Anwalt ein und beantragen ein Beweissicherungs-Verfahren, in dem ein vereidigter Sachverständiger die Mängel vor Ort begutachtet.

check

So läuft unser Bau reibungslos

Behördenärger vermeiden, Gefahren ausschalten und den Handwerkern zügiges Arbeiten ermöglichen

Lässt jeder Handwerker seine Materialreste liegen, sieht die Baustelle schnell aus wie eine Müllkippe. Regeln Sie per Vertrag die fachgerechte Entsorgung des Abfalls.

Der Architekt hat Detailpläne gezeichnet, die Handwerker sind ausgesucht und informiert: Sie dürfen mit dem Bau beginnen, sobald die Baugenehmigung in Ihrem Briefkasten liegt oder sich das Bauamt im »Genehmigungsfreistellungsverfahren« (siehe Seite 120) vier Wochen lang nicht gemeldet hat. Selbst wenn es Sie schon in den Fingern juckt: Fangen Sie nicht vorher an, auch nicht mit einem klitzekleinen bisschen Buddeln. Das ist verboten und birgt ein kostspieliges Risiko: Der Baugenehmigungsbescheid und die genehmigten Pläne enthalten möglicherweise Auflagen oder Änderungen. Sie dürfen vielleicht einen Baum nicht fällen oder müssen Ihr Haus 1 Meter weiter nach links rücken – dann war vorschnelle Arbeit vergeblich. Möglicherweise muss der Architekt Genehmigungsauflagen erst noch in die Werkpläne für die Bauausführung einarbeiten, das kann neue Teilausschreibungen erforderlich machen. Wenn Sie den Hausbau einem Generalunternehmer überlassen: Unterschreiben Sie den Vertrag erst, wenn Ihnen die Baugenehmigung vorliegt. Sonst ist Streit um eventuell höhere Baukosten programmiert. Der Zeitpunkt des Baubeginns ist im Vertrag mit Generalunternehmern besonders wichtig: Von diesem Tag an gilt die Frist für die Fertigstellung, zum Beispiel eine sechsmonatige Bauzeit. Es ist üblich, für den Baubeginn einen Zeitpunkt von 3–6 Wochen nach Abschluss des Vertrags festzusetzen – genug Zeit für den Unternehmer, Material zu bestellen und seinen Mitarbeiterstab zu komplettieren. Auf längere Wartezeiten sollten Sie sich nicht einlassen.

Baubeginn festlegen

Die Baugenehmigung gilt in manchen Bundesländern 3, in anderen 4 Jahre und wird auf schriftlichen Antrag um jeweils 2 Jahre verlängert – erkundigen Sie sich auf dem Amt. Allerdings können sich Bebauungsplan oder Rechtsvorschriften ändern – Sie müssen prüfen, ob Ihre Pläne zu Baubeginn neuen Festsetzungen entsprechen, wann immer er sein mag.

Baubeginn-Anzeige Wer im Frühjahr mit dem Bau beginnt, hat im Herbst sein Haus unter Dach und Fach, der Innenausbau erfolgt im Trockenen. Melden Sie der Bauaufsichtsbehörde den Baubeginn mindestens eine Woche vorher; der Baugenehmigung liegt ein Vordruck zum Ausfüllen bei. Andernfalls zeigen Sie den Baubeginn schriftlich und formlos an. Sollte Ihre Baustelle später aus irgendeinem Grund mehr als 6 Monate ruhen, müssen Sie der Bauaufsichtsbehörde auch die Wiederaufnahme der Bauarbeiten wenigstens eine Woche vorher schriftlich mitteilen. Sie müssen auf der Baustelle – an einem gut sichtbaren Platz – eine Bautafel anbringen. Sie soll Auskunft geben, welche Art von Gebäude errichtet wird, wie Bauherr und Architekt heißen und wo sie wohnen.
Bauwasser/Baustrom beantragen Handwerker benötigen jede Menge Wasser. Sie können es in Behältern bereitstellen, die Versorgung mit Nachschub ist jedoch mühsam und würde ständige Kontrolle der Vorräte erfordern. Üblich und bequemer ist es, das Wasserversorgungsunternehmen um die Installation einer Trinkwasserleitung zu bitten. Strom für die Baustelle muss ein zugelassener Elektro-Installateur beantragen, er wendet sich an ein Energieversorgungs-Unternehmen. Bestimmen Sie, wo der Elektriker anruft. Sonst gehen Sie ruckzuck einen Vertrag ein mit einem Stromlieferanten, dessen Preisgestaltung oder umweltfeindliche Stromerzeugung Ihnen unsympathisch ist. Mehr zur Wahl Ihres Energieversorgers lesen Sie ab Seite 216. Eine andere Möglichkeit: Ihr Nachbar erlaubt Ihnen, gegen Vergütung Baustrom aus seinem Haus zu zapfen. Kündigen Sie dies seinem Stromlieferanten an und beachten Sie die Sicherheitsvorschriften für elektrische Freileitungen: Sie müssen stolper- und regensicher abgedeckt oder abgeschrankt werden.
Baubude besorgen Muss nicht sein, ist aber praktisch zum Aufwärmen, Abwarten von Regenschauern und Einschließen von wertvollem Werkzeug: Man mietet die Baubude von einem Bauunternehmer oder kauft ein ausrangiertes Modell von einem Straßenbau- oder Forstunternehmen. Vielleicht ergattern Sie auch billig einen alten

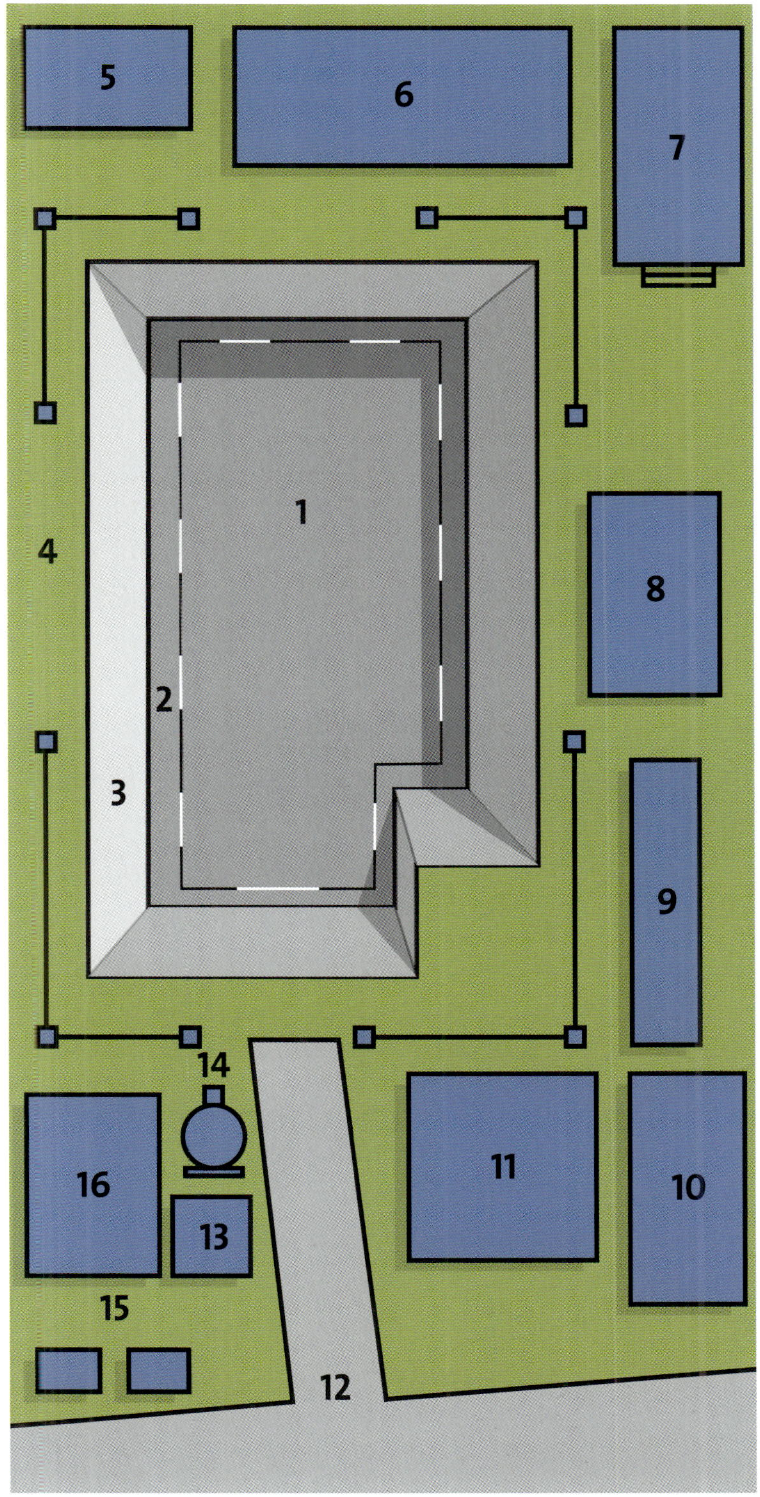

Baustelle übersichtlich einrichten:
1 Baugrube
2 Arbeitsraum für Maurer
3 Böschung
4 Schnurgerüst
5 Mutterboden
6 Aushub zum Verfüllen
7 Baubude
8 Bauholz
9 Stabstahl
10 Baustahlmatten
11 Steinlager
12 Zufahrt
13 Zement
14 Betonmischer
15 Anschluss Strom/Wasser
16 Kieslager

Denken Sie rechtzeitig daran, notwendige Anträge vor dem Baubeginn zu stellen.

Diese Anträge stellen wir vor dem Baubeginn

So früh wie möglich die Erlaubnis zur Beseitigung von Bäumen einholen, und den Baubeginn spätestens eine Woche vorher anzeigen, beides bei der Kreisverwaltungsbehörde der Stadt oder Gemeinde. Dort auch nach Erstellen des Schnurgerüsts seine Abnahme erbitten. Braucht man für Gerüst oder Lager Platz auf öffentlicher Verkehrsfläche (z.B. Gehweg): Amt für öffentliche Ordnung fragen.

tipp

Camping-Wohnwagen – versuchen Sie es per Kleinanzeige in Ihrer Regionalzeitung, oder bieten Sie mit in einer Internet-Versteigerung. Wer für die Baubude nicht extra Geld ausgeben will, lässt die ohnehin geplante (Fertig-)Garage vor Beginn der Bauarbeiten liefern, richtet darin Pausenraum und Gerätelager ein und deponiert dort Baugenehmigung und Bauvorlagen. Bauherren müssen diese Dokumente an der Baustelle stets parat liegen haben: Mitarbeiter der Bauaufsichtsbehörde sind berechtigt, die Bauausführung stichprobenartig zu überprüfen – auch für genehmigungsfreie Häuser.

Bauplatz ordnen

Fotografieren Sie Ihr Grundstück, bevor der Bagger vom Tieflader ruckelt – als Erinnerung und Beleg, falls es irgendwann mit irgendwem zu einem Disput kommen sollte über Bodenzustand, Platzverhältnisse oder Bewuchs Ihres Grundstücks, Grenzsteine, Nachbarzäune oder Gebäude.

Lagerplatz schaffen Wie Sie Ihre Baustelle in etwa einrichten sollten, zeigt die Zeichung auf Seite 149. Wenn alles seinen festen Ort hat und übersichtlich geordnet ist, vergeudet man keine teure Arbeitszeit mit Suchen und verringert die Unfallgefahr. Reinigen und entrümpeln Sie Ihre Baustelle mindestens einmal pro Woche. Reservieren Sie nebeneinander 30 Quadratmeter Areal für Bausteine, halb so viel für Kies, 6 Quadratmeter zum Lagern von Zement und einen Standplatz für die Betonmischmaschine. Schalungsbretter oder vorgefertigte Bauteile benötigen etwa 20 Quadratmeter, ebenso viel Stahlmatten zur Betonbewehrung.

Zufahrt herrichten Lassen Sie zwischen Straße und Baugrube eine gerade Zufahrt in Lkw-Breite frei, lockeren oder matschigen Boden befestigen Sie mit grobem Schotter. Auch die Wege zwischen den Baustoff-Lagerplätzen sollten geradlinig verlaufen – es ist mühsam und gefährlich, raumbreite Stahlmatten oder geschosshohe Glasscheiben um Kurven zu bugsieren.

Mutterboden deponieren Sichern Sie vor dem Aushub die oberste Erdschicht des Bauplatzes; der 20–30 Zentimeter tiefe Humus enthält Kleinstlebewesen, die später Ihren Garten aufblühen lassen. Schieben Sie das Baufenster, Materiallagerplätze und die Zufahrt frei und schütten Sie die wertvolle Erde in der hintersten Grundstücksecke zu Hügeln von höchstens 2 Metern auf. Diese Arbeit mit dem Radlader schaffen nach Einweisung auch Laien – ein Radlader kostet pro Tag etwa 180 Euro Miete, man schiebt etwa 5 Kubikmeter Boden in der Stunde zusammen und spart durch die 3,5 bis 4 Stunden Eigenleistung etwa 350 Euro Entlohnung für den Bauunternehmer.

Baustelle sichern

Der Bauherr ist für die Sicherheit der Baustelle verantwortlich, darf jedoch die Einrichtung und Überwachung von Sicherheitsvorschriften an seiner Bauleiter übertragen. Die wichtigsten Regeln sind in der Baustellenverordnung genau beschrieben. Fachlich geeignete Vorgesetzte müssen die Bauarbeiten leiten und beaufsichtigen. Der Bauunternehmer hat seinen Beschäftigten Schutzhelme, Schutzschuhe und sonstige Schutzausrüstung zur Verfügung zu stellen, der Bauherr muss sie für sich und helfende Freunde kaufen. Erdwände sind für den Aushub so abzuböschen oder zu verbauen, dass ein Abrutsch der Massen niemanden gefährdet. Absturzsicherungen sind erforderlich an Arbeitsplätzen und Verkehrswegen ab 2 Meter Höhe, für Arbeiten auf Dächern ab 3 Meter, beim Mauern »über die Hand« ab 5 Meter. Absturzsicherungen sind zum Beispiel ein dreiteiliger Seitenschutz, Fanggerüste und Fangnetze. Dachfanggerüste für Arbeiten auf Dächern mit mehr als 20 Grad Neigung müssen eine Schutzwand haben. Der Gerüstbelag darf nicht tiefer als 1,5 Meter unter der Traufkante liegen. Öffnungen in Decken und Wänden sind gegen Stürze zu sichern. Nur Elektrofachkräfte dürfen elektrische Einrichtungen errichten, ändern oder instand setzen.

Bauplatz vermessen

Der Vermessungsingenieur liefert um den Zeitpunkt des Grundstückskaufs in einem Lageplan exakte Angaben über Höhe, Lage und Grenzen des Bauplatzes, und darin trägt der Architekt das geplante Gebäude ein. Bevor Sie doppelt zahlen: Der Ingenieur eines Baubüros hat keine Beurkundungs-Befugnis – lieber einen öffentlich bestellten Vermesser beauftragen. Seine Kosten hängen ab von Bodenwert und Fläche, Anzahl der Teilflächen und Zahl der Grenzpunkte – ein Lageplan mit Höhen kostet für ebenen Grund um 1200 Euro.

Baustelle sichern: »Betreten verboten«-Schild reicht nicht, ein auffälliger Zaun muss Passanten den Zutritt verwehren.

Preiswerter als ein Pauschalpreis für den Bauschutt-Container: Berechnung der tatsächlichen Abfallmenge mit mobiler, geeichter Waage. Info: www.pfreundt.de

Vor dem Aushub Der Baggerfahrer muss wissen, wie viel Grundstücksfläche er in eine Baugrube verwandeln soll. Vor dem symbolischen »ersten Spatenstich« des Bauherrn markiert der Vermessungsingenieur ihre Maße mit Pflöcken. Bauherren können diese Arbeit auch selbst erledigen, sie brauchen etwa fünf Stunden für das Übertragen der Maße vom Lageplan auf das Grundstück. Es kommt noch nicht auf den Zentimeter an, die Baggerschaufel frisst sich sowieso grob ins Gelände. Denken Sie daran: Auf einem Hanggrundstück misst man die Abstände nicht parallel zur Geländeneigung, sondern immer waagerecht!

Nach dem Aushub Während der Bauphase müssen die Grundstücksgrenzen jederzeit klar zu erkennen sein. Sobald ein neues Gewerk auf der Baustelle antritt: Informieren Sie die Leute, dass Fahrzeuge, Material und Müll auf der Grundstücksgrenze nichts zu suchen haben und jenseits von ihr schon gar nicht. Kontrollieren Sie, ob sich die Handwerker an Ihre Anweisungen halten. Betonbauer und Maurer benötigen eine Orientierung zum Verlauf der Außenwände – ein Schnurgerüst. Errichten darf es der Bauherr. Das Schnurgerüst einmessen darf aber nur ein Vermessungsingenieur. Rechte Winkel aus Brettern stellen ungefähr die Position der Hausecken dar, Schnüre dazwischen geben exakt den Verlauf der Hauswände auf ihren Außenseiten vor. Die Kreuzungspunkte der Schnüre markieren verbindlich die Hausecken. Sie beugen Ärger vor, wenn Sie dieses Baufenster und die Abstandsflächen zu Ihren Nachbarn peinlich genau einhalten.

Nach Fertigstellung Rohbau Steht der Rohbau, müssen Sie den Vermessungsingenieur noch einmal bestellen: Er überprüft, ob das Hausgerippe genau in seinem Schnurgerüst steht. Nach der endgültigen Fertigstellung des Gebäudes rückt der Vermesser ein drittes Mal an und prüft, ob sich seit seiner Rohbaukontrolle Lage und Außenmaße des Gebäudes verändert haben.

Der Vermessungsingenieur markiert nach dem Aushub die genaue Position des Gebäudes mit einem Schnurgerüst und kontrolliert am Rohbau, ob die Vorgabe zentimetergenau eingehalten wurde.

Bauschutt entsorgen

Sie sind verpflichtet, Baumüll zu trennen: Schutt aus Steinen und Ziegeln, Fliesen und Mörtel kommt in den Container des Bauunternehmers. Jeder Landkreis regelt anders, wer Lack-, Dicht- und Schaumstoff, behandeltes Bauholz, Metall und Styropor annimmt – telefonieren Sie mit Stadtverwaltung oder Landratsamt. Rohes Holz heben Sie sich selbst auf – für Ihren Kaminofen.

▶ **Pfusch am Bau: Was Sie gegen schlampige Arbeit wirkungsvoll unternehmen können, erfahren Sie unter www.haus.de/bauschaden**

Tausend Anträge: So geht uns keiner durch die Lappen

Vom Anzeigen des Baubeginns bis zum Wiederherstellen der Grundstücksgrenzen – die Checkliste erleichtert Ihnen den Überblick, wen Sie wann auf Ihre Baustelle holen müssen. Haken Sie jeweils ab, was Sie schon erledigt haben.

1 Baubeginn anzeigen
Mindestens eine Woche vor Baubeginn per Formblatt, für genehmigungsfreie Bauvorhaben mit formlosem Brief an das Bauamt.

2 Schnurgerüst kontrollieren
Gebäudeabsteckung und Höhenlage müssen vor Baubeginn vom Vermessungsingenieur abgenommen werden, Antrag an Gemeinde oder Stadt.

3 Baustrom anschließen
Vor Baugrubenaushub Antrag auf Stromanschluss und Zähler an ein Energieversorgungs-Unternehmen (EVU) stellen.

4 Bauwasser anschließen
Vor Aushub Antrag auf Anschluss und Zähler an Stadtwerke/Wasserversorgung.

5 Straße sperren
Muss für die Verlegung von Anschlüssen, als Stellfläche für Gerüst oder Lagerplatz von Baustoffen öffentlicher Verkehrsraum gesperrt werden: vorher Amt für öffentliche Ordnung informieren.

6 Hausstrom anschließen
Hausstromanschluss und Zählermontage vom EVU beantragen für den Zeitpunkt der Fertigstellung der Elektroinstallation.

7 Abwasser entsorgen
Grundleitungen abnehmen lassen und Kanalanschluss bei Stadtentwässerung oder Abwasserzweckverband der Gemeinde beantragen.

8 Hauswasser anschließen
Hauswasseranschluss und Zähler vom Wasserversorger beantragen.

9 Rohbau kontrollieren
Rohbaufertigungsanzeige an Bauaufsichtsbehörde schicken.

10 Kamine kontrollieren
Nach Fertigstellung des Gebäudes Schlussabnahme der Heizungsanlage und der Kamine beim Kaminkehrer beantragen.

11 Grenzen ziehen
Wurden durch Buddelei und Bauarbeiten Grenzmarkierungen beschädigt oder entfernt: Wiederherstellung der Grundstücksgrenzen beim staatlichen Vermessungsamt beantragen.

check

So halten wir das Geld zusammen

Finanzfluss in Gang halten und Kosten kontrollieren

Rechnungen und Zahlbelege ordentlich abheften, so lassen sich Forderungen prüfen und Fehler aufdecken. Ein Telefonat mit Architekt oder Meister schafft im Zweifel Missverständnisse aus der Welt.

Geliehenes Geld kostet schon etwas, bevor man es überhaupt hat: Stellen Sie nicht nur für den Hausbau einen Zeitenplan auf (Info ab Seite 128), planen Sie auch Termine für die Finanzierung. Nehmen Sie Kredite so spät auf wie möglich – sobald sie in Warteposition stehen, kosten sie Bereitstellungszins.

Darlehen in Teilbeträgen In Gesprächen mit Bank und Bausparkasse lässt sich manchmal ein Gratis-Jahr heraushandeln, in der Regel ist jedoch nur das erste halbe Jahr kostenfrei – danach verlangen Kreditgeber Bereitstellungszinsen, pro Jahr etwa 2–3 Prozent des nicht ausgezahlten Darlehensbetrags. Hypothekenbanken, Bausparkassen und Versicherungen zahlen die Finanzierungsmittel in den seltensten Fällen auf einen Schlag aus. Im Allgemeinen splitten sie die Darlehenssumme in Teilbeträge und geben sie nach Baufortschritt aus. Handwerkerrechnungen flattern aber während der Bauzeit kontinuierlich ins Haus, auch wenn Sie gerade auf die nächste Teilsumme warten und eigentlich nicht flüssig sind. Ein vorübergehend erweiterter Überziehungs-Spielraum auf dem laufenden Girokonto überbrückt den Engpass, ist aber die teuerste Variante. Viele Bauherren lassen sich für die Lücke bis zur nächsten Darlehensportion die Möglichkeit eines Zwischenkredits einräumen. Wählen Sie den Kreditrahmen in ausreichender Höhe für den Fall, dass Sie viele Rechnungen zugleich bezahlen müssen. Ein Zwischenkredit kostet Zinsen, die Sie sofort bezahlen müssen. Für die Tilgung haben Sie etwas Aufschub, sie erfolgt mit den Teilauszahlungen des Hypotheken- oder Bausparkassendarlehens. Gegen Ende der Bauphase gehen Zins und Tilgung für den Zwischenkredit nahtlos in Ihre langfristige Baufinanzierung über.

Zwischenfinanzierung Handwerker sind nicht immer so termintreu, wie Sie als Bauherr es gern hätten. In der Laufzeit der Zwischenfinanzierung sollte deshalb Luft sein. Zwar wird der Kreditgeber den Termin in aller Regel ohne große Formalitäten verlängern, wenn es notwendig ist. Aber ärgerlich ist es, wenn sich inzwischen das Zinsniveau zu

Ihren Ungunsten verändert hat. Dann passt der Zwischenfinanzierer meist auch die Konditionen für seinen Kredit an, und Sie zahlen mehr Zinsen. Sie möchten anfangen zu bauen, es dauert aber noch einige Zeit, bis Ihr Bausparvertrag zuteilungsreif ist? Auch dann wird man Ihnen zu einer Zwischenfinanzierung raten – oder zu einer Vorfinanzierung des Vertrags.

Vorfinanzierungskredit In Niedrigzinsphasen für Hypothekendarlehen konkurrieren Bausparkassen mit Angeboten für noch günstigere Bauspardarlehen. Wer zu Baubeginn einen solchen Vertrag abschließt, genießt den garantierten Zinsvorteil 7 oder 8 Jahre später, wenn das Darlehen zuteilungsreif wird – die Restschuld eines Hypothekendarlehens lässt sich preiswert ablösen. Man kann mit einem frisch abgeschlossenen Bausparvertrag auch sofort finanzieren, Fachleute sprechen von Vorfinanzierung. Sie bekommen 100 Prozent der Bausparsumme geliehen, davon müssen Sie – je nach Bauspartarif – 40 Prozent auf den Vertrag einzahlen und dort lassen, bis er zuteilungsreif ist. Als Baugeld stehen Ihnen 60 Prozent der Bausparsumme zur Verfügung. Zinsen zahlen Sie aber für 100 Prozent, und zwar den üblichen Satz für Hypothekendarlehen – der niedrige Bausparzins gilt erst ab Zuteilungsreife. Das Bausparkonto verzinst sich bis dahin nur gering. Verbraucherschützer raten von einer Vorfinanzierung ab.

Konten trennen

Halten Sie Lebensunterhalt und Baugeld auseinander. Das verbessert den Überblick, wie viel Sie für das Haus (noch) ausgeben dürfen, und hat einen psychologischen Vorteil: Wer jeden freien Betrag in den Bau investiert, fühlt sich von ihm aufgefressen und schiebt trotz aller Vorfreude auf das Haus Frust. Auf einem getrennten Familienkonto erkennt oder bildet man Reserven für hausferne Anschaffungen und sogar kleine Vergnügungen.

Baukonto anlegen Eröffnen Sie vor Baubeginn ein Giro- oder Tagesgeldkonto für alle Zahlungsein- und -ausgänge, die Ihr Haus betreffen. Von dort überweisen Sie Rechnungen von Finanzamt und Notar, Architekt und Handwerkern. Nach dem Umzug lassen Sie auf dieses Hauskonto einen monatlichen Fixbetrag fließen für laufende Kosten wie Energie, Kanalgebühr und Grundsteuer. Dort sollten sich zudem Instandhaltungs-Rücklagen ansammeln, die Sie für Wartung und Renovierung benötigen – pro Quadratmeter Wohnfläche 50 Cent bis 1 Euro monatlich.

Finanzcheck Auf ein Bauspardarlehen greifen Sie zu, indem Sie der Bausparkasse Zahlungsaufträge erteilen. Die Bank überweist die Teildarlehen auf Ihr Baukonto, das Sie selbst verwalten. Holen Sie einmal pro Woche die Kontoauszüge, prüfen Sie jede Buchung – selbst Banker verrechnen sich. Auch Handwerker sind nur Menschen und stellen Rechnungen zweimal. Heften Sie alles ordentlich ab, so beweisen Sie im Nu Ihre Zahlungsmoral.

▶ Finanzierung: **Wertvolle Tipps rund um eine solide Hausfinanzierung finden Sie unter** www.haus.de/aktuell

Finanzierungs-Timing: Kreditauszahlungen in Schritten*

Monat	Bauphase	...und Hypothekendarlehen	...und Vorfinanzierungskredit	...oder Bausparvertrag
April	Rohbau	1. Teilauszahlung, 80 000 Euro, evtl. Zwischenfinanzierung bis 2. Teilauszahlung		
August	Innenausbau	2. Teilauszahlung 70 000 Euro, evtl. Zwischenfinanzierung bis 1. Teilauszahlung Vorfinanzierung bzw. Zuteilung Bausparvertrag		
Oktober	Innenausbau		1. Teilauszahlung 60 000 Euro, evtl. Zwischenfinanzierung bis 2.Teilauszahlung	Bausparkasse überweist an Handwerker jeweils nach Einreichen der Rechnung durch den Bauherrn
März	Außenanlagen		2. Teilauszahlung 40 000 Euro	Bausparkasse überweist an Handwerker jeweils nach Einreichen der Rechnung durch den Bauherrn

**Eigenkapital von 100 000 Euro eingesetzt für Grundstückskauf, Baubeginn März, Baukosten 250 000 Euro. Hypothekendarlehen der Bank über 150 000 Euro plus Vorfinanzierungskredit der Bausparkasse über 100 000 Euro oder Bausparvertrag mit 100 000 Euro Bausparsumme*

Der Computer kontrolliert Baukosten

Sparsam bauen und komfortabel leben: Eine Familie verrät Tricks, wie man die Baukosten überblickt und im Griff behält.

Die Familie Rimmele legte eine saubere Punkt-Landung hin – 174 000 Euro durfte ihr Bau maximal kosten, samt einem Haustechnik-Planungsbüro für den Hausherrn.

Baukostenlimit setzen Diese 174 000 Euro also standen als Maximum zur Verfügung. Der Architekt Ingo Bucher-Beholz schrieb die Bauarbeiten exakt aus. Die Bauherrin lernte in Windeseile das Tabellenprogramm Excel, tippte in den Computer die Kostenvoranschläge der Handwerker und addierte: etwa 158 000 Euro. »Mehr wird nicht ausgegeben«, lautete die Entscheidung der Rimmeles.

Ausgaben kontrollieren Während der Bauphase zogen sie jede bezahlte Rechnung ab, per Mausklick erschien das Restbudget. Die Anzeige schwarz auf weiß bewahrte vor ungeplanten Ausgaben und teuren Änderungen während der Bauphase.

Abweichungen vergleichen Als beispielsweise für den Bau des Carports kaum noch Geld übrig blieb, streuten die Bauherren Splitt auf die Stellfläche und verschoben das kostspieligere Granitpflaster auf später.

Grundstück nutzen Die Bauherren zirkelten ihr Haus in eine 6 x 16 Meter schmale Schneise zwischen Bach und alten Bäumen. »Erst roden, dann wieder Bäume kaufen – das sparten wir«, sagt Rimmele.

Muskeln einsetzen Der Architekt hatte leichte Bauteile und Materialien gewählt, ein Kran war nicht nötig. Handwerker verzahnten ein Fichtenskelett auf dem Betonkeller. Ein Zimmermann stellte die Trennwände auf, andere Handwerker lehnten ihre Aufträge kurzfristig ab. Der Bauherr nahm die Dachdeckung aus Wellblechplatten Huckepack und befestigte sie auf den Sparren, setzte die Treppengeländer aus 110 billigen Wasserrohren zusammen und lackierte die Badezimmerwände. Der Heimwerker wider Willen sparte so umgerechnet 7900 Euro.

Zeit gewinnen Wer alles Überflüssige meidet, gewinnt Wohnwert und Hauscharakter, spart Geld und Bauzeit: Sechs Monate nach Aushub zogen die Rimmeles in ihr Eigenheim.

Welcher Geld-Typ bin ich eigentlich?

Ihr Umgang mit Geld bestimmt, ob Ihr Bauvorhaben auf einem soliden Finanz-Fundament steht oder zum ruinösen Abenteuer wird. Der Test kann Sie warnen: Für jedes 1 gibt es 1 Punkt, für jedes 2 3 Punkte, pro 3 5 Punkte. Addieren Sie und besprechen Sie das Ergebnis mit Ihrem Partner.

Was ich mir leisten kann, weiß

1 *ein Finanzberater*
2 *ich selbst*
3 *meine Bank*

Ich überziehe mein Konto

1 *prinzipiell nicht*
2 *nur um kleine Beträge*
3 *um größere Summen*

Beim Einkaufen mehr Geld ausgeben als ich eigentlich wollte

1 *passiert mir nie*
2 *kommt schon mal vor*
3 *ist für mich normal*

Kreditkarte für Jugendliche ab 16 Jahren

1 *finde ich gefährlich*
2 *ist ok, wenn sie damit nicht ihr Konto überziehen können*
3 *ist ein gutes Erziehungsmittel. Man lernt, dass man Schulden zurückzahlen muss*

Ihr bester Freund/Ihre beste Freundin bekommt einen Kredit nur, wenn Sie für ihn/sie bürgen

1 *Das mache ich auf keinen Fall*
2 *Ich mache meine Unterschrift abhängig von der Kredithöhe*
3 *Ich bürge – wenn ich mal in der Patsche sitze, würde er/sie mir ja auch helfen*

Bezahlen mit Kreditkarte

1 *ist verführerisch, lieber bezahle ich bar*
2 *ist heutzutage normal – und wenig riskant, solange man den Überblick behält*
3 *ermöglicht Spontankäufe, falls ich mal nicht flüssig bin*

Wie haben Sie Ihre Bank oder Sparkasse ausgesucht?

1 *Die Gebühren sind niedrig*
2 *Sie ist in der Nähe*
3 *Zufall – im Grunde sind die Institute doch alle gleich*

Über Geld redet man nicht, Geld hat man. Was meinen Sie dazu?

1 *Stimmt, ich habe immer eine Reserve im Rücken*
2 *Warum soll ich nicht über meine finanzielle Situation reden – auch über Geldprobleme?*
3 *Ist was dran – besonders wenn ich klamm bin, kommt Geld manchmal ganz unvermutet von irgendwoher*

Sie würden Ihre Bank wechseln,

1 *wenn ich eine fände, die weniger Gebühren verlangt*
2 *wenn ich mich über die Leute sehr ärgern würde*
3 *wenn ich umziehen würde*

Was halten Sie von Geld?

1 *Geld ist nicht alles, aber ohne Geld ist alles nichts*
2 *Allein macht es nicht glücklich*
3 *Ohne Moos nichts los*

Wie wichtig sind Ihnen Trends?

1 *Meine Meinung: Erst aufs Geld schauen, dann auf die Marke*
2 *Naja, wer kann es sich schon leisten, nicht »in« zu sein?*
3 *Mit No-Name-Klamotten lasse ich mich nirgends blicken*

Thema Geschenke?

1 *Ich überlege zuerst den Preis*
2 *Ich tue mich mit anderen zusammen, dann kann man günstig etwas Gutes kaufen*
3 *Wenn ich einen Knüller finde, darf er auch was kosten*

Ein Freund bucht einen Last-Minute-Trip. Fahren Sie mit?

1 *Nein, er muss alleine reisen*
2 *Ich frage die Bank, ob es geht*
3 *Ich buche und regele irgendwie das Finanzielle*

Bis 14 Punkte

Sie sind ein Sparfuchs, fällen Entscheidungen mit Verstand und verwalten Ihr Geld besonnen, fast knauserig. Das ist seriös, leider auch unspontan. Ihnen werden die Baukosten kaum davonlaufen, aber eventuell fällt Ihr Haus etwas kärglich und unkomfortabel aus. Sie dürften sich und Ihrem Partner mal etwas außer der Reihe gönnen.

15 bis 27 Punkte

Sie sind ein Pragmatiker, überdenken große Ausgaben mit Sorgfalt. Zu spontanen Ausgaben lassen Sie sich nur hinreißen, wenn es um kleinere Beträge geht. Ihr Bau wird vermutlich etwas teurer als geplant – das tut Ihnen aber nicht weh, weil Sie sich über emotionalen Mehr-Wert freuen. Nehmen Sie sich für kostenträchtige Entscheidungen mehr Zeit.

Über 28 Punkte

Sie sind ein Leichtfuß – Vorsicht! Sie leben und bauen über Ihre Verhältnisse. Haushaltbuch führen ist für Sie ab sofort Pflicht. Überschlafen Sie jede kostenintensive Änderung am Bau zwei Nächte lang – wenn Sie so weitermachen, werden Sie sich sonst weit über die Halskrause verschulden.

test

hebel-haus
Hier entsteht ein
Original Hebel Haus.
Herzlich Willkommen!

Wie wir die Nerven behalten

Der Hausbau wirbelt unsere Familie ganz schön durcheinander, es kommt so viel Neues auf uns zu: Statt ins Grüne führen alle Ausflüge zur Baustelle, Geld fließt in Kabeltrommeln statt Kinderschuhe, das Liebesleben liegt brach, und der Nachwuchs streitet um die Zimmer. Manchmal ist sogar richtig dicke Luft – wir sind schließlich auch nur Menschen. Wie gehen wir eigentlich miteinander um und mit allen, die am Bau beteiligt sind? Am besten, wir setzen uns zusammen und überlegen, wie wir Familienkrach umschiffen, mit Handwerkern und den neuen Nachbarn klarkommen und ein schönes Richtfest feiern.

So vermeiden wir Krach in der Familie

Gemeinsam die Aufregung überstehen

Nestbau für die Familie und den Hund: In der Traumphase scheint alles noch ganz einfach. In der Bauphase strapaziert die Wirklichkeit manchmal Nerven und Partnerschaft.

Wenn der Bodenbelag fürs Bad nächste Woche nicht da sei, hatte der Fliesenleger gedroht, gehe er erst mal in Urlaub, und danach sehe es bis Weihnachten ganz schlecht aus mit Terminen. Sie haben mit Ihrer besseren Hälfte und den Kindern schon vier Fliesengeschäfte abgeklappert und stehen im fünften. Sie klappen die hundertachtundvierzigste Musterwand von rechts nach links, entwinden Ihrem Jüngsten eine Kartusche Fugenmasse und erklären seinem Geschwister den Nachteil von Bärchenfliesen in einem Erwachsenenbad. Entdecken – endlich – Fliesen, die wenigstens Ihnen gefallen. Sie nehmen Ihrem Jüngsten den Prospektständer weg, nehmen Blickkontakt auf mit der Frau/dem Mann Ihres Herzens: »Na?!« Er/sie raunzt die Kinder an: »Legt die Bärenfliesen zurück«, und sagt zu Ihnen: »Vielleicht ist Laminat besser.« Sie fahren nach Hause, fliesenlos. Während Ihre bessere Hälfte hinterm Steuer sinniert: »Eigentlich ist es ganz egal, was man verlegt. In einem Jahr guckt da keiner mehr hin …«, gehen Sie mit den Rackern auf der Rückbank zum zwölften Mal die Argumente gegen Bärchenfliesen durch. Plötzlich erinnern Sie sich an Zeilen eines Gedichts von Erich Fried: »Es ist Unsinn, sagt die Vernunft. Es ist, was es ist, sagt die Liebe.«

Bauherren-Romantik

In Träumen sind Bau-Herr, Bau-Frau und Bau-Kinder ein Herz und eine Seele: Sie basteln gemeinsam ihr Nest, organisieren und entscheiden im Team, teilen sich die Aufgaben und präsentieren sich als starke Einheit. Die Baustellen-Wirklichkeit ist rau: Paare streiten, Kinder nörgeln. Darüber, wer was macht und wie viel Geld wofür ausgegeben wird, was schön aussieht und ob im neuen Wohnzimmer geraucht wird, wann eine Ehe eigentlich keine mehr ist und warum man den blöden Bruder nicht in der alten Wohnung zurücklässt. In jeder Partnerschaft gibt es gelegentlich Zoff, und unter normalen Umständen wird er bereinigt und vergessen. Bauherren befinden sich in einem Ausnahmezustand, zwei Jahre oder länger: Sie sind keine Finanzexperten, Juristen und Bautechniker und verschulden sich, unterschreiben Verträge und entscheiden über Estrich nass oder trocken. So gut wie nie in seinem Leben bewegt sich der Mensch auf so vielen Minenfeldern gleichzeitig und hat größere Angst vor Fehlern. Wer sich unsicher fühlt, sucht Rückhalt und wünscht sich, der Partner möge Entschlüsse bestätigen – Uneinigkeit stresst und enttäuscht Bauherren-Paare mehr als andere. Im Team ginge doch alles leichter, oder? »Jein«, sagen Arbeitspsychologen und raten ab von Romantik und dem Anspruch, alle Aufgaben gemeinsam zu lösen. Aber Vorsicht: Wer daraus den Schluss zieht, er müsse Entscheidungen in Einzelkämpfermanier fällen, baut das Haus möglicherweise bald mit einem frustrierten Mitläufer, der sich um nichts mehr kümmert. Vorschlag der Profis: Zusammen denken, allein arbeiten.

Team-Arbeit

Ideen finden und Abläufe planen – das geht tatsächlich am besten im Team: Zwei Köpfe strengen schließlich doppelt so viele Gehirnzellen an wie einer allein, und jeder steuert aus seinen Wünschen und Erfahrungen, Informationen und Fachkenntnissen das bei, was die Sache vorantreibt. Standort und Hausgröße beispielsweise, seine Form und die Aufteilung der Räume darf nicht einer allein ausbrüten, sondern müssen gemeinsam besprochen werden. In der Arbeitswelt veranstaltet man dazu ein »Brainstorming«: Jeder äußert seine Gedanken und Wünsche, alle hören zu, niemand rollt genervt mit den Augen. Erst wenn niemandem mehr etwas einfällt, prüft man alle Ideen auf Nutzen und Finanzierbarkeit. Auch Organisatorisches sollte im Team geklärt werden: Wann Urlaub sinnvoll wäre für Eigenleistungen am Bau, ob Schwiegermama samstags die Kinder nimmt und Ihnen Essen auf die Baustelle bringt, und warum der Elektriker dauernd Sie anruft statt den Bauleiter. Um das herauszufinden, setzen sich alle Beteiligten an einen Tisch. Nur in Zusammenarbeit lässt sich festlegen, wie die Baustelle reibungslos funktioniert, oder erforschen, wie Sand ins Getriebe geraten ist. Geht es um die Realisierung von Plänen, ist Einzelarbeit besser. Verteilen Sie die Aufgaben: Jeder macht das, was er am besten kann oder am liebsten tut. Betrauen Sie auch Ihre Kinder mit Aufträgen. Die Idee mit dem Eigenheim ist nicht auf ihrem Mist gewachsen, sie müssen sich ihre neue Heimat oft mühsamer aneignen als Sie: »Das hab ich gemacht« hilft ihnen.

Einzeln arbeiten Der Denker der Familie kümmert sich um Geld und Verträge, der Macher um Baustoffe und Handwerker. Der Grobmotoriker hämmert die Parkett-Elemente ineinander, der Geduldigere klopft mit klitzekleinen Nägelchen die Fußleisten an. Es unterstützt den Familienfrieden, wenn jeder arbeiten darf, wie er es für richtig hält. Sich Kommentare zu verkneifen, kann man üben: Schlüpfe in die Mokassins deines Feindes, sagen die Indianer. Wenn es mal klemmt, bespricht man sich natürlich; grundsätzlich aber sollte man darauf vertrauen, dass jeder seine Aufgabe im Griff hat. So funktioniert Team-Arbeit ideal: gemeinsam überlegen, allein arbeiten, gemeinsam das Ergebnis begutachten. So theoretisch, so schön – was tun mit einem Partner, dem diese Arbeitsweise nicht liegt? Weil er ein geborener Einzelkämpfer ist und/oder alles besser weiß? Psychologen raten: miteinander reden. »Gespräche sind nie sinnlos«, sagt der Psychotherapeut David Wilchfort, »aber man kann sie falsch anpacken.«

Miteinander reden Erster Fehler: spontane Diskussionen, weil einer den anderen überfällt und zum Gespräch zwingt. Zweiter Fehler: Open-End-Diskussionen, weil man vom Hundertsten ins Tausendste kommt. Dritter Fehler: Vorwürfe, weil der Partner sonst seine ganze Energie zur Verteidigung braucht. Geht Ihre Liebste/Ihr Liebster Ihnen mit seinen Alleingängen auf den Wecker: Gesprächstermin auf neutralem Terrain vereinbaren, Gesprächszeit begrenzen, Anliegen formulieren. Wichtig: Beginnen Sie keinen Ihrer Sätze mit »Du machst ...«, sondern sagen Sie ganz klar, was Sie wollen: »Ich wünsche mir ...«. Sind die Kompetenzbereiche klar vereinbart, dürfte nichts mehr schiefgehen: Weit gefehlt! Dann wird oft um die Finan-

... tief durchatmen und bis zehn zählen – so verringern sich Stress und die Gefahr, dass man den Falschen anschreit.

Durchsetzen oder nachgeben?

Ein Paar: Zwei mit unterschiedlichen Ansichten, Gewohnheiten und Einstellungen. Konflikte sind normal. Ärgern Sie Unordnung auf der Baustelle oder unpünktliche Fahrdienste, muss der Übeltäter sich bessern. Geschmacksfragen erfordern Kompromisse: Du wählst das Parkett, ich die Tapeten. Geht es um Lebensziele wie Wohnort, Karriere oder Kinder: Wer sie dem Beziehungsfrieden zuliebe aufgibt, bereut es später.

tipp

Ortswechsel: Wie Kinder sich drauf freuen

Neue Schule, neue Freunde, überhaupt alles anders: Eltern berichten, wie man Umzugschaos ordnet in Kinderseelen und Jugendzimmern.

Wer kriegt das schönste Zimmer?
1 Stella mag Sonnenuntergänge, Mia ist Morgenmensch – sie suchten ihre Zimmer nach der Himmelsrichtung aus.
2 Maya wohnt im Balkonzimmer, Celina bekam als Ersatz eine Sitzhängematte vors Fenster.
3 Roman und Julian bezogen exakt gleiche Räume von je 20 Quadratmeter Größe.

1 Umzug über die Straße, Stolz auf das eigene Zuhause

Jonas fehlte die Zeit, sich aufs Foto zu stellen: Der 14-jährige Bruder von Stella (11) und Mia (8) half lieber den Handwerkern. Als die Eltern ihre Baupläne eröffneten, wurde den Kindern erstmals bewusst: Das Haus, in dem wir jetzt wohnen, gehört uns gar nicht – und fanden es plötzlich doof. Täglich kontrollierten sie stolz den Baufortschritt ihres Hauses auf dem Grundstück gegenüber und diskutierten mit Mama, Papa und Architekt über Fenster, Wandfarben und einen beidseitig begehbaren Kleiderschrank zwischen den Mädchenzimmern. »Die Kinder in die Baupläne einbeziehen«, rät Vater Martin, »aber erst mit den Vorentwürfen – sonst fantasieren die Kids ins Blaue.« Klarheit ins Umzugschaos brachten früh ausgeteilte Kisten mit Farbsymbolen für jedes Kind. »So kann jeder in seinem Tempo Abschied nehmen«, sagt der Bauherr.

2 Alte Kontakte behalten, neue Freunde gewinnen

Maya kam in die Schule, Celina in den Kindergarten: Lebensschritte, die ohnehin neue Freunde bringen. Familie Wimmer plante exakt zu diesem Wechsel den Einzug ins neue Haus am 50 Kilometer entfernten Chiemsee. Strand und Berge, und die geliebten Großeltern im Nachbarort: Celina (6) und Maya (8) fühlten sich sofort wohl in der Urlaubsregion, die sie schon von Ausflügen kannten. Vermissen sie ihre alten Freunde, dürfen sie telefonieren, viele kommen zu Besuch.

3 Schwerer Abschied, überraschende Umstellung

Zwischen altem und neuem Zuhause von Familie Sepp liegen 40 Kilometer, Roman (9) und Julian (7) verließen unwillig ihre Freunde. Ein Garten zum Toben mit Fußballtor lockte mäßig. Mama meldete ihre Söhne in Musikschule und Sportverein an, schob Kontakte zu Kameraden an. Womit sie ihren Sensibelchen aber das neue Haus echt schmackhaft machte: In der Nähe liegt ein McDonald's, die Buben dürfen alleine hinradeln – das war in der Großstadt unmöglich. Jetzt treffen die zwei unterwegs ja so viele Freunde ...

zen gerangelt. »Wenn Sie einen schnellen Einblick bekommen wollen, wie eine Beziehung funktioniert«, empfiehlt der amerikanische Psychotherapeut Dr. Theodore Rubin, »dann fragen Sie nach der Rolle, die darin Geld spielt.«

Streit ums Geld

Wer seine Liebe teilt, teilt auch Haus und Geld, manche Paare nach untauglichem Modell. Mit »getrennter Kasse« vermeidet man Abhängigkeit: Ich sorge für mich selbst und schulde dir nichts. Ein gutes Modell? Leider nein: Es schafft wenig Raum für Geborgenheit und Nähe, aber viel Gelegenheit zum Machtkampf. Der Typ »leere Kasse« schweißt Paare zusammen – durch Dauerstreit: Miese auf dem Konto bannen die Angst vor Trennung. »Verantwortlichere Seelen«, erklärt der Psychologe Oskar Holzberg in der Frauenzeitschrift »Brigitte«, »erreichen den gleichen Effekt mit Häuslebauen. Die gemeinsame Unterschrift unter dem Kreditvertrag hält sie zusammen.« Bestreitet die Familie alle Ausgaben aus »seiner« Kasse, heißt das oft: Er trägt die Verantwortung, die sie scheut. Das klappt auf Dauer nur, wenn das beide wissen und die Rollenverteilung nie infrage stellen. Geht der Hausbau allein aus »ihrer« Kasse, nagt das herb am Selbstbewusstsein des Mannes. Hinter jedem Streit um den Kauf von ein paar Nägeln steht die Botschaft: »Wer zahlt, schafft an – das bist nicht du.«

Gemeinsame Kasse Sie gilt als Idealmodell, solange die Beziehung im Gleichgewicht ist. Summen von mehreren hunderttausend Euro bewegt man so problemlos. Aber wehe, einer der Partner fühlt sich vernachlässigt oder gekränkt: Urplötzlich entzündet sich Krach an 10 Euro Trinkgeld für den Installateur. Geldprobleme löst man elegant auf dem Gefühlskonto. Bevor Sie verzweifeln über Geiz oder Verschwendungssucht Ihres Partners Nehmen Sie ihn einfach mal fest in den Arm.

▶ **Erfahrungsaustausch: Wie andere Bauherrer Freud und Leid mit ihrer Familie teilen, lesen Sie unter www.haus.de/bauforum**

Ist unsere Beziehung in Gefahr?

Hausbau ist schön und stressig – gehen Paare zu sehr darin auf, schlittert die Liebe schnell in die Krise. Ihre auch? Der Test zeigt, wie es um Ihre Partnerschaft steht. Jeder kreuzt für sich an, was zutrifft. Die Auswertung sollten Sie gemeinsam lesen.

1. *Dem Bau widme ich pro Woche 25 Std.*
   ❍ ja ❍ nein
2. *Wir waren in den letzten 4 Wochen in keinem Lokal.*
   ❍ ja ❍ nein
3. *Wenn ich mich nicht um alles kümmere, passiert hier wenig.*
   ❍ ja ❍ nein
4. *Ein Abend nur für uns – den gab es schon lange nicht mehr.*
   ❍ ja ❍ nein
5. *Abends falle ich todmüde ins Bett.*
   ❍ ja ❍ nein
6. *Es ärgert mich, wenn er/sie nicht mitkommt, um Sachen fürs Haus zu kaufen.*
   ❍ ja ❍ nein
7. *Was er/sie heute anhat? Keine Ahnung …*
   ❍ ja ❍ nein
8. *Er/sie hat das Bauen erfunden.*
   ❍ ja ❍ nein
9. *Im Bett grüble ich oft über morgen.*
   ❍ ja ❍ nein
10. *Er/sie ist mir vor Handwerkern in den Rücken gefallen.*
    ❍ ja ❍ nein

8–10 x ja: Rote Karte!
Bauherr/in mit Leib und Seele. Bald ist Ihr Haus fertig, Ihre Ehe kaputt. Gönnen Sie einen Abend wöchentlich ausschließlich dem Menschen an Ihrer Seite!
5–7 x ja: Gelbe Karte!
Bauherr/in mit Engagement und etwas zu wenig Zeit für die Liebe. Geben Sie ihr mehr Raum, lassen Sie spontan die Baustelle mal Baustelle sein.
1–4 x ja: Grünes Licht!
Bauherr/in mit kühlem Kopf und warmem Herz. Sie wissen, warum Sie ein Haus bauen: Sie wollen darin alt werden – mit Ihrer Liebe.

test

So stimmen wir die Nachbarn freundlich

Gut Wetter machen vor, während und nach der Bauzeit

Wem gehört der Zaun? Üblicherweise betrachtet man die Sache von der Straße aus: Jeder friedet seine rechte Grundstücksseite ein – und kümmert sich um Reparaturen und die regelmäßige Erneuerung des Anstrichs.

Die Wiener Universität für Bodenkultur untersuchte im Auftrag der österreichischen Wohnbaugesellschaft »Neue Heimat« die Gründe für Unfrieden in Siedlungen. Eines der Ergebnisse: Während Familien ins Grüne ziehen, um den Kindern Spielraum zu gewähren, suchen kinderlose Paare dort Ruhe und Erholung. Die »Neue Heimat« möchte in Zukunft die Lebenssituationen ihrer Mieter stärker ausloten und Gleichgesinnte zu einer funktionierenden Hausgemeinschaft zusammenführen. Was Sie davon haben? Einen guten Rat: Wenn Sie zwei Bauplätze zur Wahl haben, bauen Sie in die Nachbarschaft, die besser zu Ihnen passt. In einer Baulücke zwischen betagten Hauseigentümern werden Sie sich als quirliges Quartett mit Hund weniger entfalten können als in einem Neubaugebiet, in dem lauter junge Familien nach ihren Bedürfnissen leben. Umgekehrt sollten sich Bauherren in den besten Jahren nach Möglichkeit ein Umfeld suchen, in dem Menschen gleichen Alters und ähnlicher Lebenssituation leben. Manchmal gibt es nichts auszusuchen – man baut, wo man es sich leisten kann. Zum Trost: Es lässt sich auch mit Menschen gut auskommen, die ganz anders leben als man selbst. Gute Nachbarschaft bedeutet nicht zwangsläufig enge Freundschaft. Es genügt, einander zu schätzen und zu tolerieren. Psychologen sind überzeugt: Die ersten sieben Sekunden einer Begegnung entscheiden über Sympathie oder Ablehnung. Es gibt soziale Tricks, um bei den neuen Nachbarn einen guten ersten Eindruck zu hinterlassen.

Kontaktaufnahme

Natürlich wäre es eine nette Geste Ihrer Grundstücksnachbarn, auf Sie als Neue zuzukommen und Ihnen zu signalisieren: Sie sind uns willkommen. Warten Sie jedoch nicht darauf – Sie müssen sowieso den ersten Schritt tun, um die Unterschrift der Nachbarn für Ihr Baugesuch einzuholen. Beim Genehmigungs-Freistellungsverfahren könnten Sie unterschriftslos mit dem Bau beginnen, das wäre allerdings recht ungeschickt: Ihre zukünftigen Nachbarn wissen vor lauter Kommen und Gehen auf der Baustelle nicht, wer eigentlich der Bauherr ist und demnächst neben ihnen wohnt. Über anonyme Verursacher von Baulärm, Dreck und Parkplatznot ärgert man sich rasch. Einem bekannten Gesicht sieht man Unannehmlichkeiten eher nach. Stellen Sie sich also auf jeden Fall vor – am besten, bevor Bagger und Kran anrücken.

Kurzbesuch Äugen Sie ein wenig über den Zaun: Werkeln Ihre Nachbarn gerade in ihrem Garten, ist das eine gute Gelegenheit, sie anzusprechen. Sonst klingeln Sie beherzt an der Tür. Es genügt, Ihren Namen zu sagen und die Personen zu nennen, die mit Ihnen unter dasselbe Dach ziehen werden. Sie beugen Vermutungen und Gerüchten vor, wenn Sie darüber hinaus kurz schildern, wo Sie jetzt wohnen, was Sie im Leben so tun und wie lange die Bauarbeiten in etwa dauern werden. Bitten Sie Ihre Nachbarn auch, gelegentliche Ruhestörungen zu entschuldigen und sich sofort an Sie zu wenden, falls es Grund zur Beschwerde gibt.

Rhetorik-Knigge Während der Bauzeit werden Sie Ihren Nachbarn immer wieder begegnen. Nehmen Sie sich stets Zeit für einen Mini-Plausch, auch wenn Sie sehr in Eile sind. Vermeiden Sie Fettnäpfchen-Themen – der Dramatiker George Bernhard Shaw riet: »Wenn Sie die Konversation mit Ihrer Tischdame vermeiden wollen, fragen Sie eine unverheiratete Dame, wie viele Kinder sie hat. Und eine verheiratete, warum sie keine hat.« Versuchen Sie also nicht, Ihrem Gegenüber ganz Persönliches zu entlocken, geben Sie Ihrerseits keine intimen Details über Ihr Leben preis. Umschiffen Sie auch Gespräche über Politik, Geld und Sex. Fernsehen und Zeitschriften gaukeln zwar vor, über diese Themen solle man heutzutage offen reden. Sie meinen: mit Ihrem Partner, nicht mit Fremden – viele Menschen empfinden es als unangenehm. Unverfängliche sind Gesprächs-Klassiker wie Wetter und Urlaub, Haus und Garten, Einkaufstipps, Kochrezepte und Fußball.

Abstand Beobachten Sie in Ihrem neuen Umfeld, wie die anderen miteinander umgehen und wer mit wem redet. Lassen Sie sich nicht zwangsverbrüdern mit oder gegen bestimmte Nachbarn. Wählen Sie Ihre Allianzen selbst – wenn Sie erst eingezogen sind. Die Takt- und Stilberaterin Elisabeth Bonneau empfiehlt: »Je näher man sich auf der Pelle hockt, desto mehr tut Abstand in der Kommunikation gut.« Auch wenn Sie einander auf Anhieb sympathisch sind: Achten Sie auf die Form, sonst kommen Sie schnell ins Gerede. In Frankreich sei es üblich, sagt Elisabeth Bonneau, im Morgenmantel den Müllsack auf die Straße zu tragen: »Bei uns ist der Auftritt im Unterhemd spätestens seit den Zeiten des Fernseh-Ekels ›Alfred‹ tabu, und die waren in den siebziger Jahren.«

Konflikte entschärfen

Ihr Nachbar parkt vor Ihrer Einfahrt, sein Hund kläfft Ihren Gehörgang wund, durch die Hecke dringt Abend für Abend Grillqualm: Klar, dass Sie das nervt. Nehmen Sie grundsätzlich an, dass Ihr Nachbar Sie nicht absichtlich ärgern will. Vielleicht

Repräsentative Umfrage des Ipsos-Instituts im Auftrag von »Das Haus«

Umfrage: So steht es um die Nachbarschaft

Ich komme gut mit meinen Nachbarn aus.	89%
Ich lege Wert auf ein gutes Verhältnis zu meinen Nachbarn.	86%
Wo Menschen zusammenleben, gibt es immer Probleme.	80%
In unserer Nachbarschaft hilft man sich gegenseitig.	78%
Richter sollten streitende Nachbarn wieder nach Hause schicken.	77%
Mich würde es stören, wenn mein Nachbar neugierig ist.	71%
Es ist schade, dass heute gute Nachbarschaft nichts mehr zählt.	70%
Ich bin mit einem oder einigen Nachbarn befreundet.	65%
Ich habe Angst vor Hunden und mag sie nicht nebenan haben.	63%
Gerade der Garten ist ein empfindliches Thema.	44%
Man sollte Abstand zu den Nachbarn halten, dann gibt's weniger Streit.	26%
Ich kann Leute verstehen, die gegen ihre Nachbarn prozessieren.	25%
Ich hatte schon einmal Probleme/Streit mit einem Nachbarn.	21%
Die meisten Probleme gibt es bei uns im Sommer, wenn gegrillt wird.	14%
In meinem Haus, in meiner Nachbarschaft ist es oft laut, das nervt mich.	13%

Auch wenn das Gras gerade schön trocken zum Schneiden ist: In den Ruhezeiten darf niemand mit dem Rasenmäher knattern.

ahnt er gar nicht, wie sein Verhalten bei Ihnen ankommt. Sagen Sie es ihm einfach. Falls Sie schon kochen vor Wut: Warten Sie ab, bis Sie wieder friedlich sind, eventuell ist Ihre Stimmung am nächsten Tag sachlicher. Bleiben Sie immer höflich, oder werden Sie humorig, wenn Ihnen das liegt.

Erst reden, dann schreiben Fragen Sie den Nachbarn nach Möglichkeiten, die Quelle des Ärgers versiegen zu lassen. Kündigen Sie Ihrerseits voraussichtliche Störungen an: Wird Ihre Tochter 18, haut sie mit ihrer Clique sehr wahrscheinlich auf den Putz – überlassen Sie ihr die Terrasse, und laden Sie die Nachbarn an diesem Abend in die nächste Gaststätte ein. Oder versprechen Sie zumindest, dass nach der Feier für dieses Jahr Ruhe ist. Strapazieren Sie Ihren Nachbarn nicht mit Maximalforderungen, und zeigen Sie sich bereit zu Kompromissen – informieren Sie ihn beispielsweise, wann Sie in der Arbeit sind. Währenddessen »dürfen« seine Kinder im Garten kreischen, bis sie heiser sind. Ab 19 Uhr geht es dann um Ihr Wohl: Sie möchten in Ruhe Ihr Glas Wein auf der Terrasse genießen, die Kinder werden zur Rücksicht ermahnt. Manchmal beißt man mit seinem guten Willen auf Granit, der Nachbar stört stur. Der Weg zum Rechtsanwalt steht Ihnen offen; meist verursacht er keine Änderung, nur Kosten. Der Störenfried wird sich unterlegen fühlen und Sie ganz genau beobachten, bis Sie sich eine Kleinigkeit zuschulden kommen lassen. Liegt das Recht tatsächlich eindeutig auf Ihrer Seite: Versuchen Sie, Ihren Nachbarn freundlich zu ignorieren. Pflanzen Sie eine Hecke um Ihr Grundstück und lassen Sie ihn seines Weges ziehen.

Wann die streitenden Parteien zum Schlichter müssen

Vermögensrechtliche Streitigkeit mit einem Streitwert bis 750 € → **Schlichtungsversuch**

Nachbarrechtsstreit → **Schlichtungsversuch**

Ehrverletzung → **Schlichtungsversuch**

Schlichtungsversuch → **Schlichtung erfolgreich** → **Streit gütlich beigelegt**

Schlichtungsversuch → **Schlichtung gescheitert** → **Prozess vor dem Amtsgericht**

Schlichtungsgesetze haben bisher folgende Bundesländer: Baden-Württemberg, Bayern, Brandenburg, Hessen, Niedersachsen, Nordrhein-Westfalen, Saarland, Sachsen-Anhalt, Schleswig Holstein. Voraussetzung für ein Schlichtungsverfahren ist auch, dass die Kontrahenten beide im gleichen Landgerichtsbezirk wohnen. Wenn die Schlichtung scheitert, können Sie immer noch vor Gericht gehen.

Schlichten ohne Richter

Konflikte kann man kostensparend lösen: Wenden Sie sich an eine Schiedsstelle. Also nicht gleich vor Gericht ziehen, wenn der Nachbar oder ein Handwerker Ihnen querkommt. In manchen Bundesländern dürfen nachbar- und vermögensrechtliche Streitigkeiten und Ehrverletzungen sowieso nur vor den Richter nach einem Schlichtungsversuch vor einem Schiedsmann, Anwalt oder Notar – den Ablauf des Verfahrens zeigt die Grafik links. Vermögensrechtliche Streitigkeiten landen vor einem Schlichter, sofern der Streitwert unter 750 Euro liegt und die Kontrahenten im selben Landgerichtsbezirk wohnen. Das Schlichtungsverfahren scheidet aus, wenn Sie einen Mahnbescheid verschicken; dann geht der Fall direkt vors Gericht. So vertun Sie allerdings eine Chance, denn häufig legt die Schlichtung den Rechtsstreit eher bei, da es keine Gewinner und Verlierer gibt. Schlichten ist preiswerter als Richten: In Bayern kostet ein Schlichtungsverfahren mit Gespräch 100 Euro, ohne 50 Euro, jeweils plus 20 Euro Porto- und Telefongebühren.

Schiedsstelle Auch wenn eine Schlichtung nicht vorgeschrieben ist: Erklärt sich Ihr Kontrahent einverstanden, tragen Sie den Streit vor einem Rechtsanwalt, Notar oder einer Schlichtungsstelle aus. Adressen und Informationen nennen die örtliche Industrie- und Handelskammer, die Handwerkskammer und die Innung.

Das ist doch wohl unser gutes Recht! Wirklich?

Auch im eigenen Haus mit Garten ist die Freiheit keineswegs grenzenlos. Was man darf, wo es Einschränkungen gibt – da liegt man manchmal daneben. Nachbarschaft: Testen Sie Ihr Wissen.

1. *Im Freien Koteletts grillen: Das dürfen wir jederzeit.*
   ❍ ja ❍ nein

2. *Auf dem Land ist ein Hund ja wohl selbstverständlich. Schließlich muss er auf uns und unser Grundstück aufpassen – da darf er auch nach Herzenslust bellen.*
   ❍ ja ❍ nein

3. *Den Garten können wir ganz nach unseren Vorstellungen gestalten.*
   ❍ ja ❍ nein

4. *Den Rasen mähen wir, wenn wir Lust dazu haben. Außer, das Wetter macht uns einen Strich durch die Rechnung.*
   ❍ ja ❍ nein

5. *Obst, das über unseren Zaun hängt, müssen wir hängen lassen. Nur was auf unser Grundstück fällt, gehört uns.*
   ❍ ja ❍ nein

6. *Wenn ein Haufen Laub von Nachbars Birke oder Eiche unseren Garten verunziert, können wir darauf drängen, dass er die Dreckschleuder vor dem nächsten Herbst fällt.*
   ❍ ja ❍ nein

7. *Nachbars Zweige verschatten unser Gemüsebeet – wir dürfen sie absägen.*
   ❍ ja ❍ nein

8. *Notfalls klärt ein Richter endgültig, wer im Recht ist.*
   ❍ ja ❍ nein

Auswertung:

1. **Ja. Aber nur, wenn Gerüche nicht in Nachbars Wohn- und Schlafräume dringen. (OLG Düsseldorf, 5 Ss Owi 149/95)**
2. **Nein. Zwischen 22 und 7 Uhr und 13 und 15 Uhr muss er die Schnauze halten. (LG Mainz, 6 S 87/94)**
3. **Ja. Beachten Sie jedoch vorgeschriebene Pflanzabstände zur Straße und zum Nachbarn – sie sind in jedem Bundesland anders. Mancherorts gibt es Bestimmungen der Gemeinde, auch über maximale Höhen von Baum und Strauch.**
4. **Nein. Die Gemeinde legt Ruhezeiten fest.**
5. **Ja. Wer Früchte herunterschüttelt, muss sie wieder hergeben.**
6. **Nein. Die Gerichte werten Laubfall meist als unwesentliche Beeinträchtigung. Das gilt auch für Blütenfall oder Flug von Unkrautsamen aus einem naturnahen Öko-Garten.**
7. **Ja. Sie müssen dem Eigentümer aber zunächst eine Frist setzen zur Beseitigung. Erst wenn die abgelaufen ist, dürfen Sie zur Astschere greifen oder seine Hecke stutzen.**
8. **Jein. Ein Nachbarstreit vor Gericht lohnt kaum: Der Nachbar bleibt, auch die Konfliktsituation. Versuchen Sie eine gütliche Einigung.**

test

So feiern wir ein schönes Richtfest

Was Brauch ist und wie das Fest perfekt gelingt

Mit dem Richtspruch lobt der Zimmermann die Arbeit der Handwerker und erbittet Gottes Segen für das Haus.

Seit jeher ist die Fertigstellung des Rohbaus Anlass für das Richtfest, in manchen Gegenden heißt es auch Hebfeier, Aufschlagfest oder Weihefest. Nach altem Brauch schmücken die Zimmerleute ein Bäumchen oder einen Kranz mit bunten Bändern und Blüten (und stellen ihn dem Bauherrn in Rechnung). Kranz, Krone oder Richtbaum symbolisieren den Stolz des Bauherrn auf seine Handwerker – und deren Stolz auf ihre solide Arbeit. Mit dem Richtfest bedanken Sie sich bei den Handwerkern für das glückliche Gelingen des Bauwerks, und die Handwerker danken Gott, der ihre Arbeit während der Bauarbeit geschützt und Gefahren vom Haus abgewendet hat.

Wer lädt ein? Sie als Bauherr laden die Gäste ein. Scheuen Sie die Richtfeier nicht, auch wenn sie – Ihren finanziellen Verhältnissen angepasst – leicht 500 oder 1000 Euro kostet. Für eine geizige Bauherrenschaft machen Handwerker nur »Dienst nach Vorschrift« ohne Gefälligkeiten, und an ein gelungenes Richtfest erinnern sich Behördenmitarbeiter später gern, wenn Sie anbauen möchten.

Wen lädt man ein? Natürlich darf keiner fehlen, der auf der Baustelle mitgeholfen hat – und auch niemand, auf dessen Einsatz man nach der Richtfeier für die Fertigstellung angewiesen ist. Also nicht nur Maurer und Zimmerer einladen, sondern auch Dachdecker und Installateur, Bodenleger und Schreiner. Darüber hinaus schadet es überhaupt nicht, Mitarbeiter der Gemeindeverwaltung und des Bauamts einzuladen und den Bürgermeister – soweit diese Menschen Ihr Bauvorhaben unterstützt haben. Sollte das nicht immer der Fall gewesen sein, gibt das Fest Gelegenheit zum Frieden. Vergessen Sie auf der Einladungsliste nicht Architekt, Notar und Ihre Kreditgeber. Zu diesem Kreis gesellen Sie alte und neue Nachbarn, Freunde, Verwandte und vielleicht den Pfarrer.

Wer macht was? Der Bauherr begrüßt seine Gäste, dann ziehen die Zimmerleute Richtkranz, Krone oder Bäumchen aufs Dach und befestigen das geschmückte Grün auf dem First. Sie bitten den Bauherrn oder die Bauherrin, den letzten Nagel einzuschlagen – also klettert er/sie aufs

Dach und und versucht sein/ihr Glück. Landet der Nagel krumm im Gebälk, muss man Schmähreden hinnehmen und später eine Extrarunde ausgeben. Bitte um Gottes Segen Der Zimmermeister oder einer seiner Gesellen hält den Richtspruch – er ist dem Sinn nach ein Gebet um Gottes Segen. Der Redner erhebt sein Glas, prostet den unten Stehenden zu und schleudert sein Glas zu Boden oder gegen die Giebelwand – das soll Glück bringen. Manche Zimmerleute singen danach noch ein Lied, vielleicht möchten Sie selbst ein besonderes, symbolisches Musikstück abspielen – stöpseln Sie rechtzeitig Ihren CD-Player ein. Vielleicht haben Sie Freunde oder Vereinskameraden, die Musik machen: Jetzt wäre die Gelegenheit für einen ordentlichen Tusch. Ist der letzte Ton verklungen, bitten Sie den Pfarrer um ein paar Worte. Dann laden Sie ausdrücklich ein zum Schmaus, versorgen alle Gäste mit Essen und Getränken und halten eine kleine Rede. Geben Sie einen Rückblick auf die bisherige Geschichte Ihrer Baustelle und verteilen Sie Dank an alle, die Ihr Abenteuer Hausbau begleitet haben. Haben Sie sich über jemanden geärgert, verschweigen Sie es an dieser Stelle oder verpacken Sie Ihren Tadel in humorvolle Worte. Sonst gibt es neue Missklänge, die nichts bringen und die Feier stören. Vermutlich werden auch Architekt und Bauleiter eine kleine Rede halten – oder Ihre Eltern.
Wo wird gefeiert? Normalerweise feiert man vor dem Rohbau, denn der Zimmermann trägt seinen Richtspruch grundsätzlich vom frischen Dachstuhl aus vor. Ist es knackekalt oder regnet es in Strömen, zieht man danach um ins Haus: am Vortag Planen vor Fenster- und Türöffnungen hängen, damit es nicht zieht. Am Morgen der Feier das Heizgebläse einschalten und Biertische aufstellen. Niemand erwartet Tafelsilber und Damasttücher; Papiertischdecken und ein paar Kerzen genügen. Wem das zu unwirtlich erscheint, der reserviert Tische in einem nahe gelegenen Gasthaus.

▶ Vorausplanen: **Die Rohbauzimmer nochmal ausmessen, in Gedanken Möbel platzieren. Einrichtungstipps unter** www.haus.de/wohnen

Richtfest: Countdown für gutes Gelingen

Das Richtfest ist eine Feier ohne Schlips und Kragen – aufwendige Vorbereitungen müssen nicht sein. Ein kurzer Check erleichtert die Übersicht, ob man an alles gedacht hat: Haken Sie Erledigtes ab.

- *Termin festgelegt* ❍
- *Alle Handwerker eingeladen – auch die Helfer, die erst später auf der Baustelle arbeiten* ❍
- *Architekt, Bauleiter, Mitarbeiter des Bauamts, Bürgermeister und Pfarrer informiert* ❍
- *Kreditgeber, Nachbarn, Freunde, Verwandte und Eltern eingeladen* ❍
- *Biertische und Bänke organisiert* ❍
- *Musikgruppe bestellt oder CD-Player und genügend CDs besorgt* ❍
- *Papiertischdecken, Servietten, Gläser, Teller und Kerzen besorgt* ❍
- *Bier, Sekt, Limo, Wasser und Schnaps gekauft* ❍
- *Wurst-/Käseplatten, Leberkäse, Würstchen oder Braten beim Metzger bestellt* ❍
- *Gefahrenstellen auf der Baustelle entschärft* ❍
- *Brot bestellt* ❍
- *Heizlüfter, Planen und Lampen aufgetrieben* ❍
- *Besteck, Mülltüten und Toilettenpapier vorhanden* ❍
- *Kannen für den Abschlusskaffee ausgeliehen oder Kaffeemaschine eingepackt* ❍
- *An Kaffeetassen und Zucker, Süßstoff, Milch und Löffel zum Umrühren gedacht* ❍
- *Ein paar Fotos vom Baublauf zusammengestellt* ❍
- *Kissen für die Bänke bereitgelegt* ❍

check

So überstehen wir auch den Endspurt

Umzug organisieren: Wann es was zu erledigen gibt

Einzug ins neue Haus: Ein perfekter 3-Monats-Plan schont die Nerven, eine Transportkarre den Rücken – Möbel und Kisten lassen sich auch über holprige Gartenwege und Treppen gleich ins richtige Zimmer rollen.

Listen Sie Ihre Freunde auf, und haken Sie Sprüchemacher und Bandscheibengeschädigte ab. Für einen Umzug im Do-it-yourself-Verfahren brauchen Sie zuverlässige, kräftige Träger. Einer von ihnen sollte technisch versiert sein: Er zerlegt Schränke, klemmt Leuchten ab, nummeriert Computerkabel sowie ihre Anschlussbuchsen. Schätzen Sie auch Ihre eigenen Körperkräfte realistisch ein: Ein voller Umzugskarton wiegt zwischen 25 und 30 Kilo. Menschen mit normaler Sammelwut benötigen 10 bis 20 Kisten pro Zimmer, Handwerker und Freiberufler mehr. Dazu schleppt man Möbel und Elektrogeräte.

Spediteur suchen Bleiben nach dem Check zu wenige Helfer für den Umzug übrig, sollten Sie sich lieber nach einem preisgünstigen Spediteur umsehen. Nutzen Sie Erfahrungen, hören Sie sich im Freundes- und Kollegenkreis um oder unter den Nachbarn in Ihrem Neubaugebiet: Wer war mit seinem Umzugsunternehmen zufrieden? Auch wenn Profis die schwere Last tragen: Planen müssen Sie. Ein Angebotsvergleich lohnt sich. Stiftung Warentest deckte auf: Spediteure bewegen dieselbe 2-Zimmer-Testwohnung innerhalb der Stadt zu Preisen von 800 bis 2200 Euro.

Preise vergleichen Natürlich möchten Sie Ihr Haus erst beziehen, wenn es fertig ist. Es kann sich aber lohnen, den Umzug einen oder zwei Monate vorzuziehen oder zu verschieben: Im Januar und Februar, April und November klagen Speditionen über Flaute und bieten ihre Dienste billiger an. Für Umzüge unter 100 Kilometer gibt es »Tagesfestpreise« – lassen Sie sich erklären, welche Leistungen die Pauschale enthält. Vereinbaren Sie schriftlich die Stundensätze für Lkw, Fahrer und Träger. Halten Sie auch fest, wie viel Mann kommen und wie lange sie packen und fahren. Dann ist der Spediteur an den Stundensatz gebunden, die Einsatzzeit von Fahrzeug und Leuten darf er um höchstens 20 Prozent überschreiten. Vorsicht, wenn mehr Helfer auftauchen als bestellt (»damit es schneller geht«) – sie kosten extra. Im Fernbereich über 100 Kilometer geht der Umzug nicht nach Stunden, sondern nach Entfernung und Möbelwagenmeter. Jeder Spediteur darf seine Preise frei gestalten, einige geben Rabatt für Umzüge in der Wochen- oder Monatsmitte. Bezahlt wird meist in bar, noch am Umzugstag. Per Gesetz versichert der Umzugsunternehmer Ihre Möbel pro Kubikmeter. Er haftet allerdings nicht für selbst gepackte Kartons und Pflanzen. Fristen für die Schadensmeldung: unbedingt schriftlich und höchstens 1 Werktag nach dem Umzug für offensichtliche Schäden, 14 Tage für verdeckte. Für den Umzug am Freitag reicht die Reklamation am Montag. Ist Ihre Spedition Mitglied der Arbeitsgemeinschaft Möbeltransport, schlichtet die AMÖ Streit.

3 Monate vorher

Wenn Sie den Umzug selber organisieren und durchführen: Kisten kann man nie genug haben. Sammeln, leihen oder kaufen Sie rechtzeitig genügend Pappkartons. Neue Umzugskartons in der Standardgröße 63 x 33 x 33 Zentimeter kosten um die 3 Euro beim Spediteur, im Baumarkt oder bei Ikea. Gebrauchte gibt es schon für 1 Euro das Stück. Heben Sie ab jetzt auch Tageszeitungen auf, die benötigen Sie als Polster für Gläser und Geschirr. Misten Sie rigoros Keller, Speicher und Wohnräume aus und sichten Sie den Inhalt der Tiefkühltruhe. Sie frostet zwar 24–36 Stunden lang ohne Strom – aber was gegessen ist, muss keiner mehr schleppen. Beantragen Sie in Ihrer Firma Umzugsurlaub und kündigen Sie alle gemieteten Objekte: Wohnung oder Haus, Werkstatt oder Büro.

Renovierung organisieren Verhandeln Sie mit Handwerkern über Renovierungsarbeiten – möglicherweise gibt Ihnen der Maler Ihres Eigenheims Mengenrabatt wegen des Großauftrags. Es ist nicht empfehlenswert, selbst den Pinsel zu schwingen. Sie werden wenig Lust verspüren, dem Vermieter noch seine Bude zu verschönern, und er bemäkelt Ihre Laien-Arbeit. Investieren Sie Ihr Herzblut lieber in das eigene Haus. Steht das in einer anderen Stadt oder einem anderen Landkreis: Melden Sie Ihre Kinder von Kindergarten und Schule ab, kündigen Sie Mitgliedschaften in Vereinen. Wünschen Sie sich für Ihr neues Haus frische

Wissen alle Ihre neue Adresse? Wer?

- Abo für Theater, Konzerte, Fitnessclub ❍
- Abo für Zeitungen und Zeitschriften ❍
- alte Nachbarn ❍
- Arbeitgeber ❍
- Automobilclub ❍
- BaföG-Stelle ❍
- Bank ❍
- BfA oder LVA ❍
- Finanzamt ❍
- Freunde ❍
- Geschäftspartner ❍
- GEZ ❍
- Haftpflicht-Versicherung ❍
- Hausrat-Versicherung ❍
- Kabelfernsehen und Pay-TV ❍
- Kindergarten und Schule ❍
- Kindergeldstelle ❍
- Kranken-Versicherung ❍
- Kreiswehrersatzamt ❍
- Lebensversicherung ❍
- Post ❍
- Steuerberater ❍
- Strom-, Gas-, Wasserwerke ❍
- Tierhaftpflicht-Versicherung ❍
- Unfall-Versicherung ❍
- Verwandte ❍

Möbel: Jetzt haben Sie noch genügend Ruhe, sie auszusuchen und zu bestellen.

1 Monat vorher

Teilen Sie dem Hausmeister mit, wann Sie umziehen, und reservieren Sie über das Amt für öffentliche Ordnung Parkplätze vor dem Haus. Vergeben Sie an die Spedition Ihrer Wahl einen verbindlichen Auftrag oder ordern Sie einen Miet-Lkw. Entrümpeln Sie weiterhin Keller, Speicher und Schränke. Packen Sie keine Kisten, die Sie irgendwann mal auf den Flohmarkt bringen möchten – dazu haben Sie jetzt keine Zeit, der Krempel wird Ihren neuen Keller füllen. Fahren Sie das Zeug eiskalt sofort zum Wertstoffhof! Klären Sie mit Ihrem Vermieter Wohnungsübergabe und Nebenkosten-Abrechnung. Das Gespräch lässt Sie seine Stimmung ahnen: Ist sie kühl, treten Sie rasch dem Mieterschutzverein bei. Der Jahresbeitrag kostet 50 Euro und spart Hunderte, wenn der Vermieter Ihnen dumm kommt – das kann Ihnen auch nach

Umzugskosten vergleichen

Die Preisunterschiede zertifizierter Fachbetriebe machen bis zu 50 % aus, im Schnitt kostet der Umzug eines Zimmers bis zu einer Entfernung von 50 km zwischen 300 und 600 Euro. Man kann den Umzug selber machen und nur große oder schwere Teile transportieren lassen. Eine Beiladung zum Möbeltaxi kostet in Deutschland 70 bis 140 Euro pro m³, ein Klavier ab 300 Euro.

tipp

jahrelang gutem Verhältnis passieren. Kümmern Sie sich als Nächstes um einen Ablesetermin für Strom und Gas, die Ummeldung des Telefons und einen Nachsendeantrag für Ihre Post. Zeitungen und Magazine werden nicht nachgeschickt, teilen Sie dem Abonnentenservice (Adresse im Impressum der Zeitschrift) Ihre neue Anschrift mit.

1 Woche vorher

Tauen Sie in Ihrem alten Zuhause Gefrier- und Kühlschrank ab – wann Sie damit beginnen müssen, wissen Sie sicher aus Erfahrung. Weicht das Eis nicht von selbst bis zum Vortag des Umzugs, helfen Sie nach mit dem Föhn oder Tausalz. Nicht mit dem Messer kratzen und stochern! Sie durchstoßen sonst rasch die hauchfeine Aluminiumwand des Kühlschranks und er ist irreparabel kaputt. Packen Sie die Umzugskisten – wie man das professionell macht, lesen Sie im Kasten unten. Starten Sie einen Rundruf unter Ihren Helfern, und vergewissern Sie sich, dass wirklich keiner von ihnen den Termin vergisst. Wer inzwischen an einem Tennisarm leidet oder doch erst am Nachmittag Zeit hat, wird kurzerhand eingeteilt, am Umzugstag auf die Kinder und den Hund aufzupassen. Wenn Sie aus einem Mietblock ausziehen, besorgen Sie sich vom Hausmeister den Schlüssel für die Hofeinfahrt und bitten Sie ihn, die Mülltonnen beiseite zu schieben. Decken Sie – falls Sie das nicht ohnehin schon getan haben – im neuen Haus die Böden ab. Auf üblicher Plastikfolie aus der Malerabteilung des Baumarkts rutscht man, bis sie reißt. Besser taugt Wellpappe. Man kauft sie rollenweise in einem Verpackungsgroßhandel (Branchenbuch), verlegt sie mit den Rippen nach unten über dem gesamten Boden und klebt sie mit Kreppband solide aneinander und an die Fußleisten – kein Plastik-Packband verwenden, es hinterlässt unentfernbare Kleberspuren. Sollte es am Umzugstag regnen, doppeln Sie am Eingang die Pappe mit einem großen Rest Teppichboden,

Umzugskartons: Systematisch packen, gesund transportieren

Stecken Sie Geld und persönliche Unterlagen, Wertgegenstände und Medikamente in eine Tasche, die Sie persönlich tragen – so haben Sie die Sachen gleich zur Hand und müssen nicht in allen Räumen danach suchen. Für die Kartons fertigen Sie Kopien vom Grundriss Ihres neuen Hauses: so viele wie Kisten. Kleben Sie auf jede Schachtel einen Grundriss und kreuzen darauf das Zimmer an, in das sie gehört. Rationeller als unterschiedlich große Bananenkisten und Wäschekörbe sind professionelle Faltkartons in Einheitsgröße. Sie lassen sich im LKW sicher und übersichtlich stapeln, nach dem Auspacken auseinander klappen und Platz sparend aufräumen – bis der Spediteur sie wieder abholt oder ein privater Interessent sie kauft. Für Kleidung gibt es spezielle Kleiderboxen, in denen Sie Garderobe hängend transportieren. Sie benötigen pro Person etwa 30 Kisten. Beladen Sie jede mit höchstens 20 Kilogramm Gewicht, sonst ist sie kaum noch zu schleppen. Bücher nur einlagig in die Kiste stellen, Rücken an Rücken, und den Raum darüber mit leichten Handtüchern, Socken oder Sofakissen füllen. Packen Sie die Griffschlitze in den Kisten nicht zu, damit man mit den Fingern von außen hineingreifen kann – scharfe und spitze Gegenstände gut einwickeln und in Kartonmitte legen. Geschirr und Gläser in Zeitungspapier einwickeln, Hohlräume ausstopfen. Teller zuunterst einpacken, dazwischen Kannen und Krüge stellen, darauf eingewickeltes Besteck und Gläser legen. Bilder und Spiegel einmal längs, einmal quer durch Wellpappe schützen oder Spezial-Ecken draufstecken und in den Karton legen statt stellen, dann kippen sie nicht um. Offene Lebensmittelpackungen und Flaschen, Shampoo und Parfüm mit Klebeband verschließen, so läuft nichts aus. Volle Kartons vorsichtig rütteln und umpacken, falls etwas klappert. Pflanzen mit Noppenfolie oder Wellpappe umwickeln. Kleine Töpfe in eine Kiste stellen, Zwischenräume mit Zeitungspapier polstern. Für große Gewächse im Baumarkt einen Tragegurt für Kübel kaufen.

Zuerst die Kinderzimmer einräumen, das gibt den Kleinen Sicherheit im Haus, das ihnen noch fremd ist. Dann die Küche aufbauen: Essen und Trinken hält Leib und Seele zusammen.

sonst weicht sie auf. Montieren Sie in jedes Zimmer eine Fassung mit Glühbirne, dann tappen Sie am Umzugstag nicht im Dunkeln.

Am Umzugstag

Stehen Sie früh auf und frühstücken in aller Ruhe, danach wird zügig gearbeitet. Sie flitzen zunächst in den Supermarkt, packen Verpflegung, Cola und Bier in Ihr Auto. Denken Sie auch an einen Flaschenöffner, Handtuch und Seife, Toilettenpapier und Mülltüten. Inzwischen sind hoffentlich Ihre Helfer eingetroffen. Bieten Sie ihnen einen Kaffee an, das stimmt sie freundlich. Während Sie Tassen spülen, Brot- und Belagreste in einen Korb packen und den Frühstückstisch reisefertig machen, prüfen zwei das Treppenhaus auf Schäden – sonst werden Ihnen die vielleicht später aufgebrummt. Sind die Helfer unten angekommen, können sie auch gleich das Türschild abmontieren und den Briefkasten leeren. Sie sehen auf dem Speicher und im Keller ein letztes Mal nach, ob dort noch Wäsche von Ihnen auf der Leine hängt. Ist der Lkw voll, fährt er los; die Wohnung ist jetzt leer und kann geputzt werden. Machen Sie auch das Treppenhaus sauber und suchen es mit einem Zeugen nach Umzugsschäden ab. Falls es Schrammen gegeben hat: fotografieren und am nächsten Tag der Haftpflichtversicherung melden.

Richtig umziehen

Möbel nur zerlegen, wenn man sie am Stück nicht tragen kann oder sie nicht durchs Treppenhaus passen – je mehr man auseinanderbaut, desto größer ist im neuen Haus das Durcheinander und die Gefahr, dass entscheidende Schrauben fehlen. Schrankteile vor dem Abbau mit Kreide nummerieren, so geht der Wiederaufbau ruckzuck. Damit Sie später nicht die Abstände zählen müssen, markieren Sie mit Bleistift die Position von Fachböden und nehmen Sie sie heraus. Die Schubladen sollten drinbleiben, nur die Griffe werden abgeschraubt und zusammen mit allen Möbelschlüsseln und Holzdübeln, Scharnierteilen und Inbusschlüsseln in einer Tüte gesammelt. Stecken Sie diese Tüte in die Tasche, in der Sie auch Ihre persönlichen Dinge transportieren, dann müssen Sie im neuen Haus nicht suchen. Herd und Backofen lassen Sie vom Elektriker demontieren! Teilen Sie Arbeitshandschuhe (Baumarkt) an alle Helfer aus und hieven die schweren Haushaltsgeräte wie Kühlschrank, Waschmaschine und Trockner mit Tragegurten auf die Laderampe des Lkw, platzieren Sie alle »weiße Ware« senkrecht. Bestimmen Sie den Systematiker unter Ihren Umzugshelfern als Lademeister, auch für die Kisten und Möbel. Legen Sie zuerst Well-

Wie alt ist Ihr Führerschein?

Wer seinen Führerschein nach dem 1. Januar 1999 bestanden hat, darf Lkws nur bis zu 3,5 Tonnen lenken. Alte Hasen unter den Autofahrern können sich Fahrzeuge bis zu 7,5 Tonnen ausleihen, nette Chefs stellen übers Wochenende oder nach Feierabend ihr Firmenauto zur Verfügung gegen eine Tankfüllung Diesel. Sonst holen Sie den Umzugswagen von einer Autovermietung – beachten Sie den Ort der Rückgabe!

info

Kinderseelen verstört ein Umzug mehr als Erwachsene. Nach dem Ortswechsel erst mal verschnaufen, dann die Kinderzimmer einräumen – äußere Ordnung hilft, inneres Chaos zu besänftigen.

pappe oder Teppiche auf der Ladefläche aus, das bewahrt Möbel vor Kratzern. Denken Sie daran: Was zuerst im Wagen steht, kommt zuletzt ins neue Haus. Liefern Sie das Kinderbettchen ganz zum Schluss an, dann kann es als Erstes einziehen, Ihr Nachwuchs hat dann schon ein Stückchen vertrautes Terrain. Das Auto wird grundsätzlich in Längsrichtung bepackt, so stützen Möbel und Kisten sich gegenseitig beim Anfahren und Bremsen. Verteilen Sie das Gewicht gleichmäßig auf beide Seiten des Transporters. Bauen Sie entlang der Außenseiten zunächst je eine Kistenwand und fixieren Sie diese mit den Schränken, die sich nicht auseinandernehmen lassen. Hüllen Sie alles Mobiliar in Decken.

Lkw beladen Lücken zwischen den Kisten füllt man mit Bügelbrett und Wäscheständer, Topfpflanzen, Schrankteilen und Kleinmöbeln. Die Sitzfläche der Couch lässt sich nutzen als Ladefläche für Bettzeug und Wäschebeutel, Computer und Monitor, Musikanlage und Fernseher stehen am sichersten unter einem Tisch. Wer der Sache nicht traut, kutschiert die Elektronik in seinem Privat-Pkw. Kommt die Einbauküche mit ins Eigenheim, stellt man die Unterschränke auf den Lkw-Boden und platziert darauf die Oberschränke kopfüber – so fallen Kratzspuren später nicht auf.

Rücken schützen Stellen Sie sich breitbeinig so dicht wie möglich an die jeweilige Last, heben Sie Gewicht immer aus der Hocke, nie aus dem gebückten Kreuz. Wenn Sie Tragegurte verwenden: Der Gurt gehört auf die Seite, auf der sich auch das Treppengeländer befindet. Die nagelneuen Fußbodenbeläge Ihres Eigenheims haben Sie schon am Vortag abgedeckt (s. Seite 172). Teilen Sie trotzdem Ihre Helfer ein in Läufer und Verteiler – Letztere nehmen die Kartons an der Haustür an und arbeiten ausnahmslos im Haus, so bleibt Schmutz draußen. Bitten Sie die Verteiler, sich an den aufgeklebten Grundrissen zu orientieren und die Kisten in den richtigen Räumen planvoll an den Wänden entlang aufzureihen. Komplette Möbel kommen gleich an ihren Platz, die Einzelteile von zerlegtem Mobiliar stapelt man zueinander.

Die erste Woche

Sie haben mit Ihren Helfern auf den Umzug angestoßen und gegessen, jetzt sind Sie mit Ihrer Familie allein. Schnuppern Sie im Haus herum: Ihr neuer Lebensraum – er gehört Ihnen. Genießen Sie den Gedanken ausgiebig! Machen Sie sich nicht verrückt mit Möbel rücken und Kisten auspacken, erledigen Sie das nach und nach. Wichtig am ersten Abend: Kinderzimmer und Bad. Für alles andere ist Zeit in den nächsten Wochen.

Ummelden Teilen Sie dem Einwohnermeldeamt und der Kfz-Zulassungsstelle Ihre neue Adresse mit und jedem, der sie wissen muss – Gedankenstütze auf Seite 171. Man kann sich auch per Internet ummelden – etwa unter www.ummelden.de oder www.umzug-checkliste.de.

▸ Einrichten: Möbel und Deko, Hübsches und Nützliches, Tipps und Trends für das neue Zuhause unter www.haus.de/wohnen

Wie teuer wird unser Umzug?

Der Einzug ins neue Haus verschlingt vielleicht mehr Geld als Sie annehmen – halten Sie genügend Reserven zurück. Schätzen Sie hier grob das Volumen.

Annonce oder Maklergebühren für den Nachmieter	*Euro*	________
Renovieren der Mietwohnung (Wände, Fenster, Türen und Heizkörper streichen ca. 32 Euro/m² Wohnfläche)	*Euro*	________
Nachsendeantrag für Post (6 Monate 15,20 Euro, 12 Monate 25,20 Euro)	*Euro*	________
Überschneidung von Miete und Darlehenszinsen	*Euro*	________
Möbeltransport (bis 120 km, Wohnung bis 80 m²: 600–1300 Euro. Bis 120 m²: 1000–2000 Euro. Haus: ab 1500 Euro)	*Euro*	________
Packmaterial 200–350 Euro, Ein- und Auspacken 25–35 Euro/Stunde, Küchenmontage 30–45 Euro/Stunde	*Euro*	________
Zwischensumme	*Euro*	________
Übertrag	*Euro*	________
Brotzeit und Trinkgelder für Möbelpacker und Umzugshelfer	*Euro*	________
Sprit für Umzugsfahrten mit dem eigenen Pkw	*Euro*	________
Auto-Ummeldung, neue Nummernschilder (pro Pkw ca. 100 Euro)	*Euro*	________
Telefonanschluss, Mülltonne (ca. 250 Euro)	*Euro*	________
Umzugsbedingte Unterrichtskosten für die Kinder (Nachhilfe und neue Schulbücher wegen Wechsels des Bundeslands – steuerlich absetzbar!)	*Euro*	________
Summe	*Euro*	________

check

Pfusch am Bau? Nicht mit uns!

Unsere Finanzierung steht, und alle Baupläne sind abgesegnet, die Handwerker haben zugesagt, und wir sind zuversichtlich, dass unsere Nerven uns nicht verlassen: Jetzt geht es unwiderruflich los. Wir lassen es uns nicht nehmen, unter Hallo den ersten Spatenstich selbst zu machen und diesen großen Tag ein bisschen zu feiern. Dann tauchen wieder Fragen auf: Wer kümmert sich eigentlich um die Baustelle? Wie kriegen wir gute Handwerkerarbeit? Woran erkennen wir Schlamperei, was können wir dagegen unternehmen? Darüber machen wir uns als Nächstes schlau.

So lassen sich grobe Baumängel vermeiden

Bauleitung, Bautagebuch und Abnahmeprotokolle

Wer war das – Architekt, Handwerker oder Bauleiter? Die Zahl der Ausführungs- und Überwachungsfehler wird getoppt von schlampiger Planung. Beispiel: Das Dach über dem Ferienzimmer für Sommergäste neigt sich ohne Kopffreiheit, der Gang zur Küchenzeile verursacht sicher Beulen.

Aus den Schäden anderer Leute wird der Aufmerksame klug – wer von fremden Fehlern lernt, schont seine Nerven und den eigenen Geldbeutel. Baumängel gibt es leider haufenweise; besser Bescheid wissen und öfter genau hingucken mindert das Risiko.

Die häufigsten Baufehler

Bauherren, die an falscher Stelle sparen, zahlen drauf – später, wenn Wände durchfeuchten, Rohre rosten oder Fugen klaffen. Das Angebot des billigsten Handwerkers oder Bauunternehmers kommt oft teuer. In der Flaute gibt es weniger Aufträge: Preisdruck lastet auf dem Unternehmer. Er hat nur zwei Möglichkeiten zum Sparen: an Lohn oder Material – oder beidem. Arbeiten Handwerker schneller, wird es manchmal ungenauer. Billige Konstruktionen sind anfälliger für Mängel. Knappes Kalkulieren, sogar unter den Herstellungskosten, treibt Firmen in die Insolvenz: Bauherren verlieren Geld und Zeit auf der Suche nach Ersatzfirmen.

Ursachen ergründen In den letzten Jahren wies jeder Neubau durchschnittlich 20 Mängel auf, die Nachbesserungsarbeiten summieren sich auf 1,4 Milliarden Euro jährlich, allein an Wohngebäuden. Häufigere und genauere Kontrollen auf der Baustelle verringern die Fehlerquote – auch das kostet Zeit und Geld, bedeutet aber die klügere Investition. Jedes Haus ist ein Unikat, jedes Grundstück anders. Baufehler lassen sich nie vermeiden, der Bauherren-Schutzbund in Berlin deckte die häufigsten auf: Von 100 registrierten Häusern mangelte es 65 am Schallschutz der Haustrennwände, Geschossdecken und/oder Sanitärinstallationen, in 45 Häusern zog Wind durch die Fugen, in 38 Gebäuden war zu wenig Wärmeschutz eingebaut. »Etwa ein Viertel aller Mängel wäre vermeidbar gewesen mit besserer Planung, über die Hälfte durch stärkere Baukontrolle«, sagt der Bauherren-Schutzbund.

Baubeschreibung prüfen In der Baubeschreibung stehen Konstruktion und Materialien aller Hausteile. Wenn etwas anders ausgeführt wird als beschrieben, liegt ein Mangel vor. Die Bandbreite reicht von unerwartet heller oder dunkler Wandfarbe über undichte Fenster und zu dünne Dämmlagen bis zur funktionsuntüchtigen Dränage ums Haus. Je detaillierter die Baubeschreibung, desto weniger Streitpunkte und Nervenbelastung gibt es für alle. Akzeptieren Sie keine ungenauen Angaben im Handwerker-Angebot wie »10 cm Dämmung«. Verschiedene Materialien dämmen verschieden gut (siehe Seite 76). Darum ist es wichtig, das Dämmvermögen oder ein bestimmtes Material festzulegen.

Was heißt: Regeln der Technik? Als Mangel gilt auch, wenn Handwerker nicht nach »allgemein anerkannten Regeln der Technik« arbeiten. Das sind Erfahrungswerte und Festlegungen des Handwerks, Verarbeitungsrichtlinien der Verbände und Hersteller, aber auch Normen, etwa vom Deutschen Institut für Normung (DIN). Es gilt der Stand der Technik zum Zeitpunkt der Baugenehmigung.

Protokoll führen Handwerker selbst haben eine Prüfpflicht: Der Gipser schaut immer nach, ob die Mauer sich eignet als Untergrund für den Putz Findet er einen Fehler, meldet er seine Bedenken beim Bauherrn an. Sonst haftet der Gipser für den schadhaften Putz. Handwerker müssen auch darauf hinweisen, falls sie eine Detailänderung kritisch finden, die Sie als Bauherr wünschen. Halten Sie beispielsweise die Schwelle an der Terrassentür für eine Stolperfalle und wird sie niedriger gebaut als geplant: Dringt nach Frost Tauwasser ins Wohnzimmer, zahlen Sie selbst die Reparatur. Sollten Sie einen Fehler vermuten: Vergleichen Sie Baubeschreibung und Ausführung. Kommt Ihnen etwas merkwürdig vor? Dann ziehen Sie Architekt, Bauleiter oder einen anderen Experten hinzu. Für die Beurteilung eines technischen Fehlers sollten Sie eine unabhängige Meinung einholen. Bauherren argumentieren noch stichhaltiger mit einem schriftlichen Protokoll des Baufortschritts (wann wurde was von wem gemacht?) und Fotos (wie sieht es aus?). Oft verursachen mehrere Faktoren den Schaden, anhand des Protokolls lässt sich der Hauptverdächtige rascher aufspüren. Solches Beweismaterial kann auch Schadensursachen belegen, die später gar nicht mehr zu sehen sind.

Planung und Kontrolle gegen Pfusch am Bau

Hitliste der häufigsten Baumängel in Neubauten

Wer sich auf der Baustelle öfter blicken lässt, beklagt weniger Baufehler – der Bauherren-Schutzbund zählte die häufigsten.

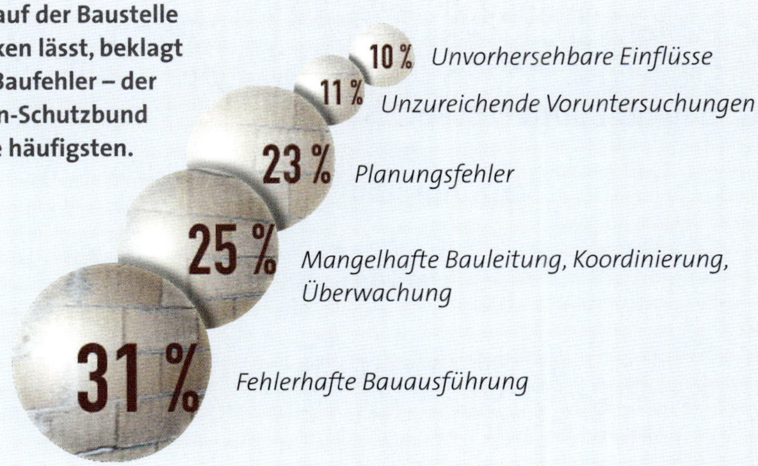

Kontrollgänge durchführen Bauherren sollten nach jedem größeren Bauabschnitt die Arbeiten selber anschauen und durch Fotos dokumentieren. Bauleiter müssen sie von Berufs wegen prüfen. Je früher Sie Fehler bemerken, desto besser; je später im Bauablauf sie auffallen, desto aufwendiger und teurer kommt die Schadensreparatur. Sie können die Fehlersuche abgeben an einen unabhängigen Gutachter. Solche Dienste bieten gegen Gebühr der Technische Überwachungs-Verein (TÜV) und der Deutsche Kraftfahrzeug-Überwachungsverein (Dekra), der Verband Privater Bauherren und der BauherrenSchutzbund, die Verbraucherzentralen und vereidigte Sachverständige der Handwerkskammern.

Bauleiter bestimmen

Wer auf Nummer sicher gehen will, leistet sich gleich einen verantwortlichen Bauleiter. Für ein genehmigungspflichtiges Bauvorhaben müssen Sie der Baubehörde ohnehin einen benennen, spätestens eine Woche vor Baubeginn mit der Bau-

Die neuralgischen Punkte prüfen

Wo oft Schäden auftreten, empfiehlt es sich, besonders zu kontrollieren: Erdarbeiten richtig ausgeführt? Kellerwände und Sockel trocken, Außendämmung und Feuchtigkeitssperre lückenlos? Böden und Wände eben? Lücken in Dämmung und Dampfsperre von Außenwand und Dach? Dachdeckung dicht? Putz rissfrei? Installationen funktionstüchtig? Fenster und Türen dicht? Bodenbeläge korrekt?

tipp

beginnanzeige. Der Bauleiter trägt die Verantwortung, dass die Bauausführung den genehmigten Plänen entspricht. Ferner beantwortet er Fragen der Handwerker und schaut ihnen auf die Finger, führt regelmäßig Kontrollgänge durch, nimmt die Zwischenabnahmen vor, und er ist bei der Endabnahme dabei. Der TÜV Bau und Betrieb (Ruf 089-57 91 25 40) zum Beispiel verlangt für das Bau-Controlling eines unterkellerten Einfamilienhauses bis 200 Quadratmeter Wohnfläche 3629,50 Euro, der Verband Privater Bauherren (Ruf 030-27 89 01-0) berechnet pro Stunde zwischen 80 und 100 Euro. Die Ausgabe amortisiert sich durch Kostenersparnis für Fehlerbeseitigung.

Sinnvoll investieren Zum Vergleich: Einen feuchten Keller nachträglich von außen abzudichten verschlingt leicht 25000 Euro. Außerdem lässt sich ein geprüftes Haus besser verkaufen. Üblicherweise wird geprüft, ob die Baubeschreibung technisch einwandfrei ist. Ein Prüfer mit Distanz zum Vorhaben entdeckt Unklarheiten, die der Planer übersieht. Nach wichtigen Arbeitsschritten begehen Ingenieure den Bau, dokumentieren Mängel und prüfen Nachbesserungen.

Wer darf Bauleiter sein? Meist übernehmen Architekten diese Aufgabe. Es gibt welche, die besser oder lieber planen als im Matsch herumwaten und kontrollieren – sprechen Sie Ihren Architekten offen darauf an und bitten ihn eventuell, einen Kollegen zu empfehlen. Auch erfahrene Maurer oder Zimmerleute dürfen einen Bau leiten. Der Bauleiter muss auf der Baustelle tatsächlich anwesend sein und beispielsweise auch die Sicherheitsvorschriften kennen und durchsetzen. »Die weit verbreitete Praxis der Gefälligkeitsunterschrift«, mahnen die Tübinger Architekten Gottfried Häfele und Wolfgang Oed, »ist ein unverantwortliches Risiko für Bauleiter und Bauherrn.«

▶ **Großer Ratgeber Recht: Mustertexte, Urteile und juristische Erstberatung gibt es unter www.haus.de/recht**

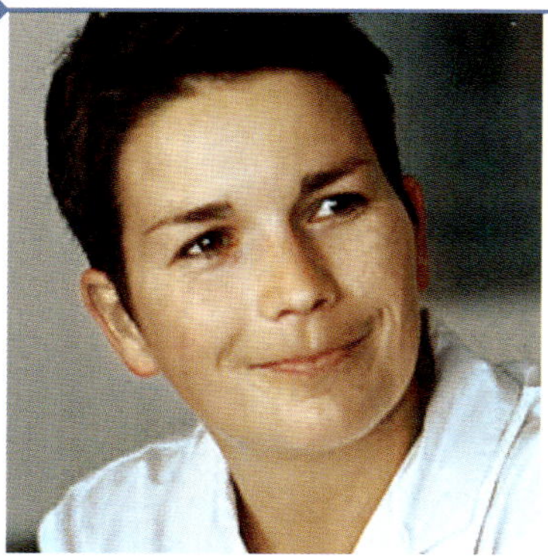

So reklamiert man richtig

Corinna Merzyn, Geschäftsführerin Verband Privater Bauherren

»

Ein Handwerker hat Pfusch abgeliefert. Was nun?
Pfusch am Bau muss niemand akzeptieren. Hat der Handwerker in wesentlichen Teilen fehlerhaft gearbeitet, darf der Bauherr die Abnahme verweigern.

Was tun, wenn trotzdem eine Rechnung ins Haus flattert?
Niemand ist verpflichtet, für fehlerhafte Leistung zu bezahlen.

Also, was sollen Bauherren unbedingt beachten?
Sorgfältig alle Funktionen prüfen und für größere Arbeiten die Hilfe eines Fachmanns in Anspruch nehmen. Der erkennt nämlich auch versteckte Mängel.

Was ist als Erstes zu tun, wenn man einen Mangel entdeckt?
Fehler reklamiert man sofort in einem Brief an den Handwerker.

Manchmal kommt man ihm ja erst später auf die Schliche …
Fällt Pfusch nicht sofort auf, etwa ein undichtes Fenster, kann man sich auch später noch wehren, innerhalb der Gewährleistungsfrist. Sie beträgt für Arbeiten an Bauwerken meist 4–5 Jahre.

Wie geht es dann mit der Reklamation weiter?
Man setzt dem Handwerker eine Frist zur Mängelbehebung. Versäumt er sie oder bessert mehrmals erfolglos nach, darf man schriftlich drohen mit Beauftragung eines Zweit-Handwerkers.

Hat man den ganzen Ärger auch mit einem schlüsselfertigen Haus vom Bauträger?
Ist eine schlüsselfertige Übergabe des Hauses vereinbart, haftet der Bauträger für alle Handwerker-Mängel. Er kann den Bauherrn also keinesfalls an seine Subunternehmer verweisen.

Während der Auseinandersetzung ruht eventuell der Bau …
Trotzdem die Sache nicht auf später verschieben, bis man wieder Zeit und Nerven hat – sonst verstreichen die Fristen!

Wie kann man Handwerkern Schlamperei nachweisen?
Ist gar nicht nötig: Der Handwerker muss seinerseits einwandfreie Arbeit nachweisen – so lange, bis Sie die Leistung abgenommen haben. Erst im Moment Ihrer Unterschrift dreht sich die Beweislast um, ab da müssten Sie dem Handwerker seinen Baufehler nachweisen. Nehmen Sie den Abnahmetermin deshalb nicht auf die leichte Schulter.

«

Wie wappnen wir uns richtig gegen Ärger?

Die Arbeitsgemeinschaft der Verbraucherverbände (AgV) erforschte die 10 schlimmsten Bauherren-Fehler. Lesen Sie, wo es auf der Baustelle am häufigsten hapert, und kreuzen Sie an, welche Fallen Sie schon beseitigt haben.

1 Leistungsbeschreibung studieren und verstehen
Fast 12 Prozent der Bauträgerbauherren und ein Viertel der Fertighauskäufer verstehen die Baubeschreibung nicht. Wir unterschreiben nur, was uns klipp und klar ist. ❍

2 Termine überwachen
Nur 54 Prozent der Architektenhäuser werden termingerecht fertig, Fertighäuser zu 70 Prozent, Bauträgerhäuser zu 85 Prozent. Wir machen Dampf. ❍

3 Pläne durchblicken
30 Prozent der Bauherren verstehen ihre Hauspläne nur zum Teil, 10 Prozent gar nicht. Wir knien uns in die Unterlagen, es geht um unser Geld. ❍

4 Endabnahmeprotokoll schriftlich festhalten
Über zwei Drittel der Bauherren verzichten. Wir bestehen auf schriftlichen Vereinbarungen. ❍

5 Sicherheiten einbehalten
Wir behalten einen Teil der Bausumme als Druckmittel gegen Pfuscher. ❍

6 Geld nur gegen Leistung
Bauträger- und Fertighauskunden zahlen zu früh zu viel. Wir zahlen nur gemäß der Makler- und Bauträgerverordnung. ❍

7 Gegen Konkurs sichern
Pro Jahr gehen um 7500 Bauunternehmen pleite, nur 4,5 Prozent der Bauherren versichern sich gegen die Folgen. Wir fordern eine Baufertigstellungsversicherung. ❍

8 Mängel schriftlich rügen
40 – 50 Prozent der Bauherren lassen sich Baumängel gefallen. Wir kontrollieren den Bau. ❍

9 Mängel fristgerecht beseitigen lassen
Einem Viertel der Bauherren, die mit Architekten gebaut haben, wurden Mängel trotz Rüge nicht ordnungsgemäß beseitigt. Wir klemmen uns dahinter, lassen nicht locker. ❍

10 Baukosten laufend kontrollieren
Bauherren bezahlen oft mehr als kalkuliert: 16 Prozent der Architektenhäuser wurden teurer, 14 Prozent der Fertighäuser und ebenso viele Bauträgerhäuser – von diesen kosteten fast 7 Prozent ein Drittel mehr als vereinbart. Wir halten den Daumen auf unserem Geld. ❍

check

Rohbau: Von der Baugrube bis zum First

Wie auf einem Fundament ein ganzes Haus wächst

Baumaßnahmen in der Nähe von Bauwerken fordern eventuell eine Ermittlung ihrer Gründungsart und -tiefe. Wittern Sie Ärger, lassen Sie den baulichen Zustand von Nachbarhäusern dokumentieren per Beweissicherungsverfahren in Form eines gerichtlichen Sachverständigen-Gutachtens – bevor Sie mit Ihrem Erdaushub beginnen.

Schauen Sie noch einmal Ihr Grundstück an: Wo jetzt Löwenzahn und Gänseblümchen sprießen, wird bald Ihr Haus wachsen. Werfen Sie außer einem sentimentalen Blick auch ein wachsames Auge auf den Bauplatz, am besten durch den Sucher einer Kamera und in Gegenwart Ihres Architekten und des Bauunternehmers, den Sie mit den Erdarbeiten beauftragt haben.

Baugrube

Es ist wichtig, dass Sie vor dem Aushub der Baugrube das Gelände sondieren und alle Arbeiten durchsprechen, die jetzt notwendig sind – so wappnen Sie sich gegen Ärger mit Ihren zukünftigen Nachbarn und dem Bauunternehmer. Halten Sie schriftlich fest: Gründungshöhen und möglicherweise bereits bestehende Bauschäden der Nachbarhäuser, die Höhen des Geländes, die aller Voraussicht nach vorhandenen Bodenschichten (dazu begutachtet man auch Baugruben in der Umgebung) und den Aufwuchs – also Bäume und Pflanzflächen, die gerodet oder erhalten werden sollen. Halten Sie in einer Zeichnung fest: die Zufahrt zur Baustelle, die Lage der Baustellen-Anschlüsse für Wasser, Strom und eventuell Telefon, den Platz für die Baubude und die Lagerflächen für Baumaterialien. Suchen Sie gemeinsam mit dem Bauunternehmer den sichersten Platz für den Baukran, und lassen Sie sich beraten, wie man weichen Boden darunter festigt, damit der Kran nicht kippt. Die Baugenehmigung gehört zu den Baudokumenten, die Sie für eine Baustellenkontrolle der Bauaufsichtsbehörde vor Ort stets bereit halten müssen. Erkundigen Sie sich spätestens jetzt beim Vorbesitzer Ihres Grundstücks oder bei der Gemeinde, ob Versorgungsleitungen durch Ihr Grundstück führen – dann muss der Baggerführer vorsichtiger schaufeln.

Schnurgerüst spannen Ihre Baugenehmigung enthält einen Lageplan, dort ist Ihr neues Haus eingezeichnet mit seinen exakten Maßen. Der Umriss des Gebäudes wird auf dem Gelände abgesteckt mit Schnüren; sie zeigen den Verlauf der Außenwände auf ihren Außenseiten. Der staatliche Vermesser markiert in einigem Abstand zur späteren Baugruben-Kante jede Hausecke mit je drei Pfählen in der Erde und verbindet sie jeweils mit millimetergenau waagerechten Hölzern. Sie geben die Oberkante einer Planungshöhe an, meist die Oberkante des fertigen Fußbodens im Erdgeschoss (OKFFB-EG) oder ± 0.00. Diese Konstruktion ist das Schnurgerüst, Kerben darin halten die Position der Fluchtschnüre fest – sollten sie von einem Baufahrzeug abgerissen oder zur Erleichterung bestimmter Arbeiten ausgehängt werden, lässt sich der Hausumriss rasch wieder rekonstruieren. Bebauen Sie ein Hanggrundstück, würde das Schnurgerüst auf der Talseite überdimensional hoch aufragen – am Berg wird ein Schnurgerüst in verschiedenen Höhen abgetreppt.

Humus abtragen Die Hausgröße ist nun amtlich, jenseits der Schnüre darf auf keinen Fall gebaut werden. Bevor die Schaufel des schweren Baggers sich ins Erdinnere frisst, schiebt man mit einem kleinen, leichten Radlader den empfindlichen Mutterboden beiseite, je nach Region die obersten 10 bis 30 Zentimeter bewachsene Erde. Die brauchen Sie später als Pflanzschicht für den Garten. Passen Sie gut auf, dass der Humus auf Ihrem Grundstück bleibt. Sonst müssen Sie Deponiegebühr bezahlen (pro Kubikmeter etwa 20 Euro) oder ihn später neu kaufen (pro Kubikmeter etwa 25 Euro). Setzt man am Grundstücksrand lockere, längliche Haufen, liegt der Humus nicht im Weg. Und türmt man die sogenannten Mieten nicht höher auf als 2 Meter, übersteht das kostbare Naturgut die Bauzeit ohne Schäden.

Baugrube baggern Laien können nur kleine Geräte bedienen, etwa einen Radlader. Mit ihm schaufeln sie in der Stunde 5 Kubikmeter leicht lösbaren Boden oder 2 Kubikmeter schweren Boden. Für eine übliche Baugrube wühlt man sich durch 250–290 Kubikmeter Erde und Steine, ist also zwei Wochen lang jeweils drei Stunden nach Feierabend und zwei ganze Samstage beschäftigt und spart etwa 2000 Euro – theoretisch, denn die Radladermiete beträgt 180 Euro täglich: Es lohnt sich also nicht, den Erdaushub in Eigenregie zu bewältigen. Lassen Sie Bagger und Lkw anrücken. Baugruben in weichem Boden brauchen ab 1,25 Meter Aushubtiefe eine Böschung, in festen, bindigen Böden und Fels ab 1,75 Meter, damit die Oberkante nicht abreißt und Grube samt Arbeiter verschüttet.

Grube sichern Die Böschungsneigung hängt ab von Bodenbeschaffenheit, Grubentiefe und Jahreszeit – im regenreichen Frühjahr ist die Gefahr eines Erdrutsches besonders hoch. Faustregel: Für Baugruben in weichen Böden maximal 45 Grad Böschungswinkel anlegen, in festen Böden höchstens 60 Grad, in Fels 80 Grad. Oberflächenwasser, Frost oder Trockenheit können die vorschriftsmäßigste Böschung zermürben. Rohre oben am Böschungsrand und Plastikfolie über der Schräge bewahren die Stabilität. Manche Bauunternehmer fixieren das Erdreich auch mit Zementmilch oder einer dünnen Betonschicht. Unten in der Grube benötigen die Handwerker einen mindestens 50, besser 80 Zentimeter breiten Arbeitsraum zum Bewegen und Hantieren zwischen Böschungsunterkante und Fluchtlinie der Außenmauer. Oben

Preise
Baustelle und Erdarbeiten

Art der Arbeit	Preis in Euro
Bau-Stromanschluss + Zähler	418
Bau-Wasseranschluss + Zähler	295
Baustellen-Telefon + Zähler	263
Bauzaun, Bretter, pro laufend. Meter	19
Bauzaun, Stahlrahmen, h=2 m, pro lfd. M.	9
Baubaracke, 12 m²	564
Chemie-Toilette, pro Woche	79
Schuttcontainer Grundgebühr	198
Schuttcontainer Standgebühr pro Tag	11
Baugelände abräumen, m³	57
Baugrubenaushub entsorgen, m³	16
Aushub entsorgen, m³	8
Aushub seitlich lagern, m³	8
Baugrubensohle planieren, m²	2
Streifenfundamentaushub, m³	27
Hinterfüllung Bauwerk, Lagermaterial	19

Quelle: www.sirados.de

Selber baggern: ein Kindertraum

Bauer Käsberger im bayerischen Taufkirchen bei Ampfing macht Warmduscher zu Männern: Inklusive zehnminütiger Einweisung darf man eine Stunde lang den kleinen oder großen Bagger in einer Schutthalde führen, Kies aufschaufeln und runterprasseln lassen – und glücklich sein. Dann wissen Bauherren, wie man eine Baugrube aushebt.
Mehr Info unter Telefon 08638-79 58 und online bei www.freizeit-baggern.de

tipp

rings um die Grube markiert man mit Sägemehl oder Pflöcken (gegen Stolpergefahr signalfarbig besprühen) einen lastfreien Streifen von 60 Zentimeter Breite. Darauf weder Aushub noch Baumaterial lagern – denn weicht Regen die Böschung auf, kippen Lasten über die Böschung oder drücken untere Erdschichten in die Grube.

Grube in der Baulücke Sie haben für Ihr Haus eine enge Baulücke ergattert zwischen zwei Nachbarn? Dort ist kein Platz für eine Böschung – die Grubenwände bleiben gerade und werden verbaut mit Bohlen, Stahlprofilen oder Betonpfählen. Ist der Aushub sehr tief wegen einer Garage unterm Keller oder einem Schwimmbad, lastet enormer Erddruck auf den Grubenwänden: Die senkrechte Verbauung wird mit Spannstählen horizontal in der Erde verankert. Reichen sie ins Grundstück des Nachbarn, brauchen Sie selbstverständlich sein Einverständnis. Auch in verbauten Baugruben ist ein 50 Zentimeter breiter Arbeitsraum Vorschrift.

Grubensohle Die Baugrubensohle muss eben und fest sein, sonst kämpfen Sie später teuer und fast aussichtslos gegen Setzungsrisse in den Hauswänden. Schwere Maschinen würden die Erde auflockern: Man stoppt sie vor dem Aushub der letzten, 10–15 Zentimeter dicken Schutzschicht und entfernt diese in lohnintensiver Handarbeit – hier können Sie sich nützlich machen und sparen. Möglicherweise ist der Boden auf der Baugrubensohle nicht bindig, dann wird er verdichtet durch gewissenhaftes Einrütteln oder abgetragen und durch eine Magerbetonschicht ersetzt. Finden Sie bindigen Baugrund vor, betonieren sie eine 5 Zentimeter starke Sauberkeitsschicht aus unbewehrten Beton mit niedriger Festigkeitsklasse, darauf können dann die Abstandshalter für die Bewehrung der Bodenplatte aufgestellt werden.

Grundwasser absenken Wasser in der Baugrube behindert die Bauarbeiten und durchfeuchtet die Wände. Steigt es hoch, kann der Keller aufschwimmen und sich irreparabel in der Grube verkanten. Regen- und Sickerwasser wird über Rohre in einem eigens gegrabenen Pumpensumpf am Tiefpunkt der Grubensohle gesammelt und weggepumpt. Wer an Hang, Flussufer oder See baut, schützt Baugrube und Rohbau zusätzlich mit Spundwänden. Grundstücke mit einem Grundwasserstand ab 30 Zentimeter über der Grubensohle lassen sich nur bebauen, wenn man vorher das Grundwasser absenkt mit Saugrohren oder einem Saugbrunnen. Eine Grundwasserabsenkung ist teuer, allein die Saugpumpe frisst täglich Strom, und die Maßnahme beeinträchtigt Nachbarn und Umwelt – ohne Einvernehmen mit Wasserwirtschaftsamt und Anwohnern läuft gar nichts. Eine exklusive Grundstückslage ist den Aufwand wert, sonst sollte man ohne Keller bauen. Das Verfahren schwemmt unweigerlich feinen Sand aus dem Untergrund der Nachbargärten – es lässt sich nicht ausschließen, dass dadurch die Häuser ringsum Setzungsschäden davontragen (vorher selbstständiges Beweissicherungsverfahren einleiten). Darum festigt man den Boden mit chemischen Mitteln. Bedenken Sie auch, dass den Pflanzen Ihrer Nachbarn das Wasser fehlt. Bieten Sie Ihr frisches Baustellenwasser zum Gießen an oder die Über-

Baugruben böscht man sicherheitshalber ab. Fehlt Platz, berechnet der Statiker einen senkrechten Verbau aus Bohlen, Stahlbeton oder stählernen Wänden.

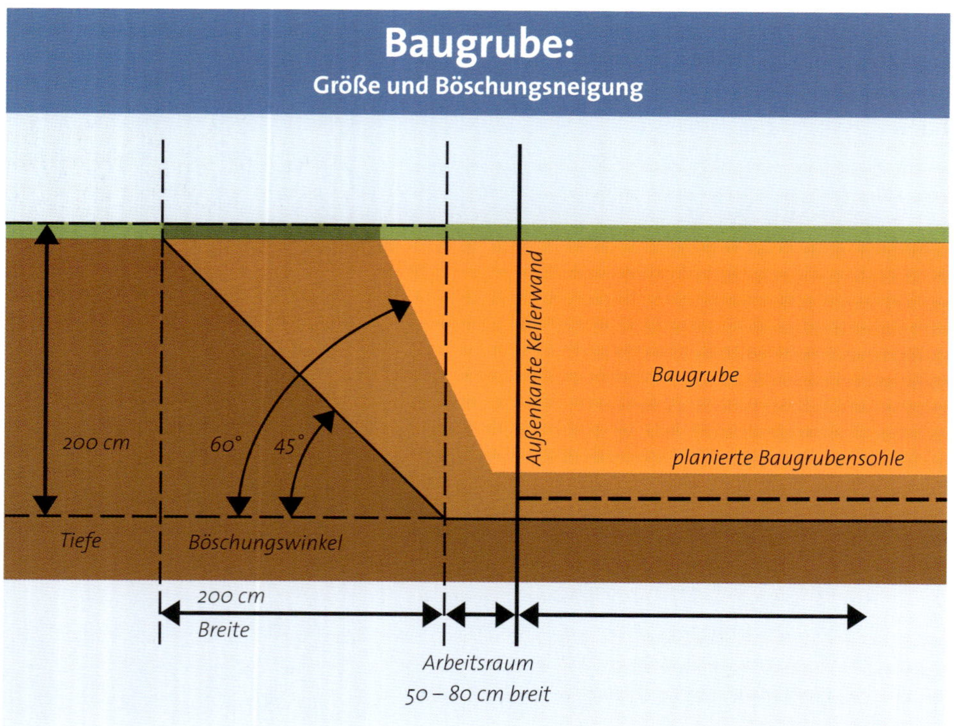

nahme der zeitweiligen Mehrkosten. Bis jede Kellerwand abgedichtet oder der Rohbau zu schwer ist, um aufgeschwemmt zu werden, surren die Pumpen und plätschert das Wasser Tag und Nacht. Drängen Sie den Bauunternehmer, extrem leise Pumpen aufzustellen, und schenken Sie den Anwohnern Ohropax und Blumensträuße.

Grundleitung

Die Trinkwasserleitung wird später durch die Kellerwand geführt, sie ist jetzt noch nicht wichtig – im Gegensatz zur Grundleitung, dem zentralen Abwasserrohr. In der Regel führt es auf forstfreiem Niveau aus dem Haus zum öffentlichen Kanal. Abhängig von Grundstücksneigung und Höhenverlauf des Kanals kann jedoch eine Grundleitung unter den Fundamenten sinnvoll sein, z.B. bei Bodenablauf oder Waschmaschine im Keller. Der Entwässerungsplan enthält Rohrquerschnitte, Verlauf und Gefälle. Die Angaben sind verbindlich, die Monteure müssen sich danach richten. Sie graben Rinnen in Handarbeit, breit genug für die Rohre plus ein Sandbett als Schutz vor Beschädigungen. Üblich ist ein Gefälle von 1–3 Prozent: Die Leitung fällt pro Meter Länge um 1–3 Zentimeter. Wird das Gefälle nicht eingehalten, verstopft später das Rohr. Liegt erst die Bodenplatte, sind Korrekturen nicht mehr möglich, Dichtigkeit unbedingt vorher mit einem Drucktest prüfen.

Rohre verlegen und schließen Die Grundleitung wird aus Einzelteilen zusammengesteckt. Grüne Rohre mit der Bezeichnung KG (Kanalgrundleitung) eignen sich für die Verlegung im Erdreich, graue HT-Rohre (Hochtemperaturbeständig) für den Innenbereich. Dichtungen halten die Nahtstellen tropffrei – schauen Sie jede einzelne genau an. Erst dann schließen Sie die Leitungsrinnen mit Sand.

Rückstauventil einbauen Der Bodenablauf im Keller soll später bündig im Kellerfußboden sitzen sonst ärgern Sie sich über eine stetige Stolper- oder Schmutzfalle. Addieren Sie die Dicken von Betonbodenplatte, Dämmschicht, Estrich und Fliesenbelag – so wissen Sie, wie hoch Sie die Oberfläche des Ablaufs montieren, je nach Konstruktion des Kellerbodens 23–40 Zentimeter über der Baugrubensohle. Platzregen oder Unwetter füllen gelegentlich den öffentlichen Kanal so rasch, dass er Ihr Abwasser nicht fasst und fremdes in die Rohre drückt – es fließt zurück ins Haus und flutet den Keller. Das verhindert ein Rückstauventil oder besser eine Hebeanlage; Elementarschaden-Gebäudeversicherungen begleichen keine Schäden durch Kanalrückstau, oder sie verlangen Prämienzuschläge. Damit während der Bauarbeiten kein Dreck oder Mörtel in die Einlauföffnung der Grundleitung fällt, verschließt man sie mit einem passgenauen Kunststoffdeckel – eine drübergezogene Plastiktüte verleitet früher oder später die Bauherrin, sie abzunehmen und darin Müll abzutransportieren, oder die Kinder zweckentfremden sie zur Stein-Sammeltasche. Leidgepüfte Bauherren warnen übrigens davor, den Deckel per Gummidichtung zu verschließen: Er lässt sich nicht mehr lösen.

Kanalgräben ziehen Achten Sie auf Ihre Sicherheit, wenn Sie die Kanalgräben ziehen: Bis zu einer Tiefe von 1,25 Metern dürfen Sie senkrechte Schächte graben, sonst sind wie an der Baugrube Böschungen vorgeschrieben und ein 60 Zentimeter breiter lastfreier Streifen.

Fundament

Unsere Vorfahren stampften Lehm zu einer Sohle für das Haus und schichteten Steine als Fundament. Der Boden darunter gibt irgendwann nach, die Materialien lassen Erdfeuchte aufsteigen – Wände stehen schief, bröckeln oder modern. Heute gründet man Gebäude solide auf Beton, er zählt zu den beständigsten Baustoffen. Das Material wird gemischt aus natürlichem oder künstlichem Steingranulat und Wasser. Als Bindemittel fügt man Zement hinzu. Moderner Beton enthält darüber hinaus Zusatzmittel und -stoffe, die ihn wasserundurchlässig oder hochfest machen, beständig gegen Erschütterungen oder Frost, sein Schwindmaß verringern oder die Wärmedämmung erhöhen. Baustellenbeton wird auf der Baustelle

Baugrube sichern und trocknen:
1. *Unwetterschäden legen den Bau lahm, bis der letzte Tropfen abgepumpt ist.*
2. *Planen verhindern Erdrutsch durch starken Regen.*
3. *Hohes Grundwasser wird gesenkt für die Bauzeit, Genehmigung einholen!*

gemischt, Transportbeton kommt im Lkw baufertig vom Betonwerk. Ortbeton wird auf der Baustelle verarbeitet, Betonsteine und -fertigteile entstehen in einem Werk, der Hersteller liefert sie in individuellen oder Standardmaßen an. Festigkeitsklassen geben die Tragfähigkeit an. Ortbeton für Außenbauteile muss mindestens Festigkeitsklasse C 20/25 aufweisen, Fertigteile aus dem Werk C 45/55.

Fundamente Hauswände, Decken und Dach, Menschen und Möbel belasten den Baugrund, das Fundament verteilt punktuellen Druck über die Gründungsfläche. Stützen, Pfeiler und schwere Einzellasten wie Kamine stellt man auf Einzelfundamente. Für senkrechte, tragende Wandbauteile baut man Streifenfundamente, ein Plattenfundament trägt das gesamte Bauwerk. Ist der Boden Ihres Grundstücks fest und bindig, reichen unter den tragenden Wänden Streifenfundamente und darauf eine Betonplatte. Da man aber auf der vorbereiteten Baugrubensohle nicht mehr mit Fahrzeugen herumfährt (s. Seite 184), gräbt man die Fundamentgräben mit Spaten und Schaufel aus – mühsam und zeitraubend. Für 1 Kubikmeter Aushub braucht man bis zu 4 Stunden, der Bauunternehmer lässt sich die Arbeit mit 40 Euro pro Stunde entlohnen.

Streifen oder Platte? Lassen Sie sich vom Architekten beraten, ob für Ihr Haus eine dickere Stahlbetonplatte wirtschaftlicher ist oder sogar notwendig. Auf schlechtem Baugrund verteilt eine Platte die Baulasten gleichmäßiger, in hohem Grundwasser bildet die Platte zugleich den Boden einer »wasserundurchlässigen Wanne« – mehr dazu auf Seite 190. Die Berechnung der Höhe und Breite von Fundamentstreifen und der Dicke der Bodenplatte überlassen Sie dem Statiker. Er berechnet die Werte in Abhängigkeit von Betonmischung, Bodenart und Dichte, Bodenschichten und dem vermutlich höchsten Stand des Grundwasserpegels. Es spielt auch eine Rolle, wie stark das fertige Gebäude den Untergrund zusammenpresst, aus welchen Materialien die Wände gebaut werden und wie dick man sie konstruiert.

Beton bewehren? Es gibt Fundamente nur aus Beton, man nennt sie unbewehrt. Beton mit Stahleinlage heißt Stahlbeton – er kostet und trägt mehr bei gleicher Dicke. Unter großen Lasten wie etwa Stützen müsste man ein unbewehrtes Fundament möglicherweise sehr breit anlegen. Viele Bauherren entscheiden sich gleich für Stahlbeton: häufig alles in allem die günstigere Lösung, weil sie mit schmaleren Fundamentgräben auskommt und mit geringeren Betonmengen. Das macht die höheren Kosten wett für die Stahlstäbe. Auf schlechtem Baugrund und für schwere oder komplexe Häuser mit Anbauten wird der Statiker Ihnen immer zu einem Fundament aus Stahlbeton raten.

Fundamenttiefe Die Mindesttiefe für Fundamente richtet sich nach der Klimazone: Wohnen Sie in einer Gegend mit überwiegend milder Witterung, heben Sie 80 Zentimeter Erde aus. Klirrt an Ihrem Wohnort winters tiefer Frost, sind bis zu 150 Zentimeter Aushub notwendig. Wichtig: Jede Stelle des Fundaments muss die frostfreie Tiefe aufweisen, beispielsweise auch Lichtschächte und die Außentreppe zum Keller.

Der erste Spatenstich: ein Augenblick, den kein Bauherr vergisst. Bevor der Radlader anrückt: Schauen Sie aufs Wetter – der wertvolle Mutterboden sollte nicht verschoben werden in nassem Zustand oder während es regnet. Sonst verkommt er zu unbrauchbarer Matsche – das Baugesetzbuch schreibt den besonderen Schutz der Erdoberfläche vor.

Bodenplatte Unter Häusern mit kompliziertem Grundriss kommt eine Fundamentplatte oft günstiger als eine dichte Folge von Fundamentstreifen in unterschiedlichen Höhen, und sie verhindert am ehesten, dass sich das Haus ungleichmäßig setzt und sich dadurch Risse in den Wänden bilden. Die Stahlmatten zur Verstärkung müssen rundum von Beton eingeschlossen sein. Um das sicherzustellen, gießt man den Beton für die Bodenplatte nicht direkt auf die Erde der Grubensohle, sondern auf eine Sauberkeitsschicht. Sie besteht aus etwa 5 Zentimeter dünnem Beton. Der Stahl wird in Form von Matten auf die Sauberkeitsschicht gelegt, der Beton um die 20 Zentimeter dick aufgegossen.

Beton ordern Das Material liefert das Transportbetonwerk in Ihrer Nähe. Bestellen Sie lieber etwas zu viel Material als zu wenig, eine Nachlieferung verursacht höhere Kosten als Überschuss. Für die Menge multiplizieren Sie die Quadratmeter der Bodenplatte mit ihrer Dicke und addieren dazu gegebenenfalls Länge mal Breite mal Höhe der Fundamentstreifen – so viele Kubikmeter Beton benötigen Sie. Bauunternehmer sind versucht, überschüssigen Beton neben die Fundamentplatte zu schütten oder irgendwo aufs Grundstück – später die harten Brocken zu entsorgen, bedeutet für Sie Plackerei und Gebühr für den Schuttcontainer. Bereiten Sie Behälter vor für den Rest, zum Beispiel Mörtelwannen, und verarbeiten Sie ihn rasch zu Gehwegplatten, Sonnenschirmständern oder einem Fundament für die Wäschespinne.

Fundamentstreifen ausgießen Am besten arbeiten Sie in zwei Etappen: Zuerst Fundamentstreifen bewehren und betonieren, dann Armierung für die Bodenplatte auslegen, Schalung bauen und ausgießen – so trampelt man die Fundamentgräben nicht kaputt. Zweiter Vorteil: Sie staksen zum Betonieren der Fundamente nicht auf dem Baustahlgitter herum und vermeiden Unfälle. Übrigens: In alten Zeiten legten Bauherren Wacholderzweige ins Fundament, sie sollten das Haus bewahren vor Teufel und anderer Unbill. Die Wirkung ist nicht verbürgt, aber wer weiß: Vielleicht hilft Ihnen das Grün,

Selber bauen nach Plan:
1 Der Bauleiter weist die Bauherren ein in die Ausführungspläne des Bausatzes.
2 Das Fundament wird gegossen, eine Platte verhindert ungleichmäßige Setzungen des Bauwerks.
3 Kellerdecken aus Fertigteilen sind sofort begehbar, die Bauherren betonieren den Ringbalken.

die heiße Bauphase der nächsten Monate ohne Ärger zu überstehen.

Plattenhöhe festlegen Zur Begrenzung der Bodenplatte zimmern Sie eine Schalung, ihre Größe entnehmen Sie dem Fundamentplan: Entlang der Fluchtschnüre 10–12 Zentimeter dicke Kanthölzer in den Boden rammen und Schalplatten oder Baudielen drannageln. Ihre Höhe entspricht sinnvollerweise der Dicke der Bodenplatte, dann lässt sich der frische Beton über die Schalungskante eben abziehen – zumindest in der Theorie. Ohne zusätzliche Höhenmarkierungen modelliert man als Laie das Betonfeld zur Buckelpiste. Markieren Sie auf einem Stahlstab die Plattendicke und bitten Sie einen Helfer, ihn gerade (Kontrolle mit Wasserwaage!) in Dellen und Kuhlen zu stecken, während Sie die Masse einzuebnen versuchen – stressig. Für Heimwerker gibt es Laser-Wasser-waagen zu kaufen, aber eigentlich sollte man das Betonieren der Fundamentplatte Profis überlassen. Mit dem Einebnen ist es nämlich nicht getan: Der Beton muss verdichtet werden, fachgerechtes Rütteln und Sto-

Kellerbau: Eine doppelwandige Schale wird mit Beton ausgegossen und nach dem Trocknen entfernt. »Wasserundurchlässige Wannen« sperren drückendes Grund- oder Hangwasser aus.

Hausakte beweist Gebäude-Qualität

Sammeln Sie alle Dokumente über Ihr Haus in einer Hausakte, und dokumentieren die Detail-Daten von Planung, Konstruktion und technischer Ausstattung. So behalten Sie den Überblick über Planung, Ausführung und spätere Veränderungen im Lebenszyklus des Gebäudes. Sollten Sie das Haus irgendwann einmal verkaufen, haben Sie als Zusatzargument eine komplette Liegenschafts-Dokumentation in der Hand.

tipp

chern beseitigt Luftblasen. Der Firmenchef sollte zum Abschluss die Höhe des Belags mit einem Nivelliergerät kontrollieren.

Fundamenterder installieren Bevor der Betontransporter mit seiner rotierenden Trommel eintrifft, müssen Sauberkeitsschicht und Stahlmatten in ihren Positionen liegen – und der Fundamenterder, ein 26 oder 30 Millimeter breites und 3,5 oder 4 Millimeter dickes, verzinktes Stahlband. Man zieht mit ihm hochkant einen geschlossenen Ring auf dem Stahlunterbau für die Bodenplatte oder verlegt ihn in den äußeren Fundamentgräben auf Abstandshalter – Beton muss später den Fundamenterder rundum einschließen. Dort, wo Sie den Hausanschlussraum vorgesehen haben und den Anschluss für den Blitzableiter, metallene Regenfallrohre und den Übergang der Fernmeldekabel ins Haus, klemmt man auf den Metallring senkrechte Bandstücke – Experten nennen sie Anschlussfahnen. Sie sollen nach dem Vergießen des Betons mindestens 1 Meter über die Oberkante von Fundament oder Platte herausragen. Fundamenterder sind verrostet nichts mehr wert, korrodieren aber während der Bauzeit dort, wo sie aus dem feuchten Beton austreten. Man umwickelt den Bandstahl mit einem Schrumpfschlauch oder einer speziellen Binde, bevor der Fahrer mit dem Betonrüssel in die Baugrube zielt.

Schutz vor Stromschlag Der Einbau eines Fundamenterders ist vorgeschrieben zu Ihrer Sicherheit, er übernimmt den Hauptpotenzialausgleich elektrischer Anlagen. Elektrotechniker erklären Potenzial als Spannung zwischen je einem Mess- und Bezugspunkt (zum Beispiel der gusseisernen Badewanne und dem Erdboden). Der Potenzialausgleich ist eine elektrische Verbindung, die Körper elektrischer Betriebsmittel und fremde leitfähige Teile auf gleiches oder annähernd gleiches Niveau bringt. Ohne Fachchinesisch heißt das: Sie trifft nicht der Schlag, wenn sich Metallbauteile elektrisch aufladen. Ist der Beton erst auf der Baugrubensohle verteilt, sind Korrekturen nicht mehr möglich: Beauftragen Sie Ihren Elektromeister mit der fachlichen Begutachtung und Abnahme von Fundamenterder und Anschlussfahnen.

Keller

Die Bodentemperatur in 100 Zentimeter Tiefe beträgt zwischen 3 und 8 Grad Celsius – der Keller ist im Sommer kühl, im Winter vergleichsweise warm. Wenn Sie nur Heizkessel und Eingemachtes abstellen wollen, bauen Sie einen trockenen Abstellkeller. Sind Sie noch nicht sicher, ob Sie den Keller als Wohn- oder Hobbyraum nutzen wollen, oder sind schon Gästezimmer und Sauna darin geplant: Klären Sie rechtzeitig die gedämmte Hülle Ihres Hauses. Dämmung auf Kelleraußenwänden lässt sich nachträglich nur schwer aufbringen. Kellerwände sind von dauerfeuchter Erde umgeben und lassen Bau- und Raumfeuchte nicht entweichen. Man bekommt den Keller nur durch Lüften trocken, über Fenster und Treppe.

Keller betonieren Betonkeller sind extrem belastbar, die Wände glatt. Sperrbeton ist dicht und lässt nur so viel Feuchte durch die Wand, wie innen verdunsten kann. Durch Risse und Fugen würde Wasser eindringen; Stahlbewehrung verhindert Schwindrisse, Fugenbänder schließen Arbeitsfugen. Auch mit wasserundurchlässiger Außendämmung ist Beton kalt, an der Oberfläche kondensiert im Sommer warme Raumluft – Schimmelgefahr!

Feuchteschutz Beton wird angemacht mit Unmengen von Wasser – Wände und Decken ohne Erdkontakt brauchen zum vollständigen Trocknen etwa 2–5 Jahre, Kellerbauteile unter Umständen noch länger. In Vorratskellern sperrt man die Feuchte der Betonsohle durch überlappende Schweißbahnen, die getränkt sind mit Bitumen, einem klebrigen und zähen Abdünstungsrest von Erdöl. Die Feuchtigkeitssperre bildet die Unterlage für eine 5 Zentimeter dicke Estrichschicht – mehr Infos über Estrich auf Seite 220. Der Fußbodenaufbau für Wohn- und Hobbykeller wird ergänzt durch eine 10–15 Zentimeter dicke Wärmedämmschicht und dem Fußbodenbelag.

Raumklima Baubiologen wie der Architekt Holger König aus dem bayerischen Gröbenzell raten ab von Dauerwohnräumen im Keller – es sei fast unmöglich, dort gesundes Raumklima zu schaffen. Als Hobby- oder zeitweiliger Arbeitsraum taugt ein Keller allemal. Voraussetzung: Gedämmte Außenwände bremsen den Wärmeverlust der beheizten Zimmer. Königs Alternativ-Vorschlag: Kellerwände errichten aus 36,5 Zentimeter starken Leichtziegeln. Sie kosten mehr, sparen aber die Wärmedämmung – und eignen sich im Gegensatz zu einem Betonkeller für Selbermacher.

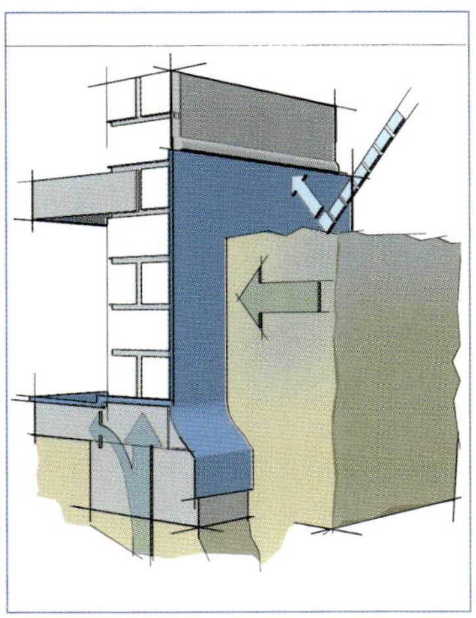

Den Keller unten und außen abdichten gegen Feuchtigkeit. Die Dichtung (blau) muss mindestens bis 30 Zentimeter über das Erdniveau reichen. Bautenschutzmatte zum Schutz der Abdichtung.

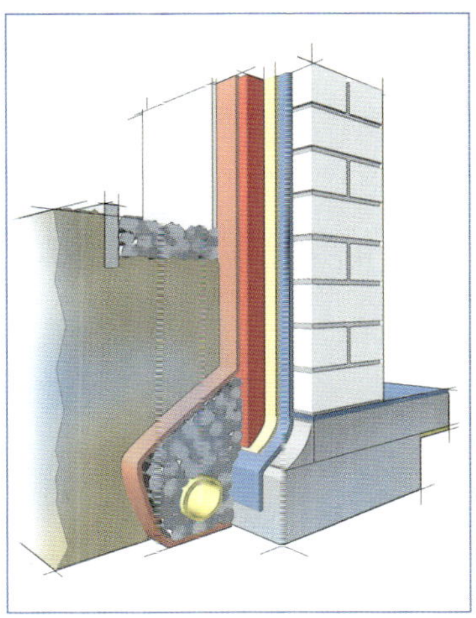

Dämmung (rot) von außen: Platten, oft aus Hartschaum, hüllen alles lückenlos ein. Dränagerohre (gelb) und Kiespackung führen Feuchte weg von den Kellerwänden.

Innendämmung

Ist eine Außendämmung nicht möglich, z.B. im Keller oder bei denkmalgeschützten Fassaden, wählt man eine Innendämmung. Aufgrund der Wärmebrücken an Decken und Wänden sowie der Gefahr von Bauschäden durch den Feuchtetransport sind Berechnungen durch einen Fachmann zu empfehlen. Nur die richtige Materialwahl und eine fehlerfreie Verarbeitung können sicherstellen, dass kein Tauwasser auskondensiert.

info

Preise Fundament und Keller	
Art der Arbeit	**Preis in Euro**
Einzelfundament, Stahlbeton mit Schalung, pro m³	220
Streifenfundament, Stahlbeton mit Schalung, pro m³	192
Fundamentplatte, Stahlbeton, Dicke 20 cm, pro m²	29
Kalkstein-Wand, Planstein im Dünnbett, Dicke 36,5 cm, pro m²	87
Hochlochziegel-Wand, Dicke 36,5 cm, pro m²	80
Porenbeton-Wand, Planstein im Dünnbettmörtel, pro m²	79
Stahlbetonwand mit Schalung, Dicke 25 cm, pro m²	89
Lichtschacht, Betonfertigteil, 100 x 60 x 100 cm, pro Stück	272

Quelle: www.sirados.de

Keller mauern Ein Ziegelkeller kommt teurer als ein Souterrain aus Beton. Das Ton-Material nimmt Feuchte auf und gibt sie rasch an die trockene Raumluft ab, reguliert also das Raumklima angenehmer. Die Wände dämmen ausreichend, ihre Oberflächen sind wärmer als Beton, und weniger Raumfeuchte kondensiert. An der Außenfläche verhindert eine Feuchtigkeitssperre, dass sich das Mauerwerk voll saugt. In einem Ziegelkeller hält gelagertes Obst und Gemüse länger als in einem Betonkeller. Keller aus Beton-Hohlblocksteinen oder Kalksandsteinen sind preisgünstiger als Ziegelkeller, kalte Wandoberflächen und fugenreiches Mauerwerk gelten als nachteilig. Ganz gleich, welches Material Sie wählen: Für Vorratskeller genügen Lichtschächte, durch sie fällt von oben genügend Tageslicht ein. Für Wohnkeller gelten Fenster-Mindestmaße – Infos dazu finden Sie auf den Seiten 200 und 201.

Rohbau abdichten

Erdfeuchte dringt in Kellerwände und steigt hoch zu den Wohnräumen, waagerechte und senkrechte Sperren aus Bitumen oder Kunststoff dichten ab. In Böden mit nicht drückendem Wasser – das sind die meisten – schützen von unten: Kunststoffbahnen, Asphalt oder eine Bitumendickbeschichtung. Von der Seite sperren Bahnen, Anstriche oder Spachtelmasse die Feuchtigkeit. Man spricht von einer schwarzen Wanne. Undichte Stellen lassen sich später nur aufwendig ausfindig machen und beseitigen. Schwachstellen: Übergänge und Abschlüsse, Durchdringungen und Bewegungsfugen – kontrollieren Sie, ob sich waagerechte und senkrechte Sperren stets überlappen. Auch wichtig: Außenwände stehen auf dem Fundament mit leichtem Innenversatz – der horizontale Winkel muss abgerundet werden zur Hohlkehle, sonst staut sich Wasser darin. Fachgerechte Abdichtung zeigen die Skizzen auf Seite 189.

Sperrbeton Häuser nahe am Grundwasserspiegel, auf Hanggrundstücken mit stauendem Sickerwasser und in überschwemmungsgefährdeten Gebieten muss man abdichten gegen drückendes Wasser. Betonwände benötigen dann eine Kellerabdichtung, die dem Wasserdruck widersteht: Man errichtet eine »weiße Wanne« aus wasserdichtem Stahlbeton (WU-Beton).

Dränage

Durch bindige Böden, z.B. Kies, versickert Regen- und Tauwasser in die Tiefe. Füllt man den Arbeitsraum der Baugrube (siehe Zeichnung auf Seite 184) mit nicht bindigem, lockerem Material, staut sich darin Sickerwasser und drückt gegen die Kellerwände. Eine Dränage leitet es vom Gebäude weg in wasseraufnahmefähige Bodenschichten oder einen Bach in Hausnähe – man spricht von passivem Feuchteschutz. Das Wasser tropft in gelochte Rohre aus Beton, Ton oder Kunststoff, ein Mantel aus Filtervlies verhindert, dass Erde in die Leitungen gelangt. Normalerweise genügt eine Ringdränage rund ums Haus, extrem feuchten

Ein Fertigkeller verkürzt die Bauzeit

Montieren statt mauern: Kellerwand-Elemente aus Leichtbeton werden im Werk maßgenau hergestellt, an Ort und Stelle per Kran auf Fundamente oder Bodenplatte gehievt und dort verankert. Die Fugen zwischen den einzelnen Wandteilen vergießt man mit Beton. Die Elemente gibt es in Längen bis etwa 6,40 und Höhen bis 2,62 m. Alternative: Betonräume von 3 x 5 m Größe zum Keller aneinander reihen.

tipp

Baugrund entwässert man zusätzlich mit einer Flächendränage.

Wände

Den ersten Mauerstein selbst zu setzen, lassen sich viele Bauherren nicht nehmen. Wem ganz feierlich zu Mute ist, der höhlt einen Stein aus und füllt ihn für Nachfahren mit aktuellen Schätzen wie ein paar Euro-Münzen, einer Zeitung und Hinweisen auf die Erbauer.

Hausecken markieren Das Errichten der Außenwände beginnt an den Hausecken: Nach Plan wird per Schnurgerüst und Senkblei die Außenecke ermittelt und mit je einem Nagel markiert – für gemauerte Keller in der Bodenplatte, auf betonierten Kellern in der Kellerdecke. Fluchtschnüre von Ecke zu Ecke legen die Außenseiten der Wände fest. Trotz professioneller Arbeit liegen Bodenplatte oder Kellerdecke nie absolut eben, die erste Steinreihe benötigt ein ausgleichendes Mörtelbett. Bezugspunkt ist der höchste Punkt auf der Platte oder Decke – Betonlieferant oder Bauleiter ermitteln ihn mit ihrem Nivelliergerät.

Ecksteine setzen Als Erster findet der Eckstein seinen Platz, der dem höchsten Punkt am nächsten liegt. Er wird, wie die restlichen Ecksteine und die gesamte erste Steinreihe, auf die eingemörtelte Feuchtigkeits-Sperrschicht gesetzt (siehe Seite 190). Drängen Sie den Maurer, überschüssigen Mörtel an Keller- und Hauswänden sofort zu entfernen. Wenn Sie selber mauern: Unterbrechen Sie Ihre Arbeit regelmäßig und suchen die Flächen nach Graten und Mörtelspritzern ab. So haben Sie gleich saubere Oberflächen zum Abdichten und Streichen, Verputzen und Verfliesen. Sind die Batzen erst einmal angetrocknet, lassen sie sich nur noch mühselig entfernen.

Mauern fügen Die Steine richtet man aufeinander im Verband: Die Stoßfugen zwischen zwei Steinen müssen versetzt übereinander liegen, das Überbindemaß ergibt sich aus der Steinhöhe und beträgt zwischen 4,5 Zentimeter und einer halben Steinlänge – je größer, desto solider steht die Mauer. Verbauen Sie nach Möglichkeit ganze Steine, so verringern sich die Fugenanteile und dadurch Wärmebrücken. Dünnbettmörtel reduziert die Fugenfläche zusätzlich – Infos dazu finden Sie vorn im Buch ab Seite 65.

Innenwände einbinden Innenwände verzahnt man gleichzeitig mit den Außenmauern, hier müssen beide aus demselben Material bestehen: Heiz- und Sonnenwärme dehnen Baustoffe aus, jeden um einen anderen Faktor – Anschlüsse zweier Steinsorten reißen. Oder Sie fügen die Innenwände später an die Außenwände mit stumpfem Stoß. Das geht schneller, und Sie können Materialien ohne Gefahr von Rissen kombinieren, beispielsweise Außenmauern aus leichtem, gut dämmendem Stein mit Innenwänden aus schwerem, schalldämmendem Baustoff.

Decken

Massive Decken dämmen Schall effektiver als Decken aus beplankten Holzbalken, die meisten Bau-

Die übliche Brüstungshöhe für Wohnraumfenster beträgt ca. 1 m – so hoch sind vier Reihen Hochlochziegel oder fünf Blöcke Porenbeton. Achtung! Fußbodenaufbau mit einkalkulieren. Wer Baustoff- und Fenstermaße aufeinander abstimmt, spart lohnintensives Teilen der Steine.

Lasermessung statt Wasserwaage und Lot ermöglicht Laien Millimeterarbeit mit Steinen und Mörtel.

Kanthölzer oder höhenverstellbare Stahlstützen im Halbmeterabstand tragen die Deckenschalung.

herren entscheiden sich für Platten aus Stahlbeton. Die Geschossdecken bilden meist den größten Einzelposten der Baukosten, noch vor den Außenwänden. Spannt man sie frei von einer Außenwand auf eine zweite, benötigt man dicken Beton und viel Stahl. Mit drei oder vier Auflagepunkten für die Decken lassen sich Spannweiten verringern und Kosten sparen. Der Preisunterschied zwischen einer 20 und einer 16 Zentimeter starken Stahlbetondecke beträgt um 6 Euro pro Quadratmeter. Ein übliches Einfamilienhaus hat je 100–130 Quadratmeter Deckenfläche über Keller- und Obergeschoss, die Ersparnis kann also zwischen 1200 und 1560 Euro ausmachen. Das setzt geschickte Grundrissplanung voraus – die Sie ab Seite 54 nachlesen können.

Decken gießen oder auflegen Schalbretter auf Stützen tragen Decken aus Ortbeton, bis das Material ausgehärtet ist. Der Bauleiter bestimmt, wann die Schalung entfernt werden darf. Währenddessen ruht Ihr Bau, berücksichtigen Sie die Wartezeit in Ihrem Bauzeitenplan – wie Sie die Bautermine planen, lesen Sie ab Seite 129. Betonwerke bieten 5 Zentimeter dünne Deckenplatten mit eingebauter Unterbewehrung an, ein Kran bugsiert sie zentimetergenau auf die tragenden Wände. Die Arbeiter verlegen Oberbewehrung darauf und füllen eine Randschalung mit Aufbeton bis zur endgültigen Dicke. Vorteil dieser sogenannten Filigrandecken: Ihre Unterseiten sind glatt, sparen Putzmaterial und Arbeitslohn. Alternative: Fertigteile aus Porenbeton, es gibt sie in Stärken bis zu 24 Zentimeter. Die Rippen kommen maximal 150 Zentimeter breit und 7 Meter lang auf die Baustelle. Man muss nur noch die Verlegefugen vermörteln, das schaffen auch wenig geübte Selbermacher.

Ringanker einbauen Ringanker oder Ringbalken rundum auf den Außenwänden halten diese zusammen und verhindern, dass sie unter Erd- oder Winddruck nach außen oder innen kippen. Diese Betonstreifen oder Balken sind notwendig unter jeder Geschossdecke in Häusern mit mehr als zwei Vollgeschossen – und über Wänden, deren Fensterbreiten zusammengezählt über 60 Prozent der Wandbreite betragen. Sind Glasflächen breiter als zwei Drittel der Geschosshöhe, darf deren Breite nur 40 Prozent der Wandbreite betragen. Klingt kompliziert, ist aber ganz einfach: Eigentlich müssen Sie Außenwände immer mit Ringankern klammern.

Massive Treppen

Die Bauordnung unterscheidet zwischen notwendigen und nicht notwendigen Treppen. Die Stufen zwischen Erd- und Obergeschoss zum Beispiel gelten als notwendig, sie müssen mindestens 80 Zentimeter im Lichten breit und mit einem Handlauf versehen sein. Holz- oder Stahltreppen gehören zum Innenausbau; wer sich eine solche Treppe wünscht, hat noch ein wenig Zeit zum Aussuchen. Massive Treppen wie die in den Keller zählen zum Rohbau, sie werden vor Ort betoniert oder aus Fertigteilen gefügt. Vor Ort formen Sie Frischbeton zu Stufen zwischen schräger Holzschalung und senkrechten Brettern – Sie benötigen hierzu Profi-Unterstützung. Lassen Sie Bauleiter oder Polier prüfen, ob die Schalung dem Betondruck standhält, sonst rutscht die ganze Masse über die Schräge nach unten. Zeigen Sie ihm auch die Armierung, bevor Sie Beton darüberkippen – die Eisen müssen in Schlitze geführt werden, die in der Außenwand und einer abgetreppten Parallelmauer sitzen. Für Treppen ohne Seitenwände brauchen Sie unten und oben Anschlusseisen.

Fertigtreppe Scheint Ihnen das zu kompliziert, lassen Sie zusammen mit der Kellerdecke eine fix und fertige Stahlbetontreppe anliefern, die lässt sich ohne Seitenwände auf Bodenplatte und Kellerdecke verankern. Kompromiss: Fertigstufen aus Porenbeton. Sie brauchen Auflager rechts und links – die beiden Wände blockieren aber vielleicht Keller- oder Wohnfläche. Wichtig: Nach Abzug von Handlauf und Putzstärken müssen 80 Zentimeter Durchgangsbreite bleiben.

Dachstuhl

Wenn Sie ein Bauträger-Haus kaufen, studieren Sie die Baubeschreibung – sie muss alle Dachkomponenten enthalten und exakt bezeichnen: Dachform und Tragwerk, Grundriss und Neigung, Deckmaterial, Deckungsart und Dachentwässerung.

Holz aussuchen Der Zimmermann bereitet den Dachstuhl in seiner Werkstatt vor – traditionell zeichnet er auf dem Schnürboden, einer planebenen Fläche, alle Holzteile in Originalgröße auf, schneidet sie zu und imprägniert sie mit Holzschutzmittel gegen pflanzliche und tierische Schädlinge wie Pilze und Insekten. In Hightech-Zimmereien ermitteln computergestützte Zuschnittmaschinen Holzmaße und Schnittwinkel. Arbeitet der Zimmermeister sorgfältig, muss er auf der Baustelle nichts nachschneiden. Falls doch: Kontrollieren Sie, ob er alle nachträglichen Schnittflächen neu imprägniert. Ideal wäre 2–3 Jahre an der Luft ausgetrocknetes Bauholz. Lagerzeit kostet, Billigangebote sind noch feucht. Frischholz trocknet nach dem Einbau und reißt, in den Rissen siedeln sich Pilze an. Besonders, wenn Sie sich für einen Dachstuhl ohne chemische Holzschutzmittel entscheiden, ist die Holzfeuchte wichtig und sollte bereits in Ihrer Ausschreibung begrenzt sein.

Holzschutz Wenn möglich, plant man das Aufstellen des hölzernen Dachstuhls für die trockenen Frühjahrs- oder Herbstmonate. Auch dann kann eine Regenperiode die Bauarbeiten verzögern: Niederschlag wäscht Holzschutzmittel aus den Balken, zu erkennen an farbigen Pfützen auf der Decke des Obergeschosses – Sie müssen nachimprägnieren. Müssen? Bauherren mit Wunsch nach einem gesunden, natürlichen Haus lehnen chemischen Holzschutz ab. Er ist vorgeschrieben für alle tragenden und aussteifenden Bauteile eines Hauses. Es gibt aber eine Reihe von Möglichkeiten, die Vorschriften zu umgehen – fragen Sie Ihren Architekten: Durch geschickte Planung, Beachtung der Gefährdungsklasse (GK) und der erforderlichen Holzwerkstoffklassen für Wohnbauten kann auf zusätzlich chemischen Holzschutz verzichtet werden.

Je komplexer die Dachform, desto genauer sollte man alle Anschlüsse auf Dichtigkeit prüfen.

Abbund In machen Gegenden sollten Sie in der Nacht vor der Lieferung gut auf Ihren Firstbalken aufpassen – nach altem Brauch hat Anspruch auf Auslöse in Form von Bier und Mahlzeit, wer ihn stiehlt und zur Baustelle karrt. Vereinbaren Sie mit dem Zimmerer einen Samstag als Liefertermin: Aus dem Firstbaumklau ergibt sich stets ein lustiger Vormittag mit zunächst zähen Verhandlungen und der Drohung, den Balken wegen Geiz des Bauherrn zu kappen. Haben die diebischen Freunde, Arbeitskollegen oder Vereinskameraden schließlich doch geholfen, den Balken auf seinen Platz zu wuchten, klingt die Aktion mit Musik und dem erpressten Imbiss aus. Zimmerleute bezeichnen das Zusammenbauen der Hölzer als Abbund. Diese Arbeit und die Verankerung auf Wänden und Giebeln erfordert Teamwork. Ersetzt Ihre Mithilfe einen Gesellen, sparen Sie ungefähr 20–25 Euro Arbeitslohn pro Stunde. Das Aufstellen dauert in der Regel einen Tag. Solange das Deckmaterial fehlt, verfolgen Sie den Wetterbericht. Ziehen Regenwolken auf, sollten Sie – auch wenn es viel

Dächer für Gemütliche und Eilige:
1 Herkömmlicher Dachstuhl, vom Zimmermann aus Holz gefügt.
2 Massives Dach aus industriell gefertigten Porenbeton-Elementen.

Arbeit bedeutet – das Feuchtigkeit aufnehmende Holz mit Plastikplanen trocken halten.

Massivdach Statisch ist ein hölzerner Dachstuhl stabil, wiegt aber wenig und hat trotz Dämmschichten und Deckungsmaterial wenig Masse. Diese dämmt an stark befahrenen Straßen und in Flugschneisen Außenlärm nur mäßig, das stört in den Wohnräumen unter der Schräge. Massivdächer kosten mehr, aber Nerven sind unbezahlbar. Dachfertigteile aus Leichtbeton, Lochziegeln oder Stahlbeton dämmen Schall besser. Die rechteckigen Elemente lassen sich parallel zu Traufe oder Giebel verlegen. Sie schließen am First, dem höchsten Punkt des Dachs, stumpf aneinander an oder werden mit Firstreitern verbunden. Ist der hölzerne Dachstuhl aufgeschlagen oder liegen die Massivplatten in Position, feiern Sie das Richtfest – Tipps dazu finden Sie auf den Seiten 168 und 169.

Dämmung

Holz- und Massivdachstühle müssen gedämmt werden, wenn man sie bewohnen will: Dachdämmung legt man von außen auf die Fläche oder klemmt sie von der Hausinnenseite aus in die Felder zwischen den Sparren oder montiert sie unter die Hölzer.

Auf Sparren Aufsparrensysteme sind die teuerste Methode. Sie hüllen das Holz ganz ein und halten Wärme lückenlos zurück in den Räumen. Der Nachteil: Das Dach wird höher und damit klobiger. Es gibt verschiedene Systeme. Für Laien ist die Montage auf den Sparren erlernbar, eignet sich aber nur für Schwindelfreie.

Zwischen Sparren Dämmung zwischen den Sparren ist preisgünstiger, Selbermacher brauchen nicht auf dem Dach herumzuturnen, und die Arbeit lässt sich unabhängig vom Wetter erledigen. Am häufigsten werden aufgerollte Bahnen aus Mineralwolle und Steinwolle-Platten eingesetzt. Eine Unterspann-Folie oder imprägnierte Holzweichfaserplatte schützt von außen Sparren und Dämmung vor Feuchtigkeit von Niederschlägen, auf der Innenseite muss man die Konstruktion vor Raumfeuchte bewahren – feuchte Dämmung versagt den Wärmeschutz. Deshalb ist zwischen Dämmung und Wandbekleidung (Gipskartonplatten, Holzprofile) eine Dampfbremse nötig. Sie dichtet auch gegen Wind ab: Mit speziellem Klebeband werden die Stoßkanten zweier Bahnen und Risse überbrückt. An Durchbrüchen für Kamin und Fenster, Solarkollektor-Rohren und Lüftungsanlagen wird die Folie über jede Anschlussnaht gezogen und mit Dichtungsband fixiert. Wer Vorbehalte hegt gegen »Wohnen in der Plastiktüte«, bremst Dampf mit Kraftpapier. Wichtig: Auch solch »biologisches« Windschutzpapier muss die Schräge nahtlos umhüllen.

Lückenlose Verlegung Dämmung und Dampfbremse müssen lückenlos verlegt sein – eine mühselige Arbeit, besonders, wenn die Sparren für einen Sichtdachstuhl nicht verborgen werden sollen: Steifes Material sperrt und verkantet sich in den Gefachen, weiches verrutscht immer wieder.

Allein haben Sie bald größte Lust, alles hinzuschmeißen. Holen Sie sich von Ihrem Partner/Ihrer Partnerin oder einem begabten Freund Trost für die Seele und Hilfe für die Hände.

Schichten teilen Die Energie-Einspar-Verordnung (Näheres finden Sie ab Seite 88 vorn im Buch) legt keine Dämmstoff-Dicken fest. Aber wer an anderer Stelle im Haus Energieverlust in Kauf nimmt, muss das Dach vielleicht stärker dämmen. Für voluminöses Material zwischen den Sparren benötigen Sie Hölzer mit großem Querschnitt. Spar-Trick: Mit dem kleinsten Sparrenquerschnitt bauen, der konstruktiv notwendig ist – und die Dämmung in zwei Schichten teilen: ein Teil zwischen die Sparren heften und ein Teil darunter oder darüber.

Unter Sparren Zwei Schichten zu verlegen heißt doppelte Arbeit. Eine Dämmung unter Sparren reduziert zwar die Stehhöhe, ist aber viel rascher montiert: Platten mit gefalzten Stößen hängt man in Befestigungskrallen, Dämmfilze mit überstehenden Folienrändern tackert oder klebt man an den Sparren fest.

Deckung

Die Dachdeckung soll vorrangig Niederschlag zuverlässig von der Konstruktion fortleiten und sie vor Wasser, Wind und Flugschnee bewahren. Vereinbaren Sie mit dem Dachdecker die Ausführung der Arbeiten nach Teil C der VOB (Verdingungsordnung für Bauleistungen, s. Seite 146) – sie enthält allgemeine technische Vorschriften und die Fachregeln des Dachdeckerhandwerks.

Materialwahl Die Deckung muss zu Dachkonstruktion und Dachneigung passen. Um das Dach besonders dicht zu machen, wird manchmal unter die Dachhaut ein zweiter Schutzschild gebaut, das Unterdach. Früher bestand es aus einer Holzschalung, heute häufig aus diffusionsoffener Folie. Anhaltspunkte für Material und Form: Dächer ohne Unterdach lassen sich ab 22 Grad Neigung mit Betondachstein oder Flachdachpfannen decken, ab 25 Grad mit künstlichem Schiefer aus Faserzementplatten oder Naturschiefer. Holzschindeln halten dicht ab 22 Grad Dachneigung, Biberschwanzziegel ab 30 Grad, Hohlpfannen ab 35 Grad, Reet ab 45 Grad. Für Dächer mit Unterdach gelten modifizierte Werte: Betondachsteine und Flachdachpfannen liegen schon dicht auf Neigungen ab 12 Grad, Faserzementplatten ab 15 Grad, Falzziegel ab 22 Grad, Biberschwänze und Hohlpfannen ab 27 Grad. Mit Bahnen aus Kupfer oder Zink lassen sich Dächer über 7 Grad Neigung belegen. Betrachten Sie Ihren Bauplatz mal von einer Anhöhe aus oder vom Kirchturm, der Pfarrer lässt Sie rauf gegen eine kleine Spende für die Orgel. Betrachten Sie von dort oben das ganze Dorf oder Ihr neues Wohnviertel. So merken Sie, welche Materialien und Farben auf Ihr Dach passen und was die wohltuende Einheit stört.

Kritische Stellen Holzschindeln und Schieferrhomben werden auf die Dachlatten genagelt, Reetgras drangebunden. Ziegeln und Betonsteinen formt man im Werk Nasen auf die Unterseiten, an denen der Dachdecker diese sogenannte harte Bedachung in die Querlatten hängt. Braust

Für ein Fertighaus kommen gedämmte Dachelemente aus dem Werk, auf konventionell errichteten Häusern fügt man den Dachstuhl vor Ort und schließt ihn Schicht für Schicht. Unabhängig von der Bauart schützt man alle Dachfensteröffnungen mit Planen, bevor die Ziegel oder Dachsteine von Hand zu Hand fliegen.

ein Orkan übers Land, fliegen die Ziegel weg – als Erstes von Häusern in Höhenlagen, dann von komplizierten Dachformen. Sein Sog findet Angriffsfläche an Dachkanten, Ecken, First und Kaminkopf und am Rand von Pultdächern. Dort krallt der Dachdecker mit rostfreien Klammern, Schrauben oder Nägeln jeden einzelnen Ziegel zusätzlich fest. Hoffentlich – lassen Sie die Befestigungen kontrollieren von Ihrem Bauleiter.

Feinarbeiten

Wo Bauteile wie Kamin oder Sanitärentlüftung die Dachhaut durchdringen, tropft Regen hinein. Kragen aus Kupfer oder Zinkblech machen Übergänge wetterfest. Entscheiden Sie sich für ein Material, ein Mix führt zu Bauschäden. Kaminkopfverwahrung aus Kupfer mit Dachrinne und Fallrohr aus Zink zum Beispiel leitet Elektrolyse ein – einen Zersetzungsprozess.

Preise: Dachdeckung

Material pro m²	Preis in Euro
Betondachstein mit Unterkonstruktion, Unterspannbahn, First, Befestigungsmitteln	43
Tonziegel ohne Glasur, mit Unterkonstruktion, Unterspannbahn, Sonderziegeln, First, Befestigungsmitteln	49
Faserzementplatten, mit Unterkonstruktion, Unterspannbahn, Be-/Entlüftung, First, Abschlussprofilen, Befestigungsmitteln	65
Zink, auf Vollschalung, Bitumenpappe, mit Anschlüssen und Befestigungsmitteln	102
Schiefer, auf Vollschalung, Bitumenpappe, mit Anschlüssen und Befestigungsmitteln	123
Holzschindeln, mit Unterkonstruktion, Unterspannbahn, Be-/Entlüftung, First, Abschlussprofilen, Befestigungsmitteln	123
Kupferblech, auf Vollschalung, Bitumenpappe, mit Anschlüssen und Befestigungsmitteln	130

Quelle: www.sirados.de

Dachüberstände verschalen In schneereicher Gegend zieht man Dächer weit über die Außenwände. Nut-und-Feder-Bretter sollen für eine schöne Untersicht vor der Montage vollständig lackiert werden, sonst zeigen sich nach Quellen und Schwinden des Naturmaterials hässliche, farblose Streifen.

▶ Bauschäden-Datenbank: **Die häufigsten Mängel mit Merkmalen und Gegenmaßnahmen unter www.haus.de/bauschaden**

Der Rohbau steht – was sollten wir kontrollieren?

Viel ist passiert in den letzten Wochen, eine Menge Handwerker haben die Haushülle Stück für Stück hochgezogen. Ein Rundgang klärt: Wertarbeit oder Pfusch? Folgende Punkte können auch Laien ohne besonderes Fachwissen prüfen.

Baugrube

1. *Beträgt der Böschungswinkel 45 oder 60 Grad?* ❍
2. *Sind die Böschungswände mit Plastikfolie gesichert gegen Abrutschen nach starken Regenfällen?* ❍

Baustelle

1. *Der Bauzaun steht noch stabil, »Betreten verboten«-Schilder hängen noch an ihrem Platz.* ❍
2. *Jeder Handwerker hat den Rohbau aufgeräumt, Müll entsorgt, nichts in den Arbeitsraum der Grube geworfen.* ❍

Fundamente

1. *Fundamentstreifen und/oder Bodenplatte sitzen in frostfreier Tiefe, je nach Plan 80–150 cm.* ❍
2. *Fundamente für die Garage und spätere Anbauten (Wintergarten, Gartenhütte) sind schon verlegt.* ❍

Erdung

1. *Die Anschlussfahne des Fundamenterders reicht in den Hausanschlussraum.* ❍
2. *Der Wandaustritt der Fahne ist mit Bandagen geschützt gegen Korrosion.* ❍

Keller

1. *Der Übergang von Bodenplatte zur Wand wurde als Hohlkehle ausgeführt.* ❍
2. *Abdichtung der Außenwände führt 30 cm über die Geländeoberfläche.* ❍
3. *Zwischen Doppel- und Reihenhäusern: Die Trennwände im Kellergeschoss sind von einer durchgehenden Fuge getrennt, und Schutzmatten verhindern, dass Mörtel hineinfällt, der später Schall überträgt.* ❍

Lichtschächte

1. *Die Abdichtung an den Kelleraußenwänden ist nach Montage der Lichtschächte unverletzt.* ❍
2. *Lichtschächte und höchste Stufe der Kelleraußentreppe ragen zum Schutz gegen das Einlaufen von Hochwasser mindestens 10 cm über die Geländeoberfläche.* ❍

Decken

1. *Die Geschossdecken sind eben, Lage und Größe der Durchbrüche stimmen mit den Werkplänen überein.* ❍
2. *Die Decken wurden in der vorgeschriebenen Dicke betoniert oder geliefert.* ❍

Wände

1. *Die Lieferscheine für Baumaterial entsprechen den Vorgaben der Leistungsbeschreibung.* ❍
2. *Wände, Öffnungen, Ecken und Laibungen, Schornstein und Pfeiler stehen senkrecht.* ❍

check

Außenhaut: Türen, Fenster und Fassade

Offen für Licht und Luft, knauserig mit Wärme

Feste Verglasung ist preiswerter zu haben als Flügel zum Öffnen. Wählen Sie Glasformate, die sich auf ihrer Außenseite ohne Kletterpartien putzen lassen. In Dachräumen ist das besonders wichtig.

Fenster gelten als Teil der Außenwand: Bauphysikalisch gesehen, müssen beide zusammen kostbare Wärme im Haus und Lärm draußen halten. Die Landesbauordnungen schreiben für alle Aufenthaltsräume Fenster vor, die außerdem ausreichend Tageslicht und Frischluft ins Gebäude holen. Wie viel Glas Sie einbauen, bestimmen seine Lichtdurchlässigkeit, die Verschattung durch Nachbargebäude und die Himmelsrichtung. Faustregel: Für Aufenthaltsräume muss der Fensteranteil ein Achtel der Grundfläche des Raums betragen.

Fenster

Für 1 Quadratmeter Fenster zahlen Sie bis zu viermal so viel wie für 1 Quadratmeter Außenwand. Raumhohe Verglasung kann trotzdem Baukosten reduzieren; Sie sparen Stürze, Brüstungen und kompliziertes Abmauern und Dämmen von Heizkörpernischen. Ein Viertel der Fensterkosten machen die Scheiben aus, drei Viertel Rahmen und Beschläge – Infos über Isolier- und Wärmeschutzglas und die Vor- und Nachteile unterschiedlicher Rahmenmaterialien finden Sie vorn im Buch ab Seite 48.

Feste Verglasung In der Außenwand fixierte Scheiben und Fenster mit fest stehenden Flügeln lassen sich nicht öffnen, sie belichten Räume am preisgünstigsten: Sie haben im Vergleich zu Fenstern mit beweglichen Flügeln einen geringeren Rahmenanteil und kommen ohne aufwendige Mechanik zum Drehen oder Kippen aus. Zudem schließen sie die Gebäudehülle zugdicht.

Dreh- und Kippflügel Fenster und Türen mit Drehflügeln öffnen sich vertikal um die Achse des seitlichen Anschlags, Kippflügel schlagen unten am Blendrahmen an. Wie gut sie funktionieren und wie lange, hängt ab von der Fenster- oder Türkonstruktion, von der Qualität der Materialien und der Verarbeitung – und von ihrer Proportion. Dreh- oder Kippbeschlag eignet sich am besten für kleine Fenster. Der Grund: Isolier- und Wärmeschutzglas wiegt viel. Besonders bei geöffneten Dreh-

oder Kippflügeln belastet ihr Gewicht Rahmen und Beschläge, je breiter und niedriger die Flügel, desto stärker. Als ideale Form gilt ein hochformatiges Rechteck, ein gutes Maß pro Fensterflügel beträgt 80 Zentimeter Breite und 130 Zentimeter Höhe. Wer mehr Glasfläche wünscht, reiht Flügel neben- oder übereinander. In zweiteiligen Fenstern lässt man Flügel bis 80 Zentimeter Breite in der Mitte aneinander anschlagen. Das sieht elegant aus und lotst mehr Licht in den Raum. Achten Sie bei der Dreh-Kipp-Mechanik auf Qualität. Sichtbare Teile sollten in Form, Farbe und Material zu ihren Fenster- und Türgriffen passen. Gegen Aufpreis gibt es Beschläge auch verdeckt liegend. Bei manchen Herstellern kann man zusätzliche »Sicherheit« später noch nachrüsten.

Schwing- und Wendeflügel Fensterflügel zum Schwingen drehen sich horizontal, Wendeflügel vertikal um eine Mittelachse. Je höher oder breiter das Fensterformat, desto weiter ragt dann der Flügel in den Raum – unter Umständen liegen Rahmenkanten und -ecken in Augenhöhe. Bevor Sie eine ständige Gefahrenquelle einbauen: Entscheiden Sie sich für Fenster mit anderer Öffnungsart. Schwing- und Wendeflügelbeschläge erlauben, die Scheibe in jedem Winkel zu arretieren und zum Putzen um 180 Grad zu drehen. Fallen Sonnenstrahlen ins Zimmer, blockieren die auskragenden Scheiben innen Vorhänge und außen Roll- oder Klappläden – Sonnenschutz!

Schiebeflügel Geöffnete Schiebefenster und -türen ragen nicht in Zimmer und Garten, wo sich Ihre Kinder beim Herumtoben verletzen könnten. Vertikalschiebefenster öffnen Sie nach oben, man sieht das oft in amerikanischen Spielfilmen. Bei uns sind Horizontalschiebeflügel gebräuchlicher, sie öffnen zur Seite. Solange das Fenster, die Balkon- oder Terrassentür geschlossen ist, sitzen die Rahmen der beiden Fenster- oder Türhälften nebeneinander. Ausgeklügelte Beschlagtechnik presst den beweglichen Flügel winddicht an Blendrahmen und Schwelle. Betätigen Sie den Griff, hebt die Mechanik das Fenster oder die Tür aus dem Falz in eine Führungsschiene, auf der Sie auch schwere Flügel ohne viel Körperkraft zur Seite bewegen.

Innerer Anschlag Verglaste Fensterflügel sitzen beweglich im Blendrahmen – man nennt ihn auch Stock oder Zarge. Die Festverglasung wird darin fixiert. Es gibt drei Möglichkeiten, den Rahmen in die Wandöffnung des Rohbaus zu montieren. In den meisten Häusern baut man die Fenster stumpf ein, »ohne Anschlag«: Fensterbank, Sturz und die senkrechten Innenseiten der Wandöffnung – die Laibung – werden jeweils als gerade Flächen ausgebildet. Das ist für Architekt und Maurer konstruktiv am einfachsten und für den Bauherrn die preisgünstigste Lösung. Für Fenster »mit Anschlag« wird in die Leibung ein Steinrahmen von 12,5 Zentimeter Breite und Tiefe gebaut. Das Maß ergibt sich aus dem längs halbierten oder gedrittelten Steinformat der Außenwand oder speziellen Anschlagsteinen. Sitzt der steinerne Rahmen bündig zur Außenwand, zeigen die Innenseiten des Winkels zum Raum – dann handelt es sich um eine Laibung mit »innerem Anschlag«. Fenster ohne Anschlag und mit innerem Anschlag putzt man bequem und sicher vom Zimmer aus.

Äußerer Anschlag Veraltetes System. Man findet es noch bei alten Häusern in Ostfriesland. An einer Laibung mit »äußerem Anschlag« sieht man den Winkel nur, wenn man draußen vor dem Haus steht, der Steinrahmen verläuft bündig zur Innenwand. In solche Laibungen baut man von der Außenseite Fenster ein, deren Flügel sich nach außen öffnen. Sie pressen sich dicht gegen die Rahmen, wenn Wind und Wetter gegen die Fassade drücken – so lässt sich Zugluft vermeiden in stürmischen Küstengebieten. Nachteile: Öffnen die Fenster nach außen, kann man hinter geschlossenen Roll- oder Klappläden nicht lüften, und zum Fensterputzen müssen Sie sich ins Freie bequemen.

Montage Den Fenstereinbau können Sie in Eigenleistung erledigen, wenn das erste Fenster ein Fachmann einsetzt und Sie ihm dabei aufmerksam über die Schulter gucken. In einschaligem Mauerwerk positionieren Sie die Fenster etwa mittig in die Laibung. Trägt das Haus eine Außendämmung, sollen die Fenster in ihrer Ebene liegen. Möchten Sie das Fenster tiefer in die Laibung rü-

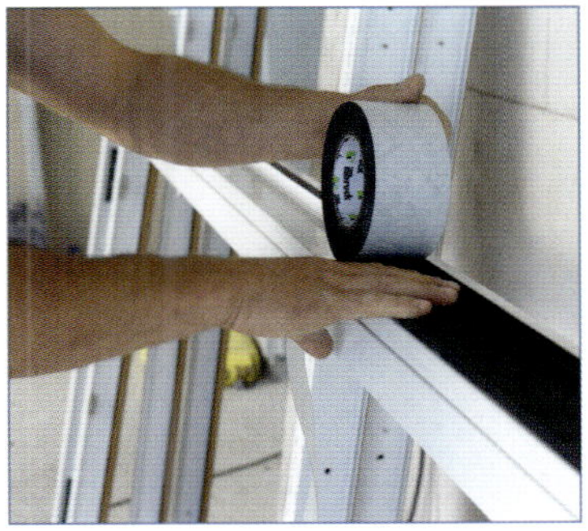

Fenster müssen beim Einbau sorgfältigst gedämmt werden – vor allem der Übergang von Rahmen zu Mauerwerk. Bitten Sie Ihren Bauleiter ausdrücklich, dies streng zu überwachen.

cken, müssen Sie die Dämmschicht rundum hineinziehen bis vor den Blendrahmen – sonst bauen Sie hier Wärmebrücken. Der Abstand zwischen Laibung und Blendrahmen beträgt 10–20 Millimeter. Fixieren Sie ihn mit Holzklötzchen und Keilen, und richten Sie den Rahmen mit der Wasserwaage exakt aus. Noch vor wenigen Jahren wurde dann die Fuge mit dem Alleskönner für Nichtkönner – dem Montageschaum – geschlossen. Auch verputzt bleibt diese Fuge luftdurchlässig. Einzig die sogenannte RAL-Montage, bei der die Fensterfugen luftdicht, windfest und außen zusätzlich witterungs- und schlagregenfest ausgeführt sind, vermeidet Bauschäden. So bestehen Fenster den Blower-Door-Test mit Bravour.

Sonnenschutz

Glasflächen sammeln tags Sonnenwärme, lassen sie nachts wieder ins Freie. Rollos und Markisen helfen gegen Sommerhitze, im Neubau sind Maßnahmen zum Sonnenschutz sogar vorgeschrieben. Was Sie einbauen müssen, sagt Ihnen Ihr Architekt oder Energieberater. Ein Qualitäts-Außenrollo mit Seil, 120 x 120 Zentimeter groß, kostet um die 400 Euro, ein Innenrollo gleicher Größe aus Baumwolle etwa 52 Euro. Ein Rollladen dieser Größe aus Kiefernholz in einem Fertigkasten ist für 290 Euro zu haben, in Kunststoff-Ausführung kostet er ab 115 Euro aufwärts. Zwei hölzerne Klappläden für ein 120 x 120 Zentimeter großes Fenster kosten zusammen um die 300 Euro. Eine 300 x 250 Zentimeter große Markise mit Gelenkarm und Kurbel kostet zwischen 650 und 1900 Euro, mit Motor ab 1700 Euro.

Rollladen Rollladenkästen in der Wand müssen perfekt wärmegedämmt und luftdicht eingebaut werden, andernfalls bilden sie Wärmebrücken unterm Fenstersturz, diese verursachen Risse in Mauerwerk und Putz. Kästen mit Revisionsöffnung bilden ebenso Schwachstellen wie Gurtauslässe mit »Spiel«. Billigprodukte und schlechte Arbeit

Schatten draußen und drinnen

Schattenspender von innen kosten weniger als außen montierte und müssen nicht wetter- und sturmsicher sein. Sonnenschutz im Freien lenkt Wärme ab, bevor sie das Glas passiert – der Raum bleibt kühler. Große Rollos oder Markisen auszukurbeln, kostet Kraft. Ein Elektro-Antrieb lässt sich koppeln mit Wind- und Lichtwächter und fernbedienen – Sie täuschen Anwesenheit vor, während Sie am Urlaubsstrand liegen.

info

Sonnenschutz:
1. *Rollladen auf dem Fensterrahmen*
2. *Motorbetriebene Holzjalousien*
3. *Markisen rollen aus dem Türrahmen*
4. *Stoffbahn fährt auf Armen aus*
5. *Laubengang verschattet im Sommer, lässt im Winter Sonne ins Haus.*

unterwandern den Wärme- und Schallschutz. Qualität erkennen Sie an raumseitig geschlossenen Kästen, dichten und gedämmten Gurtführungen und massiven Anschluss-Schenkeln, an denen das Fenster umlaufend und »fachgerecht nach RAL« abgedichtet werden kann: So schreibt es die Energie-Einspar-Verordnung vor. Vorbaukästen außen auf dem Fensterrahmen umschiffen dieses Problem. Sie sind geschmacklich nicht jedermanns Sache, aber ideal für Niedrigenergie-Häuser. Prüfen Sie die Rollläden schon in der Rohbauphase auf einwandfreie Funktion: Sie sollen sich leicht betätigen lassen sowie leise und weich in den Schienen laufen. Widerstandsklassen geben an, wie lange der Rollladen Einbruchsversuchen standhält.
Klappläden Fensterläden drehen sich in Klobern, man montiert sie an den Fensterrahmen oder in die Außenwand. Damit offene Läden im Wind nicht klappern, arretiert man sie mit Schubriegeln, die heißen in Süddeutschland »Kasperl«. Haken oder Schieber halten geschlossene Läden von innen fest, so schützen Klappläden auch vor Einbruch. Schlagregen lässt Fensterrahmen verrotten, Läden halten sie trocken – falls man sie schließt. Das macht kaum jemand, trotzdem sind Fensterläden einfach wichtig: als Fassadenschmuck. Rollläden sind praktischer als Klappläden. Auch schöner?

Die Haustür zeigt auf den ersten Blick Wohn- und Lebensstil der Hauseigentümer. Türblätter aus Alu, Kunststoff oder Holz lassen sich mit Glas und Edelstahl attraktiv kombinieren.

Haustür

Die Haustür markiert den Übergang zwischen privatem und öffentlichem Raum, schützt die Bewohner vor Straßenlärm und Schmutz und ungebetenen Gästen. Zudem schmückt die Haustür die Fassade.
Türverglasung Eine Tür mit Bullauge, verglastem Türblatt und/oder fest stehenden Seitenteilen aus transparentem Material signalisiert Offenheit, gewährt einen prüfenden Blick auf Besucher und schleust Licht in die Diele. Eine übliche Isolierverglasung besteht aus zwei Scheiben, die eine Luftschicht einschließen. Man muss ausgesprochen kräftig gegen das Glas schlagen, um es zu zerbrechen – das verursacht einen Höllenlärm. Profis überwinden beide Scheiben lautlos nacheinander mit einem Trick: Es genügt ein Glasschneider, eine Schablone und ein Saugnapf. Sicherheitsglas bewahrt vor Verletzungen, nicht vor bösen Buben: Es zerbröselt leise in kleine Würfel. Verbund-Sicherheitsglas ist stabil – eine Folie verbindet die Scheiben. Glasklasse A ist durchwurfhemmend, Klasse B durchbruchhemmend, Klasse C durchschusshemmend. Für ein Einfamilienhaus genügt meist Glas der Klasse A.
Wärmeschutz Einfache Eingangstüren sind ab ca. 1000 Euro zu bekommen. Qualität kostet je nach Material und Anforderung an Wärme- und Einbruchschutz ca. dreimal so viel. Bedenken Sie, die Haustür ist das Erste, was Sie und Ihre Gäste »in die Hand« nehmen. Solide Technik und ein zeitloses Design machen sich hier besonders bezahlt. Moderne Türblätter sind auch im Winter durch ihren Sandwichaufbau formstabil. Zwei umlaufende Dichtungsebenen und eine etwa 15 Millimeter hohe Bodenschwelle stoppen zuverlässig Kälte und Zugluft. Welche Mindestanforde-

Die Haustür richtig im Griff

Die Haustür braucht Griffe zum Auf- und Zumachen. Eine Drückergarnitur besteht je aus Türdrücker und Schild oder Rosette für innen und außen. Ist das Schloss nicht zugesperrt, können Sie die Tür von beiden Seiten aus mit dem Türdrücker öffnen. Kinder gelangen ohne aufzuschließen ins Haus, Diebe auch. Mit einer Wechselgarnitur ist das unmöglich, außen sitzt ein unbeweglicher Knauf: ohne Schlüssel kein Zutritt.

tipp

Ein Kastenschloss mit Kette oder Sperrbügel sichert extra. Ein Schließzylinder widersteht Bohren, sitzt bündig im aufbohrsicheren Türschild. Das Schließblech sollte wenigstens 30 cm lang sein. Hinterhaken verhindern das Aushebeln der Tür; stabile Bänder reißen nicht aus. Blicke durch das Glasfeld in der Tür oder den Weitwinkel-Spion entlarven ungebetene Gäste.

rung an den Wärmeschutz sie einhalten müssen, steht in ihrem Energieausweis.

Kellertür Planen Sie ein Dach über die Kellertreppe, es schützt die Stiege vor Regen und Schnee und hält die Kellertür trocken. Für sie gelten die selben Anforderungen an den Wärmeschutz wie für die Haustür, die Nebentür braucht aber kein aufwendiges Design. Meist baut man ein preisgünstiges Modell ein. Beide Außentüren sollten Sie gegen Einbruch sichern.

Einbruchschutz

Ein Schraubendreher reicht dem Profi: In 10 Sekunden knacken clevere Einbrecher simple Haustüren. Ein gutes Zylinderschloss allein bringt nichts, wenn das Schild nichts taugt. Stabile Türen und Fenster, Beschläge und Montage müssen zusammenpassen.

Mechanik sichert Sie bringen Ihr Einfamilienhaus schon für 3500 Euro komplett hinter Schloss und Riegel. Schützen Sie nicht nur den Haupteingang. Zusatzschlösser oder -beschläge gehören auch an Keller- und Hintertür und an den Zugang zur Garage. Hantiert der Ganove ohne Erfolg, gibt er nach durchschnittlich 5 Minuten entnervt auf. Leider findet er sein Glück oft woanders: am Fenster oder an der Balkontür, 80 Prozent der Langfinger steigen dort ein. Vermasseln Sie ihm die Tour: Schrauben Sie ein Zusatzschloss auf den Rahmen und montieren Sie abschließbare Griffe. Die bremsen auch den Erkundungsdrang Ihrer Kinder. Terrassentüren bekommen Sperren an die Kipphebel. Denken Sie auch an mögliche Einstiegsluken: Müll- oder Regentonne plus Garagendach eignen sich perfekt als Klettergerüst. Kellerfenster und Lichtschächte decken Sie mit engmaschigem Stahlgitter ab, das im Mauerwerk ankert. Von oben kommt da keiner ran. Rollroste verwandeln Ihren Keller in eine Festung: Setzt der Dieb die Säge an, lassen ihn rotierende Stahlstäbe in den Rohren verzweifeln. Schwachstelle Rollladen: Stifte oder Schlösser verhindern das Hochschieben.

Elektronik warnt Die meisten Einbrecher arbeiten zwischen 10 und 16 Uhr: Die Bewohner sind oft unterwegs, Haus und Räume unbewacht. Alarmanlagen können sichern, wenn niemand daheim ist. Doch weniger als 2 Prozent der deutschen Haushalte sind mit Einbruch-Meldeanlagen ausgestattet. Solche Systeme merken den Einbruchversuch an Türen, Fenstern und Schlössern sofort und melden den Eindringling. Ein Alarm hält den Einbrecher nicht auf – das schaffen nur mechanische Vorrichtungen. Aber er warnt Nachbarn und Passanten, schreckt Langfinger deshalb ab. Am frei stehenden Haus lassen sich bereits Garten und Tore überwachen. Vor dem Kauf einer Alarmanlage erkundigen Sie sich bei Ihrer Hausratversicherung oder der Polizei, welche Systeme zuverlässig funktionieren – kriminalpolizeiliche Beratungsstellen größerer Städte führen Ausstellungen empfeh-lenswerter Vorrichtungen. Die Polizei verteilt auch Adressenlisten von Firmen, die Geräte nach den Sicherheitsnormen installieren. Versicherungen senken für hohen Sicherheitsstandard die Prämie.

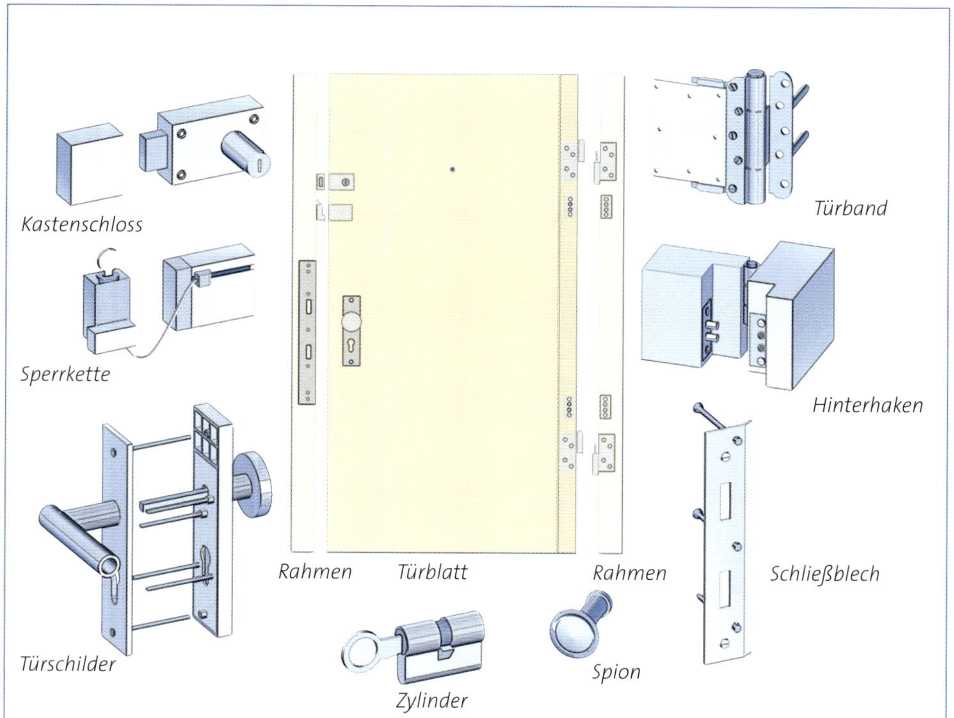

Alarm schreckt Die Zentrale der Alarmanlage sammelt die Impulse der Signalgeber. Die Gartenüberwachung besteht meist aus Videokamera, Bewegungsmelder und Infrarotsensoren. Die Außenhaut-Überwachung des Hauses, vor allem Fenster und Türen, übernehmen Öffnungs- und Bruchmelder, also Alarmfolien, Kontaktschalter oder Erschütterungsmelder. Im Innenraum kommen Bewegungsmelder und Infrarotsensoren zum Einsatz. Gibt der Alarmgeber einen Impuls über Leitung oder Funk an die Zentrale, wird der Alarm ausgelöst. Das kann eine Sirene, eine Blinkleuchte, auch ein Fernsignal an einen Wachdienst sein. Gute Systeme vermeiden Fehlalarme, die die Nachbarschaft beim ersten Mal aufschreckt, dann aber abstumpfen lässt.

Lärmschutz

Es besteht keine Pflicht, aber manche Hersteller nennen freiwillig das Schalldämm-Maß R_W ihrer Haustüren. So erhalten Sie Auskunft, wie wirkungsvoll die Tür Luftschall von Autos und Flugzeugen bremst und Ihre Wohnräume ruhig hält – Bauherren an lauten Straßen sind dankbar für jedes Dezibel, das sie nicht hören. Ein gut gedämmtes Türblatt ist die halbe Miete, einen ebenso hohen Einfluss auf die Schalldämmung haben die Dichtungen im Türfalz und am Fußboden. Beide Dichtungen sollten in einer Linie liegen, ein Versatz mindert die Wirkung. Eine Dichtung federt ein, wenn man die Tür schließt, effektive Dichtungen haben eine Einfederungstiefe von 3 Millimetern, besser sind 5 Millimeter. Herkömmliche Kammerprofile, also Schlauchdichtungen, dämmen schlechter als Lippendichtungen. Weiterer Vorteil: Eine Haustür mit Lippendichtungen lässt sich mit weniger Kraftaufwand schließen. Allerdings fällt sie deswegen auch leichter – unbeabsichtigt – ins Schloss.

Fassadendämmung

Ein dichtes Haus verliert weniger Wärme und hält länger. Schon kleine Lecks schaden. Die dickste Lage Dämmstoff hilft wenig, wenn ein Haus undicht ist. Wo es zieht, entweicht Wärme. Ein Riss, nur 1 Millimeter dünn und 1 Meter lang, halbiert die Pufferwirkung einer 20 Zentimeter starken Dämmung.

Schwachstellen in der Hülle Undichtigkeit kann an vielen Stellen entstehen oder sogar in ein neues Haus eingebaut sein: Luft umspült Balkenköpfe und Balkonträger, dringt durch Fugen an Türen und Fenstern, pfeift aus Steckdosen und Sanitäranschlüssen. Kaltluftseen in Fußbodenhöhe vertreiben das Wohnbehagen. Die meisten Feuchteschäden in einem Haus entstehen, weil Luft durch die Konstruktion strömt, etwa im Dach. Die Warmluft kühlt sich auf dem Weg nach außen ab, dabei verflüssigt sich der in ihr enthaltene Wasserdampf. Mit einer Kerze gehen Sie selbst auf Lecksuche: Die Flamme flackert, wo es zieht. Genauer suchen Experten mit Windmessgeräten – sie prüfen die Winddichtigkeit des Hauses, bevor alle Fassadenarbeiten fertiggestellt und solange die Innenschalen von Leichtbauwänden und Dach noch zugänglich sind. Die Basismessung für ein übliches Einfamili-

Preise
Fenster und Balkontüren

Produkt	Preis in Euro
Holzfenster, Fichte, 1 Flügel mit Sprossen, 0,5–1,25 m², pro m²	374
Holzfenster, Fichte, 1 Flügel mit Sprossen, 2–3 m², pro m²	284
Fenstertür, Fichte, 1 Flügel mit Sprossen, 2–3 m², pro m²	323
Holzfenster, Fichte, 1 Flügel ohne Sprossen, 0,5–1,25 m², pro m²	344
Holzfenster, Fichte, 1 Flügel ohne Sprossen, 2–3 m², pro m²	254
Fenstertür, Fichte, 1 Flügel ohne Sprossen, 2–3 m², pro m²	252
Kunststoff-Fenster, 1 Flügel ohne Sprossen, 0,5–1,25 m², pro m²	273
Kunststoff-Fenster, 1 Flügel mit Sprossen, 0,5–1,25 m², pro m²	299

Quelle: www.sirados.de

Haustür pflegen und renovieren

Türen aus Aluminium oder Kunststoff sind pflegeleicht und brauchen keinen Nässeschutz. Eingänge aus Holz müssen Sie von Zeit zu Zeit streichen. Lasierte Türen lassen sich später auffrischen, die Holzmaserung bleibt sichtbar. Man streicht im selben Farbton einfach drüber, die Tür sieht aber von Mal zu Mal dunkler aus. Heller Glanzlack reflektiert mehr Tageslicht, der Eingang sieht freundlicher aus.

tipp

Eine Acrylatschicht macht Tafeln aus Holzzement wetterfest, sie schützen das Erdgeschoss vor Spritzwasser. Die Brettschale darüber zeigt eine natürliche Optik. Architekten: Becker/ Just, Delbrück

enhaus kostet ab 500 Euro, dauert einen halben Tag. Dazu wird ein »Blower-Door-Test« gemacht: Ein Ventilator (Blower) erzeugt einen Über- oder Unterdruck im Haus – 50 Pascal höher oder geringer als draußen im Freien. Luft strömt durch Lecks nach. Messgeräte an den Türflügeln (Door) erfassen, wie viel. Fehler durch schlechte Planung, etwa an den Nahtstellen von zwei Bauteilen, lassen sich nur aufwendig beheben. Undichte Türen und Fenster oder zu weite Wandöffnungen um Rohre und Leitungen können Sie jetzt noch einfach abdichten.

Energie sparen Drei Viertel unseres Energieverbrauchs verwenden wir fürs Heizen der Räume. Gut geplante Häuser halten Wärme lange innen. Kein Baustoff trägt, schützt und dämmt gleich gut. Deshalb werden meist verschiedene Materialien kombiniert – etwa eine massive Tragschicht, eine luftige Dämmung und eine dichte Außenhaut. Der u-Wert gibt die Größe des Wärmeverlusts in W/m^2K an, die durch 1 Quadratmeter des kompletten Bauteils bei einem Unterschied zwischen drinnen und draußen von 1 Kelvin (das entspricht 1 Grad) fließt. Wer 10 statt 5 Zentimeter Dämmstoff auf eine Kalksandsteinwand packt, erzielt einen 50 Prozent besseren Dämmwert. Weitere 5 Zentimeter bringen aber nur noch 20 Prozent mehr Dämmwirkung.

Wärmeleitfähigkeit Wie gut ein Material dämmt, hängt besonders ab vom Anteil seiner Poren – ruhende Luft leitet Wärme kaum. Porenreiches Material dämmt gut und besitzt eine geringe Wärmeleitfähigkeit (Lambda-Wert). Als Dämmstoff gilt Material, dessen Lambda-Wert kleiner ist als 0,1 W/mK. Die meisten Dämmstoffe im Handel liegen bei 0,035–0,04.

Fassadensysteme Die Fassade soll Hitze, Kälte und Nässe puffern und – Wärmeschutz hin, Bauphysik her – Ihnen gefallen. Für eine vorgehängte Fassade dübelt man eine Dämmschicht auf die Mauer – wahlweise Mineralfaserplatten, Hartschaumplatten oder Holzwerkstoff-Zuschnitte, und schützt das weiche und poröse Material mit einer Bekleidung aus Holz oder Faserzement, Schiefer oder Metall. Der Wetterschutz sitzt auf einem mindestens 3 Zentimeter dicken Rahmen aus hölzerner Lattung und Konterlattung, damit zirkulierende Luft eventuell vorhandene Feuchte schnell forträgt. Wie Sie eine vorhängte Fassade fachgerecht montieren, zeigen die Zeichnungen rechts. Ähnlich konstruiert man eine gemauerte Vorsatzschale aus Stein – Ziegel oder Klinker, Kalksandstein oder Naturstein. Ein steinernes Fassadenkleid sitzt jedoch nicht auf einem Lattengerüst, sondern mit Ankern in der Hausmauer. Dünne Ziegel-Riemchen klebt man direkt auf den Unterputz, das versiegelt ihn gegen Witterung und sieht schön aus, verbessert die Wärmedämmung der Wand aber nicht. Wer das möchte, packt sein Haus mit Verblendklinker-Elementen ein, die auf einer Hartschaumplatte fixiert sind – die Montage funktioniert wie die eines Wärmedämm-Verbundsystems.

Wärmedämm-Verbundsystem Seit Mitte der sechziger Jahre wird für den Neubau und zur Sanierung von Fassaden das sogenannte Wärmedämm-Verbundsystem (abgekürzt WDVS) bevorzugt eingesetzt. Hierzu wird ein Dämmstoff in Form von Platten oder Lamellen mithilfe von

Fassade bekleiden mit Platten aus Holz oder Faserzement

1. *Lattung: Rasch angebracht per Durchsteck-Montage; Dübel führen durch die Latten in die Wand.*
2. *Dämmstoff: Zuschneiden, durch ihn in die Wand bohren, mit Dämmstoffdübel und Spreiznagel fixieren.*
3. *Konterlattung: Senkrecht montieren, Dichtstreifen auf Hölzer kleben.*
4. *Tafeln: Mit Edelstahl-Schrauben Abstand nach Herstellerangaben.*
5. *Laibung: Dämmung bis zum Fensterrahmen ziehen. Laibungstafel anschrauben*
6. *Schutz: Insekten und Mäuse aussperren mit Lochprofil oder Gitter.*
7. *Gesims: Entlüftungsschlitz offen lassen, Schlitz mit Gitter abdecken.*
8. *Alternative: Dämmstoff klemmt in Haltern aus Alu.*

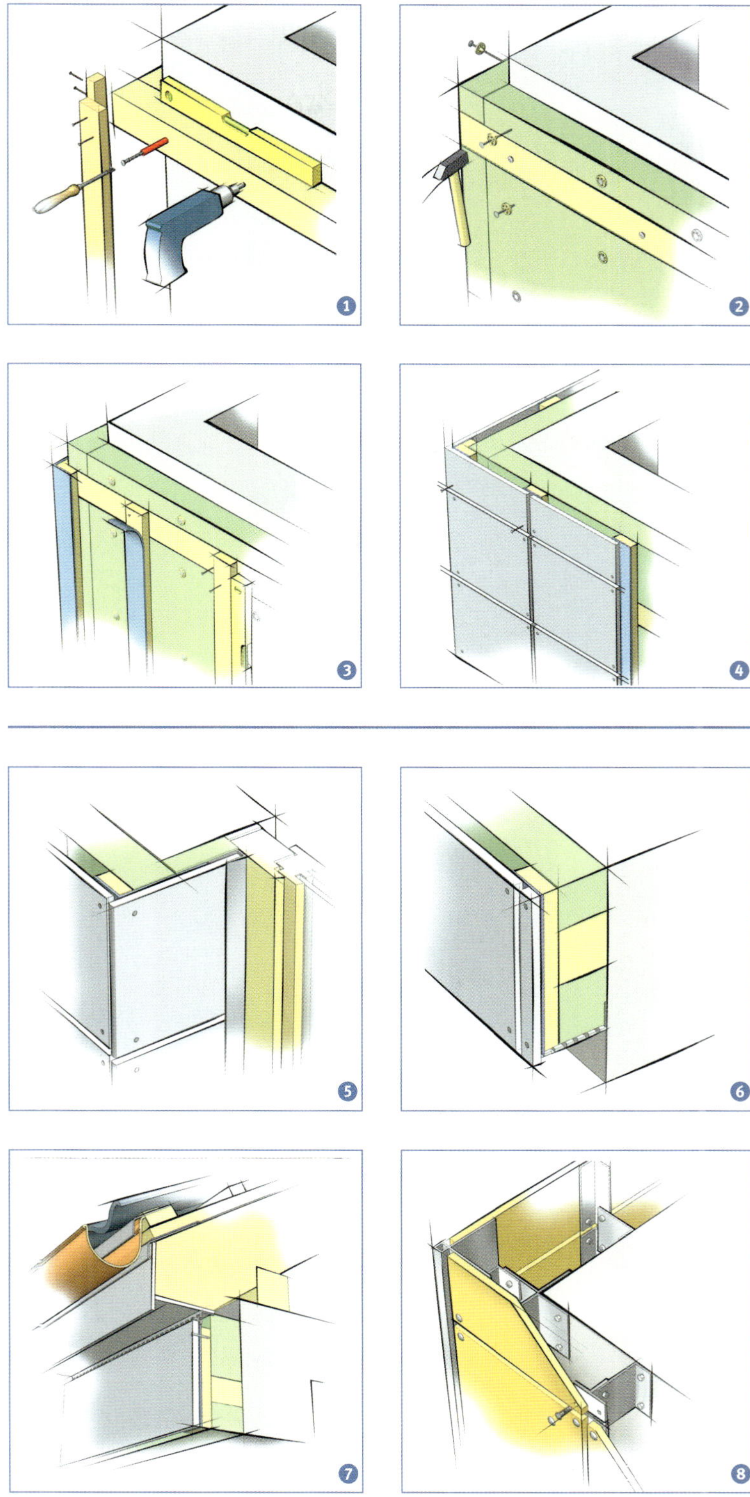

Kleber oder Tellerdübel auf die bestehende Fassade befestigt. Darauf wird die Armierungschicht aufgebracht. Diese besteht aus einem Unterputz mit Gewebeeinlage und einem Oberputz. Je nach Anforderung und Gestaltung erfolgt zusätzlich noch ein Anstrich. Der gesamte Aufbau (Kleber/Dübel, Dämmung, Armierungsschicht, Außenputz) ist ein System und besitzt nur als Ganzes die allgemeine bauaufsichtliche Zulassung. Je nach gewählter Dämmstoffdicke und -qualität verbessert sich die Wärmedämmfähigkeit Ihrer Wand. Neben synthetischem Dämmmaterial (wie Polystyrolschaum oder Mineralwolle) ist auch natürliches Dämmmaterial wie Holzfaser zugelassen. Neu am Markt sind Systeme mit Vakuumdämmplatten, welche bereits bei sehr geringer Dicke hervorragende Dämmeigenschaften erzielen. Die Wärmeleitfähigkeit nach außen sollte zunehmen, und der Wasserdampfdiffusions-Widerstand sollte nach außen hin abnehmen, damit die anfallende Feuchte während der Verdunstungsperiode gut entweichen kann. Schäden treten meist dann auf, wenn Außenputz und Anstrich falsch gewählt sind und deshalb Feuchtigkeit zwischen Dämmung und Außenputz anfällt.

Fassadenputz Die meisten Bauherren entscheiden sich für eine Putzfassade – da muss ein Profi ran, genauso wie an den Wärmedämmverbund. Der Außenputz hat die Aufgabe, die Außenwände vor Regen und Schnee zu schützen, die Oberfläche auszugleichen, wasserdampfdurchlässig zu sein und natürlich die Fassade optisch schön zu gestalten. Mineralische Putze besitzen die Fähigkeit, Regenwasser aufzunehmen, zu speichern und in Form von Verdunstung wieder abzugeben. Kunstharzputze sind die heute am häufigsten anzutreffenden Putze. Sie sind auf jeder Wärmedämmung oder bei der Fassadenrenovierung bzw. Sanierung zu finden. Kunstharzputze sind brennbar und weniger dampfdiffusionsoffen als mineralische Putze.

Farbgestaltung

Fassadenfarbe unterstreicht die Persönlichkeit Ihres Hauses, erklärt seine Architektur und bringt sie in Harmonie zu ihrer Umgebung.

Architektur-Elemente verdeutlichen Eine Fassade besteht, vereinfacht gesagt, aus drei Arten von Elementen: Skelett, Wänden und Ornamenten. Das Skelett nimmt die Bauwerkslasten auf, es besteht aus Sockel und Säulen, Stützen und Stürzen. Die zweite Einheit bilden die Wandflächen inklusive Erker, Türmchen und Vorsprüngen über die ganze Haushöhe. Schmuck wie Gesimse, Reliefs und Girlanden gliedern die Fassade zusätzlich. Am besten machen Sie die Architektur Ihres Hauses kenntlich, wenn Sie gleichartige Bauteile farblich zusammenfassen und unterschiedliche Bauteile voneinander absetzen.

Entwurf erläutern Wenn man die Oberfläche der Wand als Bezugsebene betrachtet, dann können Bauteile hinter, in oder vor der Fassade liegen. Es

Kalksandsteine dicht versiegeln: In unbehandelte Steinfassaden dringt Regen und Schnee. Nasse Wände dämmen schlecht, und Frost sprengt das Gemäuer. Vorbeugen lässt sich mit Wasser abweisender Chemie. Imprägnieren Sie Wände von unten nach oben, dann läuft die Flüssigkeit nicht in Nasen ab wie auf diesem Foto – es zeigt, wie Sie es nicht machen sollen.

Welcher Anstrich passt zum Untergrund?

Farbe	Untergrund	Grundierung	überstreichbar mit	Wasserdampf-Durchlässigkeit
Reine Silikatfarbe	Putz, Ziegel	verdünnte Wasserglaslösung	fast allen Farbsystemen	95 %
Organ-Silikatfarbe	Beton, Putz, Ziegel	verdünnte Wasserglaslösung	fast allen Farbsystemen	90 %
Dispersionsfarbe	Beton, Putz, Ziegel	organisches Harz (Tiefgrund)	Polymerisatharz-Farben	40–70 %
Polymerisatharz-Farbe	Beton, Porenbeton, Putz, Ziegel	organisches Harz (Tiefgrund)	Dispersionsfarben	40–70 %
Silikonharz-Emulsionsfarbe	Beton, Porenbeton, Putz, Ziegel	Silikonharz, verdünntes Wasserglas, Silikonat	mit allen Systemen, außer reiner Silikatfarbe	70–95 %
Silikonharz-Farbe	Porenbeton, Putz, Ziegel	Silikonharze	mit allen Systemen, außer reiner Silikatfarbe	70–95 %

Für bunte Fassader lässt man im Farbengeschäft seinen Lieblingston mischen streicht selbst oder beauftragt den Maler Oder man kauft fertige Profile in gängiger Tönen. Vorher das Bauamt fragen, um Ärger zu vermeiden

gilt: Tiefer in der Wand liegende Teile halten Sie mit Farbe zurück, vorkragende holen Sie auch optisch hervor. Dunkle Farben drängen ein Bauteil für das Auge zurück, es scheint weiter entfernt. Helle Farben lassen Bauteile näher rücken, holen sie gestalterisch hervor. Man streicht also Teile in oder hinter der Fassade dunkler als die Teile vor der Fassade, und unterstützt so die Entwurfsgedanken des Architekten sinnvoll.

Farbton wählen Bevor Sie die Farben bestellen, klären Sie: Wie sehen die Nachbarhäuser aus? Alle Hausfarben im Straßenzug haben idealerweise denselben Weiß-Anteil – Infos dazu lesen Sie im Kasten rechts. Beachten Sie auch die Himmelsrichtung: Wird ein Haus nur kurze Zeit von der rötlichen Morgensonne beschienen, liegt es für den Rest des Tages in kaltem, blauem Licht – dann sollten Sie Farbtöne aus dem Gelb-, Orange-, Rot- oder Braunbereich wählen. Wird die Fassade bis zum frühen Nachmittag beschienen, so können Sie kälter scheinende Farben wie Grün oder Blau verwenden. Grüntöne sind allerdings kritisch, wenn Ihr Haus Nachmittags- oder Abendsonne bekommt: Die Töne verschieben sich zu schmutzigem Grau.

Tarnfarbe vermeiden Auch Rot sollte man an Fassaden, die Abendsonne bekommen, sparsam dosieren: Sie können feurig glühen und aggressiv wirken. Möchten Sie dichte Bäume um Ihr Haus pflanzen oder stehen schon welche auf dem Grundstück, entscheiden Sie sich für einen hellen Farbton und keinesfalls für Grün. Andernfalls verschwindet das Gebäude wie unter Tarnfarbe im Schatten. Seien Sie vorsichtig mit dunklen, satten Farben. Sie werfen wenig Sonnenlicht zurück, schlucken viel – dieser Anteil heizt die Fassade so stark auf, dass es zu Dehnungen oder Rissen an Bauteilen kommt. Wie sehr sich eine Fassade erwärmt, hängt ab von der Art der Pigmente, also der Farbmittel im Anstrich. Mit helleren oder vergrauten Tönen lässt sich das Problem meist ausschalten. Wie die Fassade mit Ihrer Wunschfarbe aussehen wird, können Sie sich vielleicht gar nicht so richtig vorstellen. Ihr Architekt fügt dem Antrag auf Baugenehmigung Pläne bei, sie zeigen Ihr Haus von allen vier Himmelsrichtungen.

Skizze färben Fertigen Sie ein paar Kopien der Pläne, malen Sie alle Flächen und Details mit Buntstiften aus und halten Sie Familienrat. Malermeister haben auch die Möglichkeit, Ihre Pläne an den Farbenhersteller zu schicken, dessen Produkte er verarbeitet. Die Firma entwickelt am Computer verschiedene Farbvorschläge zur Auswahl. Gehen Sie dennoch auf Nummer sicher: Lassen Sie probeweise verschiedene Abstufungen Ihrer Lieblings-

Unbunte Farben: Was heißt das?

Bunte Farben sind die vier Hauptfarben Rot, Gelb, Blau und Grün und alle Mischtöne, die sich aus ihnen herstellen lassen. Als unbunte Farben bezeichnet man Schwarz und Weiß, ferner die neutralen Grautöne. Je mehr Weiß einer bunten Farbe zugefügt wird, desto mehr hellt sie auf. Mischt man ihr Schwarz zu, vergraut sie. Die Sättigung einer bunten Farbe ändert sich mit ihren Anteilen an Weiß oder Schwarz.

tipp

Federwinkel halten das Klettergerüst für Fassadengrün auf Abstand. Ein Winkelblech aus Edelstahl bremst Pflanzenwachstum unter der Traufe und verhindert Überschlag. Die Ritze zwischen Wand und Blech mit elastischer Fugenmasse dichten.

Transparente Wärmedämmung

Üblicher Dämmstoff verzögert zwar die Wärmeabgabe der Außenwand, schirmt aber Sonne ab. Transparente Wärmedämmung (TWD) nutzt deren Kraft: Dämmender Kunststoff leitet Licht auf die Fassade. Es verwandelt sich in Wärme und temperiert die Räume dahinter, auch an trüben Tagen. In langen Kälteperioden kühlt die Außenwandheizung stark ab. Dann muss man zusätzlich heizen.

info

farbe auf die Fassade streichen, die Felder sollten jeweils mindestens 1 Quadratmeter groß sein und dort liegen, wo verschiedene Bauteile zusammentreffen. Betrachten Sie die Musterquadrate morgens, nachmittags und abends, bei Sonne und Regen, aus der Nähe und von der gegenüberliegenden Straßenseite aus. Befragen Sie ruhig auch mal Ihre Nachbarn ringsum, was sie von Ihrer Farbwahl halten – die schauen viel häufiger auf Ihr Haus als Sie selbst.

Fassadengrün

Lose Zungen nennen Efeu »Architektentrost«: Fassadengrün gliedert, verbirgt und schmückt auch das weniger Gelungene. Das trifft auf Ihr Haus natürlich nicht zu, aber Grün hat auch an schönen Häusern seine Berechtigung: Es filtert Staub aus der Luft, schluckt Lärm und schützt die Wand vor Hitze und Kälte. Heimische Singvögel bauen in einem grünen Hauspelz gern ihr Nest. Vorteile verwandeln sich schnell in Ärger, wenn die Pflanzen schaden: Ältere, verholzte Fassadenpflanzen können Stücke aus dem Putz reißen, und Wurzeln zwängen sich in Ritzen und sprengen mürbes Baumaterial. Überprüfen Sie also genau, ob Ihr Maler die Fassadenarbeiten sorgfältig ausgeführt hat. Wenn Sie das Haus selbst mit einem Holzkleid verschalen wollen: Nirgends dürfen Fugen klaffen.

Selbstklimmer Efeu hält sich mit Haftwurzeln auf der Wand fest, Wilder Wein mit Haftscheiben-Ankern. Die Haftwurzeln wachsen vom Licht weg ins Dunkel – besonders gut, wo es feucht ist. Haben sich die Wurzeln verankert, dann werden sie dicker, verholzen und brauchen immer mehr Platz, drücken Baumaterial zur Seite und können es sprengen. Haftscheiben-Anker kleben sich mit Sekret am Untergrund fest. Es ätzt, kann schaden und lässt sich schwer entfernen. Selbstklimmer sind ungeeignet für Fassaden mit Kunstharzputz oder Wärmedämm-Verbundsystemen, und auf Beton haften sie nicht.

Gerüstkletterer Sie halten sich nur an einer Kletterhilfe, das macht sie weniger gefährlich. Montieren Sie das Gerüst mit Abstand zur Wand, sonst überbrücken die Pflanzentriebe den Zwischenraum. Die Pflanzen ranken, klimmen oder schlingen, wachsen schräg, senkrecht oder waagerecht. Wuchsrichtung und Gerüstkonstruktion müssen übereinstimmen. Wollen Sie die Wand später renovieren, klappen Sie die Pflanze samt ihrer Kletterhilfe vorsichtig zu Boden.

▶ Kletterpflanzen: **Porträts, sortiert nach Wuchshöhe, Standort und Klimmgeschwindigkeit finden Sie unter** www.haus.de/ziergarten

Sind Fenster, Türen und Fassade in Ordnung?

Jetzt ist die Haushülle geschlossen: Die Fenster sind eingebaut, die Fassade wurde gedämmt und verschönert. Bevor die Handwerker für den Innenausbau anrücken, prüfen Sie Bau-Details. Hier finden Sie eine Checkliste zum Abhaken.

1 Holzrahmen

- *Profile aus verwindungsarmem Leimholz* ❍
- *Kanten abgerundet* ❍
- *Aluwetterschenkel eingebaut* ❍
- *Anstrich aus offenporiger, langlebiger Dickschichtlasur* ❍
- *Abdeckleisten auf der Fuge zwischen Glas und Rahmen, Leisten abgeschrägt, Ecken auf Gehrung geschnitten* ❍

2 Kunststoff-Rahmen

- *Profile UV-beständig* ❍
- *Profilsystem aus 3–5 Kammern* ❍
- *Stahleinlage in den Profilen geschützt gegen Korrosion* ❍

3 Verglasung

- *Scheiben sauber verfugt* ❍
- *Glas hat keine Schlieren oder Luftblasen* ❍
- *Glasfalz belüftet* ❍
- *Glaszwischenräume klar* ❍

4 Wärmeschutz

- *Verglasung: 2 oder 3 Scheiben Isolier- oder Wärmeschutzglas* ❍
- *Abstandhalter im Zwischenraum der Scheiben mit minimaler Wärmeleitfähigkeit »Warme Kante«* ❍
- *Montageklötzchen entfernt, alle Fugen zur Wand umlaufend ausgeschäumt/gedämmt, RAL-Montage* ❍

5 Beschläge

- *Höhe, Tiefe und Anpressdruck der Fensterflügel einstellbar* ❍
- *Griffe und Hebel zum Öffnen und Schließen leichtgängig* ❍
- *Anschlagrichtungen, Dreh- und Kippbeschläge, Schiebeschienen nach Wunsch an den richtigen Fenstern* ❍
- *Beschläge mit Schutzfolien umwickelt, nicht verkratzt, für abschließbare Griffe sind sämtliche Schlüssel vorhanden* ❍

6 Haustür

- *Türblatt und Rahmen an keiner Stelle verkratzt oder beschädigt* ❍
- *Türblatt bleibt in allen Positionen stehen oder schließt* ❍
- *Tür lotrecht eingebaut* ❍

7 Farben

- *Farbtöne von Fenstern, Haustür und Fassade gemäß Farbmuster* ❍
- *Fenster- und Türfalz wurden mitlackiert* ❍

8 Wärmedämmung

- *Fassadenfirma bestätigte schriftlich ordnungsgemäße Ausführung der Vorarbeiten* ❍
- *Dicke und Wärmeleitfähigkeit gemäß Plan* ❍
- *Dämmung auch unter Fensterbänken montiert* ❍

check

Technik, Boden, Wand und Treppe

Rundum Komfort: Jetzt wird das Rohe endlich wohnlich

Gewiefte Bauherren wärmen das Wasser per Sonnenkollektor, die Räume mit einem Kaminofen, und nur im knackekalten Winter schalten sie den Heizkessel der Zentralheizung dazu.

Sobald der Rohbau steht und die Fenster eingebaut sind, beginnt die Montage der Haustechnik: Darunter versteht man alles, was mit Heizung, Wasser und Strom zusammenhängt. Soll Frischluft nicht nur durch die Fenster ins Haus strömen, sondern systematisch über eine Lüftungsanlage, wird auch sie im Zuge der Haustechnik installiert.

Heiztechnik

Die Heizung zählt zu Ihren teuersten technischen Investitionen – je nach Komfort kostet sie für ein Einfamilienhaus zwischen 10 000 und 20 000 Euro. Technikfans und Energiesparer erliegen gelegentlich schillernder Werbung, geschäftstüchtigen Handwerkern oder selbst ernannten Durchblickern und neigen dazu, ihre Familie und das Baukonto mit zukunftsweisenden Finessen zu überfordern. Einigen Systemen fehlt die Erprobung über längere Zeit, sie erfordern Pioniergeist und »aktives Wohnen«: Schalter an und Schalter aus, Werte ablesen und Anlage nachjustieren. Überlegen Sie, ob Sie der Typ dazu sind und der finanzielle Aufwand in vernünftigem Verhältnis zu Komfort und potenzieller Energieeinsparung steht.

Wie viel darf Energiesparen kosten? Lassen Sie sich nicht verunsichern: Auch vergleichsweise konventionelle Heizanlagen nutzen Heizenergie sparsam und belasten die Umwelt so gering wie nötig. Im Übrigen ist eine der wirkungsvollsten Sparmethoden Ihr Verhalten: Drehen Sie die Heizungsventile nicht bis zum Anschlag auf – wer die Raumtemperatur um 1 Grad senkt, spart in einer Heizperiode 6 Prozent Heizkosten. Schließen Sie die Ventile, bevor Sie Fenster zum Lüften öffnen, und dauerlüften Sie nicht über Fenster in Kippstellung. Platzieren Sie das Sofa vor eine Wand statt vor dem Heizkörper, und verzichten Sie auf den Stand-by-Betrieb Ihrer Multimedia-Anlage. Lassen Sie abends, wenn es draußen kühler wird, die Rollläden herunter oder klappen Sie die Fensterläden zu – so entweicht weniger Wärme durch die Fenster.

Entscheidungshilfe Sie treffen eine gute und individuelle Entscheidung, wenn Sie vor den Gesprächen mit Architekt und Heizungsinstallateur Folgendes mit sich und Ihrer Familie ausmachen: Welcher Energieträger ist uns sympathisch? Ein Haushalt benötigt ca. 77 Prozent seines Energiebedarfs zum Heizen. Allein zwischen 1986 und 2006 haben sich die Preise für Heizenergie um 84 Prozent erhöht, Tendenz steigend. Energie und CO_2 einzusparen sind wir unserer Umwelt und kommenden Generationen schuldig. Was also tun? Fossile Brennstoffe wie Öl, Gas, Strom oder doch lieber erneuerbare Energien wie Holz, Sonne und Erdwärme? Möchten wir Konvektionswärme über Heizkörper oder Strahlungswärme von einer Wand- oder Fußbodenheizung? Sind wir für die Zukunft gut gerüstet, und funktioniert unser System auch mit niedrigen Vorlauftemperaturen? Als Bauherr sollte man sich unbedingt den unabhängigen Rat eines Architekten oder Energieberaters einholen. Erneuerbare Energien sind heute schon bei Neubauten zu einem gewissen Anteil vorgeschrieben. Es gibt lukrative Förderprogramme, und wer klug plant, weiß: Die Mehrkosten machen sich schnell bezahlt. Ein Energieausweis gibt Auskunft, wie viel Energie unser neues Haus verbrauchen wird. Wie wir unser Haus planen, hängt entscheidend von der Brennstoffwahl ab.

Öl Ein Klassiker, leider mit wenig langfristigen Zukunftsaussichten. Größter Vorteil ist die geringe Anfangsinvestition, allerdings müssen auch die Kosten für den separaten Tankraum mitgerechnet werden. Die Importabhängigkeit und die Vorhersagen zur Preisentwicklung machen dieses Modell nur noch in Ausnahmefällen attraktiv.

Erdgas Die Investitionskosten sind günstig, allerdings muss ein Gasanschluss vorhanden sein. Mit Brennwerttechnik lässt sich der CO_2-Ausstoß niedrig halten. Wie auch beim Öl sind die Welt-Energiereseven von Erdgas begrenzt.

Wärmepumpe / Erdwärme Ein gut gedämmtes Haus braucht heutzutage nur noch sehr wenig Heizenergie. In diesem Fall ist der Einsatz einer Wärmepumpe sinnvoll. Je nach Standort nutzen Wärmepumpen Wasser, Luft oder Erdwärme. Betrieben werden die meisten Geräte zwar mit Strom, sie sind jedoch so wirtschaftlich, dass deren Einsatz trotzdem ökologisch Sinn macht. Den teuren Anschaffungspreis macht der günstige Betrieb und der Wegfall eines teuren Schornsteins wieder wett. Achten sie auf die Jahresarbeitszahl. Sie stellt das Verhältnis zwischen abgegebener Wärmeleistung und der Energie, die Sie bezahlen müssen dar. Beträgt z.B. die Jahresarbeitszahl 4,0, so heißt das für Ihre Wärmepumpe, sie vervierfacht die benötigte elektrische Energie und wandelt sie in Wärme für Ihr Haus um.

Fernwärme/ Nahwärme Ist ein Fern- oder Nahwärmeanschluss möglich, schließen sie sich an. Biomasse oder Geothermie machen diese Heizungsart unschlagbar umweltverträglich und günstig. Kosten für einen neuen Heizkessel oder dessen Reparatur entfallen. Eine kleine Übergabestation im Haus ersetzt die alte Heizanlage, die lästige Vorratshaltung entfällt, und zusätzlicher Raum im Keller wird frei.

Wärmepumpen bieten die Möglichkeit, sich von fossilen Energieträgern unabhängig zu machen. Sie gewinnen 75 % der benötigten Energie aus dem Erdreich, dem Grundwasser oder der Luft.

Heizkörper geben schicke Raumteiler ab, zum Beispiel zwischen Kochblock und Essplatz. Nachteil: Man putzt am Boden um die Rohre. Wandhängende Heizkörper hingegen lassen sich ohne jeglichen Bodenkontakt installieren.

Im Gegensatz zu Öl, Gas und Strom, den sogenannten fossilen Brennstoffen, kann man sein Haus auch CO_2-neutral mit regenerativen Energien beheizen. Sie sind entweder nachwachsend wie etwa Holz, oder unendlich vorhanden wie beispielsweise Sonnen- oder Windenergie.

Stückholz Wer hat ihn nicht, den Traum vom eigenen Kachelofen? Als Heizung für das ganze Haus aber eher mühsam, weil alles von Hand gemacht werden muss. Im Winter bedeutet das, alle 1–2 Tage den Ofen beschicken. Auch an die Lagerhaltung muss gedacht werden. Das Holz, etwa 30 Kubikmeter, muss trocken sein! Durch einen zusätzlichen Warmwasserpufferspeicher kann man den Nutzungsgrad deutlich erhöhen und braucht nicht so oft nachzulegen.

Hackschnitzel Relativ teuer bei der Investition der Heizanlage, deshalb im Einfamilienhaus wenig wirtschaftlich, als Biomasse-Nahwärmenetz für mehrere Abnehmer jedoch ideal geeignet.

Pellets Sägemehl wird zu kleinen Würstchen gepresst. Sie werden bequem per Lkw geliefert und in einen Lagerraum eingeblasen. Für 10 Kilowattstunden Heizlast brauchen sie 9 Kubikmeter Lagervolumen. Das entspricht bei 2,5 Meter Raumhöhe einer Grundfläche von 3,6 Quadratmeter. Von dort werden die Pellets automatisch in die Heizanlage transportiert. Entweder über eine Förderschnecke, wenn der Lagerraum neben der Heizung liegt, oder bei längerem Transportweg über ein An-saugsystem. Holzheizung mit dem Komfort einer Ölheizung: Bei der Investition etwas teurer, im Betrieb dafür sehr günstig und einfach. Die regionale Verfügbarkeit sichert Arbeitsplätze.

Solar Die Sonne wärmt Wasser in Kollektoren umsonst. Allerdings wird die Wärme immer dann gebraucht, wenn wenig Sonne scheint. Deshalb muss auch hier gepuffert werden. Mit einem riesigen Schichtenspeicher kann man auch die Heizung im Winter ersetzen. Für alle, die diesen Platz nicht haben, reicht es im Normalfall nur fürs warme Baden und Duschen. Den größten Ertrag erhält

Energiesparen

Prof. Manfred Hegger
Präsident der Deutschen Gesellschaft für Nachhaltiges Bauen (DGNB)

»

Energiesparen ist in aller Munde. Bin ich verpflichtet, mein altes Haus zu sanieren, und lohnt sich das überhaupt?
Eine Pflicht besteht nicht. Saniert man jedoch sein Haus, sind die Anforderungen der Energie-Einspar-Verordnung (EnEV) zu erfüllen. Und die energetische Sanierung lohnt, denn ich entlaste die Umwelt, spare Energiekosten und erreiche höheren Wohnkomfort.

Mit welcher Maßnahme sollte ich bei knappem Budget beginnen?
Dach oder oberste Geschossdecke sowie Kellerdecke und Rohrleitungen dämmen. Veraltete Heizungstechnik erneuern, Wände dämmen und Fenster austauschen – meistens ist diese Reihenfolge richtig.

Die Ölheizung muss raus. Was sind die Alternativen?
Der Einsatz regenerativer Energien sollte auf der Agenda ganz oben stehen. Richtig sinnvoll wird er in Verbindung mit einer gut sanierten Bausubstanz.

Wie kann ich beim Fenstertausch spätere Schimmelbildung vermeiden?
Vernünftige Fensterlüftung reicht, um solche Probleme zu vermeiden. Neue Fenster sind dicht; sie verhindern Zugerscheinungen und damit verbundene Dauerlüftung.

Supermoderne Passivhäuser brauchen keine Heizung. Ist das im Winter nicht ungemütlich?
Selbst Plusenergiehäuser haben eine Heizung, doch sie verbraucht kaum Energie. Der Wohnkomfort in solchen Häusern ist sehr gut. Die Außenwände strahlen nicht kalt ab, die Innenluft ist gut temperiert und dank Lüftung immer frisch.

Macht es Sinn, eine Lüftungsanlage einzuplanen?
Aus vielen Gründen ja: hohe Luftqualität, Energieeinsparung, Schallschutz in schwierigen Lagen. Aber bitte immer in Verbindung mit öffenbaren Fenstern.

Steigende Energiepreise, CO_2-Einsparung per Gesetz. Wie sehen die Wohngebäude der Zukunft aus?
Sie werden sehr effizient sein und die benötigte Restenergie aus ihrer Umgebung ziehen können, über Sonne, Erdwärme etc.; umweltfreundlich, gebrauchstüchtig – und faszinierend schön.

«

man, wenn die Sonne im rechten Winkel auf die Kollektorfläche fällt, d.h. bei 30–50 Grad Neigung. Achten Sie auf Verschattung durch Bäume und Nachbargebäude, vor allem im Winter, wenn die Sonne niedrig steht.

Photovoltaik Wem Wärme allein nicht reicht, der erzeugt sogar seinen Strom selbst. Günstige Einspeisetarife machen die hohen Anfangskosten für die Technik auf Dauer bezahlt. Was nicht selbst verbraucht wird, geht gewinnbringend ins Netz. Eine 1-kWp-Anlage produziert 800–900 Kilowattstunden Strom pro Jahr und benötigt 9 Quadratmeter Fläche. Dies entspricht 20 Prozent eines durchschnittlichen 4-Personen-Haushalts, wenn nicht mit Strom geheizt wird.

Ohne Heizung Zukunftsmusik ? Keineswegs. Wenn es nach der EU-Gebäuderichtlinie geht, müssen Neubauten ab 2020 »energieautark« errichtet werden. Schon heute sind Passiv- oder Plusenergiehäuser kein Neuland mehr. Die Technik ist vielfach erprobt, und Besitzer solcher Häuser sind vom Wohnkomfort überzeugt. Gleich wie sich die Brennstoffpreise entwickeln, diese Immobilien bleiben wertstabil. Natürlich sind solche Gebäude noch besser gedämmt und müssen absolut luftdicht sein. Die Anforderungen an Fenster und Türen sind hoch, dafür kann an den Kosten für aufwendige Technik gespart werden. Die kontrollierte Wohnraumlüftung mit Wärmerückgewinnung ist für solche Gebäude Pflicht.

Wassertechnik

Die Installation der Rohre für kaltes Frischwasser, warmes Brauchwasser und schmutziges Abwasser ist Präzisionsarbeit: Überlassen Sie die Arbeiten einem Fachbetrieb. Das Wasserwerk pumpt Trinkwasser durch Straßenrohre in Ihr Wohngebiet, alle Anlieger sind zur Abnahme gegen Gebühr verpflichtet. Vom Straßenrohr zweigen Anschlussleitungen zu den Grundstücken ab, sie führen je bis zur Grundstücksgrenze und können dort mit einem Schieber gesperrt werden.

Wasserzähler montieren Ihr Wasserverbrauch wird gemessen; der Zähler sitzt in dem Kellerraum, der dem Straßenanschluss am nächsten liegt. Wer ohne Keller baut, muss den Zähler in einem Schacht auf dem Grundstück installieren lassen. Um die Installation vom Straßenschieber bis zum Zähler kümmert sich Ihr Wasserversorgungsunternehmen. Hinter den Wasserzähler montiert man den Hauptabsperrhahn fürs Hausnetz – dort beginnt Ihr Privateigentum, das Sie planen und der Installateur ausführt. Sie müssen sich Gedanken darüber machen, wie Sie Dusch- und Badewasser wärmen und speichern und in welchen Räumen und an welchen Stellen Sie kaltes und/oder warmes Wasser entnehmen möchten, auch auf welchen Wegen Abwasser aus dem Haus fließt. Darüber hinaus besprechen Sie mit Architekt und Installateur, wie Sie Ihr Bad einrichten – das ist wichtig für den Verlauf der Leitungen. Die Art der Wassererwärmung haben Sie bereits mit der Heizungsplanung entschieden.

Steigleitungen verlegen Die Leitungsführung hängt von Ihrem Grundriss ab: In Küche, Bad und

Vor dem Armaturenkauf Wanne und Waschbecken wählen: für Einhebelmischer mit nur einem Hahnloch, für getrennten Kalt- und Warmwasserzulauf mit zwei oder drei Löchern, je nach Armaturenmodell.

Wie viel darf die Heizung kosten?

Wer sich heute für die günstigste Heizungsanlage entscheidet, zahlt häufig über die gesamte Laufzeit betrachtet mehr. Lassen Sie sich eine Amortisationsberechnung erstellen und berücksichtigen Sie dabei die zu erwartende Energiepreissteigerung für die Zukunft. Sie sollte bei der Berechnung mindestens so hoch sein wie die letzten Jahre.

tipp

Wasserquellen für Waschtisch und Badewanne:

1. *Wanne steht frei, Wasser steigt aus dem Boden.*
2. *Waschschüsseln brauchen Mixer mit Schwung.*
3. *Dreiloch-Armatur wertet Becken auf.*
4. *Elektronikarmatur mit Infrarot-technologie.*
5. *Luxus-Look kaschiert Wasser-spartechnik.*
6. *Einlauf und Brause-garnitur veredeln auch eine Standardwanne.*

Gästeklo sind Wasseranschlüsse selbstverständlich. Praktischerweise verlegt man Wasserrohre auch in Hauswirtschaftsraum und Bürozimmer oder -anbau. Wenn Sie nicht ohnehin Regenwasser in einer Zisterne sammeln, führen Sie aus dem Keller Wasserleitungen auch in Garage, Hausaußenwand und Garten. Möchten Sie das Dachgeschoss erst später ausbauen: Ziehen Sie die Wasserrohre jetzt schon bis über die Geschossdecke, dann ersparen Sie sich in ein paar Jahren neue Durchbrüche, Dreck und Lärm. Das gilt auch für einen Hausteil, den Sie irgendwann separat vermieten möchten.

Rohre dämmen Dämmen Sie alle Warmwasserleitungen gegen Wärmeverlust auf dem Weg zur Zapfstelle. Die Energie-Einspar-Verordnung schreibt Mindestdämmstoffdicken vor, sie hängen vom Dämm-Material ab. Kaltwasserrohre zu dämmen, ist ebenfalls vernünftig: der Dämmstoffmantel schützt die Rohr-Außenseiten vor Korrosion durch Schwitzwasser – es entsteht und tropft zu Boden, wenn sich warme Raumluft an kalten Leitungen niederschlägt.

Armaturen aussuchen Früher als Ihnen vielleicht lieb ist, geht der Innenausbau ins Detail. Der Installateur wird Sie fragen, welchen Typ von Waschbecken Sie sich ausgesucht haben – ein »normales«, das an der Wand hängt, oder eine jener trendigen Waschschüsseln, die man auf Tischchen oder Platte stellt oder auf Wandkonsolen befestigt. Die Art des Waschbeckens und seine Montagehöhe bestimmen nämlich die Position der Kalt- und Warmwasseranschlüsse und des Siphons. Die Armatur für ein wandhängendes Waschbecken sitzt in der Regel in 85 Zentimeter Höhe auf dem Beckenrand, die Wasseranschlüsse (Eckventile) unterm Becken in 55 Zentimeter Höhe – gemessen vom Fußbodenbelag aus. Soll das Wasser in eine Schale plätschern, brauchen Sie einen Wasserhahn, der mit hohem Bogen über den Schüsselrand reicht, oder eine Wandarmatur. Dann müssen längere Leitungen her. Wählen Sie fürs Waschbecken den hellsten Platz im Bad – möglichst an der Wand(stelle), auf die zu Ihrer gewohnten Aufsteh-Stunde ein Sonnenstrahl trifft. Lassen Sie dorthin Anschlüsse für Kalt- und Warmwasser sowie fürs Abflussrohr installieren. Lässt man dem Installateur freie Hand, montiert er das Waschbecken in 85 Zentimeter Höhe, gemessen zwischen Bodenbelag und Beckenrand. Dieser Standard soll für Menschen mit 1,85 Meter Körpergröße bequem sein. Probieren Sie unbedingt selbst aus, ob Ihr Waschbecken niedriger oder höher hängen soll, sonst bereiten Zähneputzen und Gesichtwaschen bald Rückenschmerzen. Darf sich der Nachwuchs am eigenen Kinderwaschbecken säubern, muss der Installateur auch das zur Leitungsplanung wissen. Für Wanne und Dusche brauchen Sie Mischerhebel, Auslauf und einen Brauseschlauch mit Duschkopf. Je nach Modell besteht die Armatur aus einer Einheit, zwei oder drei separaten Teilen. Davon hängt die Anzahl der Wasseranschlüsse ab, deren Position wiederum vom Sitz in der Wand oder auf dem Wannenrand. Und wohin mit dem Einlauf für die Wanne? Wer Angst hat, sich an einem auskragenden Hahn zu verletzen (oder wem er einfach nicht

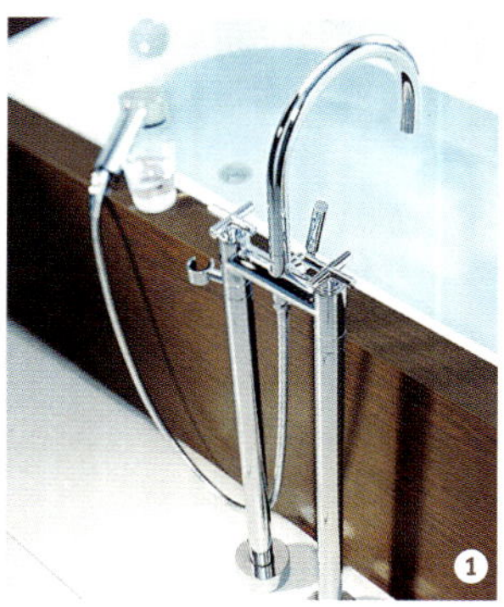
1

2

3

4

5

6

Unter wandhängenden Sanitärobjekten und fußlosen Möbeln putzt man mit einem Wisch durch, von Becken mit Spezialbeschichtung perlen Schmutz und Kalk fast von allein ab.

gefällt), der nimmt ein Überlaufventil, das auch als Auslauf fungiert: Es sitzt flach in der Wannenwand.

Sanitärobjekte wählen Installateurbetriebe arbeiten meist mit einem Großhändler zusammen, in dessen Badausstellung Sie Ihre Badezimmereinrichtung aussuchen. Dort sitzen auch Verkäufer, die Ihr Bad planen – ideenreich oder langweilig. Lassen Sie sich verschiedene Vorschläge machen, und überlegen Sie zu Hause in Ruhe, ob sie zu Ihren Bedürfnissen und Ihrem Geldbeutel passen. Lassen Sie sich vom Großhändler den Komplettpreis zusammenstellen: Wanne und Dusche mit Abtrennung, Waschbecken und WC, Spülkasten und Armaturen machen in einem Bad der Mittelklasse etwa die Hälfte der Kosten aus. Die andere Hälfte zahlen Sie für allerlei merkwürdiges Einbau-Zubehör wie Wannenfüße und Ablaufgehäuse, Rohrunterbrecher und Wandanschlussbögen. Daran sollten Sie nicht sparen. Droht das Bad Ihren Etat zu sprengen: Sichtbare Teile können Sie ohne Aufwand austauschen, wenn Sie mehr Geld haben – sparen Sie an Waschbecken, Klo und Möbeln. Einbaumaterial, das in Wand oder Boden verborgen ist, muss ebenso perfekt sein wie die Armaturen. Über Billigangebote ärgern Sie sich spätestens in einem halben Jahr, wenn es unerklärlich aus dem Siphon müffelt oder Mischerhebel klemmen.

Abstände einplanen Ausreichend Abstand zwischen den einzelnen Badobjekten lässt Ihnen Bewegungsfreiheit. Planen Sie vor Wanne und Dusche sowie vor Bidet und WC eine mindestens 75 Zentimeter tiefe Freifläche ein, vor der Wanne sollte sie 90 Zentimeter tief sein. Die Abstände zwischen den Objekten werden jeweils von der Mitte der Vorderkante gemessen: Rechts und links von Waschbecken und Toilette brauchen Sie etwa 20 Zentimeter Ellbogenfreiheit, neben dem Bidet 25 Zentimeter. Zeichnen Sie den Grundriss Ihres Badezimmers im Maßstab 1:20 auf Millimeterpapier, 1 Meter entspricht 5 Zentimetern auf dem Papier. Messen Sie auch die Fenster und Türen aus und überlegen Sie, wo der Heizkörper sitzen wird. Übertragen Sie die Daten maßstabgetreu. Fertigen Sie Schablonen Ihrer Wunschobjekte und schieben Sie die Pappstücke so lange hin und her, bis ihre Position stimmt. Zu mühsam? Klicken Sie sich ins Internet: Bädertipps gibt es unter www.haus.de/bad. Wer mehr als ein Drittel seines Jahreseinkommens in ein Bad investiert, mag nicht jeder Mode nachlaufen. Weiße Becken-Klassiker lassen sich ergänzen: trendy mit Zubehör aus Chrom, ländlich mit Holz, cool mit Glas und frech mit Farbe.

Welches Material für Sanitärobjekte?

Gusseiserne Nostalgiewannen speichern Wärme gut, sind unempfindlich gegen Flecken und Kratzer – und teuer. Emailliertes Stahlblech sieht genauso aus und ist viel billiger. Das Material lässt sich schlecht formen. Wannen aus Kunststoff gibt es in zahlreichen Variationen. Acrylwannen kosten mehr als Stahlemailwannen und die Oberfläche zerkratzt leichter. Wer Materialien kombiniert: auf Farbunterschiede achten.

tipp

Eine Photovoltaik-Anlage verwandelt Licht in Strom, Überschuss fließt gegen Vergütung ins öffentliche Stromnetz – wie viel, registriert ein Rückspeisezähler. Produziert die Anlage wenig, kauft man Energie dazu – eine separate Uhr misst den Verbrauch. Der Motor für die Wärmepumpe wird per Billigtarif gespeist, er wird an einer separaten Uhr abgelesen.

Elektroinstallation

Einen Großteil der Elektroinstallation müssen Sie dem Meister überlassen. Zu Ihrer Sicherheit darf nur er Verteiler- und Sicherungskästen einbauen und anschließen, Abzweigdosen verdrahten, Schalter und Steckdosen anschließen. Sparpotenzial steckt für Sie in kräfteraubendem Schlitzeschlagen, Wändeaufstemmen und Deckendurchbohren und in fast erholsamen Tätigkeiten wie Leerrohre und Strippen ziehen und Leerdosen eingipsen.

Die Bausteine Ihr Elektroplan zeigt den Verlauf der Leitungen, die Anzahl und Position von Schaltern, Steckdosen und Lichtauslässen und die Anschlüsse von Telefon, Internet und Antenne. Möchten Sie sich für die Zukunft rüsten, verlegen Sie Steuerleitungen für KNX-Technik, mit der Sie Schalter, Geräte und die Heizung zentral regeln können – zu Hause oder auf Reisen übers Handy.

Stegleitungen In Stegleitungen liegen die einzelnen Stromkabel nebeneinander, die Leitung ist flach. Man nagelt oder klebt sie direkt aufs Mauerwerk und versteckt sie später im Innenputz. Damit der Putz solide haftet, sollen zwischen zwei Stegleitungen wenigstens 2 Zentimeter Zwischenraum liegen. Stegleitungen kosten weniger als Mantelleitungen und sind schneller montiert – sparen Sie aber nicht am falschen Ende: Die parallelen Kabel einer Stegleitung können Störungen verursachen, deswegen darf man sie nur in »tro-ckenen« Räumen verlegen, nicht in Küche und Bad. In Mantelleitungen sind die Kabel zu einem Strang gebündelt, ein dicker, runder Kunststoffmantel schützt sie. Solche Leitungen gelten als qualitativ höherwertig und man darf sie in Feuchträumen verwenden – Sie erkennen dies an der Bezeichnung »NYM« auf der Rolle. Für den Anschluss von Elektroherd und Gartenbeleuchtung und zum Erden von Metall-Bauteilen gibt es Spezial-Mantelleitungen, fragen Sie Ihren Elektriker. Zum Überputzen sind sie allesamt zu dick, man legt sie in Wandschlitze, zieht sie durch Leerrohre in der Wand oder – falls Sie sich für Geschossdecken aus Fertigteilen entschieden haben – in die Nut zwischen zwei Elementen. Im Keller wäre es zu aufwendig, Schlitze in den Beton zu fräsen. Dort verlegt man Mantelleitungen auf der Wand. Wer sich daran stört, deckt sie mit einer Plastikschiene ab.

Erdung Als das Fundament für den Rohbau gegossen wurde, haben Sie Fundamenterder und Anschlussfahnen eingelegt – siehe Seite 188. Die Anschlussfahne im Hausanschlussraum kommt jetzt zum Einsatz: Der Elektriker montiert daran eine Potenzial-Ausgleichsschiene und klemmt in diese Schiene die Mantelleitungen von Stahlemailwanne, kupfernen Heizungsrohren und Elektroanschluss-Schrank. Über diese Schiene werden eventuelle Spannungsunterschiede zwischen Metallbauteilen (bei Blitzschlag 100 000 Volt möglich) und Erdboden (null Volt) ausgeglichen – das schützt Sie bei Berührung vor elektrischem Schlag.

Schutz vor Elektrosmog Direkte Stromberührung ist gefährlich, das weiß jedes Kind. Forscher untersuchen, ob Strom auch indirekt schadet. Gesetze bestimmen Grenzwerte für Emissionen im Freien, nicht für drinnen, und insgesamt ist man noch auf Vermutungen angewiesen. Wer sich durch Elektrosmog gefährdet fühlt, kann die Belastung reduzieren: Wände schützend verputzen und eine ableitende Armierung einlegen, abgeschirmte Kabel verlegen und Netzfreischalter installieren, die den Stromkreis nur bei Bedarf aktivieren. Sobald man ein Kabel unter Spannung setzt, entsteht ein Feld elektrischer Wellen – auch wenn kein Strom verbraucht wird. Materie, etwa eine Mauer, schirmt elektrische Felder fast vollständig ab. Leitungen in der Wand, Geräte- oder Verlängerungskabel erzeugen jedoch elektrische Felder. Werden Geräte eingeschaltet, fließt Strom, und es entstehen zusätzlich magnetische Felder. Sie durchdringen alle Materie, auch Hausmauern. Wir sind ihnen ständig ausgesetzt – je größer der Abstand, desto schwächer das Feld. Kabel leiten Wellen von 1 bis 30 000 Schwingungen pro Sekunde. Über 30 000 Hertz »verschmelzen« elektrische und magnetische Wellen zu elektromagnetischen Wellen. Sie übertragen Energie durch die Luft (Mobilfunk, TV) und wirken auf Elektroimpulse der Körperzellen.

Energielieferant Seit Aufhebung des Strommonopols im Jahre 1998 darf jeder selbst entscheiden, wer ihm elektrische Energie liefert. Über die Hälfte aller Stromverbraucher fühlt sich über die Angebote der Stromanbieter schlecht informiert. Ihr Elektriker wird Baustrom für die Baustelle vom örtlichen Netzbetreiber oder Stromversorger beantragen – weil er das immer so macht und ihm gleich ist, was Sie zahlen. Vergleichen Sie die Preise: Sie setzen sich zusammen aus einer monatlichen Grundgebühr und verbrauchten Kilowattstunden. Wer viel Strom verbraucht, etwa 3 000 bis 4 000 Kilowattstunden pro Jahr, fährt günstig mit hoher Grundgebühr und niedrigem Tarif. Stromsparer mit einem Jahresverbrauch bis 2 000 Kilowattstunden zahlen weniger mit niedriger Grundgebühr und höheren Preisen für die Kilowattstunde. Vergleichen Sie die Bruttopreise – sie enthalten Mehrwert- und Stromsteuer und die Gebühren für Zähler und Durchleitung. Schauen Sie auch die angebotenen Vertragslaufzeiten an – günstig sind 3 Monate mit 1-monatiger Kündigungsfrist. Dann können Sie den Anbieter wechseln, also auf Strompreiserhöhungen rasch reagieren.

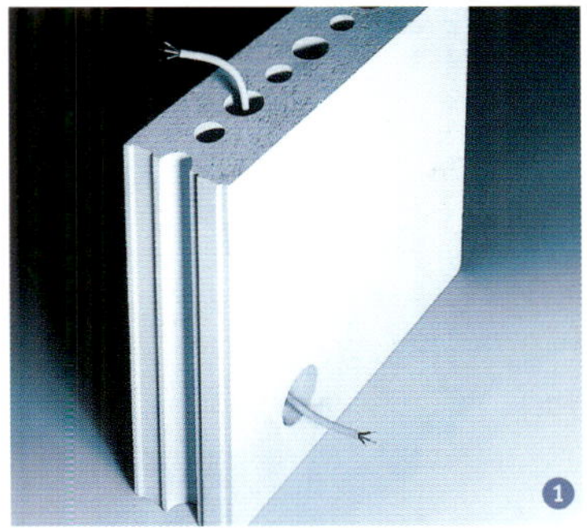
1

4

2

5

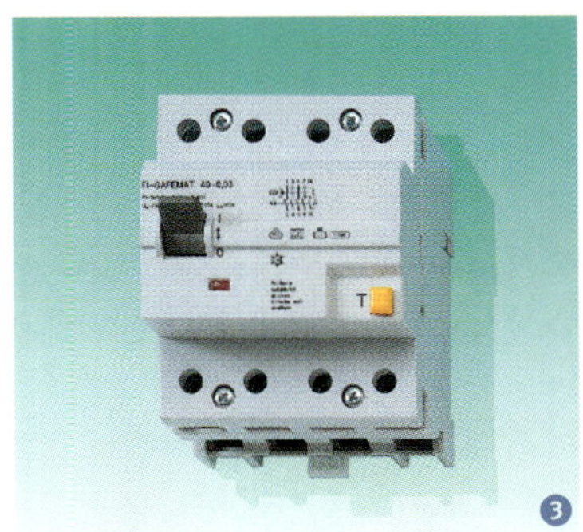
3

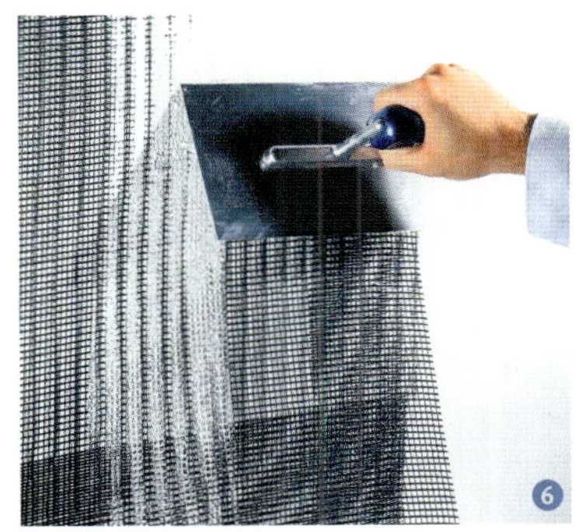
6

Technik für Komfort und Sicherheit:

1 Der Kalksandstein reserviert Installationskanäle für Elektrokabel in der Wand und spart das Schlitzeschlagen.

2 Blitzschlag erzeugt Überspannung. Diese Steckdose schaltet ab, Haushaltsgeräte und PC bleiben heil.

3 Das Kästchen, ein sogenannter FI-Schutz, erfasst Fehlerströme und schaltet ein defektes Gerät in 2 ms vom Netz.

4 Fernseh-, Internet- und Telefonnetz werden in einem Multimediakabel vereint, so können die Geräte an jede Dose andocken.

5 Fenster-, Tür-, Brand- und Bewegungsmelder senden ihre Infos an die Zentrale der Alarmanlage.

6 Wer Elektrosmog fürchtet, kann auf der Fassade eine Armierung aus Metallfäden mit einer leitfähigen Beschichtung anbringen.

Anbieterwechsel Verbraucherschützer raten dringend davon ab, selber beim alten Versorger zu kündigen – Briefe, Faxe und Anrufe versanden in überlasteten Call-Centern. Der Vertrag mit dem neuen Anbieter enthält eine Vollmacht, sie ermächtigt den neuen Stromlieferanten zur Kündigung in Ihrem Namen. Sie möchten sich nicht selbst um den günstigsten Anbieter kümmern? Lassen Sie sich unter www.verivox.de oder www.tarifvergleich.de ein Angebot erstellen.

Ökostrom Strom aus Atomkraft, Steinkohle oder Braunkohle gilt als umweltbelastend. Ökologisch orientierte Bauherren bevorzugen Energie, die aus erneuerbaren Quellen gewonnen wird: Sonne und Wind, Wasser und Erde, Biomasse und Biogas, Meeresströmung und Gezeiten. Gütesiegel wie das »Grüner Strom Label« (Info: www.eurosolar.org) garantieren umweltverträgliche Stromerzeugung. Rund 10 Prozent des Stromverbrauchs in Deutschland werden aus regenerativen Quellen produziert. Die Erzeuger von Umweltstrom bekommen weniger Subventionen als Kohle- und Atomkraftwerke, Ökostrom kostet deshalb mehr.

Wie kommt Ökostrom ins Haus? Durchleitung nennt man die Stromlieferung vom Erzeuger zum Verbraucher. Es hat jedoch nicht etwa jeder Lieferant seine Leitung, alle speisen in ein gemeinsames Netz ein – in Mengen nach Kundenanteilen. Der eingespeiste Strom lässt sich nicht trennen. Es kann also sein, dass jemand mit »Ihrem« Ökostrom fernsieht, während Ihre Wärmepumpe mit Atomstrom läuft. Unabhängige Gutachter kontrollieren jedoch, dass die Menge Ökostrom ins Netz gespeist wird, für die Sie zahlen. Was ist bei Windstille oder an düsteren Tagen? Wenn regenerative Quellen nicht genügend Strom hergeben, muss der Netzbetreiber einspringen – er ist verpflichtet, die Versorgung zu gewährleisten. Dafür darf er aber auch seine Preise berechnen.

Strom sparen Strompreise steigen stetig, Sparen entlastet Geldbeutel und Umwelt. Bevor Sie mit Ihren alten Elektrogeräten in den Neubau umziehen: Leihen Sie sich von der Verbraucherzentrale oder einem Energieversorgungs-Unternehmen ein Strommessgerät aus, meist ist dieser Service kostenlos. Das Gerät wird zwischen Steckdose und Gerät angeschlossen und kommt Stromfressern auf die Spur: Vergleichen Sie Ihre Daten mit den Verbrauchswerten sparsamer Elektrogeräte. Die finden Sie zum Beispiel in den Katalogen großer Versandhäuser. Neue Elektrogeräte tragen ein EU-Energielabel, es zeigt in der ersten Zeile die Energieeffizienzklasse an: »A++« verbraucht am wenigsten Strom. Haben Sie die Wahl zwischen zwei »A++«-Geräten: Vergleichen Sie die detaillierten Verbrauchsangaben, auch sie stehen auf dem Label. Zeigen sich krasse Unterschiede zwischen Ihren betagten Geräten und modernster Technik, sollten Sie Ihr Baubudget prüfen: Vielleicht enthält es noch eine Reserve für Neuanschaffungen. In vielen Haushalten machen Kühl- und Gefrierschränke mehr als 40 Prozent des jährlichen Stromverbrauchs aus. Bevor Sie neue Kühlboxen kaufen: Null-Sterne-Kühlschränke, also solche ohne Frostfach, ziehen 20 Prozent weniger Strom aus der Steckdose als Geräte mit Sternefach – was

Elektroleitungen sicher installieren: Wo Lichtschalter sitzen und Schutzzonen frei bleiben

Elektroleitungen müssen senkrecht und waagerecht verlegt werden, nie diagonal, sonst lassen sie sich später nicht mehr orten. Lichtschalter für Wohnräume montiert man im Raum, gemessen ab der Oberfläche des Fußbodenbelags, in 100 cm Höhe neben die Türklinke. Achten Sie an jeder Tür auf die Anschlagrichtung, damit Sie nicht um das Türblatt herumgreifen müssen. Sind die Hausbewohner eher größer als 1,85 m, setzt man die Schalter höher; leben Rollstuhlfahrer im Haus, sind Schalter in Sitzhöhe auf etwa 70 cm bequemer. Steckdosen lassen sich gut erreichbar neben oder unter den Lichtschaltern anbringen. Lässt man dem Elektriker freie Hand, montiert er die Steckdosen aber wie üblich 30 cm über dem Fußbodenbelag – man muss sich bücken, älteren Bauherren fällt das vielleicht schwer. Im Badezimmer gelten Schutzzonen: Im Abstand von 60 cm rund um Wanne und Dusche sind Schalter und Steckdosen absolut tabu. Das gilt auch für Waschbecken, deren Armatur mit einem herausziehbaren Brauseschlauch ausgestattet ist. Bis zu 3 m Abstand von Badewanne und Dusche müssen Steckdosen mit einem Fehlerstrom-Schutzschalter (FI-Schutz) abgesichert werden. Badobjekte aus Metall erdet der Installateur über den Potenzialausgleich.

tipp

Sie darin unterbringen möchten, hat gewiss auch im Gefrierschrank Platz. Stellen Sie Kühlgeräte in der Küche nicht neben Herd, Geschirrspüler, Waschmaschine oder Heizung, und lassen Sie keine Sonne draufscheinen. Gefrierschrank oder -truhe stellen Sie besser in den kühlen Keller. Tauen Sie die Geräte regelmäßig ab, eine dicke Eisschicht treibt den Stromverbrauch in die Höhe.

Sparsam waschen und spülen Noch vor 10 Jahren wusch die Hausfrau Hemd und Hose in 100 Liter Kochendwasser und zapfte dafür 2 Kilowattstunden Strom pro Waschgang. Inzwischen weiß man, dass nur Säuglings- und Krankenwäsche gekocht werden muss. In zeitgemäßen Haushalten dümpeln Baumwolle und Leinen bei 60 Grad durch die Lauge – daher zählen Hersteller heute, wie viel Wasser und Strom Geräte für einen Waschgang bei dieser Temperatur benötigen. Herkömmliche Maschinen verbrauchen 80 Prozent dieses Stroms, um die Lauge zu erwärmen. Achten Sie beim Geräteneukauf auf einen Warmwasseranschluss. Warmes Wasser lässt sich vom Brauchwassertank in die Maschine leiten – sinnvoll, wenn beide nahe beieinander stehen. Dient Ihnen Ihre Geschirrspülmaschine schon 10 Jahre oder länger, duscht sie Porzellan und Glas pro Spülgang mit 30 Litern Wasser und schluckt rund 1,7 Kilowattstunden Strom. Der neueste Stand der Technik liegt bei 10 Litern Wasserverbrauch und 0,8 kWh Strom je Durchlauf. Experten streiten, ob sich ein Warmwasseranschluss für die Spülmaschine lohnt. Öko-Tester raten zu, sofern das Wasser solar erwärmt wird oder Heizquelle und Gerät nahe beieinander stehen. Alternativ: Nutzen Sie für Spül- und Waschmaschine günstigeren Nachtstrom.

Blitzschutz

Für Häuser auf Kuppen und mit »weicher« Bedachung wie Reetgras kann das Bauamt eine Blitzschutzanlage vorschreiben. Andernfalls entscheiden Sie selbst, wie viel Sicherheit Sie einbauen. Senkrechte Metallstifte an First, Schornstein und Gaube bieten Blitzen Einschlagspunkte. Sie leiten die Spannung in den Blitzableiter – ein diagonal über das Haus verspanntes Metallprofil, das mit dem Fundamenterder verbunden ist. Dieser äußere Blitzschutz sichert das Gebäude, nicht die Geräte im Haus – nur wenige benötigen einen Überspannungsschutz. Sinnvoll ist er für teure Hifi- und TV-Anlagen und Arbeitsgeräte wie Computer, Drucker, Telefon. In jedem Fall genügt es, bei Gewitter die Antennen- und Netzstecker zu ziehen – und die Telefonleitungen von PC und Fax!

Preise
Heizung und Bad

Produkt	Preis in Euro
Gas-Brennwertkessel, 18–22 kW, mit Regelung	2970
Gas-Brennwertkessel, 6–9 kW, wandhängend	3110
Festbrennstoffkessel, 25–32 kW	5720
Badewanne, Stahlemail, 170 x 75 cm	200
Waschtisch, Keramik, 55 x 44 cm	133
Duschwanne, Stahlemail, 80 x 80 x 15 cm	121
WC, Keramik, wandhängend	205
Bidet, Keramik, wandhängend	311
Waschtischarmatur, Einhebel	115
Wannenarmatur, Einhebel, Aufputz	156
Duscharmatur, Einhebel, mit Anti-Kalk-Handbrause	122

Quelle: www.sirados.de

Estrich

Geschossdecken aus Ortbeton gelingen trotz sorgfältigen Gießens nie ganz eben und die Verfugung zwischen Fertigelementen nicht plan. Estrich bildet einen ebenen Unterbau für Bodenbeläge, je nach Material erhöht er den Schall- und Wärmeschutz für die Decke. Nur unter Holzdielen und massivem Parkett können Sie auf Estrich verzichten: Die Beläge nagelt oder schraubt man auf eine Unterkonstruktion aus Lagerhölzern; Holzkeile unter den Kanthölzern gleichen schiefen Untergrund aus.

Wenn man Heizflächen groß anlegt, lässt sich mit lauen Temperaturen ausreichend heizen. Dann kann die Raumluft 1–2° kühler bleiben, so spart man etwa 10 % Heizenergie. Darüber lassen sich bequem und sauber Trockenestrich-Elemente verlegen, man kann sie nach einem Tag betreten und fliesen.

Trockenestrich Trockener Estrich besteht aus mehrlagigen Platten. Auch hier gilt: Mit Trockenschüttung oder Ausgleichsmasse muss man zuerst einen ebenen Untergrund schaffen. Die Nut- und Federplatten gibt es als handliche Quadrate im Format von 20 x 20 oder 33 x 33 Zentimeter. Die 20–25 Millimeter dünnen Platten dämmen Schall schlecht, lassen sich aber leicht und schnell verlegen, auch von Heimwerkern. Sie schaffen in einer Stunde 4 Quadratmeter, Profis das Doppelte. Zementgebundene Holzspanplatten sind nicht brennbar und verträglicher für Umwelt und Gesundheit als kunstharzgebundener Trockenestrich, aber auch dreimal so teuer. In Nassräumen müssen die Oberflächen entsprechend abgedichtet werden. Gipsgebundenen Trockenestrich gibt es auch in Form von Sandwich-Elementen mit aufkaschierter Trittschall-Dämmplatte aus Mineralfaser oder Polystyrol. Ein Winkelschleifer oder eine Stichsäge bewältigt die Zuschnitte. Epoxidharz-Kleber verbindet die Kanten und festigt die Estrichfläche wie ein tragendes Gerüst, Spachtel schließt und glättet Fugen. Wer zwei Lagen verlegt, muss nur die obere Schicht verkleben. Nach einem Tag ist der Kleber gehärtet und der Belag belastbar.

Fließestrich Vor Ort gegossener Nass-Estrich aus Zementmörtel oder Asphalt ist stabiler als Trockenestrich und empfehlenswert unter keramischen Fliesen und dort, wo Böden wasserdicht sein sollen. Die Verlegung von Fließestrich überlassen Sie einem Fachbetrieb. Das Material fließt per Schlauch 60 Meter weit ins Haus, es füllt und nivelliert von selbst schräge Böden und Dellen. Maschinell sind in 3 Stunden 300 Quadratmeter fertig. Zementestrich aus Zement und Sand ist nach 3–4 Tagen begehbar. Je nach Zuschlagsstoffen und Bodenbelag ist er nach 2–6 Wochen belegbar. Anhydritestrich aus wasserfreiem Gips und Quarzsand fließt besser, reißt seltener und schwindet weniger als Zementestrich. Das Material ist nach 24 Stunden belastbar, nach einer Woche können Sie mit dem Bodenbelag beginnen. Anhydritestrich leitet Wärme gut und empfiehlt sich über Fußbodenheizungen – allerdings nicht in Feuchträumen, denn Nässe zersetzt ihn. In Bad, Küche und Waschraum können Sie auch Estrich aus Gussasphalt verwenden, er kostet mehr als Zement-estrich, verkürzt aber die Wartezeit und kann so unterm Strich Baukosten reduzieren. Gussasphalt wird draußen auf 250 Grad erhitzt und eimerweise ins Haus getragen, die Dämpfe enthalten krebserzeugende Stoffe – deshalb den Bau gut lüften! Das Material dämmt Wärme schlecht, lässt keine Feuchtigkeit durch, ist sofort trocken und nach 3 Stunden kühl, dann können Sie den Bodenbelag montieren. Magnesitestrich besteht aus Magnesiumchloridlauge und Holzspänen oder Sägemehl, man nennt ihn auch Steinholzestrich. Für Bad und Küche eignet er sich nicht, denn Magnesit saugt Wasser. Architekten und Bauherren von Bio-Häusern verwenden ihn gern auf einer Sparschalung über Holzbalkendecken – das Material ist feuerhemmend und fußwarm.

Schwimmender Estrich Trennt eine Folie Rohdecke und Estrich, kann er ungehindert gleiten und reißt nicht durch Temperaturschwankungen.

Die Folie verhindert auch, dass Betonfeuchte in die Dämmschicht kriecht – die Dämmung packt man unter den Estrich, damit Raumwärme nicht durch die Geschossdecke nach unten entweicht und Trittschall sich über Installationsrohre und Wände im ganzen Haus verteilt. Der Estrich »schwimmt« auf der Dämmschicht ohne starre Verbindung zu Wänden oder Leitungen; weich federnde Streifen aus Schaumstoff oder Mineralfaser rings an den Wänden und um die Rohre halten ihn auf Abstand und kappen die Wege der Trittschallwellen. Als Heizestrich bezeichnet man eine spezielle Form des schwimmenden Estrichs, er deckt das Heizschlangensystem der Fußbodenheizung ab, speichert die Wärme und gibt sie zeitverzögert ab. Wesentlich billigerer Verbundestrich liegt ohne Dämmschicht direkt auf der Rohdecke. Er taugt nur in unbeheizten Räumen wie Garagen oder nicht bewohnten Glasanbauten, auch auf Balkon und Terrasse.

Kontrolle Der Estrich schwindet und reißt, wenn er zu rasch trocknet – im Hochsommer müssen Sie ihn vielleicht besprühen. Um die Gefahr gering zu halten, bildet man Estrichplatten maximal 4 x 4 Meter groß aus, Dehnungsfugen teilen weitläufigere Flächen. Befinden sich im Rohbau Dehnungsfugen, müssen diese im Estrich übernommen werden an derselben Stelle, in derselben Breite. Bauen Sie Anschlagsschienen für Haus- oder Terrassentür in den nassen Estrich ein, andernfalls müssen Sie später mühsam Kanten ausstemmen.

Beschichtung Manche Bauherren verzichten wegen momentanen Geldmangels auf Bodenbeläge. Andere tun es, weil sie auf Hausstaub oder bestimmte Materialien allergisch reagieren oder ihnen Teppich, Parkett und Laminat nicht gefallen. Eine robuste Kunststoff-Beschichtung versiegelt den Boden, schützt ihn vor Schmutz und Feuchte und verleiht rohem Estrich Glanz. Es gibt ein- und zweikomponentige Polyurethan-Produkte und zweikomponentiges Epoxid-Material. Beide sind auch lösungsmittelfrei erhältlich. Neuer, magnesit- oder zementgebundener Estrich ist erst nach einem Vierteljahr trocken genug, um ihn zu versiegeln. Feuchteempfindlicher Anhydritestrich wird durch Beschichten wasserbeständiger. Die Fotos oben zeigen Schritt für Schritt, wie Estrich beschichtet wird.

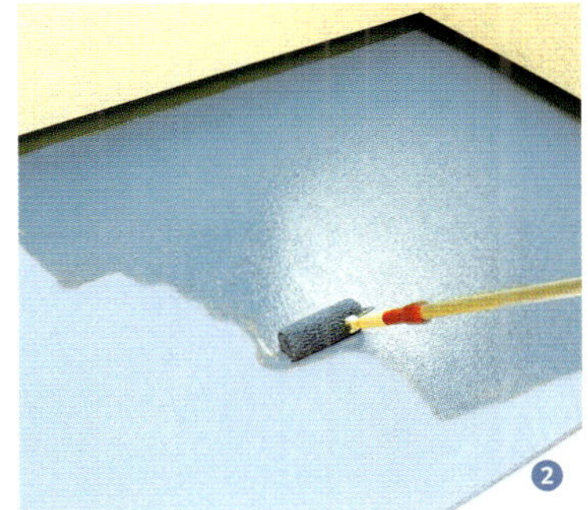

Statt Parkett oder Teppichboden: Estrich beschichten

1. *Eine Armierung in der noch nassen Grundierung dämpft Spannung, damit die Beschichtung nicht reißt.*
2. *Flüssiger Kunststoff wird aufgewalzt, nach 12 Stunden eine zweite Schicht. Die Zugabe von Quarzsand macht sie rutschfest.*
3. *Dauerhaftes Finish, leicht zu reinigen.*

Innenputz

Innenwände aus sichtbarem Mauerwerk überstehen ohne Renovierung tapsende Babyhände und kratzende Hundepfoten, Tabakqualm und Ofenrauch, auch Farb- und Tapetenmoden. Puristen gewinnen Sichtmauerwerk besonderen Charme ab und erhalten sich mit ihm ein wenig Rohbau-Atmosphäre. Die Wände schauen griffig, natürlich und klar aus – aber ärmlich, wenn Steine und Fugen ein unruhiges Muster bilden oder der Maurer Mörtelspritzer hinterlässt. Unter Putz fallen gestückelte Steine nicht auf. In einer Sichtmauer soll, von ihrer senkrechten Mittelachse aus gesehen, das Steinformat aufgehen und ein harmonisches Bild ergeben. Zeichnen Sie zusammen mit Architekt oder Maurer einen exakten Lageplan der Steine, und denken Sie an Schalter und Steckdosen.

Wie kontrollieren wir den Estrich?

Parkett ist etwa 25 mm dick, Fliesen 10 mm. Wo Bodenbeläge sich treffen, muss unterschiedlich hoher Estrich Stolperschwellen ausgleichen. Messen Sie in jedem Raum den Meterriss, und prüfen Sie anhand des Bauplans, ob der Estrich überall die vorgesehene Höhe aufweist. Lassen Sie seine Restfeuchte messen, bevor Sie darauf Fliesen, Parkett oder Teppich verlegen – sonst wirft sich der Bodenbelag.

info

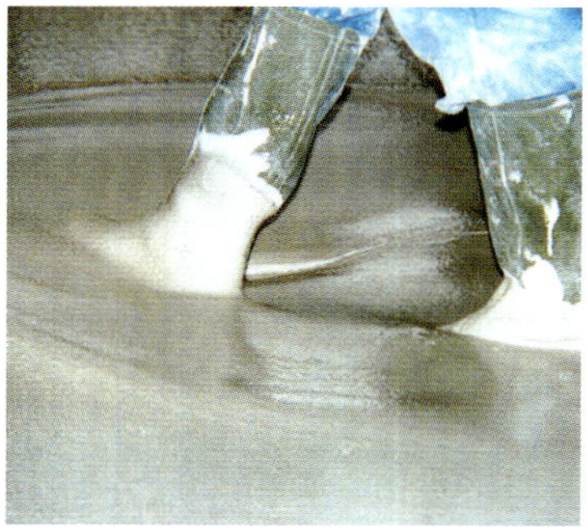

Wände verschönern: Warten Sie, bis der Estrich ganz trocken ist. Wer ungeduldig darauf herumläuft, riskiert Dellen im Unterbau – später beult sich der Teppichboden aus, oder Fliesen brechen.

Einlagiger Putz Wer gemütliche Räume bevorzugt, tapeziert die Wände oder gestaltet sie mit Farbe. Ähnlich wie Estrich die Rohdecke für den Fußbodenbelag ebnet, so glättet Putz die rohen Wände und Deckenuntersichten für Tapete oder Anstrich. Und wie Sie unter Dielen oder Massivparkett auf Estrich verzichten können (s. Seite 220), benötigen Sie keinen Putz auf Trockenbauplatten (Seite 224) oder einem Wandkleid aus Holz (Seite 230). Auf glatten, sauber gearbeiteten Rohbauwänden aus Porenbeton oder Kalksandsteinen genügt einlagiger Spachtel- oder Dünnputz aus Werktrockenmörtel. Er gelingt auch Heimwerkern, sie tragen in 1 Stunde 1 Quadratmeter auf. Bürsten Sie den Putzgrund, also die Wand, gründlich ab. Verspachteln Sie die Schlitze der Elektroleitungen, alle Löcher und die Grifftaschen von Bausteinen. Die Schlitze der Wasserleitungen und Heizungsrohre schließen Sie mit Streifen einer Gipsfaserplatte, so bleiben sie leichter zugänglich für Reparaturen. Überdecken Sie die Spachtelstellen und Gipsfaserstreifen mit Gewebebahnen als Putzarmierung. Sichtbare Betonteile wie Fensterstürze brauchen einen Spezialanstrich als Haftbrücke. Gipsen Sie Putzprofile an Fenster-, Tür- und Kaminkanten ein. Sie schützen die Mauerecken und geben gleichzeitig die Mindestputzdicke von 5 Millimetern vor. Beachten Sie die Herstellerhinweise: Manche Putze trägt man auf die trockene Wand auf, für andere muss die Mauer vorgenässt werden. Verputzt wird von der Decke aus zum Fußboden, den Putz zieht man jeweils in einer Handbewegung von unten nach oben auf, verteilt und glättet ihn sofort. Plastikfolie oder dicker Pappkarton hält den Estrich rein von herabfallenden Putzbatzen. Nach ein, zwei Stunden reiben Sie kleine Unebenheiten aus dem fertigen Putz mit einem nassen Filzbrett. Es hinterlässt eine raue Struktur. Gefällt Ihnen glatter Putz besser, ziehen Sie die Putzoberfläche mit einer feuchten Traufel ab.

Mehrlagiger Putz Einlagiger Putz sollte höchstens 10 Millimeter dick aufgetragen werden – zu

Der Estrich reißt – wer hilft uns?

Bernhard Riedl vom Verband Privater Bauherren e.V. (V.P.B.)

»

Der Estrich zeigt drei Wochen nach dem Einbringen Risse, oder der Putz vertieft sich über Spachtelstellen. Wer ist schuld?
Ein Bausachverständiger kann klären, ob ein Baumangel vorliegt und wo die Ursache liegt. Er informiert Sie auch darüber, wie der Mangel zu bewerten und kostengünstig zu beseitigen ist.

Wo finden wir einen neutralen Bausachverständigen?
Rufen Sie die Industrie- und Handelskammer an, die Handwerkskammer oder den Bundesverband Freier Sachverständiger.

Wie geht es weiter, wenn der Sachverständige einen Baumangel feststellt?
Dann sollten Sie mit dem beauftragten Handwerksbetrieb Verhandlungen aufnehmen.

Welche Möglichkeit haben wir, wenn der Unternehmer sich stur stellt?
Fragen Sie die Industrie- und Handelskammer nach einem Schiedsgutachter oder wenden Sie sich an eine Schlichtungsstelle für das Baurecht. Sollten Sie sich mit dem Handwerker nicht einigen können, suchen Sie eine dieser Stellen auf.

Wie finden wir denn solch eine Schlichtungsstelle?
Ob es in Ihrem Bundesland bereits eine Schlichtungsstelle gibt, erfahren Sie über die Architekten- oder Ingenieurskammern Ihrer Region oder über den Verband privater Bauherren unter dem Ruf 0180-524 82 48.

Sollen wir die Firma nicht lieber gleich verklagen?
Ein Rechtsstreit kann lange dauern und Sie teuer zu stehen kommen. Handeln Sie immer nach dem Grundsatz: Jede vermiedene Gerichtsverhandlung ist wie ein gewonnener Rechtsstreit.

An wen wenden wir uns, wenn wir in einer gerichtlichen Klage den letzten Ausweg sehen?
Falls Sie sich doch für eine gerichtliche Auseinandersetzung entscheiden, sollten Sie sich unbedingt einen kompetenten Anwalt suchen.

Der sollte sich ja besonders gut im Baurecht auskennen ...
Spezialisten finden Sie über die Deutsche Gesellschaft für Baurecht unter dem Ruf 069-74 88 93, über den Verband Privater Bauherren oder im Internet unter www.anwaltsuchservice.de

«

Nassputz glättet massive Rohbauwände, sofern man die Anwurftechnik beherrscht. Heimwerker tun sich leichter mit Trockenputz aus Gipsplatten.

dünn für Unebenheiten und Rillen von groben, rauen Baustoffen. Zum Ausgleich von Vertiefungen mit mehr als 2 Zentimetern braucht man zwei plan gezogene Putzlagen, je nach Untergrund zusätzlich eine Trägerschicht aus sprenkeligem Spritzputz. Die übliche Putzstärke liegt bei 15 Millimetern. Stehen Wandteile oder Fensterlaibungen nicht lotrecht, lassen sich mit Putz Dellen bis 40 Millimeter Dicke ausgleichen. Um Lufteinschlüsse zwischen Mauer und Putz zu vermeiden, wirft man den Putz mit gekonntem Schwung an die Wand und verdichtet ihn dadurch, oder man spritzt den Putz maschinell auf. Die Festigkeit des Putzmaterials muss jedoch von der ersten über die zweite zur dritten Lage ab-nehmen, damit alle Schichten aufeinander haften und beim Trocknen nicht reißen. Das alles kriegen Laien nicht hin, Profis erledigen diese Arbeit besser und schneller.

Putz-Material Innenputz soll die Wandoberfläche ebnen als Untergrund für Anstrich, Tapete oder Fliesen, und er soll bei hoher Luftfeuchtigkeit Wasserdampf aufnehmen und ihn an die trockene Raumluft abgeben. Menschen schwitzen, kochen und waschen, und Zierpflanzen verdunsten Wasser: Tag für Tag hängen in der Raumluft eines Hauses um die 14 Liter Feuchtigkeit. Je besser der Putz sie aufnimmt und wieder abgibt, desto gesünder das Raumklima. Kunstharzputz ist eine Wandbeschichtung, die nur aussieht wie Putz. Sie wird im Werk aus Sand, Pigmenten und Polymerisatharz gemischt und als pastöses Material auf die Baustelle geliefert. Auf der Fassade weist Kunstharzputz Regen ab, in Innenräumen gilt diese Eigenschaft als schlecht. Mineralputz reguliert Raumfeuchte besser, der Putzer oder Gipser mischt ihn vor Ort aus Sand, Wasser und mineralischem Bindemittel. Es gibt unterschiedliche Bindemittel, sie geben den Putzmörteln ihre Namen. Kalkputz ist stark durchlässig für Wasserdampf – in Küche und Bad kann er sich dauerfeucht vollsaugen und schimmeln, in Wohn-und Schlafräumen und in Arbeitszimmern puffert er Feuchte wohltuend. Kalkputz ist wenig druckfest, Kinderzimmerwände sehen rasch schäbig aus. Das Material eignet sich nicht als Untergrund für Kunstharzputz und Dispersionsfarbe und soll nur mit Silikatfarben gestrichen werden – wegen langer Aushärtungszeit frühestens nach einem halben Jahr. Mischt man dem Kalkmörtel Zement bei, wird er härter, widerstandsfähiger und nimmt weniger Wasserdampf auf – ideal für Bäder, Küche und Sauna.

Spezialputz Mörtel mit Zement als einzigem Bindemittel ist besonders druckfest und dadurch starr. In Wohnräumen nimmt er zu wenig Wasserdampf auf und neigt stark zur Rissbildung. Gipsmörtel puffert rasch große Mengen Raumfeuchte

Putz: So kriegen Sie den Bogen raus

Putz muss locker aus dem Handgelenk von der Kelle auf die Wand fliegen. Die Anwurftechnik: Sie drehen eine Schulter zur Wand, stellen den Mörtelbottich vor die Füße, heben Putz auf die Kelle, kippen diese gegen die Wand und schleudern den Fladen über den Rand, während sie die Kelle nach oben und außen wegziehen – der Bewegungsablauf gleicht einem Halbkreis. Üben Sie das Anwerfen von Putz an einer Kellerwand.

tipp

und trocknet schnell. Für Duschdampf im Bad und Dünsten in der Küche ist er allerdings nicht so gut geeignet.

Gestaltungstipps Fliesenbelag und Kunstharzbeschichtung, Metallfolien und Kunststofftapeten decken Putz wie eine Feuchtigkeitssperre ab, Sie sollten diese Materialien sparsam verwenden. Verfliesen Sie die Wand hinter der Dusche raumhoch, alle übrigen Wände im Bad nur bis zur halben Höhe, so kann mehr Wasserdampf aufgenommen werden. Wände mit diffusionsoffenem Anstrich gelten als die gesündesten. Die Sandkorngröße des Mörtel-Zuschlags und die Putzweise bestimmen, ob die Oberfläche rau und rustikal aussieht oder glatt und elegant. Glattputz: Mit Filzscheibe oder Glättekelle erhalten Sie eine feine Putzoberfläche – Gipsmörtel lässt sich sogar ganz ohne Sand mischen und superglatt abziehen, dann schimmern die Wände seidig. Rollputz: Wer der obersten Putzschicht Rollkorn beigibt und sie mit einer Holzscheibe längs, quer und/oder im Kreis reibt, modelliert Strukturen in die Oberfläche. Ein Nagelbrett kratzt in halbfesten Oberputz Rillen (in der Fachsprache: Kratzputz), eine spezielle Spritzpistole sprenkelt Putztupfen auf (Spritzputz). Frisch abgezogener Mörtel lässt sich mit einer Kelle zu Schuppen formen (Kellenstrichputz), Waschen mit Bürste arbeitet bunte Steinkörnchen plastisch heraus (Waschputz).

Trockenputz

Die Wände fachgerecht zu verputzen und die Putzoberfläche dekorativ zu gestalten, erfordert Übung und Geschick, Körperkraft und Spezialwerkzeuge. Für Heimwerker geeignetes Zierputz-Material kostet mehr als Putz, der für die professionelle Verarbeitung hergestellt wird – fragen Sie Ihren Putzer, wie viel er für den fertig strukturierten Innenputz verlangt, und rechnen Sie nach, ob sich Eigenleistung rentiert. Wenn Sie den Untergrund für Anstrich, Tapete oder Fliesen selbst vorbereiten

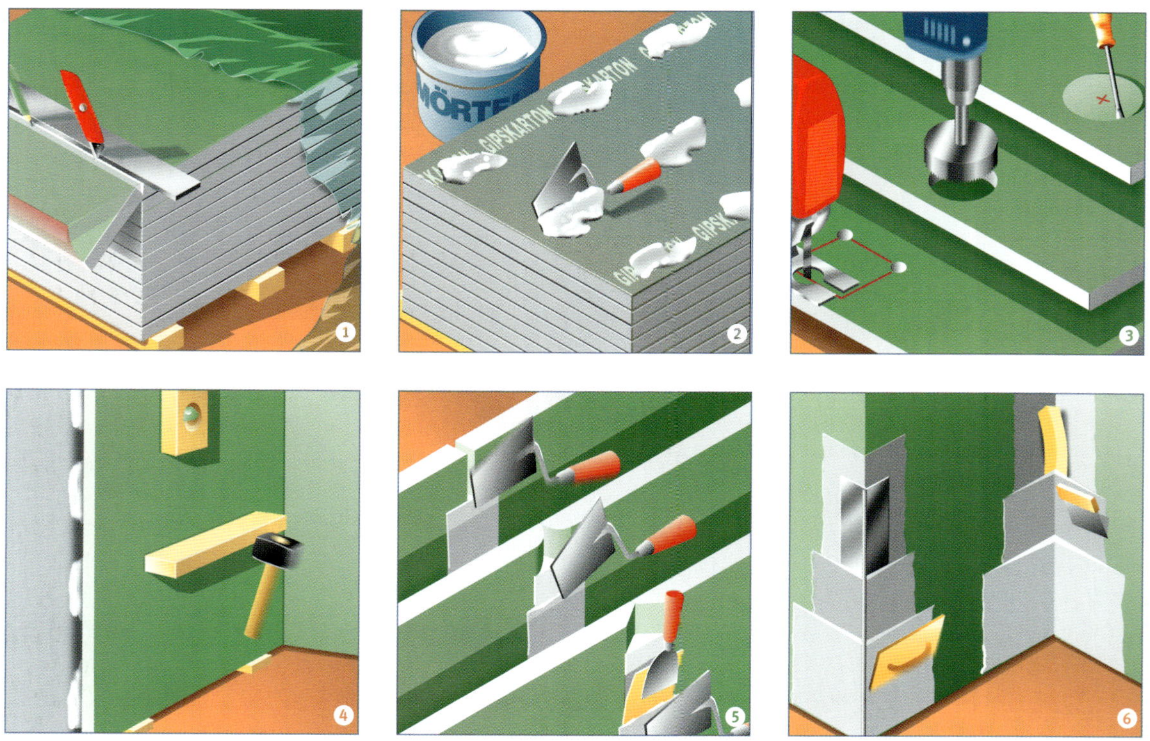

Wände trocken verputzen:
1. *Material zuschneiden: Linie anzeichnen, anritzen, dann brechen oder durchsägen und Kanten schleifen.*
2. *Mörtel auftragen: Batzenweise alle 30 cm auf die Rückseite setzen.*
3. *Ausschnitte fertigen: Vorbohren, mit der Stichsäge von Bohrpunkt zu Bohrpunkt schneiden – oder einfacher arbeiten mit Zylinderbohrer oder einem Stichling.*
4. *Platten anbringen: Plattenabstand zum fertigen Fußboden 10 mm, zur fertigen Decke 5 mm. Unten auf Keile setzen, mit der Wasserwaage lotrecht ausrichten, per Gummihammer und Beiholz sanft festklopfen.*
5. *Nähte schließen: Bruchkanten erst grob, dann fein verspachteln. Für Rundkanten reicht ein Arbeitsgang.*
6. *Ecken bearbeiten: An Außenecken Eckschiene einspachteln, Innenecken mit gefalzten Papierstreifen stärken.*

möchten, bringen Sie Gipsplatten an – sie machen rohe Mauern rasch wohnlich. Diese Art, Wände zu glätten, nennt man Trockenputz. Wie Sie die Arbeit richtig ausführen, zeigen die Zeichnungen auf der Seite 224. Es gibt Platten aus Gipskern im Kartonmantel (Gipskartonplatten) und Gipsplatten mit einer Armierung aus Zellulosefasern (Gipsfaserplatten) – sie sind teurer, härter und druckfester. Beide Arten werden mit Ansetzmörtel auf der Wand befestigt.

Untergrund Trockenbauplatten gibt es in unterschiedlichen Formaten – raumhohe und sogenannte »Ein-Mann-Platten«, die Sie allein tragen können, auch als Frau. Für Bad und Küche sollten Sie feuchtraumgeeignetes Material kaufen – imprägnierte Platten tragen die Bezeichnungen GKBI und sind grün. Entfernen Sie Mörtelreste und lockere Teile von der Rohbauwand, waschen Sie Schal-Öl von Betonwänden mit lauwarmem Wasser und Bürste ab. Kleine Unebenheiten bis 2 Zentimeter gleicht der Ansetzmörtel aus, flächige Unebenheiten können Sie mit einem Streifen Gipsplatte auffüttern. Vermörteln Sie die Platten vollflächig, wenn Sie schwere Gegenstände wie Waschbecken auf der Wand befestigen wollen, andernfalls genügt es, den Spezialmörtel batzenweise im Abstand von etwa 30 Zentimetern auf die Rückseite zu setzen, unter Fliesenflächen etwas enger. Trockenbauplatten lassen sich wie herkömmlich verputzte Wände tapezieren (s. Seite 232) oder fliesen – dann die Flächen grundieren und den Belag mit Fliesenkleber anbringen. Die Fliesenabschlüsse müssen Sie dauerelastisch verfugen, damit Dusch- und Kondenswasser nicht in die Fuge zwischen Fliesenbelag und Gipsplatte dringt. Wollen Sie die Wände streichen, dann bereiten Sie die Gipsoberfläche mit einem Grundanstrich vor, damit Kunststoff-Dispersionsfarben, Ölfarben und Alkydharz-Lackfarben gut haften. Dispersions-Silikatfarben und Kalkfarben, Silikat- und Wasserglas-Anstriche brauchen eine Spezialgrundierung. Wenn Sie Ihre Wände mit einem dieser Anstriche verschönern möchten, kleben Sie vorher Raufaserbahnen auf die Trockenbauplatten.

Preise
Putz und Beschichtung

Produkt	Preis in Euro pro m^2
Kunstharzputz, glatt gerollt, weiß	10,30
Kalkzementputz, 1-lagig	13,70
Kalkgipsputz, 1-lagig	11,10
Kalkgipsputz, 2-lagig	13,00
Strukturputz, Zellulose	11,70
Anstrich auf Beton, waschbeständige Dispersion	3,20
Anstrich auf Putz, Silikatfarbe	3,80
Anstrich auf Putz, Silikat-Dispersion	3,50
Anstrich auf Putz, waschbeständige Dispersion	3,30
Raufasertapete, weiß, grob	3,80
Vinyl-Kunststofftapete, ansatzfrei	10,90
Glasgewebe-Tapete, ohne Beschichtung	6,85
Wandfliesen, uni, 20 x 25 cm, im Dünnbett	40,50
Wandfliesen, weiß, 15 x 20 cm, im Dünnbett	41,00

Quelle: www.sirados.de

Treppen

Treppauf, treppab – in Eile, mit Muße: Kleine Kinder krabbeln auf allen vieren, Jugendliche stürmen in kraftvollen Sätzen, Hausfrauen schleppen Wäschekörbe, ältere Menschen schreiten bedächtig. Jeder bräuchte eine eigene Treppe. Sie können nur eine bauen, einen Kompromiss für alle Hausbewohner. Treppennormen und Vorschriften erzwingen ein festgesetztes Maß an Sicherheit; lesen Sie den Kasten auf Seite 227. Einfache Vorschriften gelten für Treppen, die man selten benutzt, beispielsweise zum unbewohnten Dachboden.

Bauvorschriften Haupttreppen zwischen Wohnräumen müssen strengere Auflagen erfüllen, im Wesentlichen sind diese in allen Bundesländern gleich. Abweichungen betreffen hauptsächlich die Abstände zwischen den Geländersprossen, die Stufen und ihre Höhe. In manchen Bundesländern etwa wird ein Geländersprossen-Abstand von höchstens 12 Zentimetern verlangt, in anderen Ländern gibt es dazu überhaupt keine Vorschrift.

Trockenputz: Standard und Extras

Platten aus Gipskarton oder Gipsfasern ebnen die Wand fürs Tapezieren, Streichen oder Fliesen – dafür genügt die Standardausführung. Sonderausführungen können mehr:

Akustikplatten verbessern den Schallschutz, Verbundplatten die Wärmedämmung.

Feuerbeständige Platten widerstehen Flammen. Grüne Gipsplatten sind hydrophobiert, also wasserabweisend ausgerüstet.

info

Treppenstufen aus Holz geben unter Schritten unmerklich nach, Tritt-Elastik schont die Gelenke in Fuß, Knie und Wirbelsäule. Wandlager mit Schalldämmung verhindern Lärmübertragung in Nachbarräume, die Ruhe tut den Nerven wohl.

Treppensteigung Fachleute nennen die Stufenhöhe Steigung, die Stufentiefe Auftritt. Alle Auftritte zusammen ergeben die Treppenlänge. Steile Treppen sind kürzer, mühsamer und gefährlicher zu begehen. Steigungen von 15–20 Zentimetern sind im Haus üblich, am bequemsten sind 17 Zentimeter. Treppen blockieren zwischen 3 und mehr als 6 Quadratmeter Wohnfläche. Wer preiswert bauen möchte, plant knappe Verkehrsflächen. Den Platzbedarf errechnen Sie so: Auftritt plus zweimal Steigung sollten 63 Zentimeter ergeben, die übliche Schrittlänge eines Erwachsenen auf ebener Fläche. Angenommen, in Ihrem Haus beträgt der Höhenunterschied zwischen zwei Stockwerken 272 Zentimeter: Teilen Sie diese Geschosshöhe durch die idealen 17 Zentimeter Steigung – es ergeben sich 16 Stufen. Schrittlänge 63 Zentimetern minus zweifache Steigung (34 Zentimeter) ergeben einen Auftritt von 29 Zentimetern. So ermitteln Sie als Treppenlänge 464 Zentimeter, das sind 29 Zentimeter mal 16 Stufen. Oben und unten brauchen Sie jeweils 1 Meter Platz vor den Stufen, macht insgesamt 664 Zentimeter Platzbedarf – mal Treppenbreite von 80–90 Zentimetern.

Platzbedarf Es gibt Tricks, Treppen kleiner zu bauen: Planen Sie die Treppen nicht hintereinander am Stück, legen Sie zwei kleinere Treppen mit jeweils halber Stufenzahl nebeneinander mit einem Zwischenpodest, es sollte wenigstens 100 Zentimeter breit sein. Andere Möglichkeit: Wählen Sie keilförmige Stufen statt rechteckige – eine Wendeltreppe. Die Stufen sollten an ihrer schmalsten Stelle 10 Zentimeter nicht unterschreiten. Es gibt viertel- und halbgewendelte Treppen, und ganz gewendelte – Spindeltreppen. Auf Wendeltreppen gehen Sie weniger bequem und sicher als auf geradläufigen Treppen, und Sie bezahlen dafür mehr.

Treppenform Meist geht man in der Mitte der Treppe, diese Lauflinie erkennt man an alten Treppen leicht, dort sind die Stufen abgenutzt und ausgetreten. Der Auftritt in der Lauflinie soll das ideale Maß haben, Sie können es mit einer Faustformel errechnen: 63 minus 2 mal die Steigung gleich Auftritt. Je nach Treppenform benötigt eine 15-stufige Treppe von 100 Zentimetern Breite unterschiedlich viel Platz: eine einläufige Treppe macht sich 12,4 Quadratmeter groß, eine viertelgewendelte 10,9 Quadratmeter, eine halbgewendelte Treppe mit einem langen und zwei kurzen Schenkeln 8,3 Quadratmeter – ebenso viel Platz benötigt eine Spindeltreppe. Baut man die halbgewendelte Treppe mit drei gleich langen Schenkeln, lässt sie sich auf einem 7,8 Quadratmeter großen Quadrat einbauen, eine zweiläufige Treppe auf einem gleich großen Rechteck.

Konstruktion Der Preis eines Aufgangs hängt von Konstruktion und Material ab. Treppen aus vorgefertigten Elementen sind billiger – und schneller zu montieren. Sonderanfertigungen kosten meist mehr. Holz ist das beliebteste Material für Wohnhaustreppen. Stufen gibt es massiv wie gewachsen oder verleimt, auch als furnierte Verbundplatte. Das Furnier muss aus mindestens 2,5 Millimeter dickem Hartholz oder 5 Millimeter dickem Weichholz sein. Hartholz von Laubbäumen wie Buche und Eiche, Esche und Ahorn lässt sich besser strapazieren als Stufen aus weichem Nadelholz von Fichte, Tanne und Kiefer. Als Oberflächenbeschichtung eignen sich Öl, Wachs und Lack, Sie können robusten Zweikomponentenlack nehmen oder genauso widerstandsfähigen Wasserlack. Wer die Stufen wachst oder ölt, kann sie später nicht mit Lack schützen – dieser findet keinen Halt mehr.

Metalltreppen Stahl ist sehr tragfähig, man kommt mit schlanken Profilen aus. Die Treppe lässt sich elegant, fast zierlich gestalten. Verzinkter Stahl ist preiswert, sieht kühl und technisch aus. Mit Lack machen Sie Stahl wohnlicher. Eine Edelstahltreppe kostet ein kleines Vermögen – man kann sich den Luxus leisten, wenn man woanders im Haus Abstriche macht. Solch eine einmalige Investition hat auch ihr Gutes: Edelstahl hält ein Leben und länger, ist pflegeleicht und muss nie renoviert werden.

Sicherheit Auf bundesrepublikanischen Treppen stürzen jedes Jahr etwa 150 000 Menschen, die eine Hälfte beim Hinaufsteigen, die andere beim Hinuntergehen. Man stolpert leicht, wenn die Stufen schlecht zu erkennen sind. Sicherheitsexperten empfehlen, die erste und letzte Stufe deutlich zu unterscheiden von Boden und Podest und diese beiden Stufen in anderem Material oder abweichender Farbe zu gestalten. Aber wie sieht das aus … Gefahr lässt sich auch schick ausschalten: Wählen Sie helles Material für die Stufen, setzen Sie ein großes Fenster ins Treppenhaus und bauen Sie für nachts LED-Leuchten in die Scheuerleisten. Kinder und Erwachsene tun es, sollten diese Gewohnheit aber ändern: Auf rutschigen Socken »schnell mal« etwas nach oben bringen oder gucken, was unten los ist. Und: Huschen Sie nie mit zwei bepackten Armen über die Treppe, halten Sie sich immer am Handlauf fest.

Geländer Die Mindesthöhe beträgt 90 Zentimeter, ab Absturzhöhen von 12 Metern 110 Zentimeter. Gemessen wird lotrecht von der Oberkante des Handlaufs über die Vorderkante der Stufen. Wo Kinder wohnen: Geländerstäbe mit höchstens 12 Zentimeter Zwischenraum montieren und einen zusätzlichen Handlauf in 60 Zentimeter Höhe. Verzichten Sie auf Querstäbe und Ornamente, die zum Drüberklettern einladen. Krabbelkinder halten Sie mit einem Klemmgitter im Zaum. Wählen Sie für den Handlauf warmes Material, das Sie gern anfassen. Bringen Sie den Handlauf mit mindestens 4 Zentimeter Abstand zur Wand an, damit niemand sich die Finger klemmt. Ein abnehmbares Geländer lässt mehr Platz für den Möbeltransport, wenn Sie einziehen oder später Ihre Möblierung ergänzen.

Spindeltreppen beanspruchen von allen Treppenformen am wenigsten Stellfläche. Als Hauptverbindung zwischen zwei Wohngeschossen müssen die Stufen mindestens 80 cm Laufbreite haben, besser 100 cm.

Türen

Türen verbinden Räume und trennen sie. Manche schützen vor Kälte, Lärm oder Feuer, andere schleusen durch Gitter Luft in Heizräume oder ein innenliegendes Bad. Lage und Art, Material und Farbe, Größe und Form der Innentüren beeinflussen die Einrichtungsplanung und die Stimmung des Raums. Helle Töne reflektieren Licht besser als dunkle. Ein hölzernes Türblatt – das ist der Teil, der schwingt – sieht behaglich aus, ein farbiges belebt. Weiße Türen verbreiten Eleganz, und gläserne Scheiben transportieren Licht von Raum zu Raum.

Treppen: Maße und Vorschriften

Normen über Treppenbau, Brandschutz und Statik: Die Landesbauordnungen (LBO) legen fest, wie Treppen geplant sein müssen. Für Wohnhaustreppen sind Mindest- und Höchstmaße beschrieben – in Einfamilienhäusern bis zu zwei Vollgeschossen dürfen Treppen nicht schmaler sein als 80 cm. Die lichte Durchgangshöhe muss mindestens 2 m betragen, das Geländer über der Trittkante 90 cm hoch sein.

info

Geschmäcker sind verschieden, für jeden gibt es eine Tür.

1. *Maßarbeit: Die Schiebetür aus Glas oder Holz gleitet auf einer Schiene aus gebürstetem Edelstahl.*
2. *Landhaus-Stil: Zarge und Türblatt aus Fichtenholz. Die Glasfüllung lässt Licht in den Flur.*

Durchgänge Eine Zarge, das ist der Türstock aus Stahl oder Holz, verringert die geplante Durchgangsbreite um etwa 6–8 Zentimeter, die Durchgangshöhe um 4 Zentimeter. Die übliche Wandöffnung für eine Wohnraumtür ist 885 Millimeter breit und 2010 Millimeter hoch. Nach Einbau von Zarge und Türblatt stehen Ihnen 881 Millimeter Durchgangsbreite und 1968 Millimeter Durchgangshöhe zur Verfügung. Besonders große oder beleibte Bauherren und Menschen im Rollstuhl öffnen die Wand lieber 1010 Millimeter breit und 2135 Millimeter hoch (dieses Maß ergibt sich durch genormte Mauersteinformate), dann bleibt nach dem Einbau der Tür ein Durchgang von 936 Millimeter Breite und 2093 Millimeter Höhe. Deckenhohe Durchgänge lassen Räume großzügig aussehen, man spart den Beton- oder Ziegelsturz, und passende Türen gibt es in Standardmaßen fertig zu kaufen. Ein raumhoher Durchgang mit gläsernem Oberlicht lässt Licht in den Flur.

Türanschlag Messen Sie vor dem Kauf millimetergenau die Mauerstärke und die Höhe und Breite der Maueröffnung. Planen Sie auch die Anschlagrichtung der Tür: Soll sie sich in den Raum hinein öffnen (das ist üblich) oder aus dem Raum heraus aufschlagen – etwa um im Gäste-WC mehr Platz zu gewinnen? Überlegen Sie auch, ob Sie eine »Links-Tür« oder eine »Rechts-Tür« einbauen möchten. Betrachten Sie dazu die Tür von derjenigen Seite aus, auf der sie angeschlagen wird: Eine Linkstür trägt die Türbänder, also die Scharniere, auf der linken Seite und den Türgriff rechts. An einer Rechtstür ist es umgekehrt.

Übliche Türen Meist baut man Drehflügeltüren ein, mit einem oder zwei Türblättern. Je nach Lage schwingt das Türblatt nach rechts oder links auf. Daraus ergibt sich der Montageort für die Lichtschalter, die man beim Betreten des Raums ja schnell anknipsen will. Für das Türblatt stehen massives und furniertes, lackiertes oder rohes Holz zur Wahl, durchsichtiges, mattes oder farbiges Glas sowie lackiertes, eloxiertes oder geschliffenes Metall. Klinke, Knauf und Türband können Akzente setzen. Nachteil der Drehflügeltür: Das Türblatt ragt in den Raum, hinter der geöffneten Tür entsteht durch schlechte Planung toter Raum.

Sondertüren Schiebetüren gibt es mit einem Flügel oder mehreren, eine spezielle Mechanik bewegt z.B. zweiflügelige Schiebetüren gegengleich. Die Türblätter parken in Schlitzen von massiven Wänden, gleiten hinter Blenden oder einen Wandschrank. Bleiben Schiebetüren vor der Wand sichtbar, schmücken sie den Raum wie ein Bild. Der Abstand zwischen Wand und Beplankung richtet sich nach der Türblatt-Dicke und der Konstruktion der Laufschiene. Die dünnste Beplankung besteht aus nur 22 Millimetern beschichteter Holzwerkstoffplatte, gemauerte Blenden brauchen den Platz einer Steindicke. Türblätter von Schiebetüren stehen nicht im Weg, und Lichtschalter lassen sich frei platzieren. Konstruktionsbedingt bleibt ein Spalt zwischen Tür und Wand, Schall und Wärme kriechen schneller in Nachbarräume als durch Drehflügeltüren. Falt- oder Harmonikatüren bestehen aus einem Metallgerüst mit Scharnieren, das Skelett lässt sich mit Holzlamellen oder Kunststoffplatten bekleiden. Falttüren schließen die Durchgangsöffnung nach Wunsch vollständig, halb oder zu einem Viertel. So teilt man einen großen Raum in zwei kleinere oder schafft interessante Ein- und Durchblicke. Falt- oder Harmonikatüren dämmen Schall und Wärme schlecht.

Material Passt die Optik der Tür, prüfen Sie die technischen Details und ob das Material Ihren Wünschen entspricht. Ist die Tür kratz- und stoßfest, lässt sich die Oberfläche einfach pflegen? Werden sich Blatt und Zarge durch Kälte, Hitze oder Feuchtigkeit verformen? Garantiert der Händler lichtechte Farben? Wenn Sie sich entschieden haben, was Ihre Türen leisten sollen, machen Sie sich an die Auswahl. Günstige und besonders einfache Blätter für Innentüren bestehen aus Kartonwaben mit Beplankung – solche Türen dämmen Schall und Wärme nur mäßig und können sich durch Temperaturschwankungen leicht verziehen. Zusätzlich eingebaute Spanplattenstreifen stabilisieren die Türblätter, verbessern aber nicht den Schall- und Wärmeschutz. Von besserer Qualität sind Türen mit vollflächiger Röhrenspanplatte als Einlage. Wer bessere Türen einbauen will, leistet sich Blätter aus Vollspanplatten, Holzwerkstoffen oder Verbundwerkstoffen, einem Sandwich aus verschiedenen Materialien. Als Mercedes unter den Innentüren gelten solche aus Massivholz oder Glas. Türen mit einem Schichtstoff aus phenol-imprägniertem Kraftpapier plus einer Schicht Dekopapier auf Melaminharz-Basis gibt es mit einer Vielzahl von Dekormöglichkeiten. Das Material mit seiner glatten Oberfläche ist als Küchenarbeitsplatte bekannt und beliebt, weil robust.

Schallschutz Musik- oder Hörspielgedudel aus dem Kinderzimmer oder Geklapper aus der Küche nerven in Arbeits- oder Schlafzimmer, und nervöse Gemüter treibt es zum Wahnsinn, wenn Luftzug das Türblatt im Rahmen rappeln lässt. Je dichter Tür und Fugen – auch die Nahtstellen zur Wand – desto weniger Geräusch dringt von einem Raum in den nächsten. An Türen mit Anschlag an der Bodenschwelle stoppt ein elastomeres Kunststoffprofil Angriffe auf das Nervenkostüm, unter schwellenlose Türen montieren Sie ein Profil, das sich automatisch absenkt, wenn man die Tür schließt. Alternative: Schrauben Sie eine Auflaufleiste auf den Boden. Zargen dichtet man mit selbst klebendem Dichtungsband, es muss im Falz lückenlos und überall in derselben Ebene rundum laufen. Wer die Edellösung bevorzugt, kauft Türen mit Dichtprofilen in einer Nut. Oder er bringt die Türblätter zum Schreiner, lässt rundum Nuten einfräsen und Dichtungen montieren – Lippendichtungen dämmen Schall und Wärme effektiver als Schlauchdichtungen. Je elastischer das Dichtungsmaterial, desto größer ist der Verformungsweg – umso besser dichtet es. Und schwere, massive Türblätter absorbieren Lärm wirkungsvoller als verkleideter Karton.

Türbeschläge Die Klinke lässt sich gut greifen, wenn der Daumen Halt findet. Drückergarnituren aus Edelstahl sehen auch nach Jahren noch schön aus und brauchen keine Pflege. Messing patiniert dunkel, heller Glanz bleibt nur durch regelmäßiges Wienern. Aluminium ist preisgünstiger, eine chemische Behandlung – das Eloxieren – macht das Metall unempfindlich, gibt ihm auf Wunsch auch Farbe. Kunststoffklinken sind stets angenehm

Preise
Türen und Beschläge

Produkt	Preis in Euro pro Stück
Eiche furniert, Türblatt mit Hohlzelleneinlage und beidseitiger Schlossloch-Bandverstärkung, Türblattstärke 40 mm, Breite 87,5 cm, Höhe 200,5 cm, mit 20 cm tiefer Zarge	282
Weiß lackiert, wie oben	310
Buche furniert, wie oben	298
Kiefer massiv, Türblatt stabverleimt, Türblattstärke 40 mm, Breite 98,5 cm, Höhe 200,5 cm, inkl. Zarge	462
Kiefer massiv, Türblatt mit Lichtausschnitt und 6 Sprossenfeldern und Verglasung, Maße wie oben, mit Zarge	365
Messing-Drückergarnitur mit Langschild	42
Messing-Drückergarnitur mit Rosette	52
Edelstahl-Garnitur	92

Quelle: www.sirados.de

handwarm, zaubern Farbtupfer ins Haus und können Kinderzimmer markieren: Blau für Anna, Rot für Michael. Mit der Zeit wird Kunststoff leider stumpf – das ist irreparabel.

Wandgestaltung

Während der Roh- und Ausbauphase muss man sich als Bauherr häufig den Fachkenntnissen und Ratschlägen von Architekt und Handwerker beugen – nicht alles, was Laien sich vorstellen, ist bautechnisch möglich oder sinnvoll. Geduldige Handwerker erklären die Gründe, stoische Gesellen sagen: »Ja, ja« und machen dann doch ihren Stiefel. Manchmal beschleicht Bauherren das Gefühl, man habe in seinem eigenen Haus nur unwesentliche Entscheidungsgewalt. Das wird sich jetzt ändern, es geht um Geschmacksfragen – und die entscheiden Sie ganz allein, höchstens Ihr Partner darf Ihnen reinreden.

Anstrich Selber malern kann jeder. Im Baumarkt oder Farbengeschäft kommen jedoch Zweifel: Sie

Innentüren: Was liegt im Trend?

Innentüren kosten zwischen 70 und 350 Euro. Prüfen Sie das Innenleben von Schnäppchen und überlegen Sie, wie bald neue Türen her müssen. Sie kosten wieder Geld – auch die Entsorgung der alten Türen. Trend-Türen für Neubauten sind aus massivem Ahorn, aus Birke, Buche oder Esche. Haben Sie sich daran sattgesehen oder müssen Gebrauchsspuren vertuscht werden: schleifen und lasieren oder mit Lack streichen.

info

Farbe lässt sich an die Wand rollen, wischen oder, wie hier, mit einer Bürste verteilen. Das können Sie leicht selber machen, die Anleitung und einige Zusatztipps sehen und lesen Sie auf der Seite gegenüber.

müssen sich zwischen zehnerlei Materialien entscheiden. Kalkfarben haften auf kalk- und zementhaltigem Putz, nicht auf Gipsputz. Die Wandoberfläche bleibt diffusionsoffen. Und sie kreidet, man macht sich in der Diele schnell einmal den Mantelärmel staubig. Üblicherweise streicht man die Wand dreimal: Längs, dann quer, wieder längs. Lassen Sie die Schichten jeweils trocknen, aber nicht zu schnell – streichen Sie nicht an ganz heißen Sommertagen, und halten Sie die Fenster geschlossen. Schlämmanstrich besteht aus Kalkfarbe, Weißzement und feinem Sand. Die Beschichtung ist robuster als reine Kalkfarbe, lässt Wasserdampf aber genauso gut an den Putz – der sollte mineralisches Bindemittel enthalten (s. Seite 223), keinen Gips. Dispersionsfarbe ist auch unter der Bezeichnung Kunststoff-Latexfarbe im Handel. Die Beschichtung liegt wie ein wasserdampfundurchlässiger Film auf der Wand – vorteilhaft zum Beispiel in Diele, Flur und Treppenhaus: Der Anstrich scheuert nicht ab, man kann die Wände sogar abwaschen.

Beschichtung Dispersionsfarbe (Maler sprechen von Beschichtung) haftet auf jedem Untergrund, sofern er trocken ist. Nach dem Verputzen der Wände sollten Sie mindestens drei Wochen warten, ehe Sie ihnen mit Dispersionsfarbe zu Leibe rücken. Silikatfarbe ist besonders lichtecht und diffusionsoffen, sie haftet auf allen mineralischen Untergründen, nicht auf organischen Beschichtungen wie Kunstharzputz, und nicht auf gipshaltigem Putz. Dispersions-Silikatfarbe ist Silikatfarbe mit 5 Prozent Dispersionsbindemittel. Mit dem Zusatz lässt sie sich besser verarbeiten, behält aber ihre Eigenschaften. Mit den Jahren kreidet der Anstrich etwas – lasten Sie es nicht dem Handwerker an, das ist eine normale Erscheinung. Badezimmerwände müssen nicht zwingend gefliest werden, Sie können die Wände auch streichen. Je nach Untergrund mit feuchtefester Dispersionsfarbe, Acryl- oder Kunstharzlack. Diese Anstriche nehmen keine Feuchtigkeit auf. Wasserdampf kondensiert an der Wandoberfläche. Ein Luftspalt zwischen Wand und Mobiliar verhindert Schimmel.

Holzbekleidung Massives Profilholz möbelt kahle Räume auf zu Wohlfühl-Zimmern. Sie wählen nach Gusto rustikale Bretter mit Astlöchern, Elemente in Gute-Laune-Tönen (lesen Sie zur Farbwahl die übernächste Seite) oder in neutralem, schlichtem Weiß. Wand- und Deckenpaneele kosten oft weniger als Profile; sie tragen auf einer preiswerten Schicht aus Sperrholz oder Spanplatte eine Furnieroberfläche aus edlem Holz. Für Feuchträume wie das Bad behandeln Sie rohes Massivholz mit Lack, Öl oder Wachs – vor der Montage, um auch Nuten und Federn vor Nässe zu schützen. Paneele gibt es mit feuchteresistenter Kunststoffoberfläche. Auch die Nuten und Federn sind beschichtet, so dringt durch die Ritzen kein Dampf in die Trägerschicht. Montieren Sie Profile und Paneele nie direkt auf die Wand, sonst staut sich und kondensiert Luftfeuchtigkeit hinter der Bekleidung, die Mauer saugt sich voll und schimmelt. Dübeln Sie ein Lattengerüst auf den Untergrund, das geht fix mit Durchsteckmontage: Das Loch in der Latte muss mit dem Durchmesser des Wanddübels übereinstimmen. Richten Sie die Latte auf der Wand aus, bohren Sie durch das Holz in die Wand und drücken Sie den Dübel ins Mauerwerk. Jetzt können Sie die Bekleidung auf der Unterkonstruktion festschrauben. Wer keine Schraubenköpfe sehen möchte, befestigt die Bretter mit Klammern, die Lattengerüst und Verschalung verbinden. Der Übergang von Wand zu Decke und Fußboden lässt sich mit Leisten kaschieren. Unter Kennern gilt diese Methode als wenig fachgerecht, sie sperrt die Luftzirkulation hinter dem Wandkleid. Eleganter sieht eine Schattenfuge aus: Die Bretter enden 1–1,5 Zentimeter vor der Ecke – sauber und gerade geschnitten. Wer sich mit dem exakten Ablänger der Elemente beim Einbau schwer tut, fährt an der fertig montierten Wandbekleidung mit einer Schattenfugenfräse entlang.

Tapete Herkömmliche Tapeten bestehen aus bedrucktem oder strukturiertem Papier. Spezialtapeten tragen auf der Papierschicht eine Oberfläche aus natürlichem oder synthetischem Material. Die Tapetenbahn von Papiertapeten wird in einem mehrstufigen Verfahren farbig bedruckt. Auf Fond-Tapeten verhindert ein lichtbeständiger Farbauftrag, dass das Papier vergilbt. Auf Prägetapeten erheben sich Muster oder Ornamente wie ein Relief. Sie können verflachen, wenn das Papier wegen des feuchten Kleisters quillt und man die Tapete mit der Andrückrolle zu fest an die Wand walzt. Hochwertige Duplex-Prägetapeten bestehen aus einer Papier-Unterschicht und einer zweiten, aufkaschierten Bahn – das Relief bleibt erhalten. Auf Profiltapeten formt aufgeschäumte Farbpaste die Papierträgerbahn wie ein vollflächiges Relief. Struktur-Profiltapeten sehen aus wie Putz oder Gewebe, auf Dekor-Profiltapeten erheben sich filigrane Muster oder Konturen, etwa von Pflanzen oder Landschaften. Trägt die Papierbahn ein Gewebe aus Wolle oder Jute, Seide, Leinen oder Kunstfaser, spricht man von Textiltapete. In den Fasern fängt sich Staub – nichts für Allergiker. Metalltapeten setzen sich zusammen aus einer papiernen Trägerschicht und Alu-Folie, durch Bedrucken oder Ätzen, Prägen oder Bemalen entstehen interessante Reflexe. Wer solche Tapeten

Farbwand mit Lasur-Struktur: Sie brauchen quarzhaltige, weiß pigmentierte Grundierfarbe, Lasur und eine Bürste. Die weiße Quarzfarbe als Grundanstrich mit der Bürste im Kreuzschlag auftragen, also längs und quer. Trocknen lassen, dann die farbige Lasur vollflächig aufstreichen, wieder im Kreuzschlag. Die spezielle Optik entsteht durch helle Teilchen in der Lasur, die sich nicht mit anderen Farbpigmenten vermischen. Nach 5–10 Minuten verschlichten Sie den Auftrag mit einer Bürste, so machen Sie die Farbübergänge weicher. Wünschen Sie den Farbton kräftiger, lässt sich nass-in-nass noch ein zweiter Lasurauftrag einarbeiten. Er verdunkelt die Wand – wer kein Risiko eingehen will, probiert die ganze Prozedur vorher an einer Kellerwand aus.

verkleben will, benötigt Fachkenntnisse. Tapeten mit aufgedruckten Metall-Pigmenten eignen sich für Heimwerker besser. Wie Sie Tapeten auf herkömmlichem Weg fachgerecht an die Wand bringen, sehen Sie auf der nächsten Seite. Inzwischen gibt es auch spezielle Vliestapeten, die man einfach auf die eingekleisterte Wand drückt. Alternative zur Tapetenwand: Selbst klebende Papierborte in Augen- oder Deckenhöhe ziert Wände mit weniger Aufwand und lässt sich rasch auswechseln.

Farbwahl Betreten wir einen Raum, strahlen uns sofort Farben an, oder das Auge registriert Düsternis. Die Sehnerven leiten die Information ans Gehirn. Es ruft blitzschnell Erinnerungen wach, wägt ab und legt fest, wie wir uns fühlen: ruhig oder angespannt, selbstbewusst oder ängstlich. In einem türkisblauen Zimmer frieren wir schneller als in einem roten. Ein grüner Raum lässt uns Lärm besser aushalten, weiße Wände und Möbel machen uns gleichgültiger gegen Stress. Rot beschleunigt den Puls, Blau besänftigt innere Unruhe. Orange

Wie viel Tapete brauchen wir?

Messen Sie quer die Länge aller Wände, die tapeziert werden sollen – mit Türen und Fenstern. Addieren Sie diese Werte, multiplizieren Sie die Summe dann mit der Raumhöhe. Jetzt wissen Sie, wie viele Quadratmeter insgesamt tapeziert werden. Für einfarbige Tapeten teilen Sie die Zahl durch 5, für gemusterte durch 4,5. Das Ergebnis sagt Ihnen, wie viele Rollen mit üblicher Breite von 53 cm und Länge von 10 m Sie brauchen.

info

regt den Appetit an. Niemand gelingt es, sich der Wirkung von Farben zu entziehen. In den eigenen vier Wänden können wir wählen, welche Farbtöne uns beeinflussen sollen – und sie einsetzen, um bestimmte Gefühle hervorzurufen, zu verstärken oder abzuschwächen. Welche Farben Sie wählen sollten, hängt ab von Ihrem Naturell, Ihren Wünschen und vom Raum. Energiebündel etwa profitieren im Heimbüro von Tönen, die sie munter halten. Im Schlafzimmer jedoch müssen wir Ruhe tanken; dort benötigen wir Schattierungen, die beruhigen. Die Münchner Farbberaterin Franziska Zingel sagt: Jeder Mensch hat eine Vielzahl ganz persönlicher Eigenschaften. Trotzdem gibt es vier Haupttypen von Charakteren. Jedem lässt sich eine Jahreszeit zuordnen, in deren Klima er sich besonders wohl fühlt. Jeder Jahreszeit wiederum entspricht eine Grundfarbe – als Hauptton für die Wohnräume.

Frühlingslook Sanguiniker kennt man als echte Gefühlsmenschen: heiter und aufgeschlossen, aber im nächsten Moment oft tief betrübt. Sie setzen auf Tempo und nehmen sich wenig Zeit für sich selbst – so entstehen unter Umständen Missverständnisse mit anderen, die das Leben und die Dinge etwas gelassener sehen. Von den Jahreszeiten entspricht dem Sanguiniker der Frühling, als seine typische Farbe gilt Gelb.

Sommerfarben Melancholiker sind durch und durch Verstandesmenschen. Sie legen Wert auf geordnete Verhältnisse und schätzen Geborgenheit. Sie sehnen sich nach Harmonie und schlichten Streit, zeigen sich hilfsbereit und gelten als zuverlässig. Ihnen entspricht der Sommer mit seiner typischen Grundfarbe: Blau.

Herbsttöne Phlegmatiker sind beständige Ruhepole, man liebt sie für ihr ausgeglichenes Wesen. Manchmal sind sie etwas in sich gekehrt, meist jedoch schlummert in ihnen großes Kommunikationstalent und die Fähigkeit, Kontakte zu knüpfen. Von den vier Jahreszeiten entspricht dem Phlegmatiker der Herbst und seine Farbe: Rot.

Richtig tapezieren:

1. *Wand vorbereiten: Tiefgrund oder Feinmakulatur aufstreichen. Senkrechte ausloten, 50 cm von der Ecke anzeichnen. Wechselgrund erleichtert später den Tapetenwechsel.*
2. *Bahn zuschneiden: Kleister anrühren, Bahnen zuschneiden. Oben 6 cm, unten 4 cm zugeben für Verschnitt. Erste Bahn als Schnittmuster für folgende nehmen.*
3. *Tapete ankleben: Bahn einkleistern, oben 3 cm einknicken und von oben zwei Drittel, von unten ein Drittel einschlagen, weichen lassen. Dann an der Senkrechten ausrichten.*
4. *Kanten markieren: Deckenkante mit Scherenrücken nachfahren, Bahn von der Wand ziehen, abschneiden.*
5. *Übergänge anpassen: Bahnen Stoß an Stoß legen, in Ecken an den Rändern 1 cm überlappen lassen.*
6. *In 4–5 Jahren renovieren: Alte Tapete entfernen, kleine Risse spachteln, größere armieren.*

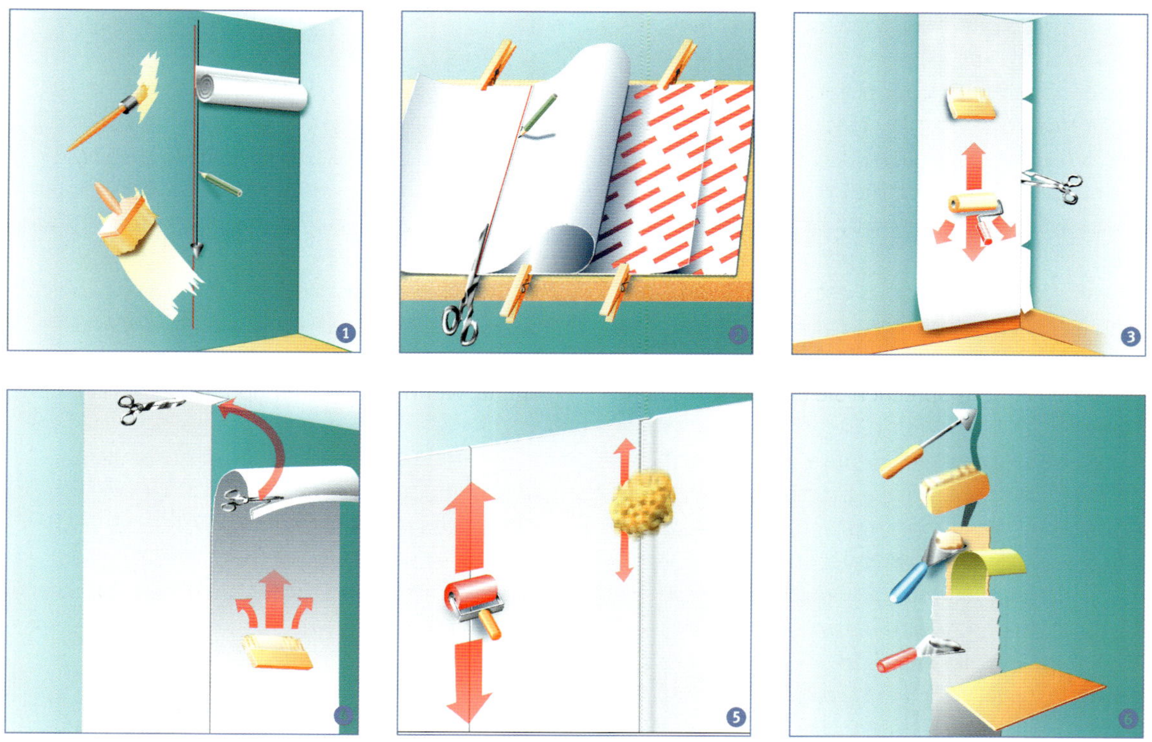

Der richtige Farbton für jeden Typ:
1. *Blau streichelt die Seele, schickt sie auf Harmonie-Reise.*
2. *Rot bringt frische Lebens-Energie und polstert die Nerven.*
3. *Weiß dämpft Alltagsstress, beruhigt die Augen und entrümpelt die Gehirnzellen.*
4. *Gelb hellt die Gedanken auf, macht fröhlich und optimistisch.*

Winterfeeling Choleriker sind temperamentvolle Menschen – gelegentlich für Partner, Freunde und Arbeitskollegen anstrengend und explosiv. Choleriker stellen hohe Anforderungen an sich und andere. Aber ihr Perfektionismus macht es manchmal schwer, den Aufgaben gerecht zu werden. Von den Jahreszeiten entspricht dem Choleriker der Winter und seine typische Grundfarbe: Weiß.

Sie haben sicher erkannt, zu welchem Charaktertyp Sie gehören. Aber: Wir sind nicht Melancholiker *oder* Phlegmatiker, Sanguiniker *oder* Choleriker, sondern tragen Eigenschaften von allen Charaktertypen in uns. Überwiegen nicht die Merkmale eines Typs, gehören Sie zu den Mischtypen – Sie finden Ihre Wohlfühlfarbe nicht immer auf Anhieb. Für Sie führt der Weg zum richtigen Wohn-Ton über die Frage: Welche Jahreszeit passt am besten zu meinem Wesen? Lassen Sie Frühling und Sommer, Herbst und Winter vor Ihrem geistigen Auge passieren und achten Sie dabei auf Ihre Gefühle. Welche Vorstellung löst das größte Wohlgefühl aus: Hummeln in einer Löwenzahnwiese und Kirschblüte, oder Strand und Meeresrauschen? Blätterrascheln und junger Wein oder das Knirschen von Schnee unter den Füßen? Sprechen Sie Ihre persönlichen Farben mit Ihrer besseren Hälfte ab – wahrscheinlich fliegt er/sie auf andere Töne als Sie. Dann handeln Sie Kompromisse aus: Gestalten Sie zum Beispiel das Wohnzimmer nach »seinen« Wünschen, das Schlafzimmer nach »ihren« Bedürfnissen, Küche und Bad in einem Farbmix. Oder einigen Sie sich auf einen durchgehend neutralen Grundton für Wand und Boden und setzen Sie Akzente mit einem roten Sofa für den Phlegmatiker der Familie und einem weißen Sessel für die Cholerikerin.

Bodenbeläge

Die Höhlenmenschen behielten stets den Boden im Auge: Dort lauerte Gefahr, von wilden Tieren oder Stolperfallen. Noch heute steuert uns der Überlebenstrieb: Wenn wir einen Raum betreten, gilt unser erster Blick dem Fußboden. Sofort signalisiert uns das Unterbewusstsein: »Sicherheit« oder »Unbehagen« – weil uns der Boden zu glatt, zu kalt, zu unruhig vorkommt. Die Sinne aber lassen sich täuschen: Kleine Häuser erscheinen großzügiger, wenn ein gleicher Bodenbelag die Räume verbindet. Und Wohnhallen sehen gleich viel heimeliger aus, wenn unterschiedlicher Belag Inseln markiert. In Diele und Küche brauchen Sie einen robusten und pflegeleichten Boden, im Bad soll er Pfützen aushalten und im Kinderzimmer Schall schlucken, im Schlafzimmer nackte Füße wärmen und im Wohnzimmer darf ihm die Fußbodenheizung nichts anhaben.

Holz Parkett gilt als der Klassiker unter den Wohnböden: Es sieht mitunter noch nach Jahrhunder-

Mehr Licht mit Spiegelfliesen

Ein Spiegel macht gute Laune, denn er verdoppelt den Raum und reflektiert Farben. Platzieren Sie Spiegelflächen so, dass sich keine Tür darin spiegelt, sonst sieht das Zimmer unruhig und unübersichtlich aus. Lassen Sie zwischen Wand und Spiegel Abstand. Die Hinterlüftung verhindert, dass der Spiegel durch Feuchte fleckig wird. Spiegelfliesen haften elegant und unsichtbar auf einem starken Spezialklebeband.

tipp

Teppichboden aus Schafwolle reguliert die Raumfeuchte. Es gibt ihn in Naturtönen und froh gefärbt, kuschelweich oder griffig fest.

ten gut aus, unterschiedliche Maserungen und Farbnuancen geben jedem Boden Individualität und machen ihn zeitlos schön. Holzbelag ist ein Kompromiss zwischen warmem Teppich und kühlen Fliesen. Wenn Sie Naturmaterial mögen und Gebrauchsspuren als adelnd empfinden, sollten Sie sich für einen Massivholzboden entscheiden. Er lässt sich immer wieder abschleifen und sieht dann aus wie neu. Wie lange ein Belag hält, hängt von seiner Beanspruchung ab und vom Härtegrad des Holzes, ausgedrückt in HB – die Bezeichnung kennen Sie gewiss von Bleistiften, sie bedeutet »Brinell-Härte«. In weichem Kiefern- und Fichtenholz hinterlassen Schuhabsätze und Hundekrallen rasch Abdrücke, Olivenholz ist viermal so hart mit 4,6 HB. Eiche hat einen Härtegrad von 3,4 HB, Buche 3,3 HB, Ahorn 2,6 HB.

Die preiswertere Alternative zum massiven Parkett ist Fertigparkett: Furnier aus Edelholz verschönert eine Trägerschicht aus Holzfasern. Nachteil: Die feine Nutzschicht reibt sich binnen 10 Jahren ab, eine Neuinvestition wird fällig. Fertigparkett aus Ahorn leuchtet weißlich und dunkelt nach zu sonnigem Gelb. Buche schimmert rötlich, Eiche braun, Kirschholz rosa, später rötlich-weiß. Helle Böden lassen die Wohnfläche in kleineren Räumen größer erscheinen, dunkles Parkett mildert Kühle, die von Wänden oder Möbeln ausgeht.

Laminat Laminatböden sehen aus wie Holz: Ein widerstandsfähiger, transparenter Schichtpressstoff aus Kunstharz überzieht und schützt bedrucktes Papier auf einer Trägerplatte. Es gibt Laminat auch mit frechem Stein- und Nudeldekor und in romantischem Blümchenmuster – stets abriebfest, lichtecht und unempfindlich gegen Flecken, Druck und sogar Glut. Auf herkömmlichem Laminat klackern harte Schuhsohlen laut, Elemente mit integrierter Dämmschicht aus weichen Holzfasern schlucken einen Teil der Trittgeräusche. Mit Fertigparkett und Laminat holt man sich auch die verwendeten Bindemittel und Lacke ins Haus, über deren Zusammensetzung die Packung meist nichts verrät. Einige Firmen lassen ihre Herstellung durch Umweltinstitute überwachen und weisen die Verträglichkeit für Gesundheit und Umwelt nach.

Bambus Sprosse für Sprosse klettert Bambus auf der Karriereleiter der Bodenbeläge nach oben. Seine Materialeigenschaften machen das exotische Parkett zur reizvollen Alternative zu Holz. Die Verstärkungsknoten der Stämme (die Nodien) unterbrechen in unregelmäßigen Abständen die Maserung und geben dem Bodenbelag ein lebendiges Muster. Bambus übertrifft mit seiner extrem dichten Zellstruktur sogar die Festigkeit und Elastizität von Eichen- und Buchenholz. Seine Belastbarkeit auf Zug, Druck und Biegung ist enorm. Im Vergleich zu Holz schwindet und quillt das Material nur gering. Schwankungen im Raumklima beeinflussen Bambusparkett kaum, während Holz stets »arbeitet«. Bambus wird als dreischichtiges, zirka 15 Millimeter hohes Massivparkett angeboten und als zweischichtiges, 10 Millimeter hohes Fertigparkett mit einem Unterzug aus Fichte. Lack versiegelt die Oberfläche geschlossenporig, oder Öl imprägniert sie und lässt die Poren offen. Für die Kontrolle der Qualität und Herkunft von Bambusparkett gibt es keine Gütesiegel – fragen Sie deshalb nach Material- und Umweltzeugnissen unabhängiger Prüfer.

Teppich Teppichboden wärmt die Füße, dämmt Wärme und schluckt Tritt- und Luftschall. Achten Sie auf gute Qualität. Das Deutsche Teppich-Forschungsinstitut prüft Teppiche auf ihren Komfort und ihre Strapazierfähigkeit. Es testet auch, ob der Teppichboden Stuhlrollen aushält oder über der Fußbodenheizung verlegt werden kann, sich für Feuchträume eignet oder sich um Treppenstufen schmiegt. Symbole auf der Teppichrolle geben Auskunft. Die Gemeinschaft umweltfreundlicher Teppichboden GUT prüft Schadstoffe und Umweltverträglichkeit. Bei der Verlegung lösungsmittelfreien Kleber verwenden oder gleich den Teppich verspannen. Vermeiden Sie großes Muster in kleinem Raum. Dunkler Boden zu heller Wand gaukelt Höhe in niedrigen Zimmern vor, ein Quer- oder Längsmuster korrigiert kleine Planungsfehler der Raumproportion, macht Zimmer optisch höher oder breiter. Wie Sie Teppichboden fachgerecht zuschneiden und verlegen, zeigen die Zeichnungen rechts.

Kork Korkparkett ist eine Überlegung wert für Räume, in denen man viel barfuß geht – es leitet Körperwärme so gut wie überhaupt nicht ab. Kork ist zwar teuer, aber dafür unvergleichlich fußwarm. Luftgefüllte Zellen sichern Ihnen einen trittfesten, elastischen Gang, der Gelenke und Wirbelsäule entlastet und Trittlärm von Straßenschuhen super dämpft. Für die Elemente wird Korkeichenrinde geschrotet oder gemahlen, in Bahnen gepresst und auf Trägerplatten gezogen (zweischichtiger Belag) oder zu Quadraten geschnitten (einschichtiger Belag). Das Material gibt es natürlich, gewachst oder versiegelt in unterschiedlichen Stärken und Formaten, auch eingefärbt. Der Belag hält Strapazen aus, weist Wasser ab und lässt sich wie Holzparkett leicht sauber halten. Zwei Gütesiegel geben Auskunft über Qualität und ökologische Kontrolle des Angebots: Das Kork-Logo vom Deutschen Kork-Verband und dem ECO-Umweltinstitut Köln überwacht die Herstellung ab Ernte. Das verbandsunabhängige »Tox-Proof-Label« des TÜV Rheinland garantiert die gesundheitliche Unbedenklichkeit durch regelmäßiges Überprüfen.

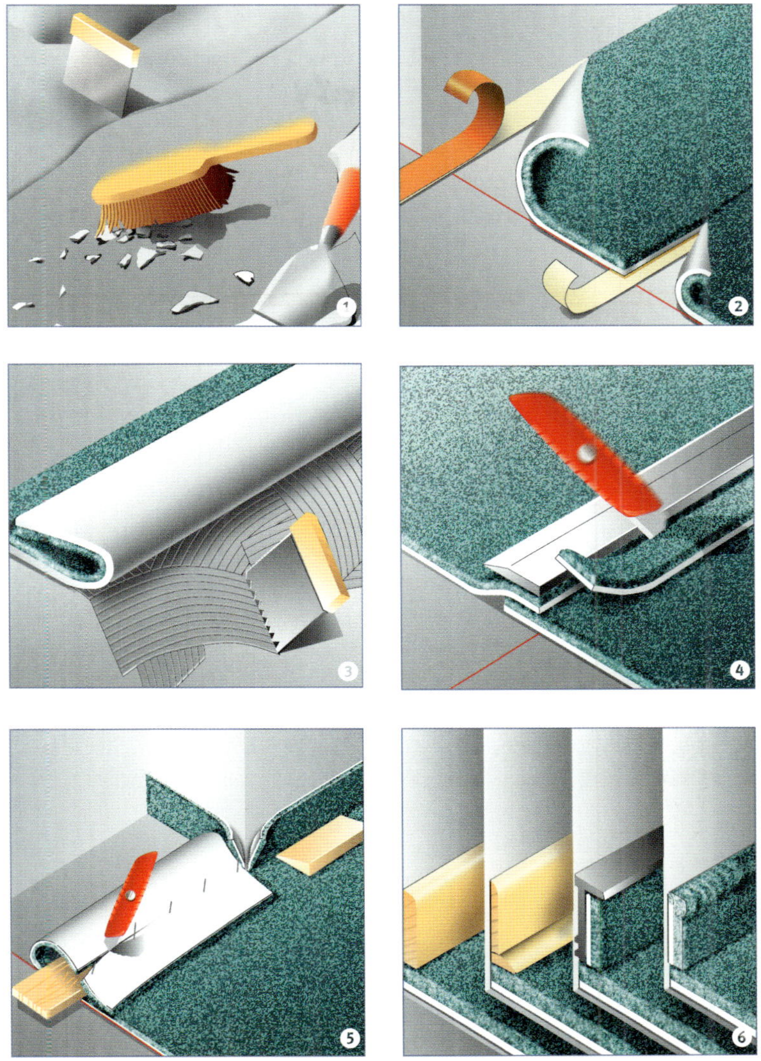

Teppichboden selbst verlegen:
❶ Untergrund vorbereiten: Rohbauschmutz vom Estrich abfegen und diesen grundieren.
❷ Haftband aufreiben: Schutzpapier abziehen, den Teppich drauflegen und fest anpressen – empfehlenswert nur für kleine Teppichstücke.
❸ Kleber aufspachteln: Auf vollflächiger Verklebung haftet Teppich solider – Kleber auf Estrich kämmen, Teppich anwalzen, das geht gut mit dem Wellholz aus der Küche.
❹ Teppich anstückeln: Mit einem Doppelschnitt erhält man saubere Nahtstellen – Stöße stapeln, an Metall-Lineal entlang passgenau schneiden.
❺ Ränder einpassen: Leiste andrücken, Belag durch den Flor abschneiden. Oder mit Nadeln markieren und auf der Rückseite einschneiden.
❻ Randprobleme lösen – von links: Holzleisten annageln, Kunststoff-Profile an Schienen klemmen, Teppichleisten anschrauben oder Kettel-Streifen ankleben.

Fliesen Fachleute unterscheiden Fliesen aus Steinzeug und Steingut. Fußböden belegt man in der Regel mit Steinzeug, das Material ist dichter und härter gebrannt als Steingut, deshalb besonders strapazierfähig. Eine Glasur macht Fliesen noch robuster. Abriebklassen geben Auskunft über die Verschleißfestigkeit:
Fliesen der Gruppe I vertragen nur leichte Beanspruchungen. Sie taugen als Wandkleid im ganzen Haus, als Bodenbelag nur im Bad, das man barfuß betritt oder in Hausschuhen. Fliesen der Gruppe II halten auch Straßenschuhe aus, wenn man den Boden nur leicht beansprucht, etwa in Wohn- und Esszimmer. Fliesen der Gruppe III können Sie unbesorgt in Fluren und Dielen verlegen. Fliesen der Gruppe IV überstehen auch heftiges Scharren im Hauseingang und in Küche, Arbeits- und Wirtschaftsraum. Achten Sie in Nassbereichen auf eine geeignete Rutschhemmung!
Naturstein Zur Wahl stehen harter Granit, kristalliner Marmor und der porenreiche Vulkanstein Lava. Granit ist unempfindlich und fein bis grobkörnig. Marmor verträgt weder Säuren noch Fett oder Öl, braucht Fleckschutz und sieht außergewöhnlich schön aus, wenn er mit Edelstahlbürsten geschliffen und anschließend heiß gewachst wird – eine Arbeit für Fachleute. Antik-Marmor sieht nur aus wie echter Marmor, ist aber keiner. Im Werk werden Abplatzungen auf der Oberfläche erzeugt, um die Platten auf antik zu trimmen. Oft verleiht Sandstrahlen der Oberfläche ein altertümliches Aussehen. Das sieht in Landhäusern wunderschön aus, aber die Oberfläche wird rau und zieht Flecken an. Eine Versiegelung ist empfehlenswert. Keramische Fliesen können Sie mit Geschick selbst verlegen, Naturstein überlassen Sie besser einem Profi. Bestehen Sie auf speziellem Marmorkleber – mit herkömmlichem Fliesenkleber bilden sich später Flecken. Schließen Sie die Fugen zwischen Fliesen oder Natursteinen immer in leichtem Grauton – weiße Fugenmasse verschmutzt auf dem Boden rasch.

Für Restposten gibt es keine Nachkaufgarantie, man profitiert von Preisnachlässen bis 50 %. Beim Fliesenkauf auf die Kanten achten: Glasierte lassen kein Wasser einsickern.

▶ **Eine breite Marktübersicht mit ausführlichen Detail-Infos bieten die infoMalls von „Das Haus“: Eine Vielzahl von Parkett- und Laminatböden, Innentüren, Treppen, Armaturen, Sanitärobjekten und Heizkörpern finden Sie im Internet unter www.haus.de/infomall**

▶ **Bodenbeläge: Parkett, Klick-Parkett und Fliesen verlegen – wie Ihnen das professionell gelingt, erfahren Sie unter www.haus.de/doit**

Innenausbau: Haben wir an alles gedacht?

Der zugige Rohbau wird immer mehr zum Haus, in dem Sie sich künftig wohlfühlen werden. Hoffentlich haben Ihnen die Handwerker keinen Murks untergejubelt, der später Ihre Freude trübt. Kontrollieren Sie die wichtigsten Stationen des Innenausbaus – in dieser Liste zum Abhaken finden Sie kritische Stellen, die auch Laien prüfen können.

Heizungs- und Sanitär-Installation

1. *Alle Komponenten der Heiz- und Lüftungsanlage stimmen mit dem Auftrag überein.* ❍
2. *Der Heizungsmonteur hat uns das Protokoll der Dichtigkeitsprüfung für die Heizungs- und Wasserrohre übergeben.* ❍
3. *Die Heizung hat einen Testlauf bestanden.* ❍
4. *WC-Spülungen funktionieren, Anschlüsse ans Abwasserrohr halten dicht.* ❍
5. *Armaturen sind mit der Beschreibung im Auftrag identisch.* ❍
6. *Maße, Farben, Montagehöhen der Sanitärobjekte sind richtig ausgeführt.* ❍
7. *Warm- und Kaltwasserrohre tragen eine wärmedämmende Hülle.* ❍

Elektro-Installation und Fußbodenestrich

1. *Ausführung, Anzahl und Lage von Schaltern, Steckdosen, Anschlüssen entsprechen dem Auftrag, und alle wurden auf ihre Funktion überprüft.* ❍
2. *Stromverteilerkasten ist übersichtlich beschriftet.* ❍
3. *Dämmung unter dem Estrich und umlaufende Randstreifen wurden vollflächig eingebaut, Bahnen überlappen sich.* ❍
4. *Während der Trocknung des Estrichs wurde Zugluft vermieden.* ❍

Putz, Anstriche und Wandbekleidungen

1. *Installationsschlitze sind abgedeckt oder verspachtelt, Spachtelmasse zieht sich nicht ein.* ❍
2. *Schienen schützen Mauerecken.* ❍
3. *Putzmaterial und Feinheitsstufe entsprechen dem Auftrag.* ❍
4. *Anstrichmaterial passt zum Putz-Untergrund.* ❍
5. *Wände und Decken sind auf Putzrisse und sandenden Putz untersucht.* ❍
6. *Fertige Wände und Decken wurden auf Farbunterschiede untersucht.* ❍
7. *Tapetenstöße sind gerade, Ecken und Übergänge zur Decke sauber gearbeitet.* ❍

Türen, Treppen und Bodenbeläge

1. *Türen schließen dicht ohne Kraftanstrengung.* ❍
2. *Türblätter fallen nicht von allein ins Schloss.* ❍
3. *Zargen, Türen und Beschläge sind ohne Kratzer.* ❍
4. *Tragkonstruktion und Treppenstufen sind beim Einbau nicht beschädigt worden.* ❍
5. *Lauftest zeigt: keine Schallübertragung in Nachbarräume.* ❍
6. *Bodenbeläge haben 1–2 cm »Luft« zu Wänden gegen Verwerfen und Schallübertragung.* ❍

check

Jetzt legen wir den Garten an

Wie aus einer Baustelle ein Paradies wächst

Es dauert 3–4 Jahre, ehe Wüstenei zu einem Garten reift, der etwas hermacht. Halten Sie empfohlene Pflanzabstände ein, auch wenn das Grundstück anfangs nackt aussieht. Denn Bäume, Gehölze und Stauden machen sich breit und so kommt vielleicht Ihre Gartenplanung durcheinander: Sie müssen Pflanzen versetzen, haben aber keinen Platz mehr.

Den Umzug haben Sie gepackt, langsam werden Sie heimisch in Ihrem neuen Haus. Davor und dahinter sieht es sicher wüst aus: Der Humushaufen vom Aushub ist wild bewachsen, hier lagert ein Stapel Mauersteine, dort eine Palette Dachziegel. Der Bauunternehmer holt partout seinen Schuttcontainer nicht ab, das Auto parkt unter freiem Himmel – von einem gepflegten oder gemütlichen Garten noch keine Spur.

Grundstück aufräumen

Sobald erste Frühlingssonne lockt, ziehen Sie mit Ihren Liebsten nach draußen: Jetzt wird rund ums Haus aufgeräumt und das grüne Wohnzimmer angelegt. Suchen Sie zuerst einmal die Grenzsteine für Ihr Grundstück – die gehen durch Buddeln und Fahren auf dem Bauplatz manchmal verloren. Sind sie nicht mehr aufzufinden oder verrutscht: Lassen Sie das Grundstück neu vermessen und vermarken – so beugen Sie jeglichem Streit mit den Nachbarn um »Mein« und »Dein« vor.

Gräben füllen Der Arbeitsraum um den Keller klafft noch, Sie balancieren über ein Brett ins Haus, und quer übers Grundstück tut sich der Graben mit den Anschluss- und Entwässerungsrohren bis zur Straße auf. Handwerker neigen dazu, in Erdlöcher alles Mögliche hineinzuwerfen – Sie klauben jetzt sämtliche Holzreste und Styroporstückchen, Zementsäcke und Flaschen, Mauersteine und Betonbatzen heraus. Scharfkantiges Material zerscheuert die Abdichtung der Kellerwand, organisches zersetzt sich im Lauf der Jahre zu Hohlräumen, über denen sich der Boden senkt. Decken Sie die Dränagerohre und alle übrigen Erdleitungen mit Kies ab, das können Sie mit der Schaufel selber machen. Schieben Sie dann mit einem Leihfahrzeug den groben Baugrubenaushub in Arbeitsraum und Gräben und verteilen ihn auf dem Grundstück – jeweils Lage für Lage. Jede muss mit einer Rüttelplatte sorgfältig verdichtet werden, bevor als lockere Deckschicht der Humus ausgebreitet wird. Die Grobplanie zehrt Kräfte, die Ihnen nach allem Bau- und Umzugsstress vielleicht fehlen, der Bau-

Carport bauen:
1 Fundamente ausheben
2 Elemente bauen, provisorisch mit Latten verstreben, Anker montieren
3 Stützen anklemmen und die Seiten aufrichten
4 Anker einbetonieren
5 Querträger und Dachsparren montieren
6 Dachstuhl diagonal stabilisieren mit Stahlband
7 Schuppen abteilen mit Pfosten und Brettern
8 Anstrich passend zum Haus wählen

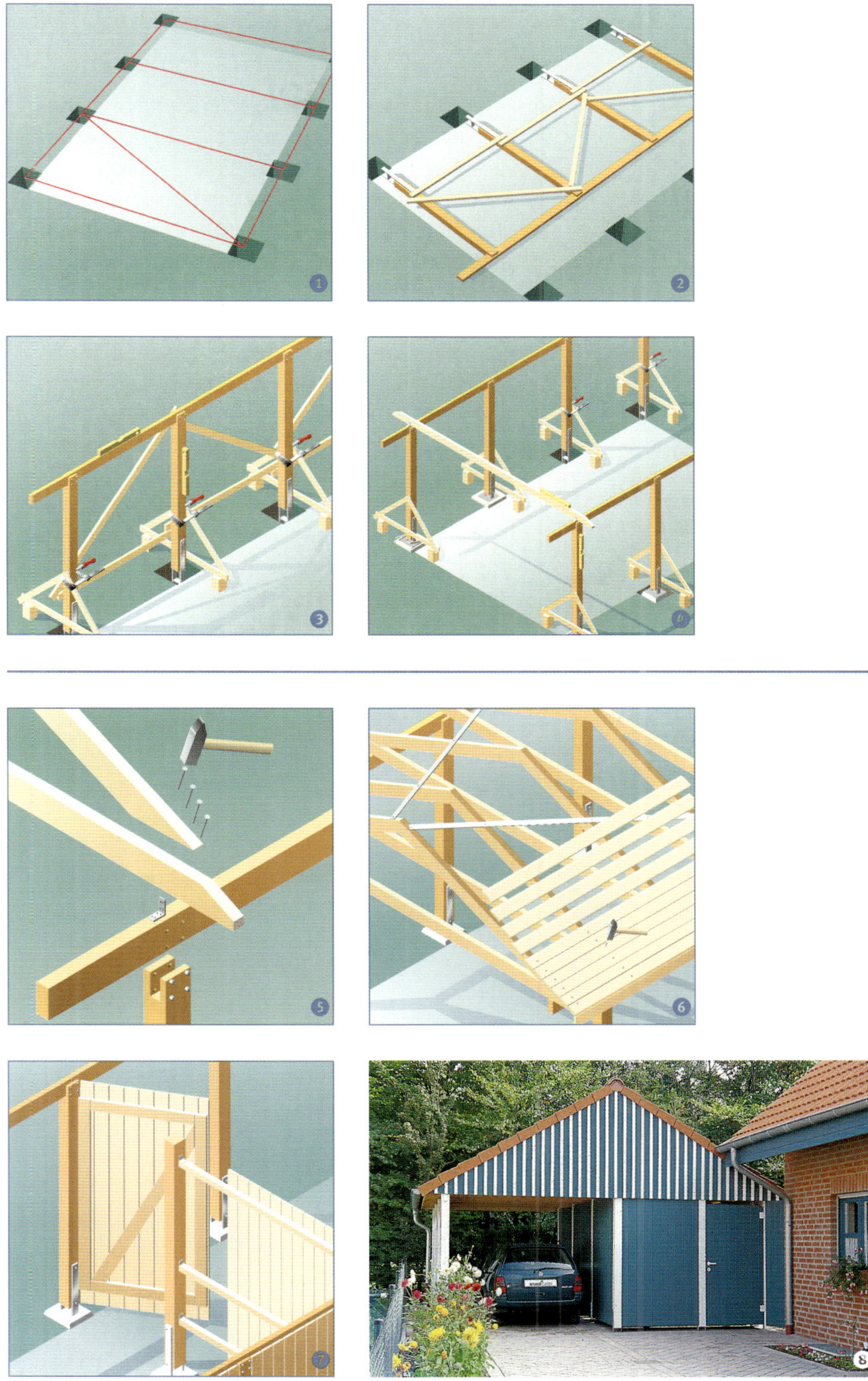

unternehmer bewegt mit seiner Planierraupe die hohen Erdhaufen für etwa 3 Euro pro Quadratmeter Fläche. Sie zahlen also für das Planieren eines 400-Quadratmeter-Gartens etwa 1200 Euro, können sich aber umso schneller Aufgaben widmen, die weniger Knochenarbeit bedeuten: Gestalten Pflanzen – und Genießen. Für den Roh- und Innenausbau gab es eine sinnvolle Reihenfolge der Arbeiten, sie mussten Hand in Hand gehen. Im Garten entscheiden Sie selbst, was am wichtigsten ist und was Zeit hat. Darf der Hund nicht auf die Straße laufen, bauen Sie zunächst den Zaun. Haben Sie aus Kostengründen die Garage auf später verschoben, finden Sie einen Carport vorrangig. Träumen Sie von Ernte noch in dieser Saison, legen Sie Gemüsebeete an.

Auto abstellen

Fertiggaragen gibt es ab 2500 Euro, eine herkömmlich gebaute Garage kostet 5000–10000 Euro. Wer so viel Geld jetzt nicht mehr flüssig hat, verteilt die Investitionen für den Parkplatz über Jahre und steigert den Komfort allmählich. Preiswerte Lösung für den Einstieg: Sie parken Ihr Auto auf einer Kiesfläche oder zwei Fahrspuren aus Betonplatten. Ein Unterbau aus Schotter, Kies und Sand verhindert, dass Regen die Zufahrt aufweicht und das Gefährt einsinkt. Die Fahrstreifen kosten Sie etwa 500 Euro. Münden die in einen Stellplatz mit Betonpflaster von etwa 15 Quadratmeter Fläche, rechnen Sie rund 1000 Euro dazu. Stufe drei: Sie bauen – mit Ihrem Sohn oder Freunden – einen Carport über den Stellplatz. Was Sie brauchen und wie es geht, sehen Sie auf den Zeichnungen rechts.

Garten anlegen

Gebrauchtes Gartenmaterial wie Platten und Steine findet man in der Zeitung, nicht immer ist es billiger als neue Ware. Vergleichen Sie stets die Preise. Terrassenbeläge verlegt man in ein Sandbett, Randsteine müssen rundum betoniert werden. In die Fugen kehren Sie Sand, dann wackeln die Steine nicht.

Vergrößern Sie auf dem Kopierer den Lageplan Ihres Hauses, zeichnen Sie darauf Erdleitungen ein, den Kanalschacht und die Regenwasserzisterne – dort können Sie keine Bäume pflanzen und keinen Teich anlegen. Markieren Sie den Baumbestand auf Ihrem Grundstück, Nachbarbäume entlang der Grenze und jeweils den Schattenbereich. Darin ist es zu kühl für Sitzecke oder Gemüsebeet, aber vielleicht schön zum Grillen am Abend. Schneiden Sie Pappschablonen aus für alles, was Sie sich in Ihrem Garten wünschen: Gartenhaus und Teich, Bank und Brunnen, Kinderschaukel und Hasenstall, Blumen- und Gemüsebeete, Apfelbaum und Komposthaufen. Schieben Sie die Schablonen hin und her, bis sich das Puzzle aus Gartengröße und Vorstellungen fügt. Rücken Sie Plätze und Pflanzen nicht zu dicht aufeinander, um alles unterzubringen. Lassen Sie freie Flächen, auch für die Kinder und Haustiere, verabschieden Sie sich von einigen Wünschen, oder verschieben Sie sie auf später: Für den Teich etwa wird ein Platz frei, wenn die Kinder zu alt sind für den Sandkasten.

Anregungen Gartenarchitekt oder Gartenbaufirma helfen, Ihren Garten zu planen. Günstiger kommen Sie weg, wenn Sie sich aufmerksam in den Nachbargärten umschauen: In welchem würden Sie sich wohlfühlen, und was gefällt Ihnen daran? Was wuchert jenseits des Zauns üppig, welche Pflanzen scheinen zu verkümmern?

Spar-Tipps Viele kleine Ausgaben läppern sich zur großen Rechnung. Starten Sie bescheiden – und billig. Geben Sie der Gartenerde vor der Bepflanzung neue Nahrung. Preiswerter als Düngemittel sind Lupinen: Gelbe Blüten reichern saure Böden an, blaue Lupinen verbessern neutralen und alkalischer Boden – das Landratsamt analysiert Ihre Bodenproben und gibt Tipps für die Pflanzenauswahl. Fragen Sie Nachbarn und Freunde nach Samen und Ablegern. Viele Gartenfreunde sind froh, wenn sie ihre Stauden durch Teilen verjüngen können und nichts wegwerfen müssen. Dicht stehende Sonnenblumen ersetzen im ersten Gartenjahr den Zaun. Legen Sie gegen Ende April Sonnenblumenkerne ins Freiland und decken Sie Erde dünn darüber, die Blumen blühen ab Juli. Eine Hecke aus Liguster oder Johannisbeere lässt sich aus Steckhölzern ziehen: Schneiden Sie im Spätherbst 25 Zentimeter lange Triebe ab und stecken Sie sie in die Erde – im Winter mit Laub oder Tannengrün bedecken. Baumärkte und Pflanzencenter reduzieren im Herbst die Preise für Obstbäume, Rosen und mehrjährige Stauden, auch für Gartenmöbel, Grills und Sonnenschirme – warten Sie mit Bepflanzung und Anschaffungen, bis es Schnäppchen gibt. Dann haben Sie natürlich nur zur Auswahl, was noch angeboten wird. Möchten Sie ganz gezielt bestimmte Pflanzenarten, Sorten oder Farben oder eine besondere Gartenliege: Zum Geburtstag haben Sie sicher einen Wunsch frei.

▶ **Gärtnern: Tipps zu Bäumen und Gehölzen, Rosen und Stauden, Gemüse und Beerenobst finden Sie unter www.haus.de/garten**

Den Garten planen: Schritt für Schritt ins Paradies

Wie soll aus den Erdhaufen rund um das Haus jemals ein Traumgarten werden? Wovon träumen wir überhaupt? Diese Checkliste verrät Ihre Wünsche. Kreuzen Sie an – und hören Sie mal, was Ihre bessere Hälfte und die Kinder dazu sagen.

Wie frieden wir unser Grundstück ein?

1. *Ich finde einen Zaun gut – man versperrt sich nicht die Aussicht und muss nur alle Jahre die Latten streichen, statt zweimal pro Saison Hecke schneiden.* ❍
2. *Eine Hecke gefällt mir besser: Wenn sie erst mal hoch genug ist, linst einem keiner mehr in den Garten, und blühende Büsche muss man nicht mal schneiden.* ❍

Wie legen wir den Weg zur Haustür an?

1. *Mir gefällt, wenn man die Haustür von der Straße aus sieht: Ich wünsche mir einen geraden Weg, mindestens 1 m breit.* ❍
2. *Ich finde verschlungene Wege romantischer.* ❍

Englischer Rasen, Bolzplatz oder Blumenwiese?

1. *Ich habe es gern gepflegt, scheue wöchentliches Mähen nicht: Ich möchte Englischen Rasen, das ist für mich ganz klar!* ❍
2. *Kommt nicht infrage: Die Kinder und der Hund würden ihn rasch verwüsten. Wir brauchen robuste Spielfläche.* ❍
3. *Eine Blumenwiese wäre toll. Damit sie nicht versteppt, würde ich sogar lernen, mit einer Sense zu mähen. Oder ich kümmere mich um jemanden, der das kann.* ❍

Wo ist der beste Platz für Terrasse oder Sitzecke?

1. *Ich möchte schnell frische Kräuter in die Küche holen, und ich esse gern draußen: Ich baue die Terrasse vor die Küche.* ❍
2. *Ich schmökere viel, trinke dazu ein frisches Bier oder ein Glas Wein: Ich wünsche mir eine Terrasse vor dem Wohnzimmer.* ❍
3. *Ich bin Grill-Weltmeister und will zünftig feiern: Ich lege den Sitzplatz abseits vom Haus.* ❍

Welcher Bodenbelag für Terrasse und Sitzplatz?

1. *Betonsteine sind billig, und man kann sie selbst verlegen.* ❍
2. *Ich hätte lieber einen charmanten, natürlichen Belag: Holzroste oder Planken verwittern zwar, gefallen mir aber besser.* ❍
3. *Zu unserem Haus passt Granit- oder Klinkerpflaster am besten. Kostet zwar ein kleines Vermögen, hält dafür ewig.* ❍
4. *Mehr als ein preiswerter Kiesbelag ist wohl momentan nicht drin.* ❍

Blumenrabatten, Gemüsebeete – oder beides?

Ja, ja, ja! Und Beerensträucher, Obstbäume, Tomaten … ❍

Die Plackerei mit dem Gemüse lohnt sich doch gar nicht. ❍

check

So nehmen wir den Bau richtig ab

Arbeiten begutachten, Rechte wahren

Laien erkennen Mängel selten auf den ersten Blick. Bauherren sollten sich Rat von außen holen, empfiehlt der TÜV Rheinland.

Man unterscheidet zwei Arten der Bauabnahme: behördliche und private. Der Kaminkehrer untersucht Schornstein und Heizkessel. Das Bauordnungsamt und beteiligte Genehmigungsbehörden wie Wasserwirtschaftsamt oder Denkmalamt kümmern sich um die Einhaltung baurechtlicher Belange. Ob und was geprüft werden muss, entscheidet die Behörde von Fall zu Fall. Eine Prüfpflicht besteht nicht, d.h. man ist als Bauherr selbst verantwortlich, ob die Gesetze eingehalten wurden. Abnahmen durch die Behörden zeigen lediglich, ob Sie sich als Bauherr an die Formalien gehalten haben. Überspitzt formuliert: Solange das Dach nicht höher gebaut wurde als genehmigt, kann es ruhig hineinregnen. Die amtliche Bauabnahme bewahrt Häuslebauer nicht vor Schaden: Übersieht die Bauaufsichtsbehörde Mängel an einem genehmigungspflichtigen Gebäude, hat der Bauherr allenfalls in seltenen Ausnahmefällen Anspruch auf Schadensersatz. Bauen Sie gar im vereinfachten Genehmigungsverfahren, verwahren sich Gemeinde und Bauaufsichtsbehörde generell gegen eine Haftung – weil für beide eine Prüfpflicht gar nicht besteht. Bauherren können sich nur selber vor Handwerkerpfusch schützen – mit einer privaten Bauabnahme. Warten Sie damit nicht bis zum Einzug: Hinter einer montierten Wandbekleidung lässt sich nicht mehr erkennen, ob eine Wand im Lot steht, und ein Leck in der Fußbodenheizung fällt erst auf, wenn sich das Parkett wirft. Sobald die Handwerker eines Gewerks ihre Arbeit beendet haben, müssen Sie die Leistung abnehmen. Als Laie stößt man allerdings schnell an seine Wissensgrenzen. Selbst Fachleute müssen manchmal doppelt hinsehen, bevor ihnen Pfusch auffällt.

Abnahme

In vielen Bauverträgen ist leichtsinnigerweise nicht eindeutig geregelt, wann und in welcher Form Abnahmen durchgeführt werden. Wichtig: Mit der Abnahme kehrt sich die Beweislast um. Das bedeutet für Sie: Vor Ihrer Abnahme muss der

Handwerker sollen sich die Baustelle übergeben wie Staffelläufer den Stab: Lassen Sie jeweils den Nachfolger unterschreiben, dass sein Vorunternehmer ordnungsgemäße Arbeit geleistet hat.

Handwerker einwandfreie Arbeit beweisen, wenn Sie etwas beanstanden. Mit der Abnahme geht die Beweislast an Sie über: Sie müssen Mangel, Ursache und eventuell Folgeschäden beweisen, das ist nur möglich mit Überblick und Erfahrung – und wie gerichtliche Auseinandersetzungen zeigen, manchmal gar nicht. Wer zu diesem Zeitpunkt die Beweislast trägt, unterliegt oft – und zahlt. Vorsicht, als »abgenommen« gilt eine Leistung schneller, als Sie vielleicht ahnen. Nach der VOB, der Verdingungsordnung für Bauleistungen, gibt es vier unterschiedliche Arten der Abnahme:

Stillschweigende Abnahme Man nennt sie auch »konkludente« Abnahme, denn sie erfolgt durch schlüssiges Handeln des Bauherrn: Der Handwerker zieht ab, und Sie zahlen seine Rechnung oder nutzen seine Leistung, ziehen also zum Beispiel in das Haus des Bauträgers ein, oder schalten den Heizkessel des Installateurs an. Schon nach 6 Tagen dürfen Unternehmer oder Handwerker aus Ihrem Verhalten schließen, dass Sie ihre Arbeit akzeptieren, auch ohne Ihre ausdrückliche Zustimmung. Die 6 Tage bleiben Ihnen als Prüffrist – bemerken Sie beispielsweise ein Klopfen in der Heizung, müssen Sie dem Handwerker dies sofort mitteilen. Gültig ist nur eine schriftliche Mängelrüge, die rechtzeitig beim Handwerker eintrifft. Sollte sich der Mangel erst am Wochenende herausstellen: Brief schreiben und den Handwerker vom Sofa klingeln!

Ausdrückliche Abnahme Sie heißt auch »erklärte« Abnahme: Bauunternehmer oder Handwerker haben ihre Leistung fertiggestellt und teilen Ihnen mündlich oder schriftlich mit, dass eine Abnahme möglich wäre. Dafür haben Sie ab Mitteilung 12 Tage Zeit. Machen Sie von dem Angebot zur Abnahme keinen Gebrauch, gilt ab dem 13. Tag das Motto: Schweigen bedeutet Zustimmung. Für die ausdrückliche Abnahme von Bauleistungen gibt es keine vorgeschriebene Form. Sie können durch Ihren Bau wandern, Ihrem Augenschein oder dem Handwerker vertrauen und Ihr Okay geben. Viele Bauherren verzichten sogar darauf, weil sie Konflikte peinlich finden und Schreibkram scheuen. Es gibt gewiss ganz viele Ausnahmen, aber in der Regel neigen Männer dazu, die Dinge laufen zu lassen und Mängel zu schlucken. Frauen sind oft die kritischeren Bauherren, und Handwerker lassen sich von ihnen widerstandsloser erweichen, eine Marmorplatte mit Farbabweichung auszutauschen oder das WC wieder abzubauen und in vereinbarter Höhe zu montieren.

Fiktive Abnahme Die Leistung gilt automatisch als »fiktiv abgenommen«, wenn Sie sie nicht innerhalb von 12 Tagen abnehmen. Der Handwerker macht Sie nicht auf die Abnahme aufmerksam und schickt eine Rechnung: Sie sind jetzt klug und

Abnahme: Was bedeutet sie für uns?

Mit der Unterschrift unter das Abnahmeprotokoll bestätigen Sie Ihre Zufriedenheit mit der Leistung des Handwerkers. Jetzt hat er Anspruch auf Bezahlung, und die Gewährleistungsfrist beginnt, die Garantiezeit für die Arbeit – bis zu ihrem Ablauf muss der Handwerker Mängel gratis nachbessern. Vor der Abnahme muss der Handwerker seine Unschuld nachweisen, danach Sie seine Schuld.

info

Nach der Abnahme beginnt die Gewährleistung. Zeigt sich in dieser Zeit ein Baumangel, haftet der Handwerksbetrieb – je nach Vertrag 2–5 Jahre lang.

Was sollen wir zur Abnahme mitnehmen?

Ein Mangel liegt vor, wenn die Bauleistung vom Auftrag abweicht und ihr deshalb eine vereinbarte Eigenschaft fehlt, sie unbrauchbar oder weniger wert ist. Nehmen Sie also Ausschreibung und Auftrag oder die Baubeschreibung mit, vergleichen Sie diese Punkt für Punkt mit der Ausführung. Das dauert – gibt der Handwerker Eile vor, vertagen Sie sich. Leisten Sie keine Unterschrift unter Zeitdruck!

tipp

wissen, dass Bezahlen eine »stillschweigende Abnahme« ist. Also lassen Sie die Rechnung einfach liegen ... Keine gute Idee, auch dies darf nach 12 Tagen als »fiktive Abnahme« gewertet werden. Wer sichergehen will, schließt im Handwerker-Auftrag stillschweigende oder fiktive Abnahme aus und vereinbart als zwingend eine förmliche Abnahme nach Fertigstellung der Leistung.

Förmliche Abnahme Sollten Sie sich die Beurteilung der Leistungen nicht zutrauen, bevollmächtigen Sie mit dieser Aufgabe Ihren Architekten oder einen unabhängigen Sachverständigen – übertragen Sie ihm die »förmliche Abnahme«. Banken und Versicherungen als Kreditgeber bieten zunehmend die Überwachung von Erdarbeiten und Roh- und Innenausbau an. Baucontrolling während der Bauphase, Zwischenabnahmen und Schlussabnahme durch Geologen und Ingenieure soll die Baufinanzierung des Instituts attraktiver machen – eine gute Sache, die den Kredit freilich verteuert. Die Verbraucherschutzorganisation »Ver-band Privater Bauherren« (Ruf 030 - 27 89 010) überwacht die Bauqualität vielfach günstiger als Banken. Sie können nach jedem Gewerk anrufen und eine Zwischenabnahme erbitten, das Gleiche gilt für den Bauherren-Schutzbund (Ruf 030 - 312 80 01) und den TÜV Bau und Betrieb (Ruf 089 - 57 91 25 40).

Abnahmeprotokoll Der Ablauf einer förmlichen Abnahme ist in der VOB geregelt: Handwerker und Bauherr oder dessen Vertreter, z.B. ein Architekt, besichtigen die Baustelle, sobald ein Gewerk fertiggestellt ist. Bei der Begehung wird festgestellt, was korrekt ausgeführt wurde, wo sich Mängel befinden und was fehlt. Ein schriftliches Protokoll hält das Ergebnis fest. Damit es beiden Vertragspartnern Rechtssicherheit gibt und als Grundlage für eine eventuelle juristische Auseinandersetzung taugt, sollte es folgende Punkte enthalten: Adressen von Bauherr, Baustelle und Handwerker, die Teilnehmer der Baubegehung, Bezeichnung, Auftragsnummer, Beginn und Fertigstellung der Bauleistung, exakte Benennung der Mängel, Terminvorgabe für die Mängelbeseitigung und Einwände des Handwerkers. Sind Vertragsstrafen ausgehandelt, kommt ins Protokoll der Zusatz, dass sie noch eingefordert werden – fehlt er, verlischt der Anspruch. Handelt es sich um unwesentliche Mängel, unterschreiben Sie das Protokoll vorbehaltlich der Mängelbeseitigung. Bis zur tatsächlichen Abnahme bleibt der Handwerker verantwortlich für Schäden an seiner Leistung. Muss der Schreiner etwa eine falsche Verglasung wechseln und verkratzt dabei den Fensterrahmen, geht das auf seine Kappe. Würden Sie seine Leistung vor der Mängelbeseitigung abnehmen, ginge der Kratzer zu Ihren Lasten. Entdecken Sie gravierende Mängel, verweigern Sie die Abnahme vollständig bis zur Beseitigung – sobald Sie die Abnahme erklären, beginnt auch die Gewährleistungsfrist, also die Garantie für Bauleistungen.

Mängelbeseitigung

Weigert sich der Handwerker, den Mangel zu beseitigen: Stellen Sie bei Gericht einen Antrag auf ein Beweissicherungsverfahren, es bringt die meisten Unternehmen zur Einsicht, und das gerichtliche Gutachten wird – im Gegensatz zu Privatgutachten – vor Gericht als Verhandlungsgrundlage anerkannt. Friedlicher ist ein außergerichtliches Schiedsgutachten, dessen Ergebnis sich die Kontrahenten rechtsverbindlich beugen – unabhängig vom Ergebnis.

Ruhig bleiben Nicht alles, was Sie stutzen lässt, zählt als Baumangel. Was als Baumangel gilt, lesen Sie im Kasten links. Wichtig ist, was im Auftrag vereinbart wurde. Beanstanden Sie nur Abweichungen zwischen Soll- und Ist-Zustand und bedenken Sie, dass Bauen Sie dünnhäutig macht – ein Riss in der Tapete scheint katastrophal. Bevor Sie den Maler zusammenstauchen: Bringen Sie ihm ein Bier oder ein Stück Kuchen vorbei und reden Sie mit ihm – Sie werden sehen, wie schnell er den Mangel beseitigt. Vielleicht ist das sogar der Beginn einer wunderbaren Freundschaft.

▶ **Bauabnahme: Der Verband Privater Bauherren hilft Ihnen dabei. Wie Sie Mitglied werden, erfahren Sie unter www.vpb.de**

Abnahme: Wie legen wir ein Protokoll an?

Begutachten Sie die Arbeit jedes Gewerks, sobald sie fertig ist. Legen Sie ein Abnahmeprotokoll an – was drinstehen muss, lesen Sie hier. Handwerker vergessen manchmal Kleinigkeiten. Gehen Sie vor dem Einzug mit der Liste durchs Haus. Kreuzen Sie an, was unter Umständen noch erledigt werden muss.

Abnahmeprotokoll

1. *Es enthält Datum, Namen und Adressen von Bauherr, Baustelle und Handwerker/Bauunternehmer*
2. *Alle Teilnehmer der Abnahme sind genannt*
3. *Gewerk und Bauleistung, Auftragsnummer, Beginn und Fertigstellung sind aufgeführt*
4. *Vereinbarter Fertigstellungstermin und eventuelle Terminüberschreitung sind eingetragen*
5. *Vorbehalt von Vertragsstrafe ist vermerkt.*
6. *Falls nötig: Alle Mängel sind aufgelistet*
7. *Bis zur Mängelbeseitigung wird der Betrag festgelegt, den Sie einbehalten*
8. *Protokoll enthält die Frist zur Mängelbeseitigung.*
9. *Dem Protokoll sind Fotos oder ein Videofilm des Baumangels beigefügt, diese Anlage wird erwähnt.*
10. *Bauherr und Architekt/Bauleiter/Gutachter erklären ohne Baumängel die Abnahme.*
11. *Arbeiten mit kleinen Mängeln werden vorbehaltlich abgenommen, mit wesentlichen Mängeln die Abnahme verweigert.*
12. *Beginn und Ende der Gewährleistung sind schriftlich fixiert.*

Rundgang ums Haus

1. *Gerüst abgebaut*
2. *Schuttcontainer abgeholt*
3. *Baustelle aufgeräumt*
4. *Traufschalung montiert*
5. *Windbrett angebracht*
6. *Trittstufen für Kaminkehrer auf dem Dach*
7. *Balkenköpfe abgedeckt*
8. *Schornsteinkopf bekleidet und Öffnung überdeckt*
9. *Fensteranschlüsse verfugt und beigeputzt*
10. *Fensterbankanschlüsse verfugt und beigeputzt*
11. *Anschlüsse an vorgebaute Rollladenkästen verfugt und beigeputzt*
12. *Holz-Schnittkanten am Dachstuhl imprägniert*

Kontrolle der Innenräume

1. *Frei liegende Anschlusskabel für Leuchten mit Isolierband umwickelt*
2. *Schalter und Steckdosen installiert, auch in Keller, Hauswirtschaftsraum, Abstellkammer und auf dem Dachboden*
3. *Fußbodenleisten und Fliesensockel verlegt*
4. *Wandfugen an Fenstern und Türen geschlossen und beigeputzt*
5. *Wandfugen rund um Sanitärobjekte dauerelastisch geschlossen*
6. *Über Wechsel im Bodenbelag Leisten verlegt*
7. *Sämtliche Installationspläne und Betriebsanleitungen ausgehändigt*

check

Hersteller-Adressen

Armaturen

Aloys F. Dornbracht GmbH & Co. KG
Köbbingsermühle 6
58640 Iserlohn
Telefon 02371 - 433-480
Fax 02371 - 433-129,
www.dornbracht.com

Grohe GmbH
Zur Porta 9
32457 Porta Westfalica
Telefon 0571 - 39 89 333
Fax 0571 - 39 89 999
impressum@grohe.de
www.grohe.de

Jörger Armaturen und Accesoires Fabrik GmbH
Seckenheimer Landstr. 270–280
68163 Mannheim
Telefon 0621 - 41 09 701
Fax 0621 - 41 09 710
www.joerger.de

Vola GmbH
Schwanthalerstr. 75 a
80336 München
Telefon 089 - 59 99 590
Fax 089 - 59 99 59 90
vola@vola.de
www.vola.de

Baustoffe und Werkzeuge

Arge Ziegeldach e.V.
Schaumburg-Lippe-Str. 4
53113 Bonn
Telefon 0228 - 91 49 3-0
info@ziegel.de
www.ziegeldach.de

Braas Monier GmbH
Frankfurter Landstr. 2–4
61440 Oberursel
Telefon 06171 - 61014
brass.de@monier.com
www.braas.de

Bundesverband Porenbetonindustrie e.V.
Postfach 21 02 63
30402 Hannover
Telefon 0511 - 39 08 97-7
info@bv-porenbeton.de
www.bv-porenbeton.de

Dennert Poraver GmbH
Mozartweg 1
96132 Schlüsselfeld
Telefon 09552 - 92 977-0
info@poraver.de
www.poraver.de

Deutsche Poroton GmbH
Kochstr. 6–7
10969 Berlin
Telefon 030-25 29 44 99
mail@poroton.org
www.poroton.org

Eternit AG
Im Breitenspiel 20
69126 Heidelberg
Telefon 06224 - 701 - 0
www.eternit.de

Haniel/Fels + Hebel Bau-Industrie GmbH
Franz-Haniel-Platz 6–8
47119 Duisburg
Telefon 0203 - 80 6-0
Fax 0203 - 80 61 51
e-mail info.hb@haniel.de

Jacobi Tonwerke GmbH
Osterroder Str. 2
37434 Bilshausen
Telefon 05528 - 91 00
vertrieb@jacobi-tonwerke.de
www.jacobi-tonwerke.de

KS Info-GmbH
Postfach 21 01 60
30401 Hannover
Telefon 0511 - 27 954-0
Fax 0511 - 27 954-54
www.kalksandstein.de

Liapor GmbH & Co. KG
Industriestr. 2
91352 Hallerndorf
Telefon 09545 - 44 80
info@liapor.com
www.liapor.com

Metabowerke GmbH & Co.
Postfach 12 29
72622 Nürtingen
Telefon 07022 - 72-0
Fax 07022 - 72 24 98
metabo@metabo.de
www.metabo.de

Neuschwander GmbH
Neippbergerstr. 41
74336 Brackenheim
Telefon 07135 - 96 10 90
info@neuschwander.de
www.neuschwander.de

Osmo Holz und Color GmbH & Co. KG
Afhüppen Esch 12
48231 Warendorf
Telefon 02581 - 922-100
Fax 02581 - 922-200
info@osmo.de
www.osmo.de

Pfreundt GmbH
Ramsdorfer Straße 10
46354 Südlohn
Telefon 02862 - 98 07
Fax 02862 - 98 07-99
info@pfreundt.de
www.pfreundt.de

Praktik Haus Bausysteme GmbH & Co.
Lechwiesenstr. 13
86899 Landsberg/Lech
Telefon 0800 - 700 605 0
info@praktikhaus.de
www.praktikhaus.de

Rathscheck Schiefer und Dach-Systeme KG
St.-Barbara-Str. 3
56727 Mayen-Katzenberg
Telefon 02651 - 955-0

Remmers Baustofftechnik GmbH
49624 Löningen
Telefon 05432 - 83-0
Fax 05432- 83-708
info@remmers.de
www.remmers.de

Sto AG
Ehrenbachstr. 1
79780 Stühlingen
Telefon 07744 - 57-0
Fax 07744 - 57 21 78
www.sto.de

Unipor-Ziegel Marketing GmbH
Landsberger Str. 392
81241 München
Telefon 089 - 74 98 67-0
www.unipor.de

Wienerberger GmbH
Oldenburger Allee 26
30659 Hannover
Telefon 0511 - 61 070-0
www.wienerberger.de

Xella Deutschland GmbH
Dr.-Hammacher-Str. 49
47119 Duisburg
Telefon 0800 - 5235665
info@xella.com
www.ytong-silka.de

Ytong Bausatzhaus GmbH
Dr.-Hammacher-Str. 49
47119 Duisburg
Telefon 0203 - 93 30-200
info@ytong-bausatzhaus.de
www.ytong.de

Dämmstoffe

Unidek GefinexGmbH
Carl-Benz-Str. 8
33803 Steinhagen/Westfalen
www.gefinex.de

Woolin
A-9932 Innervillgraten 116
Telefon 0043 - 4843 - 5520
woolin@woolin.info
www.woolin.info

Farben und Tapeten

Akzo Nobel Deco GmbH
Vitalisstr. 198–226
50827 Köln
Telefon 0221 - 58 810
dulux.de@akzonobel.com
www.dulux.de

Caparol GmbH
Farben Lacke Bautenschutz
Roßdörfer Str. 50
64372 Ober-Ramstadt
Telefon 06154 - 71-0
Fax 06154 - 71-643
info@caparol.de
www.caparol.de

Heinetex Tapeten-Verlag GmbH
Siemensstr. 8
67346 Speyer
Telefon 06232 - 31 54-0
Fax 06232 - 31 54-45

Marburger Tapetenfabrik J.B. Schaefer GmbH & Co. KG
Bertram-Schaeffer-Str. 11
35274 Kirchhain
Telefon 06422 - 81-0
contact@marburger.com
www.marburger.com

Osborne & Little
Telefon 089 - 23 54 68 38
Fax 089 - 260 50 01
www.osborneandlittle.com
Showroom
Ottostr. 10
80333 München

Fassade und Sonnenschutz

Eternit AG
Ernst-Reuter-Platz 8
10587 Berlin
Telefon 030 - 34 85-0
Fax 030 - 34 85-319
www.eternit.de

Reflexa-Werke Albrecht GmbH
Silbermannstr. 29
89364 Rettenbach
Telefon 08224 - 999-0
Fax 08224 - 26 36
www.reflexa.de

Roma Rollladensysteme GmbH
Ostpreußenstr 9
89331 Burgau
Telefon 08222-40 00-0
Fax 08222-40 00-72
www.roma.de

Velux GmbH
Postfach 54 02 60
22502 Hamburg
Telefon 0180 - 33 33 399
(9 Cent/Minute)
www.velux.de

Fertigbau und Fertighäuser

Bau-Fritz GmbH & Co. KG
Alpenstr. 25
87746 Erkheim/Allgäu
Telefon 08336 - 900-0
info@baufritz.com
www.baufritz.de

Griffnerhaus AG
Gewerbestr. 3
A-9112 Griffen
Telefon 0043 - 4233 - 22 37
Fax 0043 - 4233 - 22 375

Gussek Haus
Euregiostr. 7
48527 Nordhorn
Tel: 0 59 21 / 1 74-0
hausinfo@gussek.de
www.gussek-haus.de

Gütegemeinschaft Fertigkeller e. V.
Flutgraben 2
53604 Bad Honnef
Telefon 02224 - 93 77-0
Fax 02224 - 93 77-77
info@bdf-ev.de
www.bdf-ev.de

Haacke Haus GmbH & Co. KG
Postfach 1253
29202 Celle
Telefon 05141 - 80 50
www.haacke-haus.de

Kampa GmbH
Schwabstr. 42
89555 Steinheim am Albuch
Telefon 07329 - 951-0
info@kampa.de

Okal Haus GmbH
Argenthalerstr. 7
55469 Simmern
Telefon 0800 - 65 25 42 87
info@okal.de
www.okal.de

Platz Haus Carl Platz GmbH & Co.
Platzstr. 6
88348 Bad Saulgau
Info-Line: 07581 - 201-0
info@platz.de
www.platz.de

SchwörerHaus KG
Hans-Schwörer-Str. 8
72531 Hohenstein-Oberstetten
Telefon 07387 - 160
info@schwoerer.de
www.schwoerer.de

WeberHaus GmbH & Co. KG
Eschweg 8
77866 Rheinau-Linx
Telefon 07853 - 83-0
Fax 07853 - 83-341
www.bauforum.com

Haustechnik

ADCO Umweltdienste Holding GmbH Mobil-WC
Halskestr. 33
40880 Ratingen
Telefon 02102 - 85 20
info@adco.de
www.toitoidixi.de

AEG/EHT-Haustechnik GmbH
Gutenstetter Str. 10
90449 Nürnberg
www.aeg-haustechnik.de

AL-KO Geräte GmbH
Ichenhauser Str. 14
89359 Kötz
Telefon 08221 - 97 - 0
info@al-ko.de
www.al-ko.de

Deutsches Kupferinstitut
Am Bonneshof 5
40474 Düsseldorf
www.kupferinstitut.de

DJD Deutsche Journalistendienste GmbH
Bahnhofstr. 44
97234 Reichenberg
Telefon 0931 - 60 090
www.djd.de

ELV Elektronik AG
Maiburgerstr. 29-36
26787 Leer
Telefon 0491 - 60 08 -88
Fax 0491 - 60 08 123
www.elv.de

Gira Giersiepen GmbH & Co KG
Postfach 12 20
42461 Radevormwald
Telefon 02195 - 602-0
Fax 02195 - 602-199
www.gira.de

IWO Institut für wirtschaftliche Ölheizung e.V.
Süderstr. 73 a
20097 Hamburg
Telefon 040 - 23 51 13-0
www.iwo.info

Maico Ventilatoren
Steinbeisstr. 20
78056 Villingen-Schwenningen
Telefon 07720 - 694-0
info@maico.de
www.maico-ventilatoren.com

Wagner & Co. Solartechnik GmbH
Zimmermannstr. 12
35091 Cölbe
Telefon 06421 - 80 07-0
www.wagner-solartechnik.com

Heiztechnik

AdK
Rathausallee 6
53757 St. Augustin
Telefon 02241 - 20 39 79
info@kachelofenwelt.de
www.kachelofenwelt.de

Austroflamm GmbH
Austroflamm-Platz 1
A-4631 Krenglbach
Telefon 0043 - 72 49 - 464 43-0
Fax 0043 - 72 49 - 466 36
info@austroflamm.com
www.austroflamm.com

Bosch Thermotechnik GmbH
Sophienstr. 30–32
35573 Wetzlar
Telefon 06441 - 418-0
info@buderus.de
www.buderus.de

Danfoss GmbH
Carl-Legien-Str. 8
63073 Offenbach
Telefon 069 - 89 020
waerme@danfoss.de
www.danfoss.de

Hase Kaminofenbau GmbH
Niederkircher Str. 14
54294 Trier-Zewen
Telefon 0651 - 82 69-0
info@hase.de
www.hase.de

Oswald Kachelöfen & Kamine
Eggenfeldener Str. 46 a
84326 Falkenberg
Telefon 08727 - 96 93 0
Fax 08727 - 96 93 01
info@feuerskulpturen.de
www.feuerskulpturen.de

Rotex GmbH
Langwiesenstr. 10
74363 Güglingen
Telefon 07135 - 103-0
www.rotex-heating.com

SenerTec GmbH
Carl-Zeiß-Str. 18
97424 Schweinfurt
Telefon 09721 - 65 10
info@senertec.com

Solar Projekt Energiesysteme GmbH
Stettiner Str. 7
88250 Weingarten
Telefon 0751 - 56 033-0
www.solar-projekt.de

Sommerhuber GmbH
Resthofstr. 69
A-4400 Steyr
www.sommerhuber.com

Stiebel Eltron GmbH & Co. KG
Dr.-Stiebel-Straße
37603 Holzminden
Telefon 0180 - 3 702003
Fax 0180 - 3 702015
info-center@stiebel-eltron.de
www.stiebel-eltron.de

Tulikivi OYJ
Wernher-von-Braun-Str. 5
63263 Neu-Isenburg
Telefon 05163 - 29 03 85
jens.schiedrich@tulikivinet.de
www.tulikivi-fachgeschaeft.de

Vaillant GmbH & Co.
Berghauser Str. 40
42859 Remscheid
Telefon 0180 - 58 24 55 268
www.vaillant.de

Wieland Werke AG
Graf-Arco-Str. 26
89079 Ulm
Telefon 0731 - 944-0
www.cuprotherm.de

Wolf GmbH
Postfach 13 80
84048 Mainburg
Telefon 08751 - 74-0
webmaster@wolf-heiztechnik.de
www.wolf-heiztechnik.de

Zehnder-Wärmekörper GmbH
Almweg 34
77933 Lahr
Telefon 07821 - 58 6 - 0
Fax 07821 - 58 6-2 26
info@zehner-systems.de
www.zehnder-gmbh.com

Sanitärobjekte

Keramag AG
Kreuzerkamp 11
40878 Ratingen
Telefon 02102 - 916-0
Fax 02102 - 916-312
www.keramag.com

Treppen, Türen, Beschläge

Hoppe Holding AG
Via Friedrich Hoppe
CH-7537 Müstair
info.ch@hoppe.com

Jeld-Wen GmbH & Co. KG
August-Moralt-Str. 1–3
86732 Oettingen
Telefon 09082 - 71-0
Fax 09082 - 71-111

Treppenmeister
Emminger Str. 38
71131 Jettingen
Telefon 07452 - 886-0
Fax 07452 - 74 240
www.treppenmeister.com

Sonstiges

Heinrich Kopp GmbH
Alzenauer Str. 66–70
63796 Kahl a. Main
Telefon 06188 - 40
vertrieb@kopp.eu

Homeway GmbH
Liebigstr. 6
96465 Neustadt
Telefon 09568 - 89 79 30
info@homeway.de

Loft
Elgersdorf 36
91448 Markt Emskirchen
Telefon 09104 - 86 04 87
Fax 09104 - 86 04 88

Wolfcraft GmbH
Wolffstr. 1
56746 Kempenich
Telefon 02655 - 510
Fax 02655 - 51 200
www.wolfcraft.de

Wools of New Zealand Marketing
Postfach 4142
40699 Erkrath
Telefon 02104 - 83 31-0
Fax 02104 - 83 31-20
www.woolsnz.com

Abbildungsverzeichnis

Wir danken für das Bildmaterial:

Fotos:
Seite 1: Thomas Dix/DAS HAUS; Seite 2 oben: Ingolf Hatz/DAS HAUS; Seite 2 unten: Creative/Getty Images; Seite 3 oben: Ingolf Hatz/DAS HAUS; Seite 3 unten: mauritius images/Jürgen Wisckow; Seite 4 oben: Haniel/Hebel; Seite 4 unten, 5: Creative/Getty Images; Seite 6/7: Ingolf Hatz/DAS HAUS; Seite 8–25: Creative/Getty Images; Seite 26: Bau-fritz-Haus; Seite 27: Creative/Getty Images; Seite 28: Jörg Winde/DAS HAUS; Seite 31: Bernhard Friese/DAS HAUS; Seite 32: Siegfried Gragnato/DAS HAUS; Seite 33: Ingolf Hatz/DAS HAUS; Seite 34: Creative/Getty Images; Seite 39 links: Heinrich Hinsenhofen/DAS HAUS; rechts: Friedrich Busam/DAS HAUS; Seite 41–43: Creative/Getty Images; Seite 44: Hans Engels/DAS HAUS; Seite 46 Nr. 1 und 3: Reiner Blunck/DAS HAUS; Nr. 2: Platz/Haus; Nr. 4 und 6: Andreas Keller/DAS HAUS; Nr. 5: Jörg Winde/DAS HAUS; Nr. 7: Baufritz-Haus; Nr. 8: Haake-Haus; Seite 47: Thomas Lomberg/DAS HAUS; Seite 48: Creative/Getty Images; Seite 50 Nr. 1: Friedrich Busam/DAS HAUS; Nr. 2: Thomas Dix/DAS HAUS; Nr. 3: Eternit; Nr. 4: Okal; Nr. 5: Dennert; Nr. 6: Gussek-Haus; Seite 51: Thomas Dix/DAS HAUS; Seite 53: Ingolf Hatz/DAS HAUS; Seite 60 oben: Simone Rosenberg/DAS HAUS; Mitte: Engelhardt & Sellin/DAS HAUS; unten: Hans Engels/DAS HAUS; Seite 61 oben links: Birgit Amend/DAS HAUS; oben rechts und unten links: Reiner Blunck/DAS HAUS; unten rechts: Reinhard Görner/DAS HAUS; Seite 63: Creative/Getty Images; Seite 64: Gussek-Haus; Seite 66 Nr. 1: Unipor; Nr. 2: KS/Kalksandstein; Nr. 3: Ytong; Nr. 4: Baufritz-Haus; Nr. 5: Liapor; Nr. 6: Praktik/Haus; Seite 67: Hebel; Seite 68 Nr. 1: Dennert; Nr. 2: Neuschwander; Seite 69 Nr. 3: KS/Kalksandstein;Nr. 4: Unideck; Nr. 5: Deutsche Poroton; Nr. 6: Liapor; Seite 71: Rainer Retzlaff; Seite 72: Hans Engels/DAS HAUS; Seite 74 links: Siegfried Gragnato/DAS HAUS; Mitte: Hans Engels/DAS HAUS; rechts: Hösl/Carstensen/DAS HAUS; Seite 76: Woolin; Seite 78: Michael Darling/DAS HAUS; Seite 79 oben links: Jens Willebrand/DAS HAUS; unten links: Bodo Mertoglu/DAS HAUS; Seite 80: Thilo Härdtlein/DAS HAUS; Seite 83 Nr. 1: Wiekor; Nr. 2: Müller; Nr. 3: Braas; Nr. 4, 6: Lafarge Roofing; Nr. 5: KME; Nr. 7: Eternit; Nr. 8: Jacobi; Nr. 9: Rathscheck; Seite 85: Arge Ziegeldach/DJD; Seite 87: Ingolf Hatz/DAS HAUS; Seite 90 links und oben rechts: Weber-Haus; unten rechts: Jörg Winde/DAS HAUS; Seite 91: Wolf; Seite 92 Nr. 1, 4, 5, 6: Vaillant; Nr. 2: Rotex; Nr. 3: Buderus; Seite 93 links: Oswald Kachelöfen & Kamine, www.feuerskulpturen.de; rechts: Austroflamm GmbH; Seite 94: Wagner & Co. Solar; Seite 95: Umweltkontor; Seite 97: Danfoss; Seite 99: Creative/Getty Images; Seite 101: Gira; Seite 104 Nr. 1–6: AL-KO; Seite 105 links: Senertec GmbH; oben rechts: Hans Engels/DAS HAUS; unten rechts: Robert Zizler; Seite 106: Europ. Kupferkampagne; Seite 107: Creative/Getty Images; Seite 108/109, 110: Ingolf Hatz/DAS HAUS; Seite 111 oben links: Thilo Härdtlein/DAS HAUS; unten links: Monika Nikolic/DAS HAUS; rechts: Kampa; Seite 113: Friedrich Busam/DAS HAUS; Seite 114: Creative/Getty Images; Seite 115 oben: Ingolf Hatz/DAS HAUS; Seite 115 unten, 116: Creative/Getty Images; Seite 118: Archiv Callwey Verlag; Seite 119, 120: Creative/Getty Images; Seite 121: Brigida Gonzalez/DAS HAUS; Seite 122: Creative/Getty Images; Seite 124: Lina XXS/DAS HAUS Caramel Architekten ZT GmbH, Wien; Seite 125: Creative/Getty Images; Seite 126/127: mauritius images/Jürgen Wisckow; Seite 128: Creative/Getty Images; Seite 131: Ingolf Hatz/DAS HAUS; Seite 132: Hebel; Seite 136: Metabo; Seite 138: Creative/Getty Images; Seite 139: Ingolf Hatz/DAS HAUS; Seite 140: Creative/Getty Images; Seite 141 Nr.1–3: Thilo Härdtlein/DAS HAUS; Seite 142: Weber-Haus; Seite 144: Fassa SRL; Seite 146: Meister Service Bad + Heizung; Seite 147: Ingolf Hatz/DAS HAUS; Seite 148: Hubert Fridrich/DAS HAUS; Abb. Seite 149: Ytong; Seite 150: Creative/Getty Images; Seite 151, 152 unten: Michael Darling/DAS HAUS; Seite 152 oben: Pfreundt; Seite 153: Ingolf Hatz/DAS HAUS; Seite 154: Creative/Getty Images; Seite 156: Reiner Blunck/DAS HAUS; Seite 158/159: Haniel/Hebel; Seite 160, 161: Creative/Getty Images; Seite 162 links: Michael Darling/DAS HAUS; rechts oben: Thomas Wimmer/DAS HAUS; rechts unten: Bärbel Büchner/DAS HAUS; Seite 163: Ingolf Hatz/DAS HAUS; Seite 164, 166: Creative/Getty Images; Seite 167: Ingolf Hatz/DAS HAUS; Seite 168: Creative/Getty Images; Seite 169: Ingolf Hatz/DAS HAUS; Seite 170: Wolfcraft; Seite 172–174: Creative/Getty Images; Seite 175: Ingolf Hatz/DAS HAUS; Seite 176/177, 178: Creative/Getty Images; Seite 181: Ingolf Hatz/DAS HAUS; Seite 182, 185 Nr. 1–3: Michael Darling/DAS HAUS; Seite 186: Creative/Getty Images; Seite 187: Haniel/Hebel Seite 188: Gütegemeinschaft Fertigkeller; Seite 191, 192 unten: Michael Darling/DAS HAUS; Seite 193: Wiekor; Seite 194: Haniel/Hebel; Seite 195: Thilo Härdtlein/DAS HAUS; Seite 196: Creative/Getty Images; Seite 197: Ingolf Hatz/DAS HAUS; Seite 198: Velux; Seite 199: Tremo Illbruck; Seite 200 Nr. 1: Roma; Nr. 2: Griffner; Nr. 3: Reflexa; Nr. 4: Obi@Otto; Nr. 5: Kai Mewes/DAS HAUS; Seite 201: Urban Front; Seite 204: Eternit; Seite 206: Remmers; Seite 207: Hans Engels/DAS HAUS; Seite 209: Ingolf Hatz/DAS HAUS; Seite 210: Tulikivi; Seite 211: Stiebel Eltron; Seite 212: Zehnder; Seite 213: ICI/Dulux/PQT; Seite 214 Nr. 1, 3, 4: Dornbracht; Nr. 2: Grohe; Nr. 5: Jörger; Nr. 6: Vola; Seite 215: Keramag; Seite 216: Haniel/Hebel; Seite 217 Nr. 1: KS Info; Nr. 2: Gira; Nr. 3: Kopp; Nr. 4: Homeway; Nr. 5: ELV; Nr. 6: Sto; Seite 220: Haniel/Fels; Seite 221 Nr. 1–3: Caparol; Seite 222: IWM; Seite 223: Industriegruppe Gipsplatten; Seite 226: Treppenmeister; Seite 227: Haniel/Hebel; Seite 228 oben: Loft unten: Vest-Wood Türen; Seite 230 231: Caparol; Seite 233 Nr. 1: Osborne & Little; Nr. 2: Club Création; Nr. 3: Heinetex; Nr. 4: Winfried Nörenberg/DAS HAUS; Seite 234: Wools of New Zealand Seite 236: Infobüro Spanische Fliesen Seite 237: Ingolf Hatz/DAS HAUS; Seite 238: Liz Morrow; Seite 239 Nr. 8: Osmo; Seite 240: Liz Morrow; Seite 241: Ingolf Hatz/DAS HAUS; Seite 242, 243: Creative/Getty Images; Seite 244: Argum/DAS HAUS; Seite 245: Ingolf Hatz/DAS HAUS; Seite 252 oben: Matteo Manduzio/DAS HAUS; Mitte und unten: Creative/Getty Images; Seite 253 oben und unten: Creative/Getty Images; Mitte: Archiv DAS HAUS.

Illustrationen:
Seite 35, 45: Jürgen Kirchner; Seite 49, 52: Archiv DAS HAUS; Seite 52: Ulrich Reindl; Seite 54: Andreas Schiebel/Callwey; Seite 58: Dietmar Lochner/DAS HAUS; Seite 59: Andreas Schiebel/DAS HAUS; Seite 62: Treppenmeister; Seite 65: Jürgen Kirchner; Seite 70: Bundesverband Porenbeton; Seite 73: Helmut Jaschek/DAS HAUS; Seite 79 oben rechts, 81, 82, 84, 86: Jürgen Kirchner; Seite 88: Andreas Schiebel/DAS HAUS; Seite 96: Cuprotherm; Seite 98: Andreas Schiebel/DAS HAUS; Seite 100: Gunter Franke/DAS HAUS; Seite 103, 135, 189: Jürgen Kirchner; Seite 192 oben: Lux-Haus; Seite 202: Jürgen Kirchner; Seite 208: Anina Westphalen/DAS HAUS; Seite 224, 232, 235, 239: Jürgen Kirchner/DAS HAUS.

Text Seite 71: unter Verwendung eines Textes von Bettina Hintze.

Umschlagabbildungen:
Umschlagvorderseite: plainpicture/beyond
Umschlagrückseite: Creative/Getty Images
Vordere Umschlagklappe innen links: Haake-Haus (oben), Andreas Keller/DAS HAUS (Mitte), Platz/Haus (unten).

Impressum

Herausgeber:
Redaktion DAS HAUS
Text: Beate Bühl
Fachliche Überarbeitung und
Ergänzung: Bettina Seeger,
Matthias Ullmann

Streitfeldstraße 35
81673 München
www.callwey.de
E-Mail: buch@callwey.de

2. Auflage 2013

Bibliografische Informationen der
Deutschen Nationalbibliothek
Die Deutsche Nationalbibliothek verzeichnet diese Publikation in der Deutschen Nationalbibliografie; detaillierte bibliografische Daten sind im Internet über <http://dnb.d-nb.de> abrufbar.

ISBN 978-3-7667-1883-9

Titelgestaltung: independent Medien
Design, München
Layout: Grafikhaus München
Druck und Bindung: Druckerei Triltisch,
Ochsenfurt-Hohestadt

Printed in Germany

Sie planen und bauen Ihr Haus – dafür brauchen Sie ein Dutzend Utensilien. Legen Sie sich zurecht:

1. eine stabile Planungskiste – dort findet jeder immer alle Planungs-Utensilien
2. einen Block Millimeterpapier – für die Maßarbeit am Grundriss und später fürs Möbelrücken
3. einen Block Transparentpapier – einfach über Skizzen oder Pläne legen und Änderungen aufzeichnen
4. eine Kladde zum Reinschreiben und Rausrupfen, in der Sie alles, aber auch alles notieren: Ideen, Gesprächsnotizen, Gedankenstützen, To-do-Listen ...
5. Bleistifte, Spitzer, Lineal, Radiergummi
6. ein Maßband, mindestens 20 m lang – ein 2-m-Zollstock wird Sie zur Verzweiflung treiben, wenn Sie Räume ausmessen wollen
7. eine Schere zum Ausschneiden von Schablonen und Zeitschriften-Bildern, Anzeigen von Handwerkern und den Öffnungszeiten des Wertstoffhofs
8. einen Taschenrechner für Kassensturz, Grundrissplanung und die Mengenberechnung von Baumaterial
9. eine Kamera, um besichtigte Grundstücke und gute Ideen anderer Bauherren sowie den Arbeitsfortschritt und mögliche Baufehler im Bild festzuhalten
10. einen Aktenordner für Dokumente: Verträge und Kopien, Rechnungen und Kassenbons
11. Packen Sie robuste Stiefel in den Kofferraum – so sind Sie allzeit bereit, erst spontan auf fremden Baustellen ein wenig zu spionieren (nicht ohne Erlaubnis betreten!) und später auf der eigenen Kontrollgänge zu unternehmen

12 das Handy und ein Telefonbüchlein oder Smartphone mit allen Adressen und Nummern von Banken, Handwerkern, Firmen, Architekt, Bauamt usw.

13 den Bauzeitenplan – für den Überblick, wer wann auf der Baustelle anzutreffen sein müsste

14 für jedes Familienmitglied einen Bauhelm, Arbeitsschuhe und Arbeitshandschuhe – für die sonntägliche Baustellenbegehung und fürs rasche Anpacken

15 eine Wasserwaage – Vertrauen ist gut, Kontrolle ist besser

16 Schraubendreher, Phasenprüfer, Schraubenschlüssel, Hammer, Zange, Taschenlampe und ein Taschenmesser – für kleine, schnelle Hilfsarbeiten und für Kontrollblicke hinter die Kulissen

17 je einen billigen Tür- und Fenstergriff – die schönen Beschläge montiert man erst ganz zum Schluss

18 einen Erste-Hilfe-Kasten – ganz ohne Schrammen geht es auf keiner Baustelle ab

19 ein paar Päckchen feuchte Tücher – zum Händeabwischen und Schuheputzen, bevor man wieder ins Auto einsteigt

20 wetterfestes Klebeband, Klarsichthüllen und Notizzettel – so können Sie Nachrichten an der Baustelle hinterlassen

Abnahmeprotokoll

Prüfen Sie die Leistung des Handwerkertrupps, sobald ein Gewerk abgeschlossen ist. Führen Sie jeweils ein Abnahmeprotokoll und lassen Sie es von allen Beteiligten unterschreiben – fertigen Sie sich Kopien von diesem Muster:

Datum:

Gewerk und Leistung:

Firma:

Beginn der Arbeiten:

Ende der Arbeiten:

Teilnehmer der Abnahme

Bauherr/Auftraggeber:

Auftragnehmer:

Architekt/Bauleiter:

Nach gemeinsamer Besichtigung wurden keine sichtbaren Mängel festgestellt.

❍ Die Leistung wird abgenommen.

❍ Die Leistungsabnahme wird verweigert wegen folgender Mängel:

Mängelliste:

1.
2.
3.

Zur Mängelbeseitigung wird vereinbart:

1.
2.
3.

Die Mängel werden unverzüglich beseitigt, spätestens bis zum:

1.
2.
3.

Sofern dies nicht geschieht, ist der Bauherr/ Auftraggeber berechtigt, die Mängelbeseitigung auf Kosten des Auftragnehmers vornehmen zu lassen.

Alle Ansprüche des Bauherrn/Auftraggebers auf Gewährleistung und Schadensersatz bleiben unberührt.

Der Auftraggeber behält sich vor, vereinbarte Vertragsstrafen geltend zu machen.

____

Unterschrift Bauherr/Auftraggeber

____

Unterschrift Auftragnehmer

____

Unterschrift Architekt/Bauleiter

Kreative Lösungen

Sein Traumhaus baut man nur einmal im Leben – deshalb sollte es allen Ansprüchen genügen. Das vorliegende Buch erbringt den Beweis dafür, dass sich ein limitiertes Budget und höchste ästhetische Ansprüche nicht ausschließen müssen. Christian Tröster stellt 30 individuelle Einfamilienhäuser aus Deutschland und Österreich vor, bei denen dies optimal gelungen ist. Dabei geht er ausführlich auf alle Faktoren ein, die die Baukosten des jeweiligen Domizils ausmachen und legt dar, wo – auch langfristig – Einsparpotenziale liegen.

Ein inspirierendes Buch für Bauherren und Architekten, die das Beste aus ihrem Budget herausholen wollen.

Christian Tröster
Traumhäuser unter 200.000 Euro
Architektenhäuser für kleines Budget / 30 Einfamilienhäuser
176 Seiten, ca. 200 Abbildungen und 120 Pläne
gebunden mit Schutzumschlag
ISBN 978-3-7667-1835-8